프랑스의 파스퇴르화

Pasteur: guerre et paix des microbes suivi de **Irréductions**
by Bruno Latour

프랑스의 파스퇴르화

Pasteur: guerre et paix des microbes suivi de *Irréductions*

브루노 라투르 지음 | **이상원** 옮김

한울
아카데미

일러두기

1. 인명, 지명 등 고유어는 되도록 원발음에 가깝게 표시했다. 거의 프랑스 인명, 지명이다.
2. 제1부 제1장 주23은 주 내용은 있으나 주 번호가 없다. 그러나 주 번호 자리를 강하게 추정할 수 있다. 주24의 번호가 있는 동일 단락 앞쪽, "사회적 통제의 수단"이라는 표현이 나오는 곳일 것이다. 제3장 주 번호 13번이 두 번 나온다. 둘 다 주13을 보면 된다. 특별한 내용 차이는 없어 보인다.
3. 원서에서 주 내용의 연도 등이 정확하지 않은 경우가 있다. 옮기면서 수정한 곳이 일부 있고, 그대로 둔 곳, 찾지 못한 곳도 있겠으나, 독서에 큰 문제를 일으키지 않는 것으로 보인다. 심각하지 않다. 되도록 원문대로 놔두었다.
4. 제2부에서 일부 내용(간주곡 등)은 원래 글자 크기가 작다.
5. 인용문의 글자 크기는 본문과 같되, 여백 주기가 되어 있어 구별된다.

이 번역서는 2020년 대한민국 교육부와 한국연구재단의 지원을 받아 수행된 연구임(NRF-2020S1A5B5A16082038).

차례

옮긴이의 말

『프랑스의 파스퇴르화』는 다음 책을 완역한 것이다.

Bruno Latour, 1988. *The Pasteurization of France*, translated by Alan Sheridan and John Law, Harvard University Press.

이 영어 책은 아래의 1984년 프랑스어 원서 『『미생물: 전쟁과 평화』, 이어서 『비환원』』을 셰리든(Alan Sheridan)과 로(John Law) 두 사람이 영어로 번역한 책이다. 위 괄호 속 『 』 기호는 중복된 것이 아니다.

Bruno Latour, 1984. *Les Microbes: guerre et paix*, suivi de *Irréductions*, Éditions Anne-Marie Métailié.

이 책은 두 가지 책을 한 권으로 낸 것이다. 『미생물: 전쟁과 평화』와 『비환원』이라는 두 책을 묶었다. 프랑스어 원서 제목에는 파스퇴르가 들어 있지 않다. 제목 중 "미생물: 전쟁과 평화"라는 표현은 톨스토이의 소설 『전쟁과 평화』에서 가져온 것이다.

연구자들에게조차 거의 알려지지 않은 사실이 있다. 그것은 『비환원』이 이미 1981년에 출간되었다는 것이다. 부제까지 포함한 1981년 『비환원』의 정확한 표제는 『비환원: 과학-정치학 논고(Irréductions: Tractatus Scientifico-Politicus)』이다.

Bruno Latour, 1981. *Irréductions: Tractatus Scientifico-Politicus*, Paris: Chezloteur.

"과학-정치학 논고"라는 부제에 대해서는 뒤에서 옮긴이가 다시 언급하게 된다. 『비환원: 과학-정치학 논고』가 이미 1981년에 출간되었다는 사실이 거의 알려지지 않은 것은 라투르가 앞의 1984년 합본에서 이 정보를 기술하지 않았다는 데서 비롯되었을 가능성이 크다. 하지만 라투르의 논문 중에서 1981년의 『비환원: 과학-정치학 논고』를 주와 참고문헌에 실은 것이 있으며, 옮긴이도 그것에서 『비환원』이 영어로 쓴 1979년 그의 첫 저서(공저) 『실험실 생활: 과학적 사실의 사회적 구성(Laboratory Life: The Social Construction of Scientific Facts)』이 나온 지 불과 2년 후에 출간되었음을 알게 되었다. [『실험실 생활』의 1986년 2판 부제가 초판의 그것 가운데 "사회적(social)"이라는 단어가 빠져 "과학적 사실의 구성"이 되었던 사건은 유명하므로 여기서 그 이유에 대해서는 더 언급하지 않는다.] 그러므로 『프랑스의 파스퇴르화』의 제1부 『미생물: 전쟁과 평화』는 제2부 『비환원』보다 나중에 쓰인 것이다. 즉, 『비환원』에는 라투르의 과학철학과 관련된 여러 새로운 개념이 등장하는데, 이러한 개념을 바탕으로 『미생물: 전쟁과 평화』가 작성되었다. 하지만 『프랑스의 파스퇴르화』에는 이런 출간 맥락에 대한 언급이 없다. 오히려 라투르는 『비환원』이 『미생물: 전쟁과 평화』를 쓴 후에 작성된 것으로 보이기를 원했던 것 같은 인상을 주는 몇 구절이 제1부 제4장의 끝과 제2부의 도입에서 나타나고 있다. 왜 이런 식으로 합본을 냈는지를 그리고 왜 『미생물: 전쟁과 평화』가 먼저 쓰이고 『비환원』이 나중에 만들어진 인상을 주려는 듯한 태도를 보이는지를 옮긴이는 현재 알 수 없다.

1984년 판이 절판되고, 지금은 다음의 다른 출판사(La Découverte)에서 나오고 있으며(제목이 약간 달라져서 『『파스퇴르: 미생물의 전쟁과 평화』, 이어서 『비환원』』으로) 이 출판사가 현재 판권을 갖고 있다. 작은 판형(문고판)이다. 이제는 제목에 영어판처럼 파스퇴르가 들어가 있다. 데쿠베르트 출판사는 2022년 라투르(Bruno Latour) 사망 당시 그 소식을 공표한 바 있다.

Bruno Latour, 2011. *Pasteur: guerre et paix des microbes* suivi de *Irréductions*, La Découverte.

2011년 판은 2001년에 이미 출간되었는데 당시 출판사 이름(La Découverte & Syros)은 현재의 그것과 약간 다르다. 1984년 판, 영어판, 데쿠베르트 판은 기본적으로 동일 내용이다. 영어판 본문과 주와 참고문헌에서 미세한 변화는 있다.

라투르는 프랑스 국내보다 영미권에서 먼저 알려진 철학자이다. 그의 첫 저서 『실험실 생활』이 영어로 나왔고, 이 책으로 국제적 학자로 떠올랐기 때문이다. 『프랑스의 파스퇴르화』는 프랑스어로 먼저 쓰였고, 1988년에 영어로 번역되어 영어권 독자에게 『실험실 생활』에 이은 또 다른 지적 지진을 일으켰다. 이 책이 영어로 번역되지 않았다면 유관 학술계 상황이 지금과 많이 달랐을 것이다.

『프랑스의 파스퇴르화』는 과학학(science studies)의 고전 중 하나이다. 라투르와 울거(Steve Woolgar)의 『실험실 생활』 못지않게 호평받아 온 저서이다. 『실험실 생활』은 과학 실험실 "내부"에 관한 철저한 연구이며, 『프랑스의 파스퇴르화』는 과학 실험실 "내부"는 물론 과학의 실험적 결과물이 실험실 "외부"로 나가 프랑스 사회를 변화시키는 측면을 연구하는 책이다. 두 책은 쌍을 이루는 과학학 저서라고 할 수 있다. 『프랑스의 파스퇴르화』는 과학학 책이면서 사회과학적 성격도 띠는 책이다. 자연히 과학학에 관심 있는 사람들만이 아니라 사회과학 쪽 독자의 관심을 끌 것이다. 그간 인문학 그리고 사회학, 인류학, 행정학, 과학정책학 등등을 포괄하는 사회과학, 예술학, 신학 등 여타 학제에서도 큰 관심을 받아왔다.

『실험실 생활』은 실험실 안에서 과학적 사실의 안정성이 어떻게 이루어지는지를 극도로 세밀하게 파고든 저서이다. 파스퇴르는 화학 연구로 박사 학위를 받은 과학자이며 의사가 아니었다. 하지만 위생학, 생물학, 의학을 크게 바꾼 연구도 했던 프랑스의 국가대표 과학자라고 할 수 있다. 『프랑스의 파스퇴르화』는 파스퇴르가 미생물의 존재를 파리 소재 연구소 속 실험실 및 들판의 농장에도 설치한 실험실에서 밝혀낸 일과 또한 이 일이 실험실 밖에서 프랑스 사회 및 프랑스령 식민지를 바꾸는 과정을 자세하게 연구한 저서이다. 그 과정과 결과가 바로 "프랑스의 파스퇴르화"이다. 미생물의 존재에 대한 실험실 속 확인이 프랑스의 공공 위생 체계, 의료 체계, 질병 관리 체계 등을 크게 변화시키게 되는 과정을 파헤치고 있다. 그 변화 과정에서 위생학자, 공무원, 정치인을 포괄하는 ① 위생주의자와 의사 집단 내부의 ② 군의, ③ 내과의, ④ 외과의의 입장은 모두 달랐으나 결국 파스퇴르주의(Pasteurism)를 받아들이게 된다. 그래서 영문판에는 "프랑스의 파스퇴르화"라는 제목을 단 것으로 볼 수 있다.

『프랑스의 파스퇴르화』가 쉬운 책은 아니며, 『실험실 생활』에 비해도 읽기가 수월하지 않다. 제1부의 『미생물: 전쟁과 평화』는 『비환원』보다, 특히 출간 초기에, 독자가 더 관심을 쏟아온 책이다. 코로나-19 시대를 거치면서, 미생물, 백신에 관한 대중적 관심은 매우 커졌다. 이 같은 경험은 독자가 파스퇴르의 미생물 연구 속 선구적 업적에 관한 라투르의 독창적 해석에 과거보다 훨씬 더 유의하게 할 것이다. 하지만 파스퇴르에 관한 라투르의 연구는 파스퇴르에 관한 또 다른 성인전(聖人傳, hagiography)이 전혀 아니다. 오히려 정반대의 관점을 보여주는 책이다. 파스퇴르가 그의 영웅적 천재성으로 실험실 안에서 과학을 바꾸었고, 그 바꾼 과학을 기초로 사회도 바꿨다고 이야기하는 책이 아니다. 파스퇴르가 그렇게 할 수 있었던 것은 "여러 행위자(actor)와 함께" 그럴 수 있었다는 것이다. 이는 러시아가 나폴레옹(Napoleon) 군대와의 싸움에서 이길 수 있었던 것은 러시아 장군 쿠투조프(Kutuzov)의 영웅적 천재성으로가 아니라 당시 러시아의 행위자로서 수많은 군중의 참여로 그렇게 할 수 있었다는 톨스토이의 『전쟁과 평화』 속 이야기와 맥락이 닿는다. 이른바 행위자-연결망(actor-network)이라는 개념은 이 책에서 등장하는 개념은 아니다. 더 나중에 나타나며 그것도 라투르 본인이 만든 개념은 아니다. 그렇더라도 이 개념을 사용하자면, 실험실, 실험도구, 미생물, 과학자, 공무원, 정치인, 의사, 일반 국민 등등이 함께 참여하는 행위자-연결망 속에서 백신 개발을 포함하는 박테리아학이 등장했으며 또한 실험실 바깥의 프랑스 사회를 크게 바꿀 수 있었음을 보여주고 있다. 세상을 바꾼다는 것이 권력의 변화만을 의미하지 않는다. 라투르에게 권력이 핵심 문제는 아니며, 권력 변화도 행위자-연결망 속에서 일어나는 변화의 한 귀결일 뿐이다. 여하튼, 누군가 권력은 총구에서 나온다고 했는데, 라투르식으로 이를 바꿔보면, 권력은 실험실에서 나온다고 할 수 있겠다.

제1부의 『미생물: 전쟁과 평화』에 비해 제2부 『비환원』은 출간 초기에는 관심을 훨씬 덜 받았다. 하지만, 시간이 흐르면서 『비환원』은 라투르의 핵심적 철학 저서로 독자의 시선을 끌어왔다. 제2부 『비환원』은 그것이 나올 때까지의 라투르의 연구 및 뒤이어질 그의 연구를 위한 방법론적 성찰을 담고 있다. 라투르의 과학철학은 국소적(local) 성격을 띤다. 21년 뒤 『사회적인 것 재조립하기: 행위자-연결망-이론 입문(Reassembling the social: An Introduction to Actor-Network-Theory)』 등에서도 이 국소적 성격에 대한 논의가 계속되고 있다. 특정 과학의 특성을 과학 일반의 특성으로 확장하는 것, 특정 실험실의 특성을 실험실 일반의 특성으로 확대 적용하는 것 등에 라투르는 회의적 태도를 취한다. 특정 실험실의 행위자-연결망이 다른 실험실의 행위자-연결망과 같을 가능성은 기본적으로 매우 낮다. 과학 내부에서

도, 실험실 과학(laboratory science) 내부에서도 국소적 측면에 민감하게 주목하는 라투르에게, 그의 과학철학을 인문학 일반이나 사회과학 일반에 적용한다는 관념은 받아들이기 쉽지 않았을 것으로 본다. 행위자-연결망 이론을 국내외에서 사회과학 등의 방법론으로 확대 적용하는 일이 전개되고 있다. 이는 라투르의 의도와는 좀 다른 방향의 사태이겠으나, 라투르 자신이 이러한 전개를 명시적으로 불만스러워했다는 증거는 뚜렷하지 않다. 옮긴이는 이러한 양상이 라투르의 원래 의도와는 다를지라도, 굳이 회피할 일은 아닌 것 같다고 보는 쪽이다. 『비환원』에서 라투르는 행위자-연결망에 대한 무언가의 일반화를 시도하고 있다는 느낌을 받는다는 학자들의 평이 물론 그간에 일부 있었다. 라투르 본인이 이 대목에 대해서 분명한 입장을 제시한 바는 없다. 이와 같은 시각을 염두에 두면서 『비환원』을 읽는다면, 라투르 사상의 적용 가능 영역과 관련하여 미묘한 국면을 독자가 만날 가능성이 있을 것으로 본다.

『비환원』에 여러 철학자가 등장하고, 인용문이 아닌데도 작은 글씨를 써서 구분되도록 자서전적 내용도 담는 등 쉽게 찾아볼 수 없는 특이한 쓰기 방식을 취하고 있다. 이 『비환원』은 파스퇴르를 둘러싼 경험적 연구인 제1부보다 먼저 쓰인 것이어서 제1부에 대한 음미일 수가 없고 오히려 『실험실 생활』의 연구를 철학적으로 음미하는 내용에 가깝다. 관련된 한 구절을 보기로 한다. "때로 태양이 소크 연구소(Salk Institute)의 거칠어진 콘크리트 위로 비칠 때, 우리는 시간에 관해 서두르는 일을 그리고 시간을 다 쓰는 일을 멈춘다. 우리는 문간의 계단에 앉아 시간의 각 나뭇가지가 그것이 할 수 있는 한 최대로 펼쳐지게 한다"(『비환원』, 제1장, 간주곡 II). 1975년 캘리포니아의 소크 연구소로 가기 이전에 이미 라투르는 비환원의 입장으로 전향한 바 있다. 1972년의 사건이다. 라투르에 관해 다루는 문헌에서 종종 등장하는 다음의 내용이다. "나는 프랑스의 지방인 그레(Gray)에서 1년간 가르쳤다. 1972년 겨울의 끝, 디종(Dijon)에서 그레로 가는 길 위에서, 나는 멈춰

서야 했고, 환원론(reductionism)의 과다 복용 이후 나의 감각으로 이끌려야 했다"(『비환원』, 제1장, 간주곡 I). 이 사건은 라투르가 『실험실 생활』과 『비환원』의 길로 향해가게 했던 갈림길의 교차점이 되었다. 어떤 학자는 이 사건을 사도 바울(Paul)의 맹렬 유대교도에서 예수 경배자로의 개종 사건에 비유하기도 한다.

『비환원』은 『미생물: 전쟁과 평화』보다 더 이해하기가 어려울 것이다. 라투르의 『비환원』은 그의 사실상 유일한 순수 철학 저술이다. 어떤 학자들은 『비환원』이 비트겐슈타인(Ludwig Wittgenstein)의 혹은 스피노자(Baruch Spinoza)의 저술과 유사한 형식을 지닌다고 말한다. 라투르는 4.5.7처럼 번호를 매겨 문장을 쓰고 있기 때문이다. 다른 학자들은 니체(Friedrich Nietzsche)의 문체와 경구를 연상케 하는 방식으로 썼다고 이야기한다. 라투르는 경구처럼 쓰고 논증하지는 않는데, 그럼에도 의외로 내용이 명료한 느낌을 받는다. 틀림없이 매우 특이한 저술이다.

『비환원』의 제2장 제목은 사회론(sociologics)이며 사회학(sociology)이 아니다. 이어 『비환원』의 제3장 제목은 인류론(anthropologics)이며 인류학(anthropology)이 아니다. 기존 사회학, 인류학과는 무언가 다른 연구를 한다는 것을 드러내는 표현으로 본다. 사실상 기존 사회학, 인류학의 내용은 이 제2장과 제3장에서 등장하지 않는다.

제1부와 특히 제2부 전체에서 라투르 철학의 핵심 개념들이 본격적으로 등장한다. 연결망이라는 개념은 이미 『실험실 생활』에 나타나 있다. 먼저 행위자, 행위소(actant), 작인(agent). 행위자, 행위소, 작인은 라투르에게 사실상 같은 의미로 쓰인다. 행위자가 인간만을 나타내는 용어로 보일 수가 있어, 비인간 행위자(nonhuman actor)를 포괄하는 행위소 개념을 라투르가 쓰고 있다. 행위소는 라투르가 우리 학계에 본격적으로 알려지기 오래전 과학학 분야 소집단 등에서 행위체라고 번역되기도 했다. 이 책에서는 행위소로 통일해 두었다. 작인이 행위자, 행위소와 같은 의미를 갖지만, 두 번역어가

이미 있기에 작인으로 사용한 것이다. 세 개념과 같은 의미로 "힘(force)" 그리고 라이프니츠(Gottfried Wilhelm Leibniz)의 "단자(monad)", 특히 "현실태(entelechy)"라는 개념도 사용된다.

행위자 중 인간 행위자(human actor), 비인간 행위자로 구분하는 개념도 쓰인다. 최근 국내에서도 라투르의 개념을 사용하는 연구자들이 늘어가고 있는데, 인간 행위자와 비인간 행위자의 구분도 그중 하나다. 하지만 라투르의 철학에서 중요한 것은 지은이 자신이 이 책 중에 언급하듯 인간 행위자와 비인간 행위자의 구분 자체가 아니다. 이 구분이 중요하다면, 라투르의 철학은 이 이분법에 묶이어 그가 반대하는 환원론적 철학을 돌아가는 것이 되기 때문이다. 인간 행위자 안에도 다양하고 이질적 행위자가 존재할 수 있고, 비인간 행위자 안에도 역시 다양하고 이질적 행위자가 존재할 수 있으며, 이들의 연결망을 통해서만 실험실에서 백신과 같은 과학적 결과물이 산출되고 이렇게 산출된 과학적 결과물이 어떤 경우 사회의 법률과 제도를 바꾸게 된다.

번역(translation), 연합(association), 동맹(alliance), 동맹자(ally)도 중요한 개념이다. 또한 강함(strength), 약함(weakness), 강함의 시도(trial of strength), 효험(potency) 등의 개념 또한 라투르 철학을 이해하는 데 핵심적 역할을 한다. 연결망을 통한 번역과 동맹은 강함의 시도의 성패를 결정한다. 강함과 약함을 판가름한다는 것이다. 실험이 바로 강함의 시도의 전형이다. 강함의 시도는 관련되는 사람들에게 확신을 주는 일과 관련된다. 실험적 안정성이 사람들에게 확신을 주는 전형적 관건이다. 이 강함의 시도는 연결망 간의 줄다리기 승부에 비유할 수 있겠다. 단독 행위소 간의 줄다리기가 아니라 행위소의 집단 간의 줄다리기와 같다. 파스퇴르가 실험실에서 미생물의 "독성의 변이(variation in virulence)"를 일으켜 백신을 만들고 이 백신을 주입한 동물 또는 사람의 사망률이 주입받지 않은 동물 또는 사람의 그것과 대비하여 유의미한 차이를 보이면 효험이 드러난 것이고, 이대 강함의 시도는 성공을 거둔 것이 된다.

강함의 시도와 효험은 라투르 본인도 말하고 있듯이 이 책 전체의 핵심 개념이다. 유효성(efficacy)이라는 단어를 효험과 호환적으로 쓴다. 제2부 『비환원』에서 바로 이 개념을 정의하고 있으며, 제1부의 미생물학의 역사도 이 개념을 통해 전개하고 있다. 『실험실 생활』의 핵심 개념은 "문헌적 기록하기(literary inscription)"이다. 강함의 시도라는 개념은 『실험실 생활』에서는 제기되지 않았으나, 이 문헌적 기록하기 역시 강함의 시도의 결과로 나타나는 시각적 결과물의 일종이다. 강함의 시도와 효험, 문헌적 기록하기 개념의 중요성에 대해 언급했는데, 이 책을 포함한 라투르 철학 전체의 핵심 개념은 물론 '비환원'이라 하겠다.

증명 극장(theater of the proof)도 강함의 시도와 효험과 맥락이 닿는 주요 개념이다. 실험실에서 사람들에게 쟁점이 되는 사안을 "논쟁 불가능(indisputable)"하게 만드는 역할을 하는 장소가 바로 증명 극장이다. 실험실은 그곳에서 유의미한 실험 결과를 산출할 때 바로 증명 극장이 된다. 증명 극장과 같은 개념은 영미권의 전통적 과학철학의 관심사를 분명히 끌어안되, 강함의 시도와 행위자-연결망으로 논쟁 불가능한 상황을 연출해 내는 과학의 실천을 보여주는 라투르 과학철학의 성격을 잘 드러내주는 단어이다. 증명 극장과 사실상 같은 개념으로 진리 극장(theater of truth)도 나타난다. 이처럼 강함의 시도와 효험은 이 책의 핵심 개념으로 강조된다.

그 밖에도 여러 개념이 있는데, 이러한 개념들에 대한 이해에는 제1부, 특히 제2부는 말할 것도 없고 주를 유심히 읽는 노고가 필요하다. 주에는 과학학을 전공했거나 배운 적이 있는 이들에게 과학학 분야의 주요 쟁점의 일부를 알게 해주는 꽤 학술적 깊이가 있는 내용이 들어 있다. 영어 'interest'는 맥락에 따라 관심, 이익, 이해(利害) 등을 뜻한다. 구분해 번역했는데, 이해는 한자를 써주지 않으면 이해(理解)로 여겨질 가능성이 커 이해를 쓰지 않고 "이해관계"로 해두었다. 이해관계 개념은 사회 구성주의(social constructivism)의 핵심 개념이다. 그래서 사회 구성주의를 이해관계 이론(interest theory)이라고도 부르는 것이다. 라투르는 이 개념을 물론 받아들이지 않는다. 강함과 약함, 강함의 시도와 효험이 라투르에게 중요하다. 이외에도 사회(society) 대신 쓰는 사회적인 것(the social), 실재(reality) 대신 쓰는 실재적인 것(the real), 또한 과학적인 것(the scientific), 물질적인 것(the material), 지적인 것(the intellectual) 등등 여러 개념에 유의할 만하다.

그의 문장 호흡이 길어 번역이 힘든 경우가 있었다. 라투르가 주로 사용하는 19세기 말 프랑스 문헌 속 인용문뿐 아니라 라투르 본인의 문장조차 그러했다. 라투르의 11줄로 된 한 문장이며 또한 한 단락인 경우도 만났다. 태어나서 처음인 것 같다. 유럽 대륙의 글쓰기 양식의 영향인 것으로 보인다. 하지만, 이는 문장이 길어 번역에 어려움이 있었다는 것이지 그래서 문장의 명료성이 떨어진다는 이야기와는 관계가 없다.

이 책의 영문 번역자도 주목할 만하다. 제1부 번역자 셰리든은 푸코(Michel Foucault)의 『진료소의 탄생(The Birth of the Clinic)』, 『지식의 고고학(The Archaeology of Knowledge)』, 『감시와 처벌(Discipline and Punish)』 등을 번역했고, 푸코의 저술을 영어로 읽히게 한 첫 인물로 알려져 있다. 또한 라캉(Jacques Lacan)의 『에크리(Écrits)』 등도 번역해 낸 지적 발자취가 뚜렷한 인물이다. 제2부 번역자인 로는 라투르 등과 함께 이른바 "행위자-연결망 이론(actor-network theory)"을 만든 이로 알려져 있으며, 1992년에 만들어진 행위자-연결망 이론이라는 이름 자체가 로의 작품이다. 스스로 잘 알려진 학자인 그가 직접 『프랑스의 파스퇴르화』 번역에 참여한 것은 특히 눈여겨 볼 대목이며, 라투르도 물론 이에 감사하고 있다. 이런 의미에서 이 책은 단순히 라투르 단독 저서의 한 권이라는 사실을 넘어 행위자-연결망 이론을 위한 끈끈한 지적 협력의 산물이라고 하겠다.

행위자-연결망 이론이라는 표현이 정착하기 이전에 라투르는 이미 다른 개념을 쓰고 있었다. 『실험실 생활』 속 "과학적 사실의 구성", "문헌적 기록하기" 외에 『프랑스의 파스퇴르화』에서 좀 더 넓은 개념으로 "과학 텍스트 주해(exegesis of scientific texts)"(제1부 도입)라는 용어를 쓴다. 또한 "과학-정치학 논고(Tractatus Scientifico-Politicus)"(제1부 도입, 제2부 4.7.8)라는 표현도 사용한다. 과학-정치학 논고는 이미 1981년의 『비환원: 과학-정치학 논고』의 부제로 그 책의 전면에 등장한 개념이다. 라투르는 본래 성서 주해(biblical exegesis) 연구로 박사학위를 받은 사람이다. 신약성서 신학자 불트만(Rudolf Bultmann)의 영향을 크게 받았다. 『실험실 생활』의 집필 과정에서 가장 강력한 영향을 끼친 것이 공관복음 전승사에 관한 불트만의 해석이다. 불트만 자신은 번역 개념을 명시적으로 사용한 적은 없지만, 라투르의 번역 개념이 바로 불트만의 신학에서 나온 것이다. 이런 연고로 라투르가 과학 텍스트 주해라는 개념을 구사할 수 있게 되었다고 본다.

과학-정치학 논고는 라투르가 스피노자의 『신학-정치학 논고(Tractatus Theologico-Politicus)』에서 변용해 낸 것이다. 라투르는 『신학-정치학 논고』 역시 성서 주해의 새로운 스타일로 보고 있고 여기서 과학-정치학 논고 개념을 길러냈다. 과학 텍스트 주해는 『실험실 생활』에 어울리는 표현이고, 이는 문헌적 기록하기와 깊은 관련이 있다. 하지만 『프랑스의 파스퇴르화』에는 덜 어울려 보인다. 오히려 『프랑스의 파스퇴르화』에 대해서는 과학-정치학 논고라는 표현이 적합할 것이다. 과학자, 미생물, 의사(외과의, 내과의, 군의), 환자, 정치인, 공무원, 일반인 등등이 어울려 프랑스의 과학, 의학, 정치, 법률, 행정 등등을 바꾼 과정을 『프랑스의 파스퇴르화』가 다루고 있으니 말이다. 그렇지만 과학-정치학 논고라는 개념은 『실험실 생활』에는 적용하기 곤란한데, 『실험실 생활』은 실험실 내부에서 벌어지는 사실의 구성만을 다루기 때문이다.

과학적 사실의 구성, 문헌적 기록하기, 과학 텍스트 주해, 과학-정치학 논고라는 개념만이 존재했고 행위자-연결망이라는 개념은 존재하지 않았다면, 라투르의 이론은 과학학에 더 집중되는 식으로 알려졌을 것이고 넓은 의미의 인문학과 사회과학 쪽에서는 지금보다 제한되어 조명받았을 것으로 본다. 과학 텍스트 주해, 과학-정치학 논고와 행위자-연결망 이론 사이에는 과학이라는 단어가 있고 없고는 물론, 잠재적 적용 영역에서 큰 차이가 있어 보이기 때문이다. 라투르 본인은 로의 행위자-연결망이라는 개념을 처음에는 받아들이지 않았다. 그러다가 얼마 후에 라투르도 행위자-연결망이라는 개념을 수용했다.

라투르는 기호학(semiotics) 또는 기호학적 방법(semiotic method)이라는 표현을 『프랑스의 파스퇴르화』에서 꽤 사용한다. 라투르의 행위소라는 표현은 기호학자 그레마스(Algirdas Julien Greimas)가 먼저 사용했던 개념에서 영향받은 것이되, 실험실의 맥락과 결부해서 새로이 사용한다. 기호학은 성서 주해 못지않은 영향을 라투르에게 끼쳐왔다. 그레마스의 행위자, 행위소 개념 이외에도 그에 대한 라투르의 참조는 이미 『실험실 생활』에서부터 뚜렷이 나타났었다. 기호학의 영향과 관련하여, 『실험실 생활』의 핵심 개념인 문헌적 기록하기에서 "기록하기"는 데리다(Jacques Derrida)의 에크리튀르(écriture) 개념에서 발전시킨 것이다. 데리다 역시 그레마스처럼 과학이나 실험실을 염두에 두고 이 개념을 사용하지는 않았다. 라투르가 실험실 활동의 핵심 국면에서 실험 결과의 제시물로서 나타나는 자취, 스펙트럼, 도표, 수치 등의 시각적 표현을 강조하면서 데리다의 개념을 크게 바꾸어 창출해 낸 것이 기록하기이다. 이 기록하기를 바탕으로 과학 논문이 작성된다. 여기서 데리다의 개념을 혁신적으로 응용한 것 역시 일종의 기호학적 맥락에서라고 할 수 있다. 인류학 또는 더 정확히 말해 민족지학(ethnography)의 영향은 철학과 성서 주해와 기호학보다 조금 늦게 1970년대 들어 작용하기 시작했다.

이처럼 라투르의 과학학은 철학, 신학, 기호학, 인류학을 바탕으로 탄생한 학문이다. 행위자-연결망 이론을 물질 기호학(material semiotics) 또는 물질-기호학적 방법(material-semiotic method)이라는 별칭으로 부르는 이들도 있는데, 라투르가 기호학, 기호학적 방법이라는 표현을 사용하므로 이는 자연스럽다. 기호학적 방법 전반을 라투르가 사용한다기보다는 실험실을 비롯한 물질적인 것에 관한 기호학적 방법에 관심을 집중하여 사용한다고 볼 수 있다. 물질적-기호학적 방법은 행위자-연결망 이론보다 낯설게 느껴질 것이다. 보통 물질 기호학은 행위자-연결망 이론을 포괄하되 좀 더 넓은 영역을 가리킨다. 행위자-연결망 이론이라는 표현은 1990년대 초에 나왔는데, 물질 기호학이라는 용어는 이보다 약간 먼저 1980년대에 나타났던 것으로 알려져 있다.

『프랑스의 파스퇴르화』는 과학 텍스트 주해 혹은 과학-정치학 논고 혹은 물질 기호학 혹은 행위자-연결망 이론의 성전이라고 할 수 있는데, 더 정확히 말하면 제2 성전이다. 제1 성전은 『실험실 생활』이다. 『실험실 생활』에서 행위자, 행위소, 작인, 강함의 시도 등의 개념을 사용하지는 않지만, 이미 그 구체적 내용을 경험적 연구를 통해 매우 상세히 보여주고 있기 때문이다. 더욱이 『실험실 생활』을 통해 얻은 학문적 경험을 바탕으로 라투르는 『비환원: 과학-정치학 논고』를 1981년에 썼던 것이다. 그의 나중 책 『판도라의 희망(Pandora's hope)』, 『사회적인 것 재조립하기』, 『존재 양식의 탐구(An inquiry into modes of existence)』 등에 『프랑스의 파스퇴르화』의 자취는 물론 『실험실 생활』의 그것 역시 뚜렷하다. 라투르와 관련하여 이 제2 성전이 제1 성전보다 더 다양한 독자층에서 읽혀왔다. 이 책은 과학철학, 좀 더 넓게 과학학은 물론 사회과학, 나아가 여러 차원의 철학에 영향을 미치고 있다. 예를 들어, 근래의 신유물론(new materialism), 하먼(Graham Harman) 등의 대상 지향 존재론(object-oriented ontology) 등에도 중차대한 요소가 되어왔다. 이런 맥락에서 물질 기호학이라는 표현이 신유물론과 대상 지향 존재론과 어울리는 표현으로 보인다.

과다연결 사회(hyper-connected society)와 신유물론 등과 라투르 철학의 연관성에 대하여 이중원 선생과 이야기를 나누곤 했으며, 번역에 도움이 되었다. 박범순, 홍성욱 선생 등과 이따금 만나도 라투르에 관해 이야기할 기회가 있었는데, 번역에 유익했다. 번역 중이던 2022년 라투르가 사망하여 유감스럽다. 마침내 대한민국에서 이 책이 나온 것을 알고 그가 하늘에서 기뻐하리라.

미셸 세르(Michel Serres)와

그의 북서 해로(Northeast Passage)를

가로지르고 있는 이들 모두에게

감사의 말

이 책의 첫 번째 부분 "미생물의 전쟁과 평화"는 알란 셰리든(Alan Sheridan)에 의해 번역되었고, 두 번째 부분 "비환원"은 존 로(John Law)에 의해 번역되었다. 영어판은 그러고 나서 나에 의해 수정되고 확대되었다. 존 로에 그 인내에 대해 그리고 파리국립고등광산학교(École Nationale Supérieure des Mines de Paris)에 그 지원에 대해 감사한다.

B.L.

제1부

—

미생물의 전쟁과 평화

도입. 재료와 방법

전쟁 기계에서 전쟁과 평화로

1812년 10월 6일, 러시아 군대 장군 쿠투조프(Kutuzov)가 타루티노(Tarutino)의 주요 전투에서 나폴레옹(Napoleon)이 이끈 대육군(Grande Armée)을 이겼다. 적어도, 이것은 차르가 상크트 페테르부르크(Saint Petersburg)에서 모았던 인상이었는데, 그는 쿠투조프에게 다이아몬드 별을, 그의 참모장 베닝센(Benningsen)에게 다이아몬드와 현찰 수백만 루블을, 그의 많은 장교에게 승진을 제공했다. 그것은 또한 그 프랑스인이 모았던 인상이었는데, 그는 오를로프-데니소프(Orlov-Denisov)의 코사크(Cossacks)와의 짧은 조우를 주요 패배로 여겼다. 『전쟁과 평화(War and Peace)』에서 그 전투에 관해 썼던 톨스토이(Tolstoy)는 그것이 어쨌든 일어났었느냐에 관해서 그다지 확신하지 못한다. 그런데도, 그는 쿠투조프가 싸우길 원하지 않았던 점은 확신한다. 차라리 그는 그것을 몇 주 연기하고자 했다. "모든 그의 추정된 힘, 그의 지력, 그의 경험, 인간에 관한 그의 지식에도 불구하고, 쿠투조프는 …… 피할 수 없는 진격을 더는 억제할 수 없었고, 그가 쓸모없고 유해하다고 여긴

바를 향해 명령을 내렸는데 — 즉, 기정사실에 찬성했던 것이다"(p. 1175).[1]

기정사실을 받아들이고 명령에 서명한 이후에조차, 쿠투조프는 그의 군대를 100피트마다 45분 동안 계속 정지시켰다! "톨(Toll)이 이끈 배열은 완벽히 만족스러웠다. 아우스털리츠(Austerliz) 전투에 대해 — 이번에는 독일에서가 아니었음에도 — 그랬던 것처럼 바로 그렇게, '첫 번째 열은 이런 식으로 그리고 저런 식으로 전진할 것이며, 두 번째 열은 이 장소로 그리고 저 장소로 전진할 것이다' 등등이 이야기되었다. …… 모든 것이 경탄할 만하게 사고되어 왔는데, 대형(隊形)이 항상 그렇듯이, 그리고 단 하나의 열도 지정된 시간에 그 목표에 도달하지 않는 경우가 없듯이 말이다"(p. 1176). "그것이 일이 항상 우리와 함께한다는 것이지 — 말 앞의 수레라고!"(p. 1183). 정말로, 전투 동안 아무도 어느 것이 말이고 어느 것이 수레인지 확실히 알지 못했는데, 행위는 의도되었던 바에서 계속 떠내려갔다. 10월 2일, 쿠투조프가 그의 더 나은 판단에 반해 행위를 하도록 강요받은 후, 그의 서명된 명령은 계속 전환되었다. 그것을 들고 있던 젊은 장교가 길을 잃었고 장군들을 찾을 수 없었다. 결국 그는 밤늦게 전선 사이에 있는 한 저택에 도달했는데, 놀랍게도, 그 고위 참모는 주연(酒宴)을 벌이고 있었다. 아침에 쿠투조프가 전투하려 일어났을 때, 그는 싸우길 원치 않았는데, 그는 단 하나의 병사도 준비되어 있지 않았음을 격노하며 발견했다. 어떤 장교도 아무런 전진 명령을 받지 못했다. 그런데도, 전체적으로, 톨스토이는 그 전투 — 계획되었음에도, 결정되지 않고, 싸우지 않았던 — 는 러시아의 관점에서는 성공이라고 여겼다. "그 전투의 어떤 쟁점이 그것의 실제 결과보다 더 시의적절했다고 상상하기란 어려우며 심지어 불가능할 것이다. 최소 비용으로 그리고 하찮은 손실 비용으로, 거의 예를 찾을 수 없는 혼란에도 불구하고 전체 작전의 가장 중요한 결과들이 얻어졌다"(p. 1184).

책임 귀속, 사람의 군집, 잃어버린 명령에 관한 이 이야기는 무엇인가? 우리는 전략 — 계획된 행위의 요약 — 과 명령 — 가장 질서 지워진 감독의 체계 —

의 군사적 사슬에 관해 이야기하고 있는 것인가? 정말로 우리는 그러하지만, 톨스토이는 지도자, 전략, 명령의 사슬의 의미를 영원히 전복해 버렸다. "만일 역사가가, 특히 프랑스 역사가가, 우리에게 부여한 해명 안에서, 그들의 전쟁과 전투가 사전에 처방된 계획에 순응하는지를 우리가 찾는다면, 이끌어낼 유일한 결론은 그들의 해명은 참이 아니라는 것이다"(p. 1184).

역사가가, 특히 프랑스 역사가가 나폴레옹의 승리 또는 패배가 아니라 다른 프랑스 천재인 파스퇴르(Pasteur)의 미생물에 대한 승리를 기술하는 것을 우리가 들을 때 우리는 그럼 어떤 결론을 끌어내야 할까? 1881년 6월 2일, 보스(Beauce)의 푸이-르-포르(Pouilly-le-fort)라는 작은 마을에서, 루이 파스퇴르는 탄저(炭疽, anthrax)라고 불린, 양과 염소의 가공할 질병을 패배시켰다. 파스퇴르의 한 친구는 이런 해명을 제시한다. "푸이-르-포르는 오늘날 다른 어떤 전장만큼 유명하다. 새로운 아폴론인 파스퇴르 씨는 신탁을 주는 것을 두려워하지 않았고, 그 시(詩)의 아이보다 성공을 더 확신했다. 미리 펼쳐놓은 프로그램 안에서, 일어나게 될 모든 것이 단순히 대담무쌍처럼 보였던 확신과 더불어 고지되었는데, 왜냐하면 여기서 신탁은 과학 자체, 말하자면 긴 일련의 실험으로 선언되었기 때문인데, 그 실험들에 관해, 그 법칙의 진리가 발견했던 절대적 확실성과 함께 결과의 변함없는 항구성이 증명되었던 것이다"(Bouley: 1883, p. 439). 그 전략은 전적으로 미리 개념화되었다. 파스퇴르는 그것을 꾸몄고 모든 세부 사항을 계산에 넣었다. 그것은 계획에 의해 진행되었으며, 조수와 관리인을 거쳐 파스퇴르에서 양으로 가는 명령의 엄격한 질서를 따랐다. 톨스토이의 조언을 따라, 우리는 그러한 해명이 거짓이어야 한다고 말할 수 있다. 우리는 무엇이 일어났는지는 모르지만, 우리는 사람의 군집이 그 일에 참여했으며 백신을 맞은 양과 맞지 않은 양이 시험을 견디는지 보기 위해 그들의 의도의 미묘한 번역(translation)이 또는 "표이(drift)"가 그들을 그 작은 마을로 이끌었다.

우리는 과학이 전쟁과 정치에서 자유롭기를 좋아할 것이다. 적어도, 우리는 타협, 표이, 불확실성이 아닌 결정을 이루길 좋아할 것이다. 권력관계의 무질서한 혼동에 더해, 어딘가에 합리적 관계가 존재한다고 느끼길 바랄 것이다. 타루티노에 더해, 우리는 푸이-르-포르를 가질 것이다. 폭력과 논쟁에 둘러싸여, 우리는 논쟁 불가능한, 효과적 행위가 출현할 개간지(clearings) — 고립되었든 연결되었든 — 를 보길 좋아할 것이다. 이 목적으로 우리는, 단일 움직임 안에서, 한편으로 정치를 그리고 다른 한편으로 과학 또는 테크노사이언스(technoscience)를 창조했다(Shapin and Schaffer: 1985). 계몽주의(Enlightenment)란 이들 개간지가 세계를 덮을 때까지 이들을 확장하는 일에 관한 것이다.

적어도 한 이유에서,[2] 그러한 계몽을 여전히 믿는 이는 몇 안 된다. 이들 계몽된 개간지 안에서 우리는 논증하기, 폭력, 정치의 전체 병기고를 발전시키는 일을 보아왔다. 축소하는 일 대신에, 이 병기고는 엄청나게 확장되어 왔다. 종교전쟁의 꼭대기 위로 온, 과학의 전쟁은, 이제 격노다. "타나토크라시(Thanatocracy)"는 과학의 구원적 덕목 안에서 우리의 실망을 이름 짓고자 미셸 세르(Michel Serres)가 벼려야 했던 단어다.[3] 계몽주의의 도래를 여전히 믿는 이는 몇 안 되지만, 누구도 믿음의 이 손상에서 아직 회복되지 않았다. 그것을 믿지 않는 일은 우리가 암흑기로 되던져졌다고 느끼는 것이다.

우리가 이 실망을 넘어서게 하려고 우리가 인식론(epistemology)에 의지할 수 없다. 인식론자가 시간 속에서 변했지만, 그들은 과학을 그 적들에 맞서 방어하는 전쟁 기계가 되어왔는데 — 처음에는 그 좋았던 시절에 종교에 맞서서, 그러고 나서 과학 자체의 너무도 많은 낙관론에 의해 생성된 몇몇 환영(幻影)에 맞서서, 훨씬 뒤에는 전체주의국가가 자유로운 과학적 탐구의 자율성을 대표하는 것에 맞서서, 마지막으로 정치인 또는 기업에 의해 왜곡된 과학의 오용에 맞서서 말이다. 과학이 무엇이고 무엇이어야 하느냐에 관한 이들 논쟁적 버전은 야만인들과 싸우는 데 그리고 그들을 어느 정도 거리를 두도록 유지하는 데 편리하다. 그것들은 논쟁이 무엇이고 과학과 전쟁이 어떻게 그토록 섞이게 되는지를 기술하는 데 쓸모가 없다. 장군들처럼 인식론자들은 항상 한 가지 전쟁에 너무 늦는다. 문제는 종교, 오용, 나치돌격대, 또는 탐욕스러운 회사 이익에 맞서 과학을 옹호하는 일이 더는 아니다. 우리가 지금 직면한 문제는 그 안에서 실험실이 과학과 정치의 여러 원천 가운데 단지 하나의 원천인 전쟁과 평화의 그러한 불명료한 혼합을 이해하는 것이다. 과학의 사안 속에서 불가지론(agnosticism)은 과학의 경계(境界)의 근위대에 의해 전투가 이루어지는 여러 전쟁의 한쪽에서 덫에 걸리지 않고서 출발하는 유일한 길이다.

소음과 무질서에서 과학을 떼놓는, 인식론자들에 의해 용감하게 옹호된 순진한 견해를 몇 안 되는 이들이 여전히 믿고 있음에도, 어떻게 그것이 전개되며 왜 그것이 작동하는지에 관한 명쾌한 설명을 제공하고자 다른 이들은 과학의 전략에 관한 합리적 버전을 공급하길 여전히 원할 것이다. 그들은 과학을 형성하는 사회적 집단에 일정한 관심을 돌리고, 그들에게 명시적 경계들을 부여하고, 과학의 거시 구조로부터 과학의 미세 알갱이로 가는 명령의 엄격한 사슬을 재구성하기를 바랄 것이다. 우리가 과학에 대한 우리의 믿음을 포기해야 할지라도, 우리의 몇몇은 또 다른 과학이, 즉 사회와 역사에 관한 과학이 과학을 설명할 수도 있으리라는 희망을 존속시키길 여전히 원할 것이다. 아아, 톨스토이가 우리에게 보여주는 것처럼, 우리는 우리가 과학을 어떻게 설명할지 아는 바 어떤 이상으로 전쟁과 정치를 어떻게 기술할지를 알지 못한다. 과학을 설명하기 위한 잘 개념화된 마키아벨리적 전략들을 제공하는 것은 "첫 번째 열 행진하라, 두 번째 열 행진하라"라고 쓰는 것만큼 무의미하다. 과학, 종교, 정치의 전쟁을 동시적으로 기술하는 중에 우리의 문제는 어떤 전쟁을 그것에 과학의 결과를, 즉 전략, 역사, 사회학, 신학, 또는 경제학을 더하지 않고서 우리가 어떻게 기술할지에 관해 아무런 착상도 갖고 있지 않다는 사실에서 나온다.[4]

또 다른 전쟁을 하는 혹은 과학이 마음의 기적적 평화를 제공한다고 다시 한번 믿는 우리 스스로가 없이, 과학과 사회를 동시에 이해하기 위해, 우리는 과학과 평화를 다른 방식으로 기술해야 한다. 더 앞선 시기의 한 예에 호소하는 일이 우리가 출구를 찾는 데 도움이 될 수도 있다. 종교전쟁의 골치 아픈 시기에 민주주의를 재확립하기 위해, 스피노자(Spinoza)는 성경 텍스트와 관련된 한에서 불가지론적으로 되어야 했고 복음 메시지와 대량 학살의 충격적 혼합을 이해하는 새로운 방식을 고안해야 했다. 그의 『신학-정치학 논고(Tractatus Theologico-Politicus)』 속 새로운 성서 주해(biblical exegesis) 스타일은 종교 또는 과학에 대한 믿음에 의해 제공된 해결책(그것들이 자연적이든 사회적이든)과는 다른 그것을 가리킨다.[5] 여기서 나는 과학 텍스트 주해(exegesis of scientific texts)에 의해 제공된 자원들을 사용하는 과학 전쟁(scientific wars)을 다룬다. 나의 "과학-정치학 논고(Tractatus Scientifico-Politicus)"는 과학을 사회의 나머지로부터 이성을 힘(force)으로부터 깨끗이 나누는 대신, 전쟁 시기에 소환된 다양한 동맹자(allies) 사이에서 아무런 선험적(a-priori) 구별도 하지 않는다. 동맹자 사이의 유사성을 인식하면서, 무엇이 강하고 무엇이 약한지에 대한 아무런 선험적 정의도 제공하지 않는다. 나는 모든 것이 힘의 관계(relation of forces)와 연루된다는 그러나 정확히 무엇이 힘인지에 대한 전혀 아무런 착상도 나는 갖고 있지 않다는 가정과 더불어 출발한다.[6]

이 새로운 요령을 완벽히 명료하게 하려고, 나는 그것을 두 번 취한다. 책의 첫 번째 부분에서 나는 유명한 역사적 전투에서 취한 일련의 텍스트를 연구한다. 두 번째 부분에서, 나는 어떻게 여타 정치과학적 혼합물(politico-scientific mixtures)이 똑같은 방식으로 연구될 수 있는지를 보여주는 원리들을 연구해 낸다. 구식 용어를 사용하자면, 책의 첫 번째 부분은 더 경험적이고, 두 번째 부분은 더 이론적이다. 더 적절한 말을 사용하자면, 첫 번째 부분은 사회학 또는 사회사(social history)의 문헌 장르에, 두 번째 부분은 철학의 그것에 속한다. 만드는 중의 과학(science in the making)을 연구하는 이와 과학의 경계를 지킨다고 또는 과학의 토대를 수립한다고 주장하는 이로 영역을 나누는 대신, 나는 그 둘을 결합하며, 그들이 서야 하거나 쓰러져야 하는 것은 함께이다.[7]

어떻게 우리는 논쟁 불가능한 과학을 논쟁하게 되는가?

만일 과학이 정치와 독립되어 있지 않다면, 무언가 빠트린 것이 될 것이며 하늘이 우리 머리 위로 떨어지게 될 것이라고 항상 보였었다. 하늘이 그 자체로 완벽히 잘 붙들고 있음을 보이기 위해, 우리는 특수한 과학적 훈육 속에서 과학에 대한 믿음이, 하느님에 대한 오래된 믿음처럼, "군더더기 가설(superfluous hypothesis)"임을 우리가 증명할 수 있어야 한다. 우리는 "과학"과 "사회" 둘 다 힘들 사이의 관계에 대한 분석에 의해 더 적절히 설명될 수 있다는 그리고 따로 서게 되었을 때 그것들이 상호 불가해하게 되고 불투명하게 된다는 증거를 제시해야 한다.

동의를 확보할 수도 있을 증명을 제시하는 유일한 길은 내가 증명하고자 하는 논제에서 가능한 한 가장 멀리 떨어진 예를 취하는 것이다. 우리는 급진적인, 도전 불가능한 과학 혁명을, 사회를 심오하게 변화시켰으면서도 그것에 별로 빚지지 않은 것을 취해야 한다. 루이 파스퇴르(Louis Pasteur)의 연구에 의해서 의학, 생물학, 위생학(hygiene)으로 도입된 혁명의 예보다 더 나은 예는 없다고 믿을 이유는 많다.

첫째, 이 혁명은 과학적 종교(scientific religion)의 그점에서 발생했다. 정말로, 보불전쟁(Fraco-Prussian War)과 제1차 세계대전 사이의 수십 년 동안, 과학이 정치적 논쟁을 제거하리라고 기대하는 것은 합리적으로 보였다. 둘째, 어떤 이 — 극단적 냉소주의자는 제외하고 — 도 의학에 대한 파스퇴르의 발견의 가치를 의심할 수 없다. 여타 기술적 정복 모두가 그것들의 비판자와 불평자 — 방사선으로 고통받는 이들은 말할 것도 없고 — 를 갖고 있지만 어린 이를 가공할 질병에 의한 죽음에서 막아내는 일은 이점 이외에 결코 다른 어떤 것일 수가 없었는데 — 물론, 그들 질병의 미생물에 의한 것을 빼고 말이다. 우리 자신의 시대에까지, 생물학은 그것의 위신을 건강에 대한 그것의 영향력에서 그리고 사회 안전 체계에서 끌어냈다. 셋째, 어느 여타 과학적 또는 기술적 혁신에서도 기초연구와 그것의 급속한, 널리 다다르는 응용 사이의 그토록 짧은 통로는 존재하지 않았는데 — 아주 많이도 그러해서 이것이 유일한 예인지 의아해하는 것이 합리적일 정도이고, 이는 일반 법칙으로 과장되어 왔던 것이다. 모든 여타 과학은 사회의 부분들에만 영향을 미치거나 결국 산업 또는 군대가 항상 개입하는 그러한 장기적 매개를 요구한다. 넷째 그리고 마지막으로, 파스퇴르의 급속한 성공은 어둠 속에서 더듬던 사람들에게 너무도 오랫동안 남겨졌던 영역에 대한 결국 있었던 과학적 방법의 적용에 기인했음을 부정하는 것은 불가능해 보인다.[8] 대부분의 사람은 파스퇴르와 더불어 의술이 과학이 되었음에 동의할 것이다. 보이지 않는 적에 대한 내과의와 외과의의 맹목적 투쟁과 두드러진 대조를 이루는, 파스퇴르 전격전은, 타협, 수선(tinkering), 논쟁에서 자유로운 확신을 주는 과학적 태도를 드러낸다. 요컨대, 그것은 논쟁 불가능한 사례이며 그러므로 나의 논증을 위한 완벽한 예다.

그러나 이 예를 "설명하기(explaining)"란 무엇을 의미하는가? 설명한다는 것은 분석을 파스퇴르"에게" 미친 "영향"에 또는 그의 성공을 "가속한" 또는 "감속한" "사회적 조건"에 국한하는 것을 의미한다. 그렇게 하는 것은 다시 한번 과학의 내용을 걸러 내보내는 일이 될 텐데, 그것의 사회적 "환경"만을 유지하게 된다. 우리가 신화, 의식, 또는 관습을 단순히 그것을 재복사하거나 반복함에 의한 사냥으로 설명할 수 없듯이, 바로 그렇게 우리는 과학을 그 결과를 바꿔 씀으로써 설명할 수는 없는 것이다. 다른 말로 하면, 파스퇴르주의자의 과학을 설명하기 위해서, 우리는 그 부족(tribe)의 용어 중

어떤 것에 의지함이 없이 그것을 기술해야 한다.[9]

그러나 어디서 우리가 조사 중인 과학과 독립적인 설명을 만들어낼 개념, 말, 연장을 찾을 수 있는가? 나는 그런 개념들의 확립된 비축이, 특히 이른바 인문과학, 특히 사회학 안에는 없음을 인정해야 한다. 같은 시기에 그리고 같은 사람들에 의해 과학주의(scientism)로서 발명된, 사회학은 사회학이 그것으로부터 아주 오랫동안 분리되어 왔던 숙련(skills)을 이해하는 데 무기력하다. 과학에 관한 사회학에 대해서 나는 그러므로 "내 친구들로부터 나를 보호하라. 나는 나의 적들을 처리하게 될 것이다"라고 말할 수 있는데, 왜냐하면 만일 우리가 과학을 설명하는 일에 착수하면 당연히 사회과학이 먼저 고통받게 될 것이기 때문이다. 우리가 해야 하는 일은 박테리아학(bacteriology)을 사회학적 용어로 설명하는 것이 아니라 그 두 말들을 한 번 더 인식 불가능하게 만드는 것이다.

나의 사례를 이뤄내고자, 나는 나 자신을 방어 불가능한 위치에 놓고 있는 것으로 보인다. 나는 과학사에서 최소한으로 논쟁적인 일화를 그것의 전문적 내용을 통과함이 없이 그리고 사회과학이 제공할 수가 있을 도움을 거절함이 없이 설명하려 하게 될 것이다. 적어도, 실패의 조건은 충분히 명확하다. 나는 세 가지 경우에서 실패하게 될 것이다. 만일 이 분석이 과학을 그것의 "사회적 조건(social conditions)"에로 사회학화하는 환원이 된다면, 만일 그것이 파스퇴르주의(Pasteurism)의 적용에 관한 만족스러운 분석을 제공하되 그것의 전문적 내용의 몇몇에 관해서는 제공하지 못한다면, 또는 연구된 사람들에 관한 민간전승(folklore)에 속하는 개념과 용어["증명(proof)", "유효성(efficacy)", "실연(demonstration)", "실재(reality)", "혁명(revolution)"과 같은 용어]에 의지한다면 말이다.[10]

우리의 세계를 이루는 방법

우리는 무엇에 관해 말하게 될 것인가? 우리는 어떤 행위자(actors)와 함께 시작하게 될 것인가? 우리는 그들에게 무슨 의도와 무슨 관심을 부여하게 될 것인가?[11] 내가 사용하는 방법은 우리로 하여금 행위자와 가능한 행위(actions)의 목록을 미리 결정하도록 요구하지 않는다. 우리가 당시 과학 문헌을 열면, 누가 주요 행위자이고, 그들에게 무슨 일이 일어나며, 어떤 시도를 그들이 겪는지를 우리를 위해 정의해 주는 이야기들을 우리는 찾는다. 우리가 우리 스스로를 위해 무엇이 세계를 만들고, 누가 "정말로" 그 안에서 행위를 하는 중심인물인지, 또는 그들이 서로에게 부과한 증명의 질이 무엇인지 결정해야 하는 것은 아니다. 혹은 무엇이 중요하고 무엇이 무시할 수 있는 것이며 무엇이 우리 주위에서 우리가 관찰하는 전투 속 전이(shifts)를 일으키는지를 우리가 미리 알아야 하는 것도 아니다. 당시의 텍스트에 관한 기호학적 연구가 우리를 위해 **상호정의**(interdefinition)의 업무를 행할 것이다. 예를 들어 틴들(Tyndall)의 이 기사를 취하라. "유사 시대 및 유사 이전 시대에, 이들 떠다니는 입자가 인류에게 끼친 모든 불행을 고려해 보라. …… 이 파괴적 행위는 오늘날 계속되고 있으며 수 세기 동안 계속되었는데, 아픈 이의 세계에 허용되고 있는 그 원인에 관해서 최소한의 의혹도 없이 말이다. 우리는 보이지 않는 재앙으로 타격받아 왔고, 우리는 복병을 만났으며, 과학의 빛이 그들 무서운 억압자에 도달하고 있는 것은 오늘날일 뿐이다"(1877, p. 800).[12]

어떤 다른 선가정(presuppositions) 없이, 우리는 이 문장을 시작으로 취할 수 있고 그것을 기호학(semiotics)에 의해 제공된 연장과 더불어 연구할 수 있다. 틴들이 행위자들을 정의한다. 그들은 인간(human) 또는 비인간(nonhuman)인가? 그들은 무엇을 원하나? 사악한 것. 그들은 무엇을 하나? 그들은 기다리며 누워 있다. 언제 이래로? 시간의 시작 이래로. 무슨 일이 발생했는가? 한 사건. 그들은 가시화되었다. 무엇이 그들을 가시화되도록 만들었나? 또 다른 행위자인, 과학이 있는데, 그것은 다시 그것의 수행(performance)에 의해 기록되어야 하고 정의되어야 한다.[13]

세계가 무엇으로 이루어져 있느냐를 우리가 미리 알 수 없다는 사실이 출발을 이뤄내기를 거부하는 이유는 아닌데, 왜냐하면 **여타** 이야기꾼은 그들을 둘러싸고 있는 행위자들을 알고 있는 것으로 보이며 계속 정의하고 있기 때문인데 — 그들이 무엇을 원하고, 그들이 무엇을 일으키며, 그들이 약해질 수 있거나 서로 연결될 수 있는 방식들 말이다. 이들 이야기꾼은 원인을 부여하고, 사건에 날짜를 달고, 존재자들(entities)에게 성질을 주며, 행위자들을 분류한다. 분석자가 그들보다 더 많이 알 필요는 없다. 그는 어떤 지점에서, 각 행위자가 다른 이들에 관해 말하는 것을 기록함으로써 시작해야 할 것이다. 그는 합리적이고자 해서는 그리고 연구된 글쓴이들에 의해 제공된 때로 야릇한 상호정의에 관한 몇몇 사전에 결정된 사회학을 부과하고자 해서는 안 된다. 분석자의 유일한 과업은 이야기 안에 소집된 행위자들이 겪고 있는 변환(transformations)을 따라가는 것이다. 예를 들어, 보불전쟁 직후에 쓰인, 한 논설은 진술한다. "우리를 정복한 것은 과학과 과학 정신이다. 이전 시기 위대한 프랑스 과학의 완전한 부활 없이, 가능한 구원이란 없다" (1872, p. 102).

이것은 프랑스의 패배를 실제로 야기했던 것에 관한 "이데올로기적" 연출인가?[14] 그것은 일어났던 바에 대한 "가짜의" 표상인가? 이것이 19세기 말 과학주의에 관한 순수한 "표현"인가? 1872년 논설위원은 패배를 과학의 결여에 돌렸다. 이 전가는 우리로 하여금 사설 안에서 작동 중인 표이를 따라갈 수 있도록 하기에 충분하다. 당신은 복수를 원하는가라고 글쓴이는 묻는다. 그것을 위해, 당신은 군인을 필요로 한다. 군인을 갖기 위해서, 당신은 건강한 프랑스 남자를 필요로 한다. 그러나 건강을 파수(把守)하는 것은 무엇인가? 의학. 그리고 의학 자체는 무엇에 의존하는가? 과학들. 그리고 그 과학들은 다시 무엇으로 이루어지는가? 돈. 그리고 돈은 어디서 오는가? 국가 예산. 그러나 의원들은 바로 지금 연구 보조금을 토론하고 있다. "몫은 가장 크게 소리치는 이들에게 인정을 베푼다"라고 논설위원이 쓴다. 그러므로 그의 충고는 이렇다. 당신의 의원에게 편지를 쓰라, 그래서 정부가 예산을 끊지 않게 되도록, 실험실에 있게 되도록, 그래서 과학이 있게 되도록, 그래서 의학이 있게 되도록, 그래서 …… 그래서 …… 그리고 그래서 우리가 마침내 우리의 복수를 갚게 되도록 말이다. 나폴레옹 또는 쿠투조프가 그들의 진격 명령에 "정말로" 썼던 바를 우리가 알아야 하는 일 이상으로 이 글쓴이가 "정말로" 원하는 바를 우리가 알아야 하는 것은 아니다.[15] 온 마음으로 복수를 원하는 독자가 예산 삭감에 반대해서 그의 의원에게 청원하도록 이제는 요청받을 수 있는 그러한 방식으로 그 글쓴이가 그의 사설을 작성한 것으로 충분하다. 이 **번역**(translation)의 움직임은 우리에게 충분하다.[16] 우리는 우리의 눈을 "보주(Vosges)의 푸른 선"에 고정해 놓았었다. 이제 우리는 알사스(Alsace)가 과학 예산을 통해 이 통로의 수단으로 **더 빨리** 이겨서 되찾을 수 있도록 논의하는 종잇장 위에 눈을 못 박았다.

여기서 내가 사용하는 방법은 그것들이 그 시기의 글쓴이들에 의해 만들어지는 동안의 이 모든 번역, 표이, 우회(diversions)를 따라가는 것으로 단순히 구성된다. 복잡화(complication)에 관한 나의 탐색에도 불구하고, 나는 이 단순한 방법 이상의 아무런 것도 찾을 수 없을 수 있다. 기호학은 내게 한 학제를 제공해 주지만, 50년이라는 기간과 수천 쪽을 포괄하는 일은 너무도 꼼꼼한 것이므로, 기호학적 방법을 여기서 행위자와 번역의 사슬(chains of translations)에 관한 상호정의에 국한된다.[17]

나는 이 단순한 연장을 세 가지 정기간행물에 관한 분석에 적용한다. ≪과학 비평(Revue Scientifique)≫, ≪파스퇴르 연구소 연보(Annales de l'Institute Pasteur)≫, ≪의학 콩쿠르(Concours Médical)≫. 19세기 중반에 만들어진 그리고 교육받은 더 넓은 대중을 위해 과학자들 자신이 썼던 한 일반적 주간 비평인 ≪과학 비평≫은 ≪사이언티픽 아메리칸(Scientific American)≫과 ≪사이언스(Science)≫의 일반 관심사 쪽들 사이의 어딘가에 떨어진다. 나는 프랑스의 패배의 해인 1870년부터 복수의 날짜이며 또한 인플루엔자의 손에 의해서 엄청난 패배의 날짜였던 1919년까지 학술지 전체를 읽어 지나갔다. 나는 스스로를 특수한 과학에 제한하지 않았으되 저자들이 병, 생물학, 건강, 파스퇴르, 미생물, 의사, 위생학에 대해서 했던 모든 참조를 기록했다. 유관된 기사 각각에 대해서 나는 어떻게 행위자가 이루어졌고 순위가 매겨졌는지를 선험적으로 정의하려 하지 않고서, 행위자와 번역의 사슬에 관한 상호정의의 윤곽을 그렸다. 철저하려 하지 않고서, 나는 그럼에도 ≪비평≫의 쪽들 전체를 통해 파스퇴르와 그의 미생물에 관한 대다수의 암시를, 아무리 거리가 있더라도, 기록했다.

1887년 만들어진 ≪파스퇴르 연구소 연보≫는 파스퇴르 연구소의 공식적 과학 학술지다. 이 경우 1887년에서 1991년까지 모든 기사가 기호학에서 역시 빌려온 단일 규정에 따라 취급되었고 집성되었다. ≪비평≫에 관한 연구와 달리, 이 연구는 전체 문헌 읽기를 포함했으며 그리하여 그 연구소의 공식적인 과학적 산출에 관한 정확한 관념을 제공했다. 프랑스의학회에 의해 출간된 정기간행물, ≪의학 콩쿠르≫는 1885~1905년의 결정적 연도들에 대해서만 연구되었다. 이 사례에서 나는, ≪비평≫에서처럼 또한 비명시적 번역들의 경로에 관한 추적을 시도함이 없이, 파스퇴르에 대한 명백한 암시들만을 기록했다.

문서 재료가 이들 세 가지 학술지에 국한되므로, 박테리아학과 프랑스 사회를 동시에 설명하려는 나의 노력은 오로지 이 기초 위에서 판단될 수가 있을 것이다. 파스퇴르는 그가 외과의가 되는 영광을 주장할 수가 없으리라고 말했다. 나는 역사가가 되는 영광을 주장할 수 없다. 이 착수가 과학사에 어떤 것을 더한다고 주장하지 않으며, 19세기 역사에 대해서는 훨씬 더 그렇다. 나는 역사를 뇌과학자가 쥐를 사용하는 것처럼 쓰는데, 나로 하여금 과학의 **내용**(content)과 그 **맥락**(context)을 한꺼번에 이해하도록 해줄 수가 있는 기제들(mechanisms)을 따라가기 위해 그것을 베어 통과할 것이다. 이 이유로 문서 재료의 제시는 역사적 경로를 따라가기보다는 오히려 파스퇴르적 세계를 천천히 만들어내는 연합의 연결망(networks of association)을 따라간다. 운 좋게도, 그 시기가 파스퇴르의 기획에 대해 서로 다르게 반응하는 아주 많은 통제 집단(control groups)을 우리에게 제공해 준다. 결핵, 콜레라, 디프테리아(diphtheria), 파상풍(tetanus), 황열(yellow fever), 광견병(rabies), 역병(plague)은 물론, 위생학자, 생물학자, 외과의, 위생 기사, 수의사, 클로드 베르나르(Claude Bernard) 같은 생리학자, 의학박사, 군의(軍醫) 모두가 서로 다른 경로를 따라 움직였는데, 톨스토이가 그의 책 속 전투들에서 기술하는 흥미로운 혼동의 종류를 우리에게 제공하는 것이다. 여기서 나는 서로 다른 통제 집단을 상호 대조하는데, 그렇게 해서 맥락 또는 내용에 관한 각각의 논의는 사회와 그것의 과학 사이의 새로운 연관에 의해 대체될 수 있다.

제1장
강한 미생물과 약한 위생주의자

"파스퇴르"에 관해서 또는 파스퇴르에 관해서조차 이야기하는 것이 필요한가?

연구하고자 내가 선택했던 반례는 그것이 습관적으로 정식화되는 방식 때문에 아주 명백히 논쟁의 여지가 없다. "파스퇴르에 의해 의학에 도입된 혁명". 우리가 여기서 가진 바는 원인과 시간의 귀속이다. 우리는 그것이 지배적 관점 ― 다른 시간에 다른 목적을 추구하는 다른 작인(agents)과 싸운 전투에서 그러므로 승리했던 관점 ― 을 나타낸다고 또한 말할 수가 있겠다. 19세기 말 위생학과 의학에 관해서 우리가 이야기할 때 우리는 파스퇴르에 대해서 이야기해야 하는가? 우리가 그래야 하는지 즉각적으로 명백하지는 않다. 이 안에서 파스퇴르의 위치는 톨스토이가 『전쟁과 평화』라는 이름 아래서 썼던 정치철학에 관한 그 논고 속 나폴레옹과 조금 비슷하다.

그 책에서, 톨스토이는 그에게 본질적 질문인 바에 깊이를 부여하기 위해 수백 명의 인물을 소환한다. 하나의 인간이 무엇을 할 수 있는가? 나폴레옹 또는 쿠투조프와 같은 위인이 정말로 하는 바는 무엇인가? 그의 세기의 역사가들이 몇몇 인간의 덕목 또는 천재성 안에 놓았던 유효성을 톨스토이가 일반 대중에게 되돌려주는 일은 약 800쪽을 취한다. 톨스토이는 성공했으며, 이름을 남기는 약간의 인물에 의해 표상되는 또는 전용되는 전반적 움직임과 관련하여 최근 역사 전체는 위인의 상대적 중요성에 대한 그의 이론들을 지지해 준다. 이는 **정치인**이 관련된 곳에서 적어도 참이다. 우리가 **과학자**를 다루고 있을 때, 우리는 여전히 한 사람의 위대한 천재성 및 덕목을 여전히 감탄하며 그를 위대하게 만든 힘들(forces)의 중요성을 또한 별로 의심하지 않는다. 우리는 기술 분야 또는 과학 분야에서 이루어진 발견과 발명과 기계를 **확산하기** 위해 다수의 사람이 필요하다는 점을 인정할 수가 있다. 그러나 그것들을 창조하기 위해서는 확실히 그렇지가 않다! 위대한 사람은 실험실 안에 혼자, 그의 개념들과 더불어 혼자 존재하며, 그의 정신력으로 그는 혼자서 그 주위의 사회에 혁명을 일으킨다. 위대한 정치인의 경우 자명하게 여겨지는 바에 대해서, 과학의 위인의 경우, 수용을 얻어내기가 왜 그리 어려운 것인가?

톨스토이가 나폴레옹적 성인전(聖人傳, hagiography)에 반대하여 분개한다면, 프랑스인이 루이 파스퇴르에게 시작부터 부여했던 속성들에 대해서 우리는 무엇을 말하게 될 것인가? 그는 모든 것을 했다. 그는 새로운 의학, 새로운 생물학, 새로운 위생학을 재생시켰고, 혁명화했으며, 창조해 냈다. 란두지(Landouzy)가 쓴다. "파스퇴르의 세기가 했던 것처럼, 한 세기가 당신이 그것의 새벽을 조만간 환영하게 될 그러한 세기를 향해 결코 작동하게 되지는 않을 것이다"(1885, p.107). 프랑스의 모든 읍과 마을의 주요 거리가 한 사람의 이름을 갖게 하는 것, 또는 사람들이 침 뱉는 것을 막는 것, 그들이 배수로를 치도록, 백신을 맞도록, 혹은 혈청요법을 창조해 내도록 설득하는 것 어떤 이상의, 한 세기가 되는 일이 모든 이에게 부여되지는 않는다. 파스퇴르는, 그 자신의 권력으로, 또는 적어도 그의 관념의 권력을 통해 모든 것을 했다. 그러한 견해는 쿠투조프가 나폴레옹을 패퇴시켰다는 진술만큼 유지 불가능하다. 모든 위인에 대해서, 이야기되어야 한다. "사람들의 움직임을 설명할 수 있는 유일한 관념은 사람들의 전체적 움직임과 어울리는 힘이라는 관념이다. 하지만 이 관념을 제공하기 위하여 역사가는 전적으로 상이한 종류의 힘들을 가정하는데, 그것들 모두는 관찰된 움직임과 어울리지 않는다."[1] 권력이라는 관념은, 관념의 권력이든 정치적 영향력의 권력이든, 이들 잘못된 관념의 하나이다. "카이사르들(Caesars)이든, 알렉산드로스들(Alexanders)이든, 루터들(Luthers)이든 혹은 볼테르들(Voltaires)이든, 분리된 개인에 관하여 역사가 쓰이고, 한 사건에 참여하는 것 **모두** — 절대적으로 **모두** — 에 관한 역사는 쓰이지 않는 한, 다른 사람들이 그들의 활동을 일정한 목적을 향하도록 강요할 수 있는 힘을 개별적 인간에게 돌리는 것은 불가능하다"(Tolstoy: 1879, p. 1409).

전체 유럽이 그것의 존재 조건을 직전 세기 끝에서 변환시켰다면, 앞을 향한 이 비상한 도약의 유효성을 단일 인간의 위대한 천재성에 돌려서는 안 된다. 하지만 우리는 그가 어떻게 그 움직임을 따라갔고, 그것에 동반했고, 때로 그것에 앞섰으며, 그러고 나서 그것에 대한 유일한 책임을 (적어도 프랑스에서) 부여받았는지를 이해할 수 있다. 파스퇴르의 동시대인, 파스퇴르주의자, 프랑스 역사가는 이 문제를 의식하지 않았다. 파스퇴르가 "홀로" 모든 것을 하지는 않았음을 그들 모두가 인정했으나, 파스퇴르는 "잠재적으로" 모든 것을 했다고 또는 그 나머지는 **잠재태의**(in potentia) 파스퇴르의 관념 안에서 발견되게 되었을 것이라고 가정함으로써 이 인정에서 그들은 빨리 물러섰다. 파스퇴르 성인전 작가 중 하나인 불레이(Bouley)가 말하기로, "한 인간이 존재했고 내가 관련지어야 하는 위대한 일들에 관해 이야기하기 위해서, 내가 보쉬에(Bossuet)의 유명한 기간 중 하나를 빌리자면, 믿을 수 없는 정신의 깊이를 지닌 한 인간이 존재했다"(1881, p. 546). 정말로, 사회의 급속하고, 완전한 변환이 하나의 인간의 "사고"에 돌려지므로, 우리는 감탄하여 무릎을 굽히고픈 유혹을 느낀다. 트렐라(Trélat)가 소리치기로, "그러한 전투에서 이길 수 있었던 천재의 힘에 의해서 당신은 당황하지 않는가?"(1895, p. 170). 그렇다, 물론 우리는 당황하는데 — 우리가 한 인간의 힘을 그에게 **돌려진** 힘과 혼동한다면 말이다. 우리가 파스퇴르를, 그를 그의 동음이의어와 혼동하지 않기 위하여 그것을 인용 부호 사이에 위치시킬 "파스퇴르"와 혼동한다면 말이다. 나폴레옹의 천재성 또는 로트실트(Rothschild)의 천재성에 대해서 우리가 더는 하지 않는 바를 파스퇴르의 천재성에 대해서는 우리가 여전히 해야 하는가? 러시아의 작전을 사회학 또는 경제학의 관점에서 다루는 일이 충분히 쉽다는 것을 우리가 발견한다면, 왜 우리는 사회학을 파스퇴르적 박테리아학에 적용하는 것을 그토록 꺼리는가?

이 주저의 이유는 단순하다. 프랑스 분석가들은 주저조차 하지 않는다. 그들에게는 분석할 것이 없다. 정말로, 과학이 관련된 곳에서, 관념, 몸짓, 기법의 확산은 특별한 문제를 제기하지 않는다고 그들은 거의 불변적으로 가정한다. 관념 또는 몸짓의 구성만이 문제가 된다. 사회에 관한 그들의 관념은 고전역학에서 빌려온 것이다. 관성, 즉 힘에 대한 저항을 지닌 기법은 그 속성을 항상 유지하며, 잇따른 충격의 과정에서 그것을 잃을 수 있을 뿐이다. 그러한 모델과 함께, 우리는 파스퇴르 실험실에 힘의 **전체**를 돌려야 하고 힘을 전달하거나 그것의 일부를 흡수할 수 있을 뿐인 모든 사회적 집단을 불활성 물질로 여겨야 한다(그들은 "진보에 적응하거나" "저항한다"라고 이야기된다). 그러나 사회물리학(social physics)에서 관성의 법칙이란 없다는 점이 명확히 이해되어야 한다. 실험이 성공했음을, 기법이 효과적임을, 증명이 참으로 결정적임을 누군가에게 확신시키기 위하여, **하나 이상의 행위자**가 존재해야 한다. 관념이나 실천은 A가 그것에 주는 힘만으로 A에서 B로 움직일 수 없다. B가 그것을 잡아야 하고 **움직여야** 한다. 파스퇴르의 관념들의 확산을 설명하기 위하여, 파스퇴르 및 그의 협력자의 힘 이상의 아무것도 우리가 갖고 있지 않다면, 그들 관념은 에콜 노르말(Ecole Normale)의 실험실 벽을 결코 떠나지 못했을 것이고 심지어 벽 안으로 **들어오지도** 못했을 것이다. 관념은, 천재의 관념조차도, 수백만 명의 사람을 구제하게 될 관념조차도 결코 저절로 움직이지 않는다. 그것을 가져오는 것은, 그것을 그 자체의 동기로 붙잡는 것은, 그것을 움직이는 것은, 그것을 종종 변환시키는 것은 힘을 필요로 한다.[2]

사물에 대한 이 시각은 아무런 특별한 문제를 제기하지 않는데, 특수한 실천이 확산하는 모든 장소가 수동적으로 힘을 전달하는 불활성 물질로 만들어지기보다는 자율적 작인들로 만들어진다고 그것이 여기는 것을 제외하고 말이다. 톨스토이는 카이사르(Caesar)에게서 카이사르의 것이 아닌 사물을 취하기 위하여 러시아 사회 및 그의 모든 인물의 자율성을 재구성해야 한다. 유사하게, 파스퇴르의 효험을 **분해하기** 위하여 행위의 자유가 프랑스 사회의 모든 작인에 되돌려져야 한다. 여기에 문제가 놓여 있다. 박테리아학의 **사회학**을 만들기 위하여, 어떤 이는 **사회**를 필요로 한다.[3]

1870년 패배 이후의 ≪과학 비평≫을 내가 읽기 시작했을 때, 파스퇴르에 대해서 별로 이야기되지 않았으며 그의 관념에 대해서는 더 적게 이야기되었음을 관찰하고서 나는 놀랐다. 그는 그가 나중에 되는 중재자가 아직 아니다. 그의 이름은 질병과 관련된 어떤 것과 아직 연합되지 않았다. 다른 것이 토의되지만, 제시된 증거는 그의 실험실에서 나오지 않는다.

건강과 부 사이의 논쟁 불가능한 갈등

≪비평≫의 저자들이 파스퇴르에 관해서 드물게 이야기하거나 그의 관념을 토론함에도 불구하고, 그들은 하나의 관념을 그것이 아주 논쟁 불가능해서 파리 포위 작전 직후 시작된, 새로운 시리즈의 첫 호로부터, 1919년 겨울의, 연구된 마지막 호에 이르기까지 ≪비평≫에서 발견된 모든 논증을 위한 전제가 된다고 본다. 아주 압도적으로, 보편적으로 자명한 것으로 그들이 여

기는, 이 관념은 "회생(regeneration)을 위한 긴급한 필요"이다.

"회생에 관한 연구의 커다란 부분이 떨어지는 것은, 그러한 연구가 여하튼 수행될 수 있다면, 의사에게인데, 왜냐하면 힘의 첫 번째 조건은 시민의 수와 활기이기 때문이다"라고 ≪비평≫의 책임자 알가브(Algave)가 쓴다(1872, p. 102). 1871년 7월 이후로 계속, 파스퇴르가 쓰기로, 그는 "프러시아 궤양(Prussian canker)" 치료를 위해 과학을 동원하고 있었다(1871, p. 73~77). 회생되어야 하는 것은, 창피당하고 패배한, 프랑스만이 아니었다. 그것은 또한 인류 일반 그리고, 더 특수하게, 도시 대중이었다. 1872년 스톡스(Stokes)는, 이미 고도로 발전된, 새로운 영국 의학의 상태를 요약하고 정치 행위의 새로운 거래를 정의한다. "원리들에 관해 논증하거나 절대적인 것을 찾는 대신, 대단한 실천적 감각이라는 재능을 가진, 이 사람들[영국인]은 오래된 사회적 건물을 지지하는 버팀목을 고통스럽게 세우고 있었고 새로운 인구를 위해 그것을 살 만하게 만들고 있었다"(1872, p. 14).

우리는 그 안에서 개혁의 프로그램이 진전하게 할 수 있게 해줄 최초의 공중 의학이 그리고 다음으로 생물과학이 중요한 역할을 하는 개혁 — 저자가 가리키길 고집하는, "정치적" 개혁이 아닌 "사회적" 개혁 — 프로그램에 대한 더 나은 정의를 찾을 수 없었을 것이다. 스톡스가 계속한다. "그 모든 과학적 힘을 예방의학에 적용할 그리고 사회적 질서 안에서 적용할 이 무슨 기회의 순간인가! 그들의 가내 습관이 하등동물의 그것보다 가까스로 위에 있는 것으로 보이는, 영국 왕관의 수천만의 신민(臣民)이 존재하며 비참의 엄청난 영역, 육체적 및 정신적 타락, 땅의 경계에까지 펼쳐질 수가 있는 그리고 서양에 되돌려줄 수가 있는 파괴의 계속적 원인이 존재하는데, 서양에서 인간의 가장 고귀한 종족이 발견될 것이다"(1872, p. 20).

많은 역사가는 인간 회생과 함께하는 시대의 이 집착을 고집해 왔다.[4] 그것은 ≪비평≫에 실린 의학에 관해서는 물론 또한, 여러 해에 걸쳐, 체조, 식민화, 국제 거래, 교육, 경제, 복지, 무엇보다도, 프랑스의 인구 감소에 관한 모든 논문을 위한 전제로서 봉사하는데, 프랑스의 인구 감소는 리셰(Richet)가 "프랑스 국가가, 그것의 역사 어느 시기에서든, 내내 직면했어야 했던 최대의 위험"이라고 부른다. 모든 논문이 한 가지 방식 또는 다른 방식으로 우리가 필요로 하는 바는 강한 인간이라는 견해를 반복한다. "오늘날 정치인의 첫 번째 관심사는 인간 삶의 재구성, 재조직이다. 독립이, 가까운 미래에 나라의 바로 그 존재가 걸려 있다"(Decaisne: 1875, p. 933). 이 모든 인용이 전염 이론에 관한 극단적으로 의심하는, 무균상태에 관해서 거의 들어보지 못했던, 박테리아학의 인간 의학에로의 최소한의 적용에 **앞서** 약 15년 동안 쓰고 있는 저자들에게서 취해졌다는 점이 강조되어야 한다.[5]

그러나 이 움직임 자체는 무엇에 기초하고 있는가? 역사가에 의해 제기된, 이 질문이 내가 따르고자 선택했던 기호론적 방법으로 대답되어야 하는 것은 아니다. 모든 작가가 건강과 부 사이의 이 기본적 고리를 취하므로, 그들 모두가 위생을 그들의 모든 논문의 "수신인"으로 취하므로, 이 등장인물은 고려 중인 시기 이전에 구성되었으므로, 나는 계속 움직일 수 있을 것이고 미생물의 침입과 더불어 시작할 수 있을 것이다.[6] 다행히도, 전체적인 파스퇴르적 드라마의 배경 막을 스케치하는 것이 가능하다. 이 스케치는 두 가지 연속 단계로 이루어질 수 있다. 그 첫 번째는 그 시기 동안 축적된 에너지를 설명하는 하부구조(infrastructure)를 제시한다. 그러나 그 두 번째는 또 다른 과학을, 파스퇴르주의자의 도달을 위한 지반을 이미 준비했던 또 다른 과학자 집단을 강조한다.

"하부구조"를 갖지 않은 한 어떠한 이야기를 받아들일 수 없는 이들에게, 전체적인 파스퇴르적 모험의 "원인"을 부여하는 것이 가능하다. 간단히 말해서, 프레이저(Frazer)는 그 시기의 이 추동력을, 그 모든 에너지를 풀어주었으나 그 자체는 아무것에 의해서도 움직여지지 않고 누구에 의해서도 토론되지 않았던 "부동(不動)의 동자(動者)(primum movens)"라고 요약한다.[7] 건강과 부 사이의 갈등은 건강이 나쁜 건강에 의해 위협받았던 그 세기의 중간에 그와 같은 파괴점에 도달했다. "부의 생산을 위한 연소제로서 인간 삶의 소비"는, 먼저 영국의 도시에서, 다음으로 대륙의 도시에서, 증명 가능한 "에너지 위기"로 이끌었다. 모든 이가 계속 이야기했듯이, 인간은 빈약한 성질을 띠었다. 그것은 그렇게 계속 갈 수가 없었다. 도시는 계속 사형실과 오물통이 될 수가 없었고, 가난한 사람이 계속 비참한, 무식한, 해충의 괴롭힘을 입는, 전염된 방랑자가 될 수가 없었다. 착취(당신이 선호한다면, 또는 번영)의 재생과 확장은 더 잘 교육받은 대중과 배수로, 샘, 학교, 공원, 체육관, 조제실, 주간 탁아 시설이 있는 깨끗한, 바람이 잘 통하는 도시를 요구했다. 우리의 관심을 끄는 시기에 이르기까지, 이것의 아무것도 논쟁이 되지 않았다. 그것은 위생주의자가 잠복한 힘들을 발견하고 특수한 전략들을 세우기 시작했던 출발점이 되었다.

하부구조에 관한 개념들은 그리하여 엄청난 에너지를 유럽 전체에 걸친 건강과 부의 이 모순에 의해 동원된 것으로서 여긴다. 도시의 그러한 대변동은 혁명으로 보인 것이 아니라, 스톡스의 말로, "국민 건강"과 "국가적 번영과 도덕"(1872, p. 20)의 조화로 보였다. 그 시대의 선호 은유, 즉 잠재력의 차이는 그 시기의 모든 행위자가 스스로를 그다음 50년 동안 그들의 관심사를 진전시키기 위하여 연결할 수 있었던 방대한 에너지 원천을 정의했다. 에너지의 이 엄청난 저수지는 톨스토이에 의해서 요구된 종류의 힘이었는데, 사회적 몸 자체에 상응하는 것이었다. 이 하부구조 이론에서, 파스퇴르주의자는 똑같은 잠재력의 차이를 사용하는 여러 집단의 하나인데, 그럼에도 불구하고 "파스퇴르"라는 단어는 회생에 관한 이 보편적 움직임 전체를 프랑스에서 가리키게 되었다.

과학의 발전을 설명할 수 있는 하부구조에 관해서 역사가들이 이야기할 때마다, 에두르는 그리고 의심하는 과학사회학자가 **이전의** 과학 전문직이 에너지의 이 엄청난 저수지를 창조하기 위해서 했던 바를 찾는다. 종종 아무런 연구도 소용이 닿질 않고 사회학자는 그 지반을 포기해야 하고, 그 외

어떤 이처럼, 사전에 존재했던 사회적 맥락이라는 관념을 믿어야 하는데, 적어도 그가 연구하고 있지 **않은** 시기 및 과학에 대해서 말이다. 다행히도, 코울먼(Coleman)이 나의 시기를 바로 앞서는 시기에 관한 훌륭한 연구를 했다.[8] 이 연구에서 우리는 파스퇴르에 의해서가 아니라 빌레르메(Villermé)에 의해서 인도된, "하부구조"와 건강과 부 사이의 이 유명한 갈등을 창조하기에 바빴던, 또 다른 전문직을 본다.[9] 고려 중인 그 시기 이전에 우리는 파스퇴르주의자를 밀거나 당기는 원인으로 행위 할 "장기 지속(longue durée)"을 갖고 있지 않으나, 우리는, 과학적 위생에 관한 전문직을 통해서 그리고 국가 통계의 정교화를 통해서, 도덕과 건강의 정도 사이의 연결을 구성하고 있던 빌레르메와 그의 친구들을 갖고 있다. 실험실과 의학 사이의 또는 약화한 미생물과 질병 사이 미래의 연결처럼, 이 연결 또한 창조되어야 했다.[10] 통계 사무실과 통계 "표" 없이, 정치 경제(political economy)의 이 사회의학적 문제에 대한 적용 없이, "잠재력의 차이"는 존재할 수 없었을 것이다. 과학의 사회적 맥락은 맥락으로 좀처럼 이루어지지 않는다. 그것은 대부분의 시간 속에서 **이전의** 과학으로 이루어진다.[11]

위생주의자, 회생에 관한 논쟁된 해석자들

나는 "하부구조"에 관해서 더는 이야기하지 않게 될 것인데, 그것 자체는 이제껏 토의되지 않은 채 그것이 논문들에 영감을 주었으므로 말이다. 건강과 부 사이의 이 커다란 갈등에 관한 첫 번째 번역자(translators), 즉 위생주의자에 대해서 무언가를 이야기해야 한다. 실질적으로, ≪비평≫은 그들이 누구인지를 정의하지 않는다. 그것은 위생에 관해, 즉 건강에 관한 모든 행위의, 기호학자들이 이야기하는 것으로서, "발신자(sender)"에 관해 이야기한다. 위생의 경계들은 모호하고, 이 모호성은 그것의 실행자가 다소간 모든 이의 관심을 그리고, 아주 곧, 파스퇴르주의자의 관심을 표현하게 허락해 주는 정확히 그것이다. 여기서 다시 우리는, 텍스트들에 대한 우리의 연구에서, ≪비평≫ 자체보다 더 정확해서는 안 된다. 우리의 목적에 대해, 위생주의자는 스스로를 위생주의자라고 부르는 모든 이다.

≪과학 비평≫에서 위생학은 **스타일**(style)로 정의될 수 있다. 논문은, 특히 과학 논문은, 관심, 믿음을 대신하기 위한 그리고 그것들을, 거의 불가피하게, 특수한 방향에서, 독자에게 가리키는 그러한 방식으로 정렬시키기 위한 작은 기계이다. 과학 수사(rhetoric)는 종종, 산맥을 통과해 끊어내는 계곡처럼, 단일한 중심적 방향으로 독자의 주의를 흘러가게 한다. 그러나 위생주의자의 수사는 이 커다란 흐름을 소유하지 않는다. 그것은 중심적 논증을 갖지 않는다. 그것은 조언, 예방책, 조리법, 의견, 통계, 치료, 규제, 일화, 사례 연구의 누적으로 이루어졌다. 그것은, 정말로, 누적이다. 부샤르다(Bouchardat)와 같은 위생주의자는, 어떤 것도 전혀 빼지 않고, 항상 더한다. 이전의 문헌 비평에서 "관여되었다"라고 혹은 "조심스럽다"라고 불리곤 하던, 이 스타일의 이유는 단순하다. 병은, 위생주의자에 의해서 정의된 것으로서, 거의 모든 것에 의해 일으켜질 수 있다. 발진티푸스는 전염에 기인할 수가 있으나, 그것은 또한 토양, 공기, 인구 과밀에 기인할 수가 있다. 아무것도 무시되어서는 안 되고, 아무것도 기각되어서는 안 된다. 너무 많은 원인이 그 사안에 대한 어떠한 입장을 허용한다고 나란히 발견될 수 있다. 모든 것이 고려되어야 한다. "장티푸스의 원인의 역할 및 다양성은 그것들을 똑같이 다양하고 많은 수단으로 싸우는 일을 필수적이게 한다"(Colin: 1882, p. 397). 위생주의자가 그들의 의견을 누적했던 것은 무지로부터가 아니라 반대로 지식의 과잉으로부터였다. 그들이 인정하기로, 그것들의 아무것도 절대적으로 확실하지 않지만, 그것들의 아무것도 정말로 포기될 수 없었다. 부샤르다는 천진한 인정을 한다. "나는 강한 콜레라 관련 장소에서 잠자는 시간을 소비하지 않는다." 그는 소독제 사용을 조언하지만 "이해되지 않되 엄격한 그리

고 반복된 관찰에 기초해 있는 증거를 우리가 무시하도록 그것들이 허용해서는 안 된다"(1883, p. 178)라고 덧붙인다.

이 스타일을 조롱하는 것은 전면전의 본성을 이해하는 데 실패하게 될 것이다. 어떤 것이 병을 일으킬 수 있다면, 아무것도 무시될 수 없다. 모든 곳에서 행위 할 수 있고 모든 것에 대해서 즉시 행위 할 수 있는 일이 필수적이다. 스타일은 위생주의자에 의해서 계획된 행위를 반영한다. 이른바 파스퇴르 이전 위생의 특성 중 다수는 이 상황에 의해 설명되게 될 것이다. 위생학 회의들은, 부샤르다 스타일처럼, 모든 것이 그것이 언젠가 유용해질 수도 있기 때문에 유지되었던 다락이었다. 예를 들어, 1876년 토론되던 주제들은 물, 구명구, 체육관, 여성 노동, "노동계급 사이에서 절약 정신과 저축 습관을 발전시키는 방법", 알코올중독, 노동-계급 주거를 포함했다(익명: 1876, p. 400). 이들 회의는 잡동사니 주머니였는데, 왜냐하면 병은 어떤 것에 의해서든 일으켜질 수 있기 때문이며 과학자들은 어떤 방향에서든 열심히 시작할 준비가 되어 있어야 했기 때문이다.

그 귀결들은 예측 가능했다. ≪비평≫의 위생에 관한 논문들은 오만과 낙담의 놀라운 조합으로 처음에는 관통되었다. 둘 다 똑같은 원인을 갖고 있었다. 어떤 것도 병을 일으킬 수가 있으므로, 모든 것에 대해 즉시 행위 할 필요가 있었으나, 모든 곳에서 행위 한다는 것은 아무 데서도 행위 하지 않는다는 것이다. 때로 위생주의자는 현실과 공존하는 그들의 과학에 대한 정의를 부여했다. 그들은 음식, 도시 생활, 성생활, 교육, 군대에 관해 행위 하고 있다고 주장한다. 인간적인 어떤 것도 그들에게서 동떨어져 있지 않다. 인간조차 너무 좁은 분야이다. 그들은 공기, 빛, 열, 물, 흙과도 자신을 관련시켜야 했다(Trélat: 1890, pp. 705-711).

그러나 모든 것을 이해한다는 것은 아무것도 이해하지 않는다는 것이다. 그러므로 동일한 논문들이 분리와 "불명예"의 감각을 노출한다(Landouzy: 1885, p. 100). 정말로, 위생주의자의 근본 문제는, 치료와 세부 사항에 대해서는 그토록 부족한, 이 다중성이 그들을 실패에 맞서 보호해 주지 않았다는 점이다. 아무리 많이 그들이 모든 것에 맞서 예방책을 취했고 모든 곳에서 관찰했을지라도, 질병은 돌아왔는데, 아무런 고정된 원인을 그것에 돌릴 수 없었던 것처럼 말이다. 그것의 귀환들 각각에 관해서 또 다른 원인이 부가되어야 했다. 그 시기로부터 출현한 이후, 외과의 키르미숑(Kirmission)이 쓴다. "그리하여 우리는 일반 위생에 관한 모든 예방책을 누적했지만, 병동에서 오는 화농성 전염을 …… 제거하는 데 실패했다. 병원 감원을 막기 위한 방식으로서, 병원 위생에 관한 모든 토론의 공허함을 증명하면서, 경험은 외과 의사들의 경건한 소망에 심오한 불신을 필연적으로 던졌다"(1888, p. 296).

이 모든 이유로 "병의 자발성(morbid spontaneity)"에 대해서 이야기하는 것이 필수적이었다. 오늘날에는 조롱받는, 이 교의는 스타일, 행위 양식(mode of action), 사실에 정확히 대응했는데, 질병은 때로 여기서, 때로 저기서, 때로 하나의 계절에, 때로 다른 계절에, 때로 치료에 반응하면서, 때로 확산하면서, 단지 갑자기 사라지려고 나타나므로 말이다. 이 이상한, 별난 행동은, 19세기 중반의 주요 과학인, 통계학에 의해서 잘 기록되었는데, 통계학은 그와 같은 미묘한 현상 분석에 완벽히 대응한다.[12]

이들 문제를 고려하여, 전염에 관한, 질병의 "외부 원인"으로서 미생물에 관한, "미생물이 병과 같다"라는 법칙에 관한 어떤 논문이 그토록 쥐꼬리만큼 나타나야 했다는 점 역시 논리적이었다. 전염 자체에 관한 어떠한 논증에 대해서 한 신진 위생주의자는 백 가지 반례를 들 수가 있었다. 위생주의자의 문제들과 전염에 관한 교의의 지나치게 단순한 특성 사이의 이 불균형은 어떻게 파스퇴르주의자가 위생주의자를 확신시키기 위해 미생물을 변환시켜야 했는지를 설명하는 데 도움이 된다. 위생주의자는 영국의 건강 체계를 이미 변환시켰던 그리고 나쁜 건강의 모든 원인에 대해 행위 하기 위하여 모든 곳에 퍼져가야 한다고 주장하는 거대한, 1세기가 된 움직임을 형성했다. 그러나 그것의 바로 그 영역과 야심에 의해서 그 움직임은, 그것의 힘들을 얇게 퍼트림에 의해 긴 전선을 방어하려 하는 군대처럼, 약하게 남아 있었다.

그 움직임의 힘들을 몇 개의 지점에만 집중시킬 길이 없었다. 그것은 그것이 수백 년 동안 누적했던 세부 사항들을, 그것이 그것들을 중요성의 순서로 위계화해 낼 수 있지 않은 한, **무시할** 수가 없었다. 위생이 근대적으로 되자마자, 즉, 그것에 앞서 있던 위생을 "고대" 위생으로 전환하자마자, 그것이 인정받은 것은 바로 그것의 "가벼움"에 의해서였다. 부샤르다가 진술하듯이 말이다. "이 세기의 시초에, 우리가 위생의 모든 것을 이해하려 투쟁했다면, 오늘날 우리는 쓸모없는 또는 증명할 수 없는 세부 사항의 덩어리를 한쪽에 치워두어야 한다"(Landouzy: 1885, p. 100).

회고적으로 보아, 위생이 결여했다고 보였던 힘의 그 과잉을, 부정적으로, 미리 정의하는 일은 가능했던가? 나는 그렇다고 생각한다. 필요했던 바는 사망률의 놀라운 가변성, 그것의 자발성, 그것의 국소적 특성을 설명하는 힘들의 원천이었다. 위생주의자가 그 정치인이었던 사회적 움직임에 대한 관심을 끌기 위하여, 마을 및 위생주의자가 그들의 주목을 바쳤던 생활환경을 변환하는 일에 연루된 문제들과 양립할 수 있는 용어로 독성의 변이(variation of the virulence)를 설명했던 교의가 필요했다. 이는 단순히 "지적" 요구가 아니었다. 그러한 초점의 부재 속에서, 위생주의자에 의해서 번역된 사회적 움직임의 모든 에너지가 얇은 연결망들을 통해서 소산 되었는데, 그 연결망들 모두는 크기에서 상대적으로 동등하고 그러므로 이 움직임이 자체를 설정했었던 큰 목표 중 어느 것에 도달할 수 있기 이전에 소멸할 운명이었다. 당시에 — 즉, 파스퇴르가 자신을 위생주의자에게 필수적이게끔 만들기 이전에 — 한 가지는 확실했다. 전염성의 교의는 위생주의자의 목표를 충족시키기에는 부적절했다.[13]

그 자체에 남겨진 위생주의자의 움직임

위생에 관해 이야기하는 일은 이미 자리를 잡았다. 그것은 돌아가는 것이었다. 그것은 의도적으로 혼동되어 왔던 바를 회고적으로 구별하려 시도하는 것이었다. 위생주의자는 그들이 파스퇴르주의에 밀접히 연루되었기 이전에 무엇이었던가를 알아보려 시도하는 일, 그 자체로, 그것의 지점에 서 있어 온 피라미드를 그 기초 위에 되돌려 설치하려는 것이다. 톨스토이는 여기서도 옳았다. 군중은 산을 움직일 수가 있다. 단독 인간은 할 수 없다. 그러므로, 우리가 산을 움직인 한 인간에 관해 이야기한다면, 그것은 그가 명령했다고 주장했으되 그 또한 따랐던 군중의 작업을 그가 신뢰해 왔기 (또는 그가 전용했기) 때문이다. 레비아탄(leviathan)을 재구성하기 위해서 그것이 새로운 도시 대중을 위한 대피소를 제공할 수 있었던 그러한 방식으로 엄청난 사회적 움직임이 사회적 몸(social body)을 꿰뚫었다.[14] 위생주의자는 사방에서 질병을 공격하기 위하여 또는, 그들의 언어로, "발병 **지형**(pathogenic terrain)에 대해" 행위 하기 위하여 이 움직임을 사용했다. 우리가 잊지 않게끔, 처음에 몇십 명이 넘지 않는 인간을 세었던 파스퇴르주의자는 위생학 운동(hygienist movement)을 다시 방향을 바꾸고 번역하기 시작했다. 프랑스에서, 그 결과는 위생학 운동이 인간 파스퇴르와 동일시되게 되었던, 그리고 궁극적으로, 바로 그 프랑스적 습관을 따라, 인간 파스퇴르는 파스퇴르의 관념으로 축소되며, 그의 관념은 그것들의 "이론적 기초들"로 축소되는 그러한 것이었다. 결국, 그렇다면, 출현했던 바는 톨스토이에 의해서 낙인찍힌 그 반전된 세계였다. 한 인간은 그의 천재성만으로 산을 움직인다.

이 역전을 겪게 되는 첫 번째 사람들은 ≪과학 비평≫의 독자들이었다. 정말로, "순수" 위생학 운동을 파스퇴르주의자에 의해 그것에 부여된 표현과 완전히 분리하여 식별하는 것은 거의 불가능하다. 그렇지만, 심지어 허구의 대가로, 산을 움직이는 군중을, 적어도 상상 속에서, 재발견하는 것이 결정적인데, 그리하여 어떻게 파스퇴르주의자가 그들의 정치인이 되었으며 그 운동의 "원인"으로서 여겨지게 되었는지를 우리가 나중에 이해할 수 있도록 말이다. 파스퇴르와 그의 추종자들 없이 위생학 운동은 어디로 갔을 것인가? 그 자체의 방향으로. 미생물 없이, 백신 없이, 심지어 전염의 교의 혹은 독성의 변이 없이도, 이루어진 모든 것은 이루어질 수 있었을 것이다. 마을 청소, 배수로 치기, 수돗물, 빛, 공기, 열 요구하기.[15] 콜레라 병균을 삼키고도 병에 걸리지 않았으나 대규모 공공 작업을 통해 뮌헨을 건강한 도시로 만든, 페텐코퍼(Pettenkoffer)는 누구에게나 역사 속 이 태도에 관한 이름의 시조이다. 미생물에 대한 최소한의 언급도 없이, 건강한 프랑스 마을 위지에(Hygié)와 건강하지 못한 "독일" 마을 노손(Noson)을 대조하는, 베른(Verne)의 『인도 왕비의 1억(Les 100 Millions de la Bégum)』은 페텐코퍼의 문학적 대응물이다. 박테리아학에 의해 제공된 지렛대는, 엄청난 사회적 움직임이 단어 **위생학**으로 요약된 도시 생활, 소비자 보호, (우리가 요즘 이야기하곤 하는 것으로서) 생태학, 환경 방어의 그 혼합을 위해 작동하고 있었음을 우리가 잊게 해서는 안 된다. 유럽 전역에서 작동하는 사회적 움직임과 몇 안 되는 박테리아학 실험실 사이의 권력 비율을 우리가 복원하지 않는다면, 우리는 그들 실험실의 진정한 기여를 이해할 수 없는데, 마치 우리가 쿠투조프에게 그의 군대의 전체 움직임을 돌린다면 쿠투조프가 했던 바를 우리가 이해할 수 없는 것과 같다.

위생학 운동과 파스퇴르주의자의 "작은 집단" 사이의 불균형이 런던의 위생 박람회에 관한 1884년의 한 논문에서보다 더 명확히 보이는 곳은 어디에도 존재하지 않는다. 당시에 빈번했던, 그러한 박람회들은, 언론인이 보도하기로, "짧게 말해 삶을 건강하게 그리고 심지어 편안하게 해줄 수가 있을 그 무엇이든 구성해 내는, 지식의 몇 가지 꽤 복잡한 질서들을 긁어모은다" (익명: 1884, p. 383). 리비히 수프(Liebig soups)(독일 화학), 냉장된 고기(영국 열역학), 저온살균 우유(프랑스 미생물학)에 관한 시음회가 있었다. 사람들은 위생적 의류, 정형외과적 신발, 쉽게 먼지 털어낼 수 있을 밝은 색 가구, 물을 정화하는 여과 장치, 어떤 이의 뒤쪽을 세척하는 비데(bidets), 대변을 비울 수세식 체계를 감탄했다. 배수, 환기, 창문, 난방장치에 관한 계획들이 토론되었는데 — 4원소가 자유롭게 순환하게 허락해 줄 어떤 것에 대해서든 말이다. 위생적 — 즉, 공기가 잘 통하고 깨끗한 — 가옥, 병원, 구급차, 들것, 화장터, 교실, 심지어 책상에 관한 실생활 규모의 모형들이 있었다.

박테리아학은 박람회에, 흥미로운 방식으로 정말로 나타나 있었다. 우선, 그것은 몇 가지 분과 전체를 통해 흩어져 있었다. 파스퇴르 실험실에서 나온, 샹베를랑 필터(Chamberland filter)가 산업가에 의해서 제안된 일련의 필터들 속에 놓였다. 저온살균 우유는 새로운 우유 회로의 일부였다. "독일의 코흐(Koch), 볼플루겔(Wolflugel), 페텐코퍼의 그리고 프랑스의 발랭(Vallin)의 실험들"에서 도출된 배양기는 산업가에 의해 발전되어 왔으며 법이 정한 살균 부서(disinfection departments)의 일부였는데, 이들의 각각은 그 자체의 입지를 갖고 있었다. 살균제 또한 그것들의 자리를 갖고 있었다. "현행 콜레라 전염병은 살균제 연구에 새로운 활기를 부여했는데, 지금까지 만족스러운 결과를 주는 것과는 거리가 멀었던 연구였고 이 연구 안에서 우리는 이제 전염병의 특수한 유기체들의 생리학적 그리고 병적 성질에 대한 더 큰 설명을 얻어야 한다"(p. 394). "더 큰 설명을 얻는 것" — 이는 모든 것을 말해준다. 박테리아학의 생산물이 그 국소적 유효성을 증가시킨 몇몇 양념처럼 위생학에 추가되었다.

그러나 이 과학은 여타 방식으로, 또한 제시되었다. "파스퇴르 선생에 의해, [미생물학자, 미켈(Miquel)에 의해 운영된] 몽수리(Montsouris)에 있는 실험실에 의해, 파리시의 지방자치제 화학 실험실에 의해 보내어진 대상들이 큰 방 가운데에서 발견되었다." 물론, 그 저자는 전체 박람회를 이 분과로 축소하려 시도하는데, 왜냐하면 그는 과학자이며 민족주의자이기 때문이다. 그가 쓰기로, 이 실험실이 "한 미국인에 의해서 큰소리로 이야기되어 왔던바,

즉 '프랑스 분과에는 함께 묶인 박람회의 나머지에서보다 더 많은 위생이 존재한다'를 더 많은 사람이 말하게 했다"(p. 397). 이 애국심과 박테리아중심주의(bacteriocentrism)는 충분히 영예로운 것이지만, 그것들은 논문 전체와 모순되었다. 파스퇴르의 실험실은 많은 다른 것 가운데 하나였을 뿐이고, 그것은 수많은 산업가, 개혁가, 이런저런 전파를 위한 연명들, 전문직업, 숙련에 관한 전시에 의해 둘러싸여 있었다. 그것이 전시의 그 증식으로 환원될 수 없었지만, 전체 박람회가 그 실험실로 환원될 수도 없었다.

파스퇴르주의를 재구성하기 위하여, 위생학 운동이 파스퇴르와 더불어 했던 바를 그것은 그 없이도 여하튼 했으리라는 점이, 심지어 일정한 정도의 과장과 더불어, 이야기되어야 한다. 그것은 환경을 더 건강하게 만들었을 것이다. 모호한 단어들 "전염", "독기", 심지어 "먼지"는 유럽을 포위 상태에 놓이게 하기에 충분했고, 그것은 자체를 전염병에 맞서는 방역 선으로 방어했다. 물론, 가공할 질병이 방역 선을 통과했으나, 때로 승리가 있었고, 그것이 작은 성취는 아니었다. 위생을 분리하는 그리고 그것이 그 자체의 길을 가던 곳을 발견하려 시도하는 이 방식은 임의적인 것이 아니었는데, 결국, 1871년과 1940년 사이 유럽인 건강의 놀랄 만한 개선 원인에 관한 상당한 정도의 논쟁이 여전히 존재하기 때문이다.[16] 이 개선은 새로운 집단이 의학의 위치 또는 의학 속 과학의 역할을 약화하기 시작하거나 치료법과 예방의 각각의 역할을 서로 다른 방식으로 재분배하기 시작할 때마다 새로운 원인과 작인 탓으로 여전히 돌려지고 있다. "기초" 위생과 결합된 생활과 영양 기준의 일반적 상승은 파스퇴르주의자가 파스퇴르에 의해 기초가 놓인 과학에 돌리는 놀라운 치료법적 성공 대부분을 몇몇 사람이 설명하는 데 충분할 것이다.

이 갈등이 여기서 우리를 우려하게 하지 않음에도 불구하고, 한 가지는 분명하다. 걸려 있었던 바를 정의해 주었던, 목표들을 규정했던, 문제들을 제기했던, 다른 이들이 그것들을 풀어야 한다고 요구했던, 칭송과 비난을 배분했던, 우선 사항을 내려놓았던 것이 위생학 운동이다. 사람들의 에너지를 북돋운, 돈을 찾아낸, 군대, 목표, 문제, 에너지를 그것에 봉사케 한 이들을 제공했던 것 또한 위생학 운동이다. 이는 결정적 사항인데, 왜냐하면 그것이 우리가 "과학"이라는 마법의 원에서 "그것의 내용"이라고 우리가 좀 성급하게 부르는 바의 많은 부분을 추출하도록 허락하기 때문이다. 연구되는 주제와 우선성이 부여된 문제가, 우리가 알 듯, 학제의 대부분을 이루어낸다. 파스퇴르주의자는 스크래블(Scrabble) 게임의 플레이어처럼 장면에 다다르게 되어 있었다. "삼중" 단어들과 "이중" 단어들은 이미 표시되었고 놓였다. 파스퇴르주의자는 이들 말뚝과 규칙을 그들 자연의 용어로 번역했지만, 위생주의자 없이는, 그들에 관해서 이야기가 거의 들리지 않았을 것이 분명하다. 파스퇴르주의자는 뭔가 다른 것을 했을 것이다.

끝에서 두 번째 문장이 의심스러우면, 우리는 그 시기의 영국사 또는 미국사를 읽어야 할 뿐이다.[17] 이들 연구에 공통적인 박테리아학은 위생의 원천 및 원인이 되는 것과는 거리가 멀다. 그것은 다만 표면의 한 잔물결, 한 측면, 의심의 여지없이 사회적 위생에 대한 한 결정적 지지이되, 그 이상은 아니다. 이들 역사에서 파스퇴르 자신은 다만 하나의 박테리아학자이며, 그것들은 파스퇴르의 관념보다는 배양, 부화, 접종 방법과 같은, 저자들에 의해 특히 중요하다고 여겨진, 일정한 실천적 응용을 강조한다.

위생주의자는 질문 없이 파스퇴르를 믿었다

≪과학 비평≫은 무엇보다도 회생을 위한 사회적 움직임의 규모를 드러내고, 이 움직임의 번역자를 가리키며, 위생주의자가 얼마나 불확실하고 논쟁적인지를 보여준다. 그것은 또한 위생주의자와 파스퇴르주의자 사이에 존재했던 불균형을, 그러나 덜 명료하게, 보여준다. 마침내, ≪비평≫의 연구

는 얼마나 많은 것이 각 집단에 돌려져야 하는지 결정하는 일이, 또는 심지어 혁명의 인상을 회피하는 일이 왜 그리 어려운가를 설명해 준다.

서로 다른 저자들이 그들이 1880년대 초기의 파스퇴르에 관해 이야기하기 시작할 때 파스퇴르를 놓는 방식을 우리가 상기한다면, 우리는 하나의 압도적 사실에 의해 타격된다. 그들은 그를 두고 논쟁하지 않는다. 그들은 그를 전적으로 신뢰한다. 우리는 물론 이 신뢰를 파스퇴르에 의해 산출된 증거의 질에, 제안된 치료의 효험에 돌릴 수 있는데 — 짧게 말해, 파스퇴르 과학의 진리에 말이다. 그러나 이는 꽤 불가능한 것인데, 첫째, 다른 이들이 똑같은 증거를 제시받았을 때, 그것은 논쟁 가능한 것으로 여겨졌고, 둘째, 파스퇴르에게 허용된 신뢰는 아주 커서 그것은 다른 무언가에 기초했어야 했기 때문이다.[18] 우리가 누군가에게 무언가를 확신시키려면, 우리는 그 확신의 유효성을 우리가 확신시킨 그 사람과 공유해야 한다. 그러나 누군가가 우리가 이야기한 바를 단번에 이해하고, 접수하며, 즉각 그것을 일반화하고, 그것을 확장하고 그것을 우리가 원래 마음에 두었던 바 이상의 것에 적용하면, 우리는 **더 큰** 유효성을 이해받아 온 이에게보다 이해한 사람에게 돌려야 한다. 왜냐하면 ≪과학 비평≫ 속 파스퇴르의 논증들은 빈정거림과 의혹에 노출되지 않았기 때문이다. 그것들은 탐욕스럽게 계속 붙들렸고 그 스스로가 방어하고 있었던 몇 안 되는 결과를 족히 넘어 추론되었다. 그가 이야기한 바를 계속 붙들었던 이들의 탐욕은 그것의 주된 윤곽을 내가 추적해 온 사회적 움직임의 정도에 관한 몇몇 관념을 우리에게 부여한다. 그것을 더 밀접히 보기로 한다.

1871년 쇼보(Chauveau)는 ≪비평≫에서 전염병에 관해서 쓴다. "우리는 이미, 앞쪽으로 압박하고 있는데, 근대과학의 가장 유용한 정복들로 이끄는 길 위에서 서로 추월하고 있다"(1871, p. 362). 1876년, 광견병에 관한 최초의 연구에 한참 앞서, 틴들(Tyndall)은 파스퇴르에 의해 수행된 혁명이 **이미 완성되었다**고 여긴다. "그것은 시간의 문제일 뿐이다." 그의 확신은 "경험주의의 비난에서 의학을 구하도록, 그것을 진정한 과학의 등급에 올려놓도록, 우리가 숨 쉬는 공기 속에 그리고 우리가 마시는 물 속에 숨은, 유명한 콘(Cohn)이 그것들을 불렀던 것으로서, 그 볼 수 없는 적들을 의사에게 넘겨주도록 운명 지어진 퍼져가고 확립되어 가는 원리를 보는 한 사람의 관심과 함께" 그가 미래를 바라보는 그러한 것이다. 그가 덧붙인다. "지금부터 10년 안에 [전염을 부정하며] 파스퇴르에 맞서 진전하는 데 부합한다고 그들이 생각했던 관념을 기꺼이 지지하려는 단 한 명의 의사가 남아 있게 될 것이 아닌가 한다"(1876, p. 560). 1886년이 나쁜 예측은 아니었다. 그러나 틴들은 그러한 날짜를 제안하는 예언자가 될 필요는 없었다. 그것은 이미 개시되었던 연구 프로그램의 기초 위에서 기본적인 기술적 예견하기의 문제였다. 행해져야 할 모든 것은 기다리는 일 그리고 과일을 따는 일이었다.

영국인은 물론 프랑스인보다 이미 더 진전해 있었지만, 파스퇴르의 동포는 뒤처지지 않고 있었다. 신중한 부다르샤조차 "파스퇴르가 했었을 것으로서 미시유기체(microorganisms)를 분리하고 배양하는 일"(1879, p. 918)은 필수적일 것이라고 전염병이라는 주제에 관해서 쓰는 일을 주저하지 않았다. ≪비평≫의 편집인이며 확신을 가진 파스퇴르주의자인, 리셰가 1880년 파스퇴르를 위한 국가 상(賞) 프로젝트를 지지했는데, "그리하여 파스퇴르 선생이 동물 전염병 연구에 그것이 잠재적으로 가진 모든 발전을 부여할 수도 있도록 말이다"(1880, p. 35).

이는 1880년에 쓰인 것이다. 어떻게 리셰는 그 약간의 실험실 사례들이 얼마나 많은 발전을 갖게 될지를 알 수 있었을까? 어떤 이가 한 개의 상품권을 걸고 그 밖의 어떤 이는 100개의 상품권을 걸면, 우리는 두 번째 거는 이의 확신을 어떻게 이해해야 하는가? 리셰 및 그의 동료에 의해 파스퇴르가 제안하고 있었던 바에 부여된 엄청난 발전은 **그들에게** 돌려져야 한다. 그들은 이들 명제를 그들 자신의 명제와 함께 증폭하려 하고 있었음을 알았다. 푸이-르-포르(Pouilly-le-Fort) 이후에, 리셰는 의심의 그림자 없이 백신의 효험을 확장한다. “탄저는 곧 과거의 것이 될 것이다”(1881, p. 161). 조제프 마이스터(Joseph Meister)의 치료 이후, 리셰는 외친다. “그리고 우리는 광견병을 치료할 수 있으므로, 우리는 치료법을 확장하고 촉진하기만 하면 된다”(1886, p. 289). 그해 전, 란두지는 외친다. “그렇다, 신사 여러분, 공격적·과학적 위생 덕분에, 일정한 태곳적 동물 종이 사라졌듯이 질병이 사라질 날이 올 것이다”(1885, p. 107).

하지만 아무런 질병도 사라지지 않았다. 파스퇴르에 의해 “놓인 길”에 대한 확신은 그러므로 사실, 단단한 사실 말고 다른 무언가를 유도해 내야 한다. 그 확신은 파스퇴르**에게서** 온 것만은 아니었지만, 파스퇴르에게로 **계속** 거꾸로 흘러갔으며 그가 충분히 사용했던 것이었다. ≪과학 비평≫의 파스퇴르는 모든 것에 맞서 홀로 싸우고 있던 그리고 그의 구제 불가능한 회의적 적대자들을 단계별로 확신시켜야 했던 불명료한 영웅이 아니었다(Vallery-Radot: 1911). 아니, 그는 그의 입을 열기만 해야 했을 뿐이고, 다른 이들이 그의 결과를 모든 병에 관한 일반화로 전환했을 것이다. 정말로 특이한 혁명! 리셰가 일단 그 편집인이 되자, 확실히, ≪비평≫은 파스퇴르 편이었고, 어떤 이가 말할 수도 있겠듯이, “모든 과학적 신중함의 한계를 넘어” 그를 방어했다. 한 소심한 도전이 제기되었을 때, 그의 측면 경비 요원, 리셰는 생색내면서 쓴다. “일치하지 않는 목소리가 칭송의 콘서트 중 제기되면 나쁜 것이 아니다. 아마도 그것은 파스퇴르 선생이 우리에게 몇몇 새로운 발견을 이전의 발견만큼 성과 있게 제공하도록 격려할 것이다”(1882, p. 449).

≪비평≫과 그것의 모든 저자가 그렇게 편파적이어야 하고, 그렇게 국수주의적이어야 하며, 그렇게 신중하지 못해야 한다는 점은 신용이 파스퇴르에게 놓여 있었던 정도를 보여주는데, 정확히 돈이 신용 기금에 놓여 있는 것처럼 말이다. 위생학 운동이 먼저 제시되어 오지 않았다면, “엄청난 유효성”을 파스퇴르 자신의 실험들에게 돌리는 일은 필연적이었을 것임을 독자는 이제 이해해야 한다. 일반적으로 “과학”은 결코 그 자체에 의해 설명되지

않는다. 그것은 그것이 존재하게 허락해 주는 요소 대부분을 배제하는 나쁘게 이루어진 존재자(entity)이다. 파스퇴르가 그 안에 스스로를 삽입했던 사회적 움직임은 파스퇴르의 증명에 돌려진 유효성의 커다란 일부이다.

애매함의 그림자에 맞서 홀로 투쟁하고 있는 파스퇴르 신화를 퍼트리려 가장 결단력이 있던 파스퇴르주의자조차 그의 실험들이 받았던 만장일치를 인식하도록 강요당한다. 예를 들어, 불레이가 쓴다. "[푸이-르-포르의] 그러한 결과들에 앞서, 침묵을 강요받은 그의 가장 철저한 반대자들의 편에서조차, 더는 의심의 여지가 없었고, 획득된 확신들은 탄저에 시달리던 지역의 그들의 무리와 떼를 그것의 보호 아래 두고자 안달했던 이 새로운 백신을 향한 일종의 갈망으로 즉각 표현되었다." 불레이는 덧붙인다. "정의(正義)는 발명가들에게 오는 데 종종 느리고, 종종 그것의 진행이 아주 파행적이어서 그들의 삶은 그들이 그것이 이루어진 것을 볼 만큼 충분히 길지가 않다. 내가 이제 그 이름을 거명할 수 있는, 파스퇴르 선생은 그의 경우에 그것이 가속화되었던 것을 볼 만큼 충분히 특권을 누려왔다"(1881, p. 549). 파스퇴르의 경우에 정의가 휩쓸려 갔다고 이야기되어야 하는데, 사실상 그가 하지 않은 바가 머지않아 그에게 돌려지고 전체 위생학 운동에의 경의가 그에게 지불되므로 말이다. 아마도 리셰였을, 한 칼럼니스트가 쓴다. "만들어지고 있는 엄청난 진보에 대해 동시대인이 판단을 내리는 것은 그리고 후세에 의해서 입증될 최근 발견에 대해 의견을 갖는 것은 종종 어렵다. 그렇지만, 그렇다고 판단되고 그것의 중요성이 만장일치가 되었던, 위대한 발견의 꽃 피어남을, 우리가, 드물게 몇 달 안에, 목격했다"(익명: 1881, p. 129).

약간의 반대자에 관하여: 코흐와 피터

파스퇴르의 결과들에 반대하는 용기라고 불렸을 수가 있었을 바를 가졌던 몇 안 되는 사람 이상으로 파스퇴르를 추종하고 그의 결과를 붙들었던 군중의 만장일치를 더 잘 증명하는 것은 아무것도 없다. 파스퇴르가 격렬한 수사로 반대자들을 쫓아내길 추구했던 곳인, 의학 아카데미(Académie de Médecine) 안에 그들이 충분히 많았음에도 불구하고, ≪비평≫에는 둘밖에 없었다. 구식 프랑스 의사 피터(Peter), 그리고 근대적 정신을 가진 독일 의사 코흐.[19] 이 사람들이 그들의 믿음에서 전적으로 반대였음에도 불구하고, 그들은 파스퇴르에 대해 똑같은 비판을 했다. 부적절하게 명료화된 약간의 사례라는 기초 위에서 그가 성급히 일반화를 했다는 것이다.

피터는 반계몽주의적 어릿광대로 묘사되어 왔지만, 그는 파스퇴르의 의학적 쿠데타에 맞선 어떤 종류의 싸움을 건 유일한 이였다. 피터는 "미생물의 격노"에 맞서, 그에게 "급류"로, 심지어 "그에 맞서 위생적 척도 또한 취해져야 하는 지적 콜레라"로 보였던 바에 맞서 싸웠다. 그리고, 그가 덧붙이기로, "그것이 내가 저항하는 이유이다". 침입에 저항하고 있던 이는 그였지, 어두움의 힘들에 저항하고 있던 파스퇴르주의자가 아니었다.

보통 이야기되는 것과 반대로, 피터의 논증은 기초가 잘 갖추어져 있었다. 1882년 그는 푸이-르-포르의 백신 맞은 양(羊)을 **단순히 바라보는 것**이 **모든** 전염병에 적용 가능한, **일반적** 방법이 존재한다는 점을 보여줄 수 있느냐고 묻는다. 그는 이를 "성급한 일반화"라고 부른다. 그는 파스퇴르를 영웅화함으로써 토론을 끝내길 원치 않는다. 아카데미에서 그는 외친다. "푸이-르-포르의 실험을 묘사하기 위해 여러분이 사용하는 '경이로운'이라는 용어에 대해서 말해보자면, 그것은 더는 변호가 아니라, 자기 신격화이며 나는 그 안에서 어떠한 역할을 맡길 원치 않는다"(1883: pp. 558, 560).

여기서 어떻게 어떤 이는 그가 옳음을 부정할 수 있을까? 피터는 과학적 실험을 기적적, 신성한 사건으로 전환하길 원치 않았고, 과학적 실험이 모든 질병에 증명 없이 확장되길 원치 않았다. 과학적 방법은 그의 편이 아니었던가? 그리고 그가 생각했을 수도 있을 이유 때문은 아닐지라도, 그는 그래도 틀렸다. 이미 정치인이었던, 명목상의 우두머리였던, 파스퇴르가 옳기를 정열적으로 원했으며 그리하여 그의 모든 실험실 작업이 "부리나케" 그리고 진실로 "엄청났던" "폭넓은 적용"과 함께 진전했음을 확신했던 거대한 사회적 움직임의 증폭자였던 누군가에 맞서 그가 싸우고 있었던 반면, 그는 과학자와 싸우고 있다고 상상했다. 피터는 왕이 벌거벗었다고 주장했으나, 다른 이들은 그에게 옷을 입히고자 쇄도했다. 피터는 용감히 싸웠으나, 힘들의 균형을 오산했고 그리하여 비웃음 속으로 가라앉게 되었다.

코흐는 똑같은 약점을 공유하지 않았으며, 그는 파스퇴르를 파리에서 먼데서 그리고 새로운 과학적 의학의 지형 위에서 공격했다. 그러나 그의 비판들은 "퇴영적인" 피터의 그것들과 교차했다. 코흐가 주장하기로, 파스퇴르는 너무 빨리 많이 일반화했다. "파스퇴르 선생은 가장 야심적인 희망에 이미 몸을 맡겼다. 완전한 확신과 더불어 그는 전염병에 맞선 투쟁에서 다가올 승리를 선언했다"(1883, p. 65).

코흐는 이 모두가 미숙한 것임을 알아낸다. 그가 제기하는 전문적 반대들은 모든 이가 파스퇴르에 동의하고자 얼마나 열망했는지에 관한 몇몇 관념을 우리에게 부여한다. 코흐가 주장하기로, 우리는 하나의 동물에서 다른 동물로 일반화할 수 없고, 동물에서 인간으로 일반화할 수도, 하나의 질병에서 다른 질병으로 일반화할 수도, 약간의 개체에 대한 백신 주입에서 모든 개체에 대한 백신 주입으로 일반화할 수도 없다. 모든 질병을 막 제거하려고 하는 그리고 의학에 혁명을 막 일으키려고 하는 일반적 방법이 신뢰를 두고 있는 그 완전한 가축을 보여주기 위해 코흐는 파스퇴르에게 도전한다. 1881년에 이 가축이 극단적으로 제한되어 있었음을 아무도 부정할 수 없다. 파스퇴르에 대한 엄청난 신뢰는 전염병과 관계가 없던, 1871년 이전에 그가 했던 연구에서 부분적으로, 그리고 이들 발견을 기다렸으나 그것들이 이루어지길 기다림이 없이 그것들을 족히 넘어서 나아갔던 사회적 움직임으로부터 부분적으로 유도되었다. 위생 시설의 연결망을 창조해 내기 위하여 그리고 상품과 사람의 순환을 증가시키기 위하여, 안전한 도로는 물론 일반 법률이 필요했다. 코흐의 예방책은 위생주의자가 확장하길 그리고 강화하길 원했던 연결망들을 약화했고 방해했다. 위생주의자는 코흐의 예방책에 대해 전혀 신경 쓰지 않았다. 그들의 신뢰는 일반 법률 및 그들이 장악하려 하고 있었던 연결망의 일정하지 않은 확장이라는 원리를 밝혀내고 있었던 한 인간에게 전적으로 가버렸다.

피터와 코흐의 비판은 파스퇴르주의자의 일반화를 지지했던 힘들과 당시에 그들이 제공할 수 있었던 얼마 안 되는 증명 사이의 불균형을 우리가 보도록 강제한다. 내가 이 점을 주장한다면, 그것은 과학사가 패배자에게 별로 공정하지 않거나, 그 사안에서, 심지어 승리자에게도 그러하지 않기 때문이다. 그것은 후자에 너무 많은 주의를 부여하고 전자에 충분히 그렇게 하지 않는다. 더 공정한 접근은 승리자와 패배자를 **대칭적으로**(symmetrically) 다룰 것이다. 리셰가 1886년 ≪비평≫에서 파스퇴르 연구소를 세우기 위해 아카데미를 향해서 만들어낸 제안에 관해 쓸 때 — "백신 기관을 제안하는 것은 이미 그것의 창조를 선언하는 일임을 우리는 확신한다"(1886, p. 289) — 우리는 그가 이야기하는 바를 인류학자로서 이해해야 하는데, 왜냐하면 그것은 마법적 기도 이상의 것이 별반 아니기 때문이다. 그는 그것의 가능성을 단순히 제안함으로써 연구소 열쇠들을 파스퇴르에게 기꺼이 넘기려 하고 있다. 100년 뒤, 병균 이론에 관해 이야기하는 파스퇴르의 『기억(Mémoire)』에 대해 프랑스 과학사학자 캉길렘(Canguilhem)이 쓸 때 그 똑같은 주문을 계속한다. "코흐와 파스퇴르의 연구를 통해, 다가올 수백만 명의 인간과 동물의 치유와 생존에 대한, 달성되게 되어 있던, 약속을 그 자체 안에서 이미 수행한 이 이론은 19세기 모든 의학 이론의 죽음을 그것과 함께 또한 데려왔다"(1977, p. 63).[20]

1896년 국제 의학 회의에서 결핵에 맞서는 백신을 제안하고 있던 코흐가 치료되리라는 희망을 품고 유럽 전역에서 온 환자들로 에워싸일 때와 **동일**

한 용어로 병균 안에 존재하는 것의 능력에 대한 이들 믿음을 우리가 분석해야 한다. 리셰의 확신은 환자의 "쉽게 믿음"과 똑같은 "신용 가능성"으로 이루어져 있다.[21] 코흐가 당황해서 그의 백신을 철회했어야 했던 반면, 파스퇴르는 그의 연구소에 정말로 자금을 조달했다는 사실이 우리를 오도해서는 안 된다. 두 사례 모두에서 코흐와 파스퇴르는 신뢰의 파도에 의해 유지되었는데, 그들은 환자들이 그들을 이용한 만큼 그들을 이용했다.

우리 가운데 배반자가 있었다

그래서 위생주의자는 부와 건강 사이의 이 큰 갈등을 번역했는데, 이것 없이는 그들의 견해가 누구의 관심도 끌지 못했을 것이다. 그러나 그들은 모든 방향으로 행위 했기 때문에, 그들의 견해는 논란 속에 남아 있었고 별로 순종받지 못했다. 위생 시설에 관한 그들의 다양한 기획은 그들에게 다른 행위자의 나쁜 의지라고 보였던 바에 의해 계속 방해받았다. 그들은 이 모든 방향 전환과 감속을 세 가지 종류의 나쁜 의지에 돌렸는데 — 첫째, 그들이 해야 하는 바를 하지 않은, 공공 당국 쪽의 관성에, 둘째, 그들 자신의 이익에 무지한, 대중의 "사회학적 저항"이라고 지금 우리가 부르는 바에, 그리고 마지막으로, 그것들의 무가치한 행동이 "병의 자발성"이라 불리는, 나타나고 사라지는 그들 질병에 말이다. 사실상, 이 세 종류의 저항은 연결되어 있다. 병의 발발을 막지 못하는 위생주의자의 무능력은 다른 것들의 관성을 미리 정당화했다. 공공 당국과, 간접적으로, 비활성의 대중을 동원하기 위하여, 그들은 아무런 작인도 방해하거나 방향을 바꾸게 할 수 없을 도시들을 통과하는 위생적 도로를 뚫을 수 있을 필요가 있었다. 그러나 결코 실정은 그렇지 않았다.

판매자는 완벽하게 깨끗한 맥주를 고객에게 보내는데 — 그것이 부패하여 도착한다. 의사가 한 여자가 건강한 8파운드의 아기를 낳게 돕는데 — 아기는 그 후 곧 죽는다. 어머니가 유아에게 완벽한 순수 우유를 주는데 — 유아는 장티푸스로 죽는다. 행정인이 메카로 가는 모로코인 순례자들의 여행을 규제하는데 — 콜레라가 정화된 순례자들과 함께 돌아오고 탕헤르(Tangiers)에서 먼저 발발하고, 이어 마르세유(Marseille)에서 발발한다. 주부가 조리사를 도울 브르타뉴 소녀를 고용하는데 — 몇 달 뒤 그 조리사는 급성 폐결핵으로 죽는다. 우리는 항상 우리가 옳은 것을 하고 있다고 생각하지만, 우리의 행위들은 우리가 기대했던 것으로 결코 나타나지 않으며 그 목적에서 약간 벗어난다. 재판소는 범죄자를 1년 징역으로 처벌하지만, 그는 감옥 속 그의 한동안에 대해 그의 목숨으로 값을 치른다. 남자가 여자를 그녀의 호텔까지 따라갈 때, 그는 동전으로 거래를 결정하고 있다고 생각하며 그의 나날들을 정신병원에서 끝낸다. 최상의 의도를 지닌 행위들의 이 치환은 참으로 낙담하게 하고 있다. "내가 하는 바는 내가 하길 원하는 선이 아니기 때문입니다. 아니, 내가 하길 원하지 않는 악인데 — 이를 나는 계속하고 있습니다"(「로마서」 7: 19).

그러나 이 왜곡이 항상 일어나지는 않는다는 점에서 상황은 훨씬 더 낙담하게 하고 있다. 많은 맥주가 소매상에게 온전히 도착한다. 빈번히 창녀와 관계하는 이들의 다수는 매독 환자가 되지 않는다. 많은 산파는 그들의 고객의 아기를 죽이지 않는다. 교란을 일으키고 있는 것은 정확히 이 변이이다. 그것은 위생주의자의 해결책과 통계를 아주 꼼꼼하게 그리고 동시에 아주 낙담하게 만드는 여타 힘들의 개입, 즉 기생을 예측하는 일의 불가능성이다. 때로는 콜레라가 지나가고, 때로는 지나가지 않는다. 때로는 장티푸스가 살아남고, 때로는 그렇지 않다. 정말로, "병의 자발성"의 교의는 유일하게 진정 믿을 수 있는 것이다. 행위와 의도 사이에 그들을 방향 바꾸고 부패하게 하는 **제3의 것**(tertium quid)이 존재하지만, 그것이 항상 나타나는 것은 아니며, 우리는 모든 것을 한꺼번에 고려하지 않고서는 그것을 포획할 수 없다. 하늘, 날씨, 도덕, 기후, 식욕, 기분, 부의 정도, 운 말이다.

최선의 의도의 이 부패, 그것이 항상 일어나지는 않았다는 점에서 가장 많이 교란을 일으키고 있던 부패는 하나의 심각한 불편을 갖고 있었다. 그것은 회의론을 조장했다. 물론, 단계들이 밟아질 수 있었지만, 무엇에 맞서서? 한꺼번에 모든 것에 맞서서이되, 아무런 성공의 확실성은 없이. 열광을 불러일으키는 일은 그리고 모두가 이 변하기 쉬운 상수 위에 놓여 있던 개혁 및 위생 시설의 프로그램들에 대한 확신을 유지하는 일은 어려웠다. "이 주기적으로 재발하는 치사성에 직면해서, 우리는 무력하게, 비무장으로, 시인이 쓰듯이, '모두에 대해 지친 채, 심지어 희망에 대해 지친 채' 남아 있었다"(Bouley: 1881, p. 549).

회의론은 바로 운명론으로 이끌었다. 정말로, 의도의 이 부패는 그것이 불가피한 것으로 보이지 않기 때문에 전적으로 너무도 많이 "이 세계의 부패"라는 특성을 지녔다. 삶과 좋은 건강은 기적이었고, 위생주의자도 의사도 그것들과 많은 관계가 없었다. 그들이 위생적으로 만들기를 그리고 개혁하기를 원했을 수도 있겠으나, 가장 단순한 프로그램들이 내부로부터 그들을 훼손한 일종의 제5열에 의해 배반당할 수 있다면 엄청난 합계의 돈을 수십 년 넘게 투자하도록 대중 및 공공 당국을 확신시키기는 어려웠다. 우리는 위생학적 운동의 역설을 볼 수 있다. 한편으로, 그것은 그 자체가 모든 것을 떠맡을 준비가 되어 있다고 선언했던 거대한 비율의 사회적 움직임이었고, 다른 한편으로, 그것은 알려지지 않은 그리고 별난 작인들에 의해 조용히 손상되고 있던 조치들의 연속이었다. 결과적으로, 그 기간은 부패하게 하는 힘들, 이중적 작인들, 독기와 전염을 파악하는 데 기민한 관심을 보여주었고, 그것들을 파악하면서, 그들에 맞서는 조치들을 취할 수도 있을 이들에게 즉각적 신뢰를 주었다. 미생물과 미생물을 드러내는 이가 나타났던 것은 정확히 이 지점이었다.

맥주와 양조자 사이에 때로는 행위 했고 때로는 행위 하지 않았던 무언가가 존재했다. **제3의 것**. "효모(yeast)"라고 미생물을 드러내는 이가 말했다. 당신이 맥주를 내보낼 때, 당신은 통을, 액체를, 송장(送狀)을, **그리고** 효모를 내보낸다(Tyndall: 1877, pp. 789-800). 당신이 여자가 아기를 낳도록 데려갈 때, 당신은 세 가지 작인 — 산파, 아기, 어머니 — 의 나타남 속에 있다고 생각하지만 네 번째 작인이 당신의 손에서 여자의 상처로 지나가는 상황의 이점을 취한다. 당신의 관심은 여자의 생명이지만, 그 네 번째 작인의 관심은 다르다. 그것은 그 자체의 관심을 실행하기 위해서 당신의 관심을 이용한다. 그것은 증식한다. 여자는 죽는다. 당신은 고객을 잃는다(Duclaux: 1879, pp. 629-635). 당신은 박물관에서 에스키모에 대한 실물 설명을 조직한다. 그들이 나가서 대중을 만나지만, 그들은 **또한** 콜레라를 만나고 죽는다. 이는 매우 성가시게 하는 것인데, 왜냐하면 당신이 하길 원했던 모든 것은 그들을 보여주고 그들을 죽이지 않는 것이었기 때문이다(익명: 1881, pp. 372-377). 우유와 여행하는 것은 길들지 않은 또 다른 동물, 즉 결핵균이며, 그것이 당신의 아이를 먹이려는 당신의 희망과 함께 미끄러져 들어온다. 그것의 목표는 당신의 목표와 아주 달라서 당신의 아이가 죽는 것이다.

그 세기의 말까지 파스퇴르주의를 이루어낸 것을 이해하기 위해서, 우리는, 그 수가 몇 안 되는, 파스퇴르주의자가 위생주의자에게 제공했던 것을 이해해야 한다. 몇 안 되는 실험실에서 연구하면서, 그들은 진실인 것으로 즉각적으로 여겨졌던 그리고 위생학적 운동이 그것의 연구와 함께 진척하도록 마침내 허락했던 증거로 통합된 말들을 선언했다. 위생주의자는 "쉽사리 믿지" 않았다. 그들은 파스퇴르주의에서 중요한 무언가를, 그들이 전에는 아주 실망했었으며 이제는 더 넓은 사회적 움직임에 의해 떠받쳐지고 있었다는 점에서 훨씬 더 중요한 무언가를 **기대했다**. 파스퇴르적 연구자들의 작은 집단은 의학을 창조하지도, 전염병의 원인에 관한 이론의 큰 덩어리를 창조하지도, 통계학을 창조하지도, 그 자체를 위생적으로 만들고 개조하기 위한 사회적 몸에 관한 결정을 창조하지도, 심지어 그들이 이야기했던 바에 대한 다른 이들의 급속한 이해를 창조하지도 않았다. 하지만 그들은 그들 자신의 무언가를, 위생 시설에 관한 그들 자신의 기획을 추구하기 위해 그것을 채택했던 이들에게 본질적이라고 보였던 무언가를 덧붙였다.[22]

파스퇴르가 전체적 움직임과 더불어 신뢰를 받게 되기 **이전** 위생의 이 불가능한 상태로 우리가 돌아갈 수 있다면, 그의 기여는 받침점(fulcrum)이라는 기여로 정의될 수도 있을 것이다. 파스퇴르주의자는 지렛대도 추도 심지어 그 일을 했던 노동자도 제공하지 않았지만, 그들은 받침점을 지닌 위생주의자를 제공했다. 다른 은유를 사용하자면, 그들은 최초의 관측 풍선과 같았다. 그들은 적을 보이도록 만들었다. 군대, 전투, 또는 심지어 지휘 장교 없이, 그들은 타격을 지적했거나 타격에 방향을 주었다. 그들은 아무것도 아닌 것 그리고 모든 것 둘 다였다. 파스퇴르주의를 채택하는 데 첫 번째였던 외과의들에 관해 이야기하면서, 뒤클로(Duclaux)는 그것을 잘 적는다. "외과의들은 그들이 좋은 일을 한다는 고귀한 야심을, 그것이 그 무슨 골칫거리를 그들에게 가져다주든 간에, 가져야 했음을 오랫동안 증명했으며, 그들은 그들의 성공과 영광을 그들로부터 그토록 자주 강탈했던 그들 무한히 작은 해로운 것들에게 쇄도하는 법을 어디에서 적군이 그들을 위해서 배우게 되었던 것이었는지를 그리고 아는 법과 직면하는 법을 배웠던 일은 우리 세기의 명예가 되게 되어 있었음을 증명받아야 했을 뿐이다"(1879, p. 635). 파스퇴르주의자는 그들의 기획들을, 위생주의자와 파스퇴르주의자 둘 다를 **강화할** 요소를 그것들에 더해가면서, 채택함으로써 위생주의자의 의도를 치환하게(또는 번역하게) 되어 있었다.

우리가 생각했던 것보다 더 많은 우리가 있다

누가 우리의 세계를 만들어내는 작인들인지 우리는 모른다. 우리가 어떻게 작인들이, 다른 작인들을 호출하고 그들에게 의도들과 전략들을 돌리면서, 서로 정의했는지를 이해하고자 한다면, 우리는 이 불확실성과 함께 시작해야 한다. 방법의 이 규칙은 우리가 작인들의 수가 갑자기 수백만 배가 된 시기를 연구할 때 특히 중요하다. ≪비평≫의 모든 저자를 쳤던 것은 다음 문장에서 요약될 수가 있다. "우리가 생각했던 것보다 더 많은 우리가 있다." 우리가 인간, 사회, 문화, 대상(objects)에 관해서 이야기할 때, 행위 하고, 우리에게 알려지지 않은 목표를 추구하며, 번영하기 위해 우리를 이용하는 여타 작인의 군중(crowd)이 모든 곳에 존재한다. 우리는 순수한 물, 우유, 손, 커튼, 가래, 우리가 숨 쉬는 공기를 조사할 수가 있고, 의심할 아무것도 알아보지 못할 수가 있으나, 우리가 볼 수 없는 수백만의 여타 개체가 돌아다니고 있다.

"우리를 기다리고 있는 미생물의 위험을 무시하면서, 우리는 이제껏 이 알려지지 않은 적에 대한 어떠한 해명도 취하지 않은 채 우리의 삶을 배열해 왔다"(Leduc: 1892, p. 234). 모든 것이 그 문장 안에 있다. "사회적" 관계만, 즉 인간과 인간 사이의 관계만 존재하는 것이 아니다. 사회는 인간만으로 이루어지지 않는데, 왜냐하면 모든 곳에서 미생물이 개입하고 행위 하기 때문이다. 우리는 에스키모와 인류학자, 아버지와 그의 아이, 산파와 그녀의 고객, 창녀와 그녀의 고객, 그의 예언자 무하마드를 잊지 않는 순례자와 그의 하나님의 현존 속에만 있는 것이 아니다. 이 모든 관계, 이들 일대일 대면, 이들 결투, 이들 계약 속에, 여타 작인이 현존하고, 행위 하고, 그들의 계약을 교환하며, 그들의 목표를 부과하고, 서로 다른 방식으로 사회적 유대를 재정의한다. 콜레라는 메카를 존중하는 이가 아니지만, 그것은 하지(hadji)의 내장으로 들어간다. 기체 병균은 분만 중인 여자와 맞서는 아무것도 갖고 있지 않으나, 그것은 그녀가 죽는 것을 필요로 한다. 이른바 "사회적" 관계의 한가운데에서, 그들 둘 다 무서운 방식으로 그들 관계를 복잡하게 하는 동맹을 형성한다.

나는 어떠한 은유적 또는 반어적 의미에서가 아니고 기호학적(semiotic) 의미에서 단어 "작인"을 사용하고 있다. 정말로, 파스퇴르주의자에 따르면, 사회적 연결은 인간을 불러 모으는 이들과 미생물을 불러 모으는 이들로 이루어진다. 우리는 사회를 사회적인 것(the social)만으로 형성할 수 없다. 우리는 미생물의 행위를 더해야 한다. 파스퇴르주의가 사회를 다른 방식으로 재조직했음을 우리가 깨닫지 못하면 우리는 그것에 관한 어떤 것도 이해할 수 없다. 한편으로, 실험실 안에서 행해진 과학이 존재하며, 다른 한편으로, 집단, 계급, 이해관계(interests), 법률로 이루어진 사회가 존재한다는 것이 아니다. 논점은 즉시 훨씬 더 단순하고 훨씬 더 어렵다. 볼 수 없는 것들을 빠트리면서, 사회적 연결만으로 사회를 만들어내는 것은 일반적 부패, 즉 좋은 인간적 의도의 비뚤어진 탈선과 함께 끝나는 것이다. 인간 사이에서 효과적으로 행위 하기 위해서 — 즉, 메카로 가려는, 콩고에서 살아남으려는, 훌륭한, 건강한 아이를 출산시키려는, 남자다운 다수를 얻으려는 — 우리는 미생물을 위한 "공간을 만들어야" 한다. 르뒥(Leduc)이 쓰듯이 말이다. "과학은 자연의 힘들을 노예화하기 시작했으며 근대사회가 마음대로 이용할 수 있게 고대 세계의 모든 노예보다 쇠붙이와 불 속에 더욱 강력한 노동자를 배치했다. 그러나 아무런 과학도 위생학이 하듯이 인간 사회에 대한 상호 의존을 부과하지는 않는다. 그것이 제공하는 좋은 것들을 우리가 우리의 이웃에게 확장하지 않는다면 그것들에서 이익을 얻는 것은 다소 불가능할 것임을 오늘날 우리는 안다. 다른 말로 하면, 개인위생은 공공 위생에 긴밀히 의존한다. 마을의 건강하지 못한 단독 가옥은 그것의 모든 주거자에게 항구적 위협이다. 우리가 좋은 것을 어떤 이에게 주려면, 위생은 그것들이 모두에게 확장되어야 할 것을 필요로 한다"(1892, p. 233).

무엇으로 르뒥은 그의 세계를 만드는가? "과학"으로, 쇠붙이와 불 기계로, 노예화한 힘들로, 그러나 또한 전염병으로. 법률적인 "사회적" 연결은 약하지만, **모든** 인간을 **한** 질병으로 서로 연결하는 것은 훨씬 더 강하다. 전체 사회적 몸을 상호 의존적으로 만들기 위하여 **모든 곳에서** 행위 해야 하는 위생주의자에 의해 재정의된 법률적 연결에 관해 우리는 무엇을 이야기할 수 있는가?

어떤 것은 자연에 속했고, 다른 것은, 그 표현이 사용되곤 하던 대로, "문화에" 속했는지와 별로 관련짓지 않은 채, 파스퇴르주의자는 그들의 숫자를 재정의했다. 그들의 관심을 끄는 것은 그것들이 노예화될 수 있느냐와 이들 이상한 동맹자(allies)와 더불어 무슨 새로운 힘들이 창조될 수 있느냐이다. 예를 들어, 아르맹고드(Armaingaud)는 미생물과 이상한 동맹을 형성한다. "폐결핵에 맞선 우리의 투쟁에서 …… 연주창과 국소적 결핵들에 맞선 투쟁에서는 주로 결여된 성공의 요소를 우리가 마음대로 처분할 수 있는 상태이다. 사적 관심, 즉 빈자는 물론 부자도, 약한 이는 물론 강한 이도, 우리 서로 모두를 상호 의존적이게 만드는 전염에서 유도된 동기이다"(1893, p. 37).

다소 온정주의적인 개혁가, 아르맹고드는 유명한 "자기-이익(self-interest)"을 재정의하기 위해 그리고 질병의 공포를 통해 모든 이를 함께 연결하기 위해 미생물을 사용한다. 권력에 대해서만 이야기하곤 하는 그리고 위생학을 "사회적 통제의 수단"으로 보는 몇몇 저자가 제안하는 것처럼, 이 예기치 않은 강화하기(strenthening)가 "반동적"이지는 않다. 미생물의 동맹은 우파는 물론 좌파에서도 발견될 것이다. 뉴욕의 파스퇴르 연구소 개소 당시에, 지비에(Gibier)는 쓴다. "위생의 과학적 기초가 되어야 하는, 전염 유기체에 관한 연구는, 모든 것이 모든 가능 세계 중 최선 속에서 가장 좋은 방향인 것은 아님을 발견하면서, 기득권을 뺏긴 이의 비참한 조건을 개선하려 하는 이들에게 상당한 도움을 가져다줄 수 있고 주어야 한다는 점을 나중에 우리는 보게 될 것이다." 그는 "도움"에 관해 이야기한다. 그는, 속류 마르크스주의자처럼, 박테리아학을 계급투쟁에 갖다 붙인다. "빈자의 비참함은 부자의 고블릿(goblet)만큼 멀리 다다르는 쓰고 유독한 담즙을 증류해 내고 그의 아이들의 정맥을 전염시킨다"(1893, p. 722). 빈자는 권리를 갖지 못할 수가 있으나, 전염된 빈자는 전체 집단을 터트릴 수 있다. 어떤 이에게 거부되는 바가 다른 이에게는 거부될 수 없다. 계급투쟁은 한 지점에서 가지 쳐 나올 수가 있는데, 전염을 통해 다른 지점에서 나타날 수 있을 뿐이다. 로젠크란츠(Rosenkranz)는 미국의 유사한 개혁의 사례에서 미생물이 그것 없이는 너무나도 예측 가능할 예측 불가능한 관심들을 만들기 때문에 그것들이 우파 또는 좌파에게 봉사했는지를 판별하는 일의 불가능성을 보여준다.[24]

그 세기의 끝을 향해가면서, 아무도 전염 없이 사람, 식물, 동물을 연결하면서 일할 수 없었다. 사회 속 미생물의 역할에 관한 한 논문에서, 카피탄(Capitan)은 그의 사고를 요약한다. "나는 발병 미생물이 사회 속에서 진화하는 방식의 개요를 단지 서술했는데 …… 죽음의 커다란 공급자인, 미생물의 계속적 개입 덕분으로만 사회는 존재할 수 있고, 생활할 수 있으며, 살아남을 수 있다"(1896, p. 292). 다시 한번, 세계 안에서 중요한 것에 대한 이들 새로운 번역을 우리가 따라가야 하는 일은 인류학자로서이다. 카피탄은 이로운 것과 새로운 것, 쓸모 있는 것과 쓸모없는 것, 행위 하는 것과 행위 하지 않는 것 사이에서 서로 다른 방식으로 구별한다. 그는, 속류 동시대인처럼, 사회를 생물학 위에 기초시키지 않는다. 그는 사회 자체를, 새로운 작인들이 지금 그리고 모든 시점에서 개입하는 사회를 재정의한다. "우리는 무한히 작은 것의 도움을 필요로 한다"라고 로이에(Loye)는 쓴다(1885, p. 214). 미생물은 질병을 통해 우리를 연결하지만, 그것들은 또한, 내장 균주를 통해, 우리를 우리가 먹는 바로 그것들에 연결한다. "유기물질을 부수는 것을 돕는 그들 식탁 친구들에 의해서 개인의 경제 안에서 수행되는 역할의 중요성을 우리는 좀처럼 의심할 수 없다"(Sternberg: 1889, p. 328).

"상호 의존", "원조", "권력", "도움", "식탁 친구들" — 나는 이들 용어를 도입하지 않았다. 그것들 모두가 강함의 시도(trials of strength)에서 출현한다. 그들의 세계들을 그렇게 재정의하고 어느 것이 지금 고려되어야 하는지를 결정하는 것이 행위자들이다.[25]

사회에 관한 과학에서 연합에 관한 연구로

우리가 연구하고 있는 행위자들은 이미 우리에게 가르칠 많은 교훈을 지니고 있다. 특히, 그들은 그들이 살고 있는 사회를 그들에게 정의해 줄 사회학자를 기다리지 않는다.[26] 그들은 모두가 사회적이지는 않은 새로운 행위자들과 함께 사회를 재조직한다. 과학사회학자들은, 물리학, 수학, 또는 생물학과 같은, 과학의 내용에 대한 정치적 또는 사회적 설명을 제공하고 있다고 종종 주장한다. 그러나 과학사회학은 너무도 자주 무력한데, 왜냐하면 그것은 **무엇으로** 사회가 이루어지는가를 그들이 안다고 생각하기 때문이다. 그것의 전통에 충실하게, 그것은 사회를 집단, 이익, 의도, 이익의 충돌로 이루어진 것으로 보통 정의한다. 그러므로 이 사회학은 그것이 엄밀 과학(exact sciences)에 접근할 때 왜 그토록 허약한지 우리는 알 수 있다. 그것은 단단한 학제들을 사회적 용어로 설명할 수 있다고 생각하는 반면, 그 학제들은 거의 항상 독창적이며 **사회적 몸에 대한 그것들의 정의에서조차** 사회학 자체보다 더욱 미묘하다. 과학사회학자들은 그들이 위생학을 계급투쟁, 하부구조, 권력의 관점에서 설명했기 때문에 그들이 매우 영리하다고 생각하는 반면, 작인들은 우리를 위한 우리의 계획을 망쳐놓는다. 그들은 자리를 뜨고 원인을 제출하기 위해 그리고 부자(또는 빈자)를 겁나게 하려고 새로운 동맹자들을 찾는데, 질병을 휘두르면서 말이다. 어느 것이 다른 것을 설명하는가? 어느 것이 더 창의적인가?[27]

엄밀 과학들은 그것들이 사회에서 떨어져 있거나 분리되어 있기 때문이 아니라, 그것들이 사회라는 관념과 그것이 포괄하는 것이라는 관념 바로 그것을 혁명화했기 때문에 사회적 분석을 피한다. 파스퇴르주의는 감탄할 만한 예이다. 파스퇴르주의자와 사회적 연결 속에 미생물의 행위를 포함함으로써 사회적 연결을 단순히 재정의한, 그들의 위생학적 동맹자의 엄격히 사회학적인 훌륭한 솜씨와 비교하여 얼마 안 되는 사회학적 설명은 허약하다.[28]

우리는 미생물의 행위를 사회적 설명으로 환원할 수 없는데, 미생물의 행위가 사회만이 아니라 또한 자연 및 이것저것 모두를 재정의했으므로 말이다.

미생물은 모든 곳, 모든 관계에서 제3의 정당이라고 파스퇴르주의자는 이야기한다. 그러나 어떻게 우리가 이를 아는가? 파스퇴르주의자 자체를 통해서, 강의를 통해서, 증명을 통해서, 편람을 통해서, 조언을 통해서, 그들이 이때부터 산출해 낸 논문을 통해서. 누가, 그렇다면, 그 당시 이 모든 사회적 관계 속에서 제3의 정당이었나? 물론, 미생물을 드러내는 이, 파스퇴르주의자이다. 누구를 위해 우리는 "공간을 만들어야" 하나? 수백만의 어디에나 있는, 대단히 효과적이고, 종종 위험하며 지극히 볼 수 없는 미생물을 위해. 그들은 보이지 않으므로, 우리는 또한 미생물을 드러내는 이를 위한 공간을 만들어야 한다. 미생물이 있는 모든 곳에서 이루어지는 것으로서 사회적 연결을 재정의하면서, 파스퇴르주의자와 위생주의자는 모든 곳에 나타나게 될 권력을 다시 얻었다. 우리는 그들의 행위 및 결정을 "그저" (어떠한 경우 설명하기가 매우 어려울) 정치적 동기 및 이익으로 "설명할" 수 없다. 그들은 훨씬 더 많이 해낸다. 19세기 유럽의 위대한 상승 속에서, 그들은 사회가 무엇으로 이루어지는지를, 누가 행위 하고 어떻게 하는지를 재정의하며, 이들 새로운 셀 수 없는, 볼 수 없는, 위험한 작인들을 위한 정치인이 된다.

파스퇴르주의자와 위생주의자가 그들의 시대에(그리고 과학사회학자에게) 주는 사회학의 교훈은 우리가 엄격한 의미에서 경제적 그리고 사회적 관계를 얻고자 희망한다면, 우리는 우선 미생물을 없애야 한다는 점이다. 그러나 미생물을 없애기 위하여, 우리는 모든 곳에 위생주의자의 또는 파스퇴르주의자의 대표자를 놓아야 한다. 우리가 사회학자, 경제학자, 심리학자의 꿈을 실현하기를 바란다면 — 즉, 아무것도 방향을 바꾸지 않을 관계를 얻기 위해서는 — 우리는 미생물이 모든 곳에서 사회적 관계에 더 개입하지 않도록 그것들의 방향을 바꾸어야 한다. 그들은 그리고 그들의 방식은 방해받아야 한다. 파스퇴르주의자가 수술에 침입한 **이후**, 그때에만 외과의는 환자하고만 있을 수 있다. 우리가 맥주를 저온살균하는 방법을 발견한 이후, 양조자는 그의 고객과 오직 경제적 관계를 맺을 수 있을 것이다. 전체 농장을 통해 저온살균으로 우유를 살균한 이후, 그때 우리는 순수한 사랑의 관계 속에서 우리의 유아를 먹일 수 있을 것이다. 세르(Serres)는 또 다른 더 강력한 것에 의한 기생물의 이 제거를 기술한다.[29] 두 번째 기생물의 절연 이후에만 우리는 스스로가 처음부터 안전하다고 선언할 수 있다. 새로운 전문직, 제도, 실험실, 모든 곳에서의 숙련을 세우는 일의 대가로, 우리는, 한편으로, 제대로 분리된 미생물의 경로를, 다른 한편으로, 순례자, 맥주, 우유, 포도주, 학동(學童), 군인의 경로를 얻어낼 것이다.

박테리아학을 설명하는 일은, 그렇다면, 파스퇴르를 한 사회적 집단의 위치로 환원하는 것은 아니다. 그 반대로, 그것은 박테리아학 및 위생이 그 기간의 모든 사회학에 부여하는 교훈을 따라가는 것이다. "당신은 당신이 미생물 없이 할 수 있다고 생각했다. 하지만 미생물은 본질적 행위자이다. 그러나 누가 그것을 아는가? 우리가, 우리의 실험실 속 우리만이. 그러므로 당신은 사회의 문제를 풀고자 한다면 우리를 고려해야 하고 우리의 실험실을 통과해야 한다." 이 관점을 이해하기 위해서, 이제 고려되어야 하는 위험한, 불명료한 힘들을 위한 정치인으로 스스로를 전환한 사람들로 그 기간이 꽉 차 있었음을 우리는 기억해야 한다. 새로운 힘들을 발명해 내면서 위생주의자는 혼자가 아니었다. 요정 같은 전기(fairy electricity)를 조작했던 이들이, 식민화 연맹을, 체육 클럽의 발전을, 또는 전화, 라디오, 또는 X선의 증진을 수립한 이들이 있었다. 예를 들어, 급진 정당은 그들의 행위 및 의도가 아주 조금 알려졌던, 위험스러운 노동계급을 사회적 게임의 전통적 작인들이 설명하도록 강제함으로써 모든 곳에서 지반을 얻었다. 그러나 유사함이 가장 큰 것은 프로이트(Freud)와 더불어서이다. 프로이트처럼, 파스퇴르는 일상생활의 실수 행위들(parapraxes) 및 하찮은 것들 속에서가 아니라, 부패 및 쓰레기 속에서 보물을 찾았다. 문명이 붕괴하지 않으려면 경청 되어야 하는 볼 수 없는, 거부된, 가공할 정도로 위험한 힘들의 이름으로 그들이 이야기하고 있었음을 둘 다 선언했다. 정신분석가들처럼, 파스퇴르주의자는 그 밖의 아무도 접근하지 못했던 인구에 대한 배타적 해석자로서 그들 스스로를 자립시켰다.

파스퇴르가 엄밀 과학을 발전시켰음은, 급진 정당이 의회에서 성장하는 자리를 차지했음은, 프로이트가 여전히 논쟁적인 과학을 발전시켰음은 문제가 안 된다. 몇몇 사람은 인간 행위자(human actors)를 정의하고 다른 이들은 비인간 행위자(nonhuman actors)를 정의함은 문제가 안 된다. 그러한 구별은 의미 귀속보다 그리고 다른 이들의 편익을 위하여 무의식, 광견병 바이러스, 또는 인쇄 노동자에 의해서 이야기되고 있는 바를 표현하는 정치인의 구성보다 덜 중요하다. 행위자 유형들 사이의 그러한 구별은 무엇이 세계를 이루어내는 것인지를, 누가 그 안에서 행위 하고 있는지를, 누가 중요한지를, 누가 무엇을 원하는지를 그것들이 모두 재교섭해 내고 있다는 사실보다는 덜 중요하다. 그들은 모두 권력의 **새로운 원천**과 이제껏 정치적 공간에 코드를 부여했던 것들로는 환원 불가능한, 정당성의 새로운 원천을 그들은 모두 창조해 내고 — 이것이 중요한 점이다 — 있다. 그들은 "사회적 또는 정치적 설명"으로 환원될 수 없는데, 그들은 정치적 게임을 새로운 힘들과 더불어 위에서 아래로 다시 새롭게 하고 있으므로 말이다. 사회-학(sociology)이 "사회적 사실"에 관한 학문이 되길 바란다면, 그것은 이 기간을 이해할 수 없다. 그것은 그럼으로써 자체를 순전히 사회적인 것(the pure social)에 제한하는 반면, 모든 행위자는 그 밖의 무언가와 함께 그것을 더럽히고 있다. 더 심각하게 보아, 사회학은 행위자들 자체의 교훈에 대해 귀먹은 채로 남아 있다. 우리가 이 교훈에서 배우길 그리고 우리 자신을 사회학자로 부르길 바란다면, 우리는 이 학문을 사회적인 것에 관한 학문으로서가 아니라, **연합**(as*socia*tions)에 관한 학문으로서 재정의해야 한다. 우리는 이들 연합에 대해서 이들이 인간적인지 자연적인지, 미생물로 이루어져 있는지 잉

여가치(surplus value)로 이루어져 있는지를 이야기할 수 없으나, 그들은 **강하거나 약하다**는 점만은 이야기할 수 있다.[30]

어떻게 논쟁의 여지가 없어지게 되는가

우리가 ≪과학 비평≫에서 발견되는 번역의 일반적 과정을 이해하기 시작한다.

"우리는 위생 처리하기를 원한다"라고, 그 기간의 힘들 및 부와 건강 사이의 갈등을 그들 자신의 방식으로 표현하면서, 위생주의자는 말한다.

"당신의 모든 좋은 의도는 방향이 바뀌었고, 혼동되었으며, 기생적이다"라고 그들의 적들은 말한다.

"우리의 소망을 방향 바꾸고 혼동시키는 이 기생물(parasite), 우리는 그것을 보고 그것을 드러내며, 우리는 그것이 말하게 만들며 그것을 길들인다"라고 파스퇴르주의자가 말한다.

"기생물을 그것의 손을 붙들어 가방에 넣으면서, 우리가 파스퇴르주의자가 말하는 것을 채택하면, 우리는 그리하여 우리가 소망하는 만큼 멀리 갈 수 있다"라고 위생주의자는 말한다. "아무것도 우리의 기획들을 방향 바꿀 수 없으며 위생 시설에 관한 우리의 프로그램을 약화할 수 없다."

미생물을 드러내는 이들로서 파스퇴르주의자에 대한 관념을 확산하면서, 건강의 입법자라고 주장한, 위생주의자는 그들 스스로를 확산한다. 파스퇴르주의자와 위생주의자 둘 다를 모든 곳에서 일반화함으로써, 부유해지려는 욕망은 더는 훼방받지 않았다. 건강과 부 사이의 갈등은 후자의 이득 쪽으로 해소되었다.

미시기생물(microparasites)과 거시기생물(macroparasites) 사이의 천년에 걸친 투쟁, 그에게 역사의 추동력인 것으로 보이는 투쟁을 토론할 때 먹닐

(McNeill)이 제안하듯, 그 규모는 거시기생물을 선호하는 쪽으로 돌아선다.[31] 부자와 제국은 결국 확산할 수 있을 것이다. 이제껏, 특히 열대에서, 그들은 결코 아주 멀리 갈 수는 없었다. 그들의 가장 충실한 잡역부들은 곧 죽었다. 이제, 파스퇴르주의자와 위생주의자가 지반을 얻은 모든 곳에서, 미시기생물은 지반을 잃었다. 왜 아무도, 오늘날에조차, 박테리아학의 기여에 대해 심각하게 문제를 제기할 수 없는지 우리는 알 수 있다. 정말로, 모든 의견은 미시기생물을 공격하기 위해서 똑같은 목소리로 이야기하며, 함께 일한다. 착취하는 자, 착취당하는 자, 인류 후원자, 상인, 성직자, 그리고 무엇보다도 의사, 위생주의자, 육군 의무대, 그리고 기생적 사슬의 끝에 있는, 파스퇴르주의자. 아무런 인간도 그들을 방어하길 소망할 수 없으므로, 미생물의 제거를 통한 19세기 마을들의 일반적 변환은 논쟁할 수 있지 않다.

내가 재구성하고 있는 힘들의 조립(assemblage of forces)은 일정한 구별이 없다면 이 조립으로 주어지는 최종적 인상과 혼동될 수도 있겠다. 미생물이 발견되었을 수도 있겠지만, 이 발견의 책임이 파스퇴르에게 돌려지지 않고서 그럴 수도 있다. 결국, 정치에서, 배은망덕은 감사보다 더 흔하다. 그러므로, 두 기제가 구별되어야 한다. 첫 번째 기제는 힘들을 하나를 다른 것 꼭대기 위에 있도록 배치하고 어떻게 전체 기간이 파스퇴르의 실험실 안에서 무엇이 일어나고 있느냐에 관심이 있는지(스스로 관심이 있음을 발견하는지)를 우리가 설명하게 해준다. 두 번째 기제는 군중 속 하나의 구성원에 대한 명령 책임을 귀속시킨다. 톨스토이가 러시아의 작전을 설명할 때, 그가 첫 번째 기제를 기술하지만, 두 번째 기제는 다르게 구성된다는 점을 잘 의식하고 있는데, 기동들(maneuvers)이 "나폴레옹의 천재성"과 "쿠투조프의 천재성"에 돌려지므로 말이다. 박테리아학에 대해서도 마찬가지 말을 하게 된다. 내가 일차 기제라고 부르는 바는 어떻게 박테리아학은 기생 사슬의 끝으로 들어갔는지 그리고 그 자체가 전체 기간을 표현할 수 있음을 발견했는지를 보여준다. 그러나 두 번째 기제는 그 기간의 위생 처리 혁명 전체를 파스퇴르의 천재성에 돌린다. 일차 기제는 동맹들과 힘들의 조성을 기술하는 반면, 두 번째 기제는 왜 힘들이 그들을 대표하는 이름 아래서 서로 섞이는지를 설명한다. 첫 번째 기제는 "강함의 시도들"을 정의한다. 두 번째 기제는 "효험(potency)"이 무엇으로 이루어지는지를 우리가 설명하는 것을 가능하게 해준다.

이는 작은 논점이 아닌데, 왜냐하면 그것은 우리가 두 가지 아주 다른 것을 설명하는 것을 돕기 때문이다. 첫째, 어떻게 위생주의자 또는 파스퇴르주의자는 그들을 필요로 했던 힘들을 번역하는 위치에 그들 스스로를 놓았느냐이며 둘째, 전체로서 그 움직임에 누가 책임이 있었는가를 정의하기 위한 탐구를 어떻게 그들이 개시했느냐이다. 나는 그 전이가 번역을 통해서만 일어났다고 말했다. 그러나 항상 이 번역은 그 안에서 두 요소가 서로 다른 내기를 하는 오해이다. 일단 전이가 이루어지면, 누가 이 번역의 궁극적 원인이었는지를 정하는 것이 결정적이다. 예를 들어, 영국 박테리아학자들이 그들의 실험실을 프랑스 생물학자들과 똑같은 방식으로 배치했음은 거의 확실하다. 그러므로 일차 기제는 똑같았다. 그러나 책임이, 단일 인간 파스퇴르의 업적으로 간주하였던 박테리아학에 전적으로 돌려졌던 것은 프랑스에서만이었다.

두 기제 사이의 이 구별은 본질적인 것인데, 왜냐하면 그것이 실행했던 전략들은 꽤 달랐으며 똑같은 논문에서 변화할 수 있었다. 예를 들어, 항디프테리아 혈청에 관해 이야기하면서, 리셰가 끝낸다. "내가 파스퇴르라는 위대한 이름을 언급하는 것이 어울린다고 보지 않았음은 놀라울 수가 있다. 그러나 논점은 무엇인가? 화학 속 모든 발견이 라부아지에(Lavoisier)로부터 나오는 것처럼, 박테리아학 연구의 영역 속 모든 발견이 파스퇴르 선생에게서 직접 나오는 것을 우리는 모르는가?"(1895, p. 69). 플로티누스(Plotinus) 자신은 (인간 파스퇴르가 좀처럼 기여할 수 없었던) 항디프테리아 혈청이 그의 신으로부터 "직접" 나오게 만들 정도로 충분한 능력을 그에게 부여하지는 않았을 것이다. 그러나 똑같은 리셰가, 똑같은 논문 안에서, 디프테리아에 관한 발견의 우선권을 수립하기 위한 꽤 다른 모형을 사용한다. "이 웅장한 결과, 즉 죽음에 대한 과학에 의한 이 승리의 현존 속에서, 그것이 누구 덕분인지를 아는 일은 상대적으로 이차적인 관심이다. 왜냐하면 우리는 어떠한 발견에서 특수한 과학에 돌려질 수 있는 바를 항상 과장하기 때문이다. 그의 자존심이 가정하는 것 훨씬 이상으로, 그것은 익명의, 끊임없이 계속되는 협력 그리고 그것들 각각이 그것의 유용한, 불명료한 기여를 이루어내는, 은은히 있는 관념들의 교환 덕분이다"(p. 68).

무엇이라고? 그렇다면 "익명의" 연구자들이 존재한다? 파스퇴르 말고 다른 연구자들이? "은은히 있는", "협력"? 플로티누스적 나옴(emanation)은 단조로운 과학사회학, 익명의, 열심히 작업하는 보병의 군중이 되었다. 어떤 이가 형이상학 속 이 전이의 원인을 짐작했을 수가 있다. 최초의 불명료한, 익명의 협력자는 다름 아닌 리셰 자신이었다. "1890년, 12월 6일에, 우리는 인간에 대한 최초의 혈청요법적 주사를 실행했다"(1895, p. 68). 설명의 이 이중적 게임 — 하나는 효험을 창조하고 있고, 다른 하나는 강함의 시도들을 배치하고 있는 — 은 다름 아닌 재미있는 기이함으로 볼 수도 있다. 그러나 어떻게 강함의 모든 시도라는 그토록 명백한 조작이 약간의 인간의 순전히 과학적인 관념에 의해 사회가 혁명을 겪게 되었는지에 대한 인상을 주는 것으로 끝나는지를 우리가 설명하도록 그것은 도와주며, 어떻게, 이차적 기제로의 환원에 의해, 한편으로 과학이 존재하고 다른 한편으로 사회가 존재한다는 인상과 더불어 우리가 끝나는지를 우리가 설명하도록 그것이 심지어 도와준다.[32]

위생학과 통행의 필수적 지점들

위생주의자 쪽에서 바라보기로 하고 왜 그들이 미생물학 실험실에서 출현할 미생물에 관한 어떠한 논의를 그렇게 바로 붙잡았는지를 알아보기로 한다. 나는 그들이 전쟁 중이었으며 모든 전선에서 싸우고 있었다고 말했다. 나는 그들을 엄청난 전선을 방어하는 과업을 부여받았으며 따라서 자체가 얇은 비상경계 방역 선을 따라서 흩어져 있도록 강요받은 작은 군대에 비유했다. 그들은 모든 곳에 있었지만, 모든 곳에서 약했고, 우리는 얼마나 많은 전염병이, 얼마나 많은 발진티푸스, 콜레라, 황열(yellcw fever)이 바람직하지 않게 방어된 그 전선들을 뚫었는지 안다. 미생물에 대한 정의 및 그것의 습관에 관한 기술(記述)은 그들에게 무엇을 의미하는가? 정확히 군대 속 무엇이 통로의 필수적 지점들이라 불리는가? 그것의 장비에 의존하여, 적은 모든 곳을 뚫을 수는 없었지만, 단지 몇 장소는 그럴 수 있었다. 그들은 그들의 약함에 해당하는 그들 지점을 강함에 해당하는 지점으로 전환하기 위하여 그들의 힘들을 집중해야만 한다. 적은 그러면 분쇄될 수가 있다.

통계로 말해서, 맹인으로 태어나는 이들의 30퍼센트의 원인인, 신생아 안염(眼炎) 같은 소아병을 취하기로 한다. 이 논문의 저자, 푸슈(Fuchs)는 그가 다른 이들처럼 병의 자발성을 믿었다고 이야기한다. 어떤 것이 이 안염을 일으킬 수가 있다. 지나치게 밝은 빛, 감기, 황달. 그러고 나서 그는, 실질적으로 파스퇴르를 인용하지 않은 채, 덧붙인다. "몇 가지 소아병의 원인이 현미경적 곰팡이 속에 놓여 있다는 점을 우리가 알자마자, 우리는 여기서, 또한, 비난이 미시유기체와 더불어 놓여 있다는 점을 믿을 준비가 모두 되어 있었다"(1884, p. 494).

작인에 대한 단순한 정의가 새로운 프로그램을 "우리가 믿도록 이끌기에" — 결정적 용어 — 충분하다. 이 작인의 용기 덕분에, 푸슈는 이제껏 연결되지 않은 두 가지 통계적 집단, 즉 질병의 나타남과 어머니의 임질을 연결하는 일에 착수한다. 그는 이어 어머니의 상처 속에서 그리고 유아의 눈에서 배출되는 고름 속에서 똑같은 임균을 또한 발견한다. 언제 미시유기체가 어머니의 질에서 신생아의 잘 닫힌 눈으로 전달될 수 있었을까? 한 가지 답만이 존재했다. 그것이 붙어 있던 속눈썹을 통해서. 이는 통로의 필수적 지점이었다. 속눈썹. 그러나 어디서 푸슈는 치는가? 눈 자체 속에서. 무엇으로? 강력한 살균제, 질산은(silver nitrate)으로. 푸슈는 질병의 모든 원인을 막기에는 무력했다. 그는 임균이 필수적으로 통과해야 했던 단일 장소에서 질산은으로 그것을 분쇄하는 강한 위치에 자신이 있음을 발견했다. 강함의 이 새로운 시도는 장관이었고, "논쟁 불가능"했다. 그 저자가 말하기로, 한 독일 병원에서 사망한 어린이에 대해 수치가 12.3퍼센트에서 0퍼센트로 떨어졌다. 누가 진정 이에 대해 아직도 논의할 수 있었던가? 똑같은 힘들을 채용하여, 푸슈는 더 앞서 있던 결과들과 비교가 안 되는 결과들을 얻는다. 당연하게도, 이 강화는 왜 그렇게 많은 사람이 미생물의 나타남을 "믿도록 인도되었는지"를 보여주기에 충분하다.

게다가, 원인들의 수가 분석에 항상 반항할 것으로 보였던 곳에서, 미생물은 전염병 문제를 다시 질서 지우는 일을 가능하게 만들었다. 예를 들어, 노르망디의 작은 항구, 이포르(Yport)의 콜레라 사례에 관한 탐구를 취하기로 한다. 탐구자인, 어떤 지베르(Gibert)는 셜록 홈스가 탐구할 만한 수수께끼에 직면했다. 한 뉴펀들랜드 사람(Newfoundlander)이 프랑스 남쪽의 세트(Sète)에 그의 물고기와 함께 상륙한다. 한 선원이 툴롱(Toulon)에서 죽는다. 열차 안에서 그 죽은 사람에 속하는 가방이 동행자 없이 여행한다. 이포르에서 한 여자가 그녀의 아픈 형제의 리넨(linen)을 세탁한다. 그녀는 가파르게 솟아오르는 거리에 산다. 한 공동 우물이 있다. 통계학에 알려진 관점에서만, 이질적 사건들의 이 모음이 다음의 것을 산출해 낼 수 있을 뿐이다. 1884년 툴롱에서 콜레라 발생이 있었으며 센앤페리외르(Seine Inférieure)에서 또 다른 것이 발생했다. "병의 자발성 교의가 다시 한번 언급되었다"라고 저자는 인정한다.

불확실성을 바로 잡기 위하여, 탐구자는 그의 아리아드네(Ariadne)의 실과 함께 장면에 등장한다. 그는 사전에 개념화되어 있던 그의 불확실성들을 탐구에 부과한다. 미생물은 과학자의 머릿속에서 떠다니는 관념이 아니다. 그것은 그들이 세우고 명령하길 원하는 연결망들을 통해서 움직이기 위한 이동의 수단이다. 미생물은 일정한 사용을 위해 그리고 연결과 움직임의 일정한 유형을 위해 설계된, 행위의 수단이다. 특수한 미시유기체가 존재한다. 그것은 한 장소에서 다른 장소로 도약하지 않는다. 우리는 실을 따라가야 한다. 이들 불확실성과 함께, 새로운 길은 기술되며 또한 파헤쳐진다. 지베르는 툴롱에서 죽은 그 선원의 친구인, 한 아픈 선원이 어떻게 그의 리넨을 그의 자매가 빨게 했는지 상술한다. "그가 도착한 다음 날, 한 통에, 두 무더기로, 그의 옷들을 담갔고, 이어 그것들을 말리려 널었는데……. 그 통에서 나온 물이 바로 그 경사로 위로 내던져졌고 50미터 넘게 이동했다"(1884, p. 724). 그 경사로를 따라 일곱 명이 죽었다! "각각의 새로운 사례는 더 앞선 사례들과 연결될 수 있었으며 전염으로 설명되지 않은 단독 사례는 존재하지 않았다"(p. 725).

통로의 필수적 지점에서 통로의 필수적 지점들까지, 병의 자발성의 교의 혼자서 해명할 수 있는 것으로 보였던 요소들의 변이를 설명하기 위하여 경로가 출현한다. 일반적 교의로서 전염론(contagionism)은 무력했지만, 배, 열차, 특수한 지형, 물 공급 체계를 연결하는 것을 가능하게 해주는, 아리아드네의 실은 전통적 탐구와 새로운 작인 둘 다를 데려다 함께 묶었다. 전에는, **모든 것**이 고려되어야 했으나, 연결되지 않은 방식으로 그랬다. 이제 위생학자는 모든 것을 고려할 수 있었으나, 미생물의 수행으로 놓인 **질서 안에서** 그러했다. 병의 자발성에 관한 전체적 설명을 불러일으킬 만큼 아주 별나게 보였던 적의 자취를 발견하기 위해서 소환된 모든 위생주의자의 비상한 열성을 상상하기란 쉽다. 과거의 어떤 것을 포기함이 없이도, 그들은 더 강해지고 있었다. “우리가 각 병의 원천, 그것이 좋아하는 소굴, 그것의 습관, 그것의 진전 방식에서 미생물을 알 수 있다면, 우리는, 좋은 의학적 감독과 함께, 그것을 시간 속에서 포획할 수도, 그것을 그것의 궤적 속에서 멈출 수도, 그것이 살인 임무를 계속하는 일을 막을 수도 있을 것이다”(Trélat: 1895, p. 169).

나는 파스퇴르주의자가 아니었던 세 명의 저자를 의도적으로 선택했고, 파스퇴르를 언급하지 않았거나, 파스퇴르주의자가 아직 다루지 않은 질병에 관해 연구했다. 정말로, 위생학의 가공할 변환은 처음에는 뒤따르는 연구 프로그램과 더불어서만 영향을 받았다. 통로의 필수적 지점들이 존재한다. 미생물은 모든 점을 함께 연결하는 아리아드네의 실이다. 물론, 우리는 파스퇴르가 특수한 미생물들이 존재했다는 확실성에는 책임이 있음을 인정할 수가 있겠으나, 그는 그것들의 의학적 사용에는 책임이 없었다.

가장 명료한 사례는 명백히 수술의 사례였다. ≪비평≫에서 그것의 변환은 개시부터 이긴 것으로 여겨진다. 정말로, 이차적 기제의 관점에서 보아 수술은 리스터(Lister)와 게랭(Guérin)의 업적으로 여겨진다. 파스퇴르는, 적어도 처음부터, 의사들 스스로 책임이 있었던 발전의 기회로서만 보인다. 우리는 왜인지를 이해한다. 소독과 무균은 어떠한 특별한 미생물 없이도, 배양, 즉 짧게 말해 약화 없이도, 파스퇴르주의자의 의학적 프로그램 안에서 발견될 어떤 것 없이도 발전할 수가 있다. 리스터를 나서게 하기 위하여, 필요했던 모든 것은 의사들이 미생물의 실존과 모든 곳을 지나가는 그들의 능력에 관해 질문하는 일이 더는 아니었고, 미생물들은 가열 중에 또는 소독제의 효과 아래서 공기 중 — 또는 공기의 부재 속 — 에서 죽었음을 다소간 그들이 아는 일이었다. 파스퇴르가 해야 했던 모든 것은 이를 논쟁 불가능하게 만들어야 하는 일이었고, 외과의들 스스로 그것을 “응용하게” 될, 즉 그 나머지를 하게 될 것이었다.

외과의들의 열광은 우리가 “지식”에서 “믿음”을 구별해 낼 수 없음을 충분히 명료하게 보여준다. 가장 회의적인 무관심에서 가장 정열적인 광신으로 인도하는 정도(程度)들은 연속적이며 작인들 사이 관계의 각도를 측정한다. 우리는 우리가 그로부터 무언가를 기대하는 그것을 다시 믿는다. 이 의미에서 믿음은, 지식처럼, 사물들이 가게 그리고 되돌아오게 허용하는 안전한 연결망들의 확장 위에 기초해 있다. 예를 들어, 무균은 외과의들이 그들이 이제껏 송장 빼고는 도달할 수 없었던 새로운 장소에 도달하는 것을 허용했다. 그리하여 그들의 믿음, 그들의 지식, 그들의 숙련이 똑같은 보조로 그리고 똑같은 비율로 성장했다.

> 수술 행위가 더는 죽이지 않는다. 우리는 다소간 우리가 하는 절개의 달인이고, 우리는 절개를 거의 마음대로 즉각적 치료를 향하게 하고 …… 이전 시대의 심각한 개입들, 즉 사지 절단, 뼈 파내기, 관절 절제, 유방 제거가 처음으로 일상적 실천에 들어갔다. 그래서 지평선이 넓어졌다. 복부 수술이 무에서 창조되었다. 우리는 위, 내장, 간과 그것의 쓸개, 비장, 신장, 췌장 자체를 가르고, 절단하고, 꿰맸는데 …… 소독이 이 기적을 가능하게 했다. 상처의 합병증은 이제 예외였고, 파스퇴르 선생의 발견 덕분에, 리스터 선생은 화농성 전염에서 우리를 구출하는 그 누구에게든 준다고 넬라통(Nélaton)에 의해 약속된 축복의 금상(金像)을 받을 만했다(Reclus: 1890, p. 104).

그것은 관념, 이론, 의견의 문제가 아니다. 그것은 방식과 수단의 문제이다. 외과의들은 위로 들어갈 수 있었고, 그들은 난소에서 랜싯(lancet)을 행사할 수 있었으며, 그들이 수술하고 있던 살아 있는 개체가 즉시 죽지 않기를 계속 희망할 수 있었다. 외과의들이 소독 방법에 놓은 확실성은 그것이 그들에게 열어주고 있었던 영역들에 정확히 대응했다. 번역은 꽤 분명하게 나타난다. 소독의 몸짓을 거치는 신속하고 비싸지 않은 우회로의 대가로,

그들은 더 빠르고 더 멀리 그들이 고대 이래로 도달하기를 소망해 왔던 바에 도달했다.

외과의들이 화농성 전염의 모든 요인을 즉시 통제하지 못하는 무력함을 한탄하던, 불운한 키르미숑을 나는 이미 인용했다. "그리하여 우리는 일반 위생에 관한 모든 예방책을 누적했지만, 병동에서 오는 화농성 전염을 그리고 수술의 모든 재앙을 제거하는 데 실패했다." 그러했던 것이 첫 번째 프로그램, 첫 번째 위생학이었다. 그가 덧붙인다. "우리는 명백히 잘못된 궤도 위에 있었다. 우리가 환경 속, 그 안에서 우리가 환자를 발견했던 위생 조건 속 사건의 원인을 찾고 있었음에 반해, 우리는 그것들과 싸워야 했고 무엇보다도 상처 자체 속 소독 물질 사용으로 그것들을 막아야 했다"(1888, p. 296). 반전이 이루어졌다. 상처는 충분했다. 외과의들이 예방책을 취해야 했던 것은 거기서였다. 환경이 물론 중요했으나, 그들은 결코 그것을 전적으로 통제할 만큼 충분히 강하지 못할 것이다. 그들의 노력의 적용 지점을 단순히 바꿈으로써 약한 것은 강해졌다. 상처를 보호하고 환경을 그러지는 말라. 전체로서 수술의 힘들을 다시 방향 지우기에 충분했는데, 그 힘들은 그들의 좋은 의도를 왜곡하고 있었던 미생물보다 거의 즉시 더 강해졌다.

이 변환은 더 정확히 표현될 수가 있다. 외과의들은 전체적 공격으로부터 특정한 공격으로, 다른 말로 하면, 꽉 찬 전체성에서 **속을 파낸** 전체성으로 이동했다. 병원들을 "해방하는 것"에 관한 ≪비평≫의 끝없는 토론이 있기 이전에 말이다. 이 해결책은 "오래된" 위생에서 그것의 예방적인 누적적 방법과 함께 전형적인 것이었다. 너무 많은 인간, 너무 많은 질병이 존재하는데, 특히 도시에 말이다. 그들은 깨끗이 치워져야 한다. 그러나 키르미숑이 다시 쓰는데, 우리가 해야 하는 모든 것이 상처를 보호하는 일이라면, "현 시점에서 질문은 이상하게 단순화된다. …… 우리는 오래된 병원들은 닫혀야 하고 새로운 병원들이 수백만의 비용으로 세워져야 한다고, 과거처럼, 더는 요구하고 있지 않다. 일반 위생의 관점에 보아, 자체로 불완전한, 이들 큰 병원들은 우리가 엄격한 무균을 실천할 경우 우리의 필요에 적절하다”(1888, p. 297).

수술만 단순화되고 강해진 것이 아니라, 전체로서 위생학도 그러했는데, 이는 통로의 필수적 지점들에 그것의 힘들을 집중함으로써 그것의 조언을 정당화할 수 있었다. 다시 그렇게 하기 전에 며칠을 기다리라는 출산을 돕고 있는 내과의에 대한 부샤르다의 신중한 조언을 따르는 것이 항상 편하지는 않았다. 각 출산 이후에 석탄산 로션(carbolic lotion)으로 그들의 손을 씻는 것은 더 간단했다(bouchardat: 1873, pp. 552-564). 조산 시설을 세우는 것은 돈이 많이 들고 비효율적이었다. 하지만 여자들이 소독 방역 선으로 둘러싸이면, 그들을 아주 근접하게 위치시키는 것은 꽤 가능했다. 격리는 불편한 방법이다. 당신이 그들의 전염된 리넨을 빠져나오게 할 때 왜 사람들을 가두어 멀리하는가? 주세 드 벨렘(Jousset de Bellesme)은 분개하여 묻는다(1876, p. 403). 그들은 취하게 될 예방책을 단순화해야 한다. 10년 후 콜레라가 5일의 잠복기만을 갖는다는 점이 발견되었을 때, 격리는 안전하게 6일로 축소될 수 있었다. 묘지의 위험에 관한 논쟁이 있었다. 그러나 죽은 이의 미생물과 살아 있는 이를 연결하는 아무런 통로도 발견되지 않았으므로, 그들은 묘지가 건전하다고 선언할 수 있었다(Robinet: 1881, pp. 779-782). 똑같은 것이 배수에 대해서도 성립되었다. 그것들의 냄새는 귀찮았지만, 미생물이 냄새와 더불어 지나가지 않는다면, 그들은 위험을 나타내지 않을 것이다.

그리하여, 위생학의 모든 큰 문제 — 인구 과밀, 격리, 냄새, 쓰레기, 먼지 — 는 점차 재번역되거나 흩어졌다. 미생물은 통과하며 **모든 여타 예방책이 쓸모없거나**, 위생주의자가 그것이 통과하는 것을 막을 수 있으며 **모든 여타 예방책이 불필요하게 된다**. 미생물의 교의를 인계한 위생학은 더 강해지고 더 단순해졌고, 더 구조화되었다. 그것은 더 유연해질 수 — 격리가 느슨해질 수 있었다 — 있었고 또한 더 유연해지지 않을 수 — 전체적 소독이 120도로 — 있었다. 어떤 의미로 위생학은 그것이 더는 전체를 향해 있지 않았으므로 지반을 잃었으나, 다른 의미에서 그것은 볼 수 있게 된 적을 더 확실히 때림으로써 마침내 지반을 얻었다. 이는 왜 위생주의자의 기여를 그들의 동맹자들의 그것과 분리해 내기가 어려운지의 이유이다. 그들은 그들이 하길 원했던 바를 바꿨던 반면, 동시에 파스퇴르주의를 따름으로써 마침내 그것을 성취했다. 그들은 모든 곳을 여행하기 위하여 수천 개의 시골길로 이루어지는 도로 연결망을 세우려 시작했으나 약간의 주요 도로만을 건설하는 것으로 끝났던 사람들과 같았다. 모든 곳에 다다른다는, 그 목표는 여전히 똑같지만, 공공 작업의 프로그램은 꽤 다르다.[33]

위생주의자가 그들 자신의 시간을 만들었다

더 드물게 그리고 더 단단하게 기초를 두게 된, 위생 수칙들의 전이는 또한 위생학과 그것 자신의 과거 사이의 관계를 변화시키는 것이었다. 위생학의 스타일은 누적적이고 예방적이었는데, 그것이 모든 것을 끌어안는 일에 착수했었으므로 말이다. 리쿠르고스(Lycurgus)와 히포크라테스는, 하나의 세부 사항을 무시하면서, 아주 많은 원인을 가진 그들 질병의 원인 중 하나를 그들이 무시하고 있을 수도 있다는 공포에 사로잡힌 작가들에 의해 들먹여졌다. 그들이 그들의 힘들을 재배치하고, 여러 지식을 제거하고, 통로의 필수적 지점들 둘레에서 쓸 수 있는 조언을 구조화하자마자, 그들은 고대인의 의견의 큰 부분을 무시할 수 있었고 이때 이르러 "전통적" 위생학이 되어버린 바의 전체 영역을 떨굴 수 있었다. 1880년 이후 위생주의자의 스타일은 첫눈에 인식될 수 있었다. 한때 그들은 모든 것에 그들의 조언을 주었다. 이제 그들은 몇 가지 것에 관해서 결정했다. 한때 그들은 모든 것을 누적했다. 이제 그들은 정리했다. 시간이 더는 똑같은 방향으로 움직이지 않았다. 움직임 없이 그리고 모든 것을 유지함 없이 진전하는 대신, 그들은 긴축했고,

버렸으며, 결과적으로 그들이 마침내 진보를 이루어내고 있음을 느꼈다.

종종 역사에서 우리가 그러한 스타일 또는 사고(thought)의 차이들을 볼 때, 우리는 (정치인의 언어를 빌리는) 혁명, 또는 심지어 (이번에는 정육점의 언어를 빌리는) 인식론적 단절(epistemological break)에 관해 이야기한다. 그러나 "시간 속" 단절에 의한 급진적 차이를 설명하는 일조차 아무것도 설명하는 것이 아니다. 그것은 시간은 지나가고 날짜는 존재한다고 가정하는 것이다. 우리는 항상, 예를 들어, 시간이 비가역적이라고 말한다. 이는 쉽게 이야기된다. 우리가 주장하기로, 1875년은 1871년 이후이다. 그러나 그것이 필연적으로 그렇지는 않다. 위생주의자는 일이 앞으로만 움직이고 있지는 않았다거나, 심지어 그들은 더 나빠졌다고 항상 불평했다. 그들에게, 일정한 일은 갈레노스(Galen) 이래로 변치 않았다. 시간은 비가역적인가? 그랬길 바란다! 반대로, 그것은 가역적인데 — 아주 가역적이어서 로마인들 시대 이래로 어떠한 진보를 이루어내지 않은 일이 가능하다. 지금 일이 정체된다면, 아주 상당한 것이 아닌 달력 위의 구별 빼고는, 1871년과 1875년 사이의 구별을 우리는 별로 할 수 없다.

다른 말로 하면, 위생주의자가 연도 속 차이를 보게 된 것은 최근에서일 뿐이었다. 이전에, 그들은 결정 내릴 수 없었다. 조언의 특수한 조각이 폐물이 되어왔을 수도 있겠으나, 그것이 내일 유용할 수도 있다. 특수한 구제책은 새로웠지만, 그것은 내일 추월 될 방법일 뿐일 수도 있다. 아무것도 정말로 과거가 없지 않았지만, 아무것도 정말로 미래가 없었다. 그러한 상태에서, 아무것도 위생학의 시간을 인식할 수 시기들로 나눌 수 없었다. 혹은 오히려 몇몇 위생주의자는 그렇게 하고자, 그러나 커다란 시기들 속에서, 시도했다. "모세와 더불어 신정(神政)적이고, 리쿠르고스와 더불어 애국적이고, 히포크라테스와 더불어 자연주의적이며, 연금술사들과 더불어 형이상학적이었는데, 왕립의학회(Royal Society of Medicine)의 부추김으로, [위생학이] 실험적으로, 말하자면, 참으로 과학적으로, 생물학적 그리고 사회적 과학들 위에 놓여 있게 되었던 것은 18세기 말이었을 뿐이다"(Corlieu: 1881, p. 553).

시간의 이들 공간은 1871년과 1875년 사이를 구별하기에 충분치 않다! 어떤 경우, 작인들은 일이 변하기 시작했던 날짜에 대해서 일치하지 않았다. 1880년 마르탱(Martin)에게, "새로운 시대"는 1886년 브뤼셀 회의(Brussels Congress)에서 시작되었다(1880, p. 1071). 1881년 불레이에게, 위생학의 기초는, 우리가 알고서 별로 놀라지 않겠지만, 푸이-르-포르에서 연유한다. 어떻게 우리는 그 연도들 사이에서 구별할 것이며 더 나은 시기 구분을 산출할 것인가? 이는 각 행위자가 직면해야 하는 같은 문제이다.

그 연도들이 서로 구별될 것이라면 그리고 시간이 한 방향으로 간다면, 우리는 비가역적 상황들을 창조해야 한다. 우리가 더는 뒤로 계속 갈 수 없는 일정한 것들이 존재해야 한다. 시간 — 즉, 순간들 사이의 구별 — 은 특수한 위치를 지속할 수 있게 만드는 행위들의 떨어진 귀결이다. 그것은 원인이 아니고, 원인일 수 없다. 그러나 작인들이 그들의 위치를 지속할 수 있게 그리고 비가역적으로 만들기 위해서는, 그들은 인정된 속성들, 즉, 성취들이 필요하다. 이는 왜 그들이 스스로를 "파스퇴르"에 관한 그러한 열광과 함께 던졌는지의 그리고 "그의 원리들은 아주 강하게 확립되어서 그것들이 결코 전복될 수 없었다"라고 항상 말했는지의 이유이다. 그러나 그들은 전복되길 소망하지 않았던 이들이었고, 그것은 왜 그들이 그 원리들을 그토록 파괴 불가능하도록 만들었는지의 이유이다. 래칫(ratchet)의 첫 번째 회전. 건강하지 않고, 악취가 나는 마을, 노송(Noson)은 "밀려났고" "시대착오적"이었다. 진보의 시대에 이는 래칫의 또 다른 회전이었다. 그 노력의 통계적 결과들은 불확실했지만, 새로운 방법들과 더불어 그 결과들은 마침내 당대 과학의 질문받지 않는 확실성을 갖게 되었다. 이전에는, 아주 많은 죽임이 있었고, 이후에는, 없었는데 — 여기에는 수백만의 미생물이 있었고, 저기에는 없었다. 래칫의 세 번째 회전. 그 성취들은 쌓여 포개지고 있었다. 그것들을 뒤집기는 이미 어려워지고 있었다. 위생주의자가 충분한 동맹자를 그럭저럭 충원할 수 있다면, 그들은 시간을 비가역적으로 만들 수 있을 것이다. 그러면 그들은 연도들을 정할 수 있을 것이다. 시간은, 그 축복받은 시간은, 페기(Péguy)가 『클리오(Clio)』에서 이야기하듯이, 마침내 "사다리를 오를" 수 있을 것이다.[34] 그들이 최근 사건이라고 언급하는 바는 시간 **체제**의 변화이다. 이전에, 그 체제는 앞으로 움직이지 않았다. 이제 그것은 그러하다. 이전에, 위생주의자가, 즉각 모순됨이 없이, 시간이 무엇인지를 다른 이에게 말할 수 없었고, "당신은 폐물이 되었고 밀려났다"라고 윽박지를 수 없었다. 지금 그들은 그럴 수 있을 것이며 아무도 그들을 모순되게 할 수 없을 것이다. 이제 그들은 그들이 더는 논쟁거리가 되지 않았기 **때문에** 그럴 수 있었다. 논증의 이 종결은, 다시, 그들이 그들의 입장을 난공불락으로 만들기 위하여 스스로를 주었던 동맹자들에 기인했다.

"혁명"을 이야기하는 것은 정치에서 충분히 어렵지만, 그것은 그러한 주제에서는 불가능하다. 시간적 틀(temporal framework) 자체는 쓸모없다. 과학사 — 그 밖의 다른 곳에서는 아주 존경받을 만한 — 를 보통 실망스럽게 만드는 바는 그것이 작인들과 그것들의 움직임을 설명하기 위하여 시간으로부터 시작하는 데 반해, 시간적 틀은 일정한 작인들의 승리 이후에 단순히 등록한다. 우리가 역사를 설명하기를 정말로 원한다면, 우리는 행위자들 스스로가 우리에게 주는 교훈을 받아들여야 할 것이다. 그들이 사회를 만들 듯이, 그들은 또한 그들 자체의 역사를 만든다. 행위자들은 그들의 모든 강함과 더불어 시기를 설정한다. 그들은 그들 스스로에게 시기들을 주고, 그것들을 폐지하며, 그것들을 바꾸는데, 책임을 재분배하고, 역사가**처럼** — 더 나을 것도 없고, 더 못 할 것도 없이 — "반동주의자", "근대인", "전위(avangarde)", "선구자"라고 이름 붙인다. 사회학이 하라고 우리가 요청했던 똑같은 겸양을 역사가 나타내라고 우리는 요청해야 한다. 우리가 사회학이 그것의 "사회적 집단"과 그것의 "이해관계(interests)"를 포기하고 행위자들이 그들 스스로를 정의하도록 허용하라고 요청했던 것처럼, 우리는 역사가 그것의 "시기들", 그것의 "고점(high points)", 그것의 "발전", 그것의 "큰 단절(great breaks)"을 포기하라고 요청해야 한다. 이것에 의해서 아무것도 잃을 것이 없는데, 왜냐하면 행위자들은 사회학자인 만큼 역사학자이기 때문이다. 무언가가 이것에 의해 확실히 얻어질 것이다. 시간과 날짜로 행위자들의 움직임을 설명하는 대신, 행위자들 자체의 번역이라는 기초 위에서 시간 자체의 구성을 마침내 설명할 것이다.[35]

위생주의자가 수 세기의 정체 이후에 근대적으로 된 것은 아니다. 그들은 모든 다른 것을 **우회함으로써** 스스로를 근대적으로 만들었다. 그것은 미생물에 관한 모든 논의가 위생 처리 및 유럽의 회생을 지도하는 책임을 취했던 이들에 의해서 즉각 붙들리고, 증폭되고, 일반화되고, 대중화되며, 믿긴 그러한 교체를 성취해 내기 위해서였다. 그들의 가장 진전된 목표들은 거의 논쟁 불가능하게 되었다. 미생물학을 받아들이는, 그것의 실험실들에 대한 지원, 심지어 "위대한 파스퇴르"에 대한 거듭되는 칭송의 대가로, 그들은 그들의 대의를 더 빨리 진전시켰고, 미시기생물이건 공공 당국이건 간에, 그들의 적대자들을 약화함으로써 모든 곳에서 그들의 위치를 강화했다. 그들이 **만든** 시간은 이제 그들을 위해 작동하고 있었다.

우리는 과학을 끝으로 데려오는 법을 알아야 한다

위생주의자가 그들의 성취를 비가역적이게 만든 유일한 길은 그들이 하고 있었던 바의 운명을 덜 논쟁 가능했었던 그 밖의 어떤 것과 연결하는 것이었다. 위생주의자는 파스퇴르주의자를 신뢰하고 그들이 이야기한 바를 일반화함으로써 그들을 위한 길을 닦았다. 그들은 더 멀리 갔다. 그들은 미생물학이 완전한, 확실한 과학이었다고 그리고 **남아 있던 모든 것**은 그것을 응용하는 것이었다고 일찍부터 계속 여겼다. 이 종결 작업의 최초 표지는 ≪비평≫에서 1883년 발견될 것이다. "기생물에 관한 이론이 이제껏 여전히 불가사의했던 전염병의 병인학에 새로운 빛을 던져주었던 날부터, 그것이 말라리아 독의 참된 본성을 발견하는 데 도움이 될지를 알아내야 했다"(Richard: 1883, p. 113).

이제부터, 기생물에 관한 이론의 확실성은 시행되기**만 해야 할** 연구 프로그램의 전제 또는 단지 응용되거나 일반화되어야 했던 실천적 척도들의 전제로서 취해졌다.

미생물학이 당시에 엄밀 과학이었다고 이야기함으로써 우리가 이 종결 작업을 설명할 수는 없다. 정말로, 한 과학의 엄밀성은 내부로부터 오지 않는다. 그것은, 또한, 작인들의 강함이 그럭저럭 그것의 운명과 연결되었던 그 강함으로부터 온다. 그 기간에 파스퇴르에 의해 이미 누적된 결과들이 나타남에 놀라면서, 그들은 다른 행위자들에 의해 그들에게 허용된 신뢰를 그들 스스로 설명할 수 없었는데, 문제의 행위자들이 그들과 더불어 행해질 수 있었던 바를 아는 유일한 행위자들이었기 때문이었다. 그 기간의 과학주의(scientism) 혼자서 이 즉각적 신뢰를 설명할 수도 없는데, 왜냐하면 논쟁들이 그 세기의 어떠한 다른 논쟁에서만큼 정열적으로 싸워졌기 때문이다. 논쟁이 없었던 이유는, 대칭의 원리(principles of symmetry)를 존중하기 위하여, 그들을 열었던 이유와 똑같아야 했다. 위생주의자가 논란을 열길 원했다면, 그들은 그렇게 할 수 있었을 것이다. 논쟁의 부재와 현존은 행위자들의 움직임의 각도들에 관해서만 척도이다. 이는 코흐 또는 ≪의학 콩쿠르(Concours Médical)≫의 의사들이, 위생주의자에게는 비가역적으로 닫힌 것으로 보였던, 그 똑같은 대상에 관한 논쟁을 열었다는 사실에 의해서 증명된다.

미생물학의 내용이 그것 안에 놓인 신뢰에 책임이 있음을 우리가 인정할지라도, 우리는 모든 경우에서 이 종결 작업을 미생물학의 또는 위생학의 "실재적" 효험으로 설명할 수 없는데, 이 작업은 이들 두 과학의 일반화에 **앞서**

며 그 일반화를 **가능하게 하므로** 말이다. 이 전이에 대한 최선의 증명은 1889년 편집 논설에 의해 제공된다. 전염병에 의한 최근의 사망자 수치는, 리셰가 말하기로, "지난 25년 동안 계속적 진전 상태였다"(1889, p. 636). 이들 수치는 또한, 과학과 사회가 포퍼적(Popperian)이었다면, 위생주의자 및 더욱이, 그들의 포퍼적 동맹자들의 모든 노력에 의문을 제기해야 한다. 그러나 이는 전혀 실 상황이 아니다. 리셰는 계속 간다. "우리는 이들 수치로부터 위생주의자의 노력이 쓸모없음이 또는 과학의 성취는 결실이 없음이 증명되었다고 결론 내려서는 안 된다." 인류학자들은, 마법 재판에서, 책임 있게 될 수 없는 작인들이 그리고 고발이 그들을 향하여 불변적으로 움직이는 여타의 것이 항상 존재함을 보여주었다.[36] 이는 사실상 마법이 사회의 구조를 그렇게 잘 드러내도록 허용해 주는 바이다. 그것은 여기서 똑같다. 의혹은 과학의 방향으로가 아니라 공공 당국의 관성을 향해서 움직인다. 리셰가 계속하듯이, "과학의 진보에도 불구하고, 의사와 공학자의 전진에도 불구하고, 파리와 같은 크고 오래된 도시의 위생적 경제는 다소 통제 불가능한 상태로 남아 있다". 그것이 도시적 유럽 전체를 전복시키기에 충분할 정도로 내구력이 있는 동맹자들을 형성하는 문제일 때, 아무런 반례도 이들 확실성에 맞서서 유행할 수 없을 것이고, 아무런 고발도 과학으로 또는 파스퇴르주의자에게로 향해지지 않을 것이다. 그러한 진술들은 편파성 또는 쉽사리 믿는 경향의 척도가 아니라 미생물과 관련된 연구에 투자되어 온 신뢰라는 자본의 척도이다.

여기서 우리는 "신뢰"가 결코 일차적 용어가 아님을 알 수 있다. 그것은 위생주의자가 그들 스스로를 던져 넣었던 작업의 영역에 의존한다. 정말로, 그것은 모든 것이 끝날 때까지는 아무런 결과도 갖지 않는 것을 그들이 옹호했던 변환들의 바로 그 본성 안에 있다. 단일 미생물이 모든 것을 위험하게 할 수가 있다. 위생주의자는 그들이 몇 세대 동안 계속 투자하지 않는다면, 전염병을 억제하는 데 무력하다. 비가역성을 창조하기 위하여 그리고 그들 스스로 미생물을 영원히 제거하기 위하여, 그들은 길에 배수관을 짓는 일을 포기해서는 또는 심지어 한동안 백신 주입을 유예해서는 안 된다. 어떤 상황에서도 그들은 산파 손의 소독 또는 우유의 살균을 방해해서는 안 된다. 위생주의자가 세우길 원했던 몸짓과 숙련의 연결망은 석유 수송관처럼 연속적이어야 했다. 그들이 그 긴 시간을 창조해야 했기 때문에, ≪비평≫의 저자들은 파스퇴르와 관련된 최소한의 논쟁에도 가담할 수 없다. 이는 효험 있는 파스퇴르주의의 실현을 위한 미래 조건들을 창조하는 유일한 길이었다. 이는 파스퇴르의 발견들은 그것들이 확신을 주고 있었기 때문에 믿겼다고 주장하는 일이 요점 없는 이유이다. 그것들은 위생주의자가 그것들을 믿었고 그 밖의 모든 이가 **그것들을 실천에 옮기도록** 강제했기 때문에 확신을 주는 것으로 끝났다.

그들의 입장을 항구적인 것으로 만들기 위하여, 위생주의자는 과학의 "논쟁 불가능한 정복"과 "공공 당국의 망설임" 사이에서 최대로 가능한 "잠재적 차이(potential difference)"를 세우고자 해야 했다. 이는, 위생주의자에게, "스캔들"을 **세우고** 정부가 예산을 잡게 하는 유일한 길이었다. 이 세움은 바로 그 초기 단계에서 명백하다. "짧게 말해, 이론적 관점에서 보아, 위생학은 그것의 작업을 다 했다. 그러나 그것은 그 너머로 가지 못했다. 실천이 관련된 한, 우리가 순수 과학적 지형에서는 그들보다 앞에 있음에도, 우리는 대부분의 문명화된 국가에 뒤지는데. …… 실천적 시험이 관련된 한 모든 것은 행해져야 할 것으로 남아 있다. 그러나 해결책이 존재하며 우리는 그것들을 최고 속도로 시행해야 할 뿐이다"(Rochard: 1887, p. 389).

혁신의 사회학에서 그렇게 자주 사용된, "뒤지는"과 "시행"의 관념이 어느 정도로 여타 당국을 마침내 움직이게 하기 위한 전략의 결과인지 우리는 알 수 있다. 아무런 연구자도 그의 올바른 감각 속에서 1887년에 이르러 박테리아학에서 배울 것이 더는 없었다고 또는 심지어 그것이 의학적으로 시행될 수 있었다고 주장할 수 없었다!

이 배치는 파스퇴르의 결과에 대한 또는 과학 사랑에 대한 "지적" 확신과 관계되는 그 무엇도 갖고 있지 않다. 미생물이 그리고 미생물학의 **완전한** 과학으로의 변환이 한 바는 위생 처리의 장기적 계획을 **논쟁 불가능하게** 만드는 것이었다. 그것들은, 글자 그대로, 지방자치적 투자에 대한 진정한 보장을 제공했다. 어떻게 위생주의자는, 예를 들어, 공공 배수 프로그램의 무해성에 관하여 "높은 곳에서" 어떠한 논란이 여전히 있다면, 시의회가 그들 스스로를 그 프로그램 안으로 던져 넣도록 확신시킬 수 있을까? 그렇지만, 과학적 논증이 닫히자마자, 그들은 지방자치제 당국에 그들의 투자에 대한 좋은 수익을 보장할 수 있었다. 로샤르(Rochard)가 쓴다. "시 위생은 셀 수 없는 연구의 주제가 되어왔고 우리는 실수를 하는 또는 우리 스스로 비생산적 지출을 저지르는 공포 없이 건강하지 못한 지점들에 대한 위생 처리를 향해 나아가는 일이 가능한지에 대해서 우리가 알 필요가 있는 모든 것을 우리는 안다"(1887, p. 389). 그 사슬의 끝에서, 최종 보장은 현미경학과 미생물학 실험실 안에서 발견될 것이었다.

왜 위생주의자가 파스퇴르를 그토록 많이 신뢰했는지, 그에 관한 모든 논쟁을 거부했는지, 그의 결과들을 일반화했는지 우리는 이제 안다. 이 결과가 필연적인 것은 아니었다. 사회의 현재 상태 및 관성이 그것들의 모든 가증스러운 완전함 속에서 나타나게 되어 있는 것이라면 과학은 최고의 가능한 수준까지 올려져야 했다. 왜 위생주의자가 이 움직임 전체에 대해, 즉 그 역시 절대적으로 필연적인 것은 아니었던 결과에 대해 "파스퇴르"가 전적으로 책임이 있게 만들었는지를 우리는 또한 안다. 그들은 과학 사랑에서 그런 것의 어떤 이상으로 예의상 미생물에 스스로를 관여시키지는 않았다. 그들의 움직임의 각도가 파스퇴르주의자의 그것을 방해했다면, (의사들의 경우에서 발생했던 것과 같은) 한 파스퇴르적 "혁명"을 여전히 기다리고 있을 수도 있다.

그러나 위생주의자는 잠재적 차이를 훨씬 더 크게 만들 수 있었으며 위생 자체를 "파스퇴르"에게 돌림으로써 공공 당국의 관성을 한층 더 가중스럽게 만들 수 있었다. 파스퇴르는 새로운 위생을 그 자신의 업적으로 거만하게 주장한 이는 아니었다. "파스퇴르"를 그들의 모든 결정의 옹호자로 전환할 필요가 있었던 것은 위생주의자였다. 우리는 위생주의자의 업적에 대해 논란을 벌일 수가 있다. 우리는 "파스퇴르"에 대해 논란을 벌일 수 없었다. 이차적 기제가 그토록 많은 자리를 "파스퇴르"에게 주었다면, 그것은 다시 위생주의자가 그 길을 원했기 때문이었다. 그들 중 다수가 존재했었기에 그리고 그들이 더 영향력이 있었기에, 책임을 배분하기 위해서 파스퇴르에 의해 도입된 조치들은, 그들이, 우연히, 동의하지 않았다면, 상실되었을 것이다.[37]

새로운 논쟁 불가능한 작인에서 새로운 정식으로 인가된 그리고 권위주의적 작인으로

강해진, 구조화된 위생학은 스스로를 위한 미래를 창조해 냈고, 주저함 대신, 이제 그 단어의 모든 의미에서 새로운 권위와 더불어 이야기했다. 이는 1883년 리셰의 편집 논설에서 확연하다.

> 공학자들은 공학의 기예를 안다. 그들은 장티푸스가 무언지 알까? 그들은 전염이라는 단어의 의미를 알까? 그들은 파리의 사망자 통계를 읽나? 행정가들은 행정 규제가 무언지 아주 잘 알지만, 그들은 감염, 소독, 전염, 전염병이 의미하는 바를 알까? 공공 당국이, 날마다 더 긴급하며 더 잘 기초를 갖게 된, 위생주의자의 호소에 더는 귀먹은 상태로 남아 있지 않다는 점은, 그들이 마침내 파리시의 위생 시설에 그들이 그 이래로 오랫동안 소유했어야 했던 균일성과 효율성을 부여했다

는 점은 불가결하다(Richet: 1883, p. 225).

이는 세르에 의해 그의 『기생물(Parasite)』에서 언급된 일반화된 번역(generalized translation)의 가장 순수한 표현이다. 미시기생물의 소유를 취했던 파스퇴르주의의 소유를 취함으로써, 위생주의자는 그들의 호소를 "더 긴급하게" 그리고 "더 잘 근거를 갖게" 만들었다. 그렇다면 그들은 무엇을 한 것인가? 그들은 공학자들을 **쫓아냈다**. 그들 일자리는 우리의 것이다! 공학자들은 그들이 세계 안에서 그리고 그들의 계획 속에서 미생물들을 잊었다. 우리, 위생주의자는, 그것들을 위한 공간을 만들고, 이 새로운 권위 덕분에, 공공 당국은 우리를 그들의 대열 안에 포함해야 한다. 모든 이가 쫓겨나고, 움직이며, 번역된다. 몇몇은 그들의 자리를 잃는다(공학자, 미생물, 공공 당국). 다른 것은 그들의 자리를 얻는다(파스퇴르주의자, 위생학자). 공공 당국은 정치에 관심이 있고, 공학자들은 불활성 물체에 관심이 있지만, 새로우며 교란을 일으키는 작인이 그 장면에 도착했다. 모든 곳에서 싹트는 살아 있으되 볼 수 없는 몸. 파스퇴르주의자는 그들이 그것들을 실험실에서 볼 수 있다고 말한다. 위생주의자는 그들을 믿는다. 내가 이미 제안했듯이, 정치는 정치와 더불어 만들어지는 것이 아니라 **그 밖의 무언가**와 더불어 만들어진다. 그것과 더불어 국가를 정복할 권력의 새로운 원천이 여기에 존재했다. 정말로, 편집 논설은 애매하지 않게 나아가는데, [공공 당국은] "피난처의 즉각적 소개, 수돗물 공급의 순수성, 주거지의 청결, 전염병에 맞선 공중 건강의 방어를 결국, 가능한 한 멀리, 확실히 해야 한다. 그것은 인류 또는 공중 건강만의 문제가 아니다. 프랑스와 같은 그렇게 낮은 출산율의 나라에서, 우리는 인간 삶에 더 유의해야 한다. 로샤르 선생이 막 이야기했듯이, 걸려 있는 것은 프랑스 민족의 유지이다"(Rochard: 1883, p. 225). 전체 사슬이 이제 기술되었다. 하나의 끝에는, 프랑스. 다른 끝에는, 그들의 실험실에서 미생물을 볼 수 있게 만드는 이들. 가운데에는, 실험실에서 나온 자료를 위생 수

칙으로 번역하는 위생주의자. 약간 더 멀리 계속 가서, 이제는 고려되어야 하는, 이 새로운 전문직, 즉 과학적 위생학에 의해 주어진 조언이라는 기초 위에서 입법하는 공공 당국.

위생주의자와 파스퇴르주의자의 완전한 혼성화(hybridization)는 둘 다의 권력을 배가했다. 위생의 최소 수칙이 위신 있는, 논쟁 불가능한 과학에 의해서 이제는 구술될 수 있던 반면에, 실험실 속 가장 눈에 띄지 않는 연구자들은 프랑스 자체의 운명과 씨름하고 있었다. 이 동맹의 원형은 파스퇴르가 아니라, 파스퇴르의 초기 협력자였고, 1881년 공중위생 법안의 대리인, 위생주의자, 제안자였던 샹베를랑이었다. 그의 유명한 보고서를 제출하면서, 에리쿠르(Héricourt)는 어떻게 이차적 기제가 작동했는지를 명확하게 보여준다. 정말로, 그에게 샹베를랑의 보고서는 공중위생을 "파스퇴르 학파의 연구자들에 의해서 변환되어 온 것으로" 드러낸다. 그는 기대될 수가 있을 진보를 찬양한다. "미생물학에의 이 모든 연구자의 적용에서 비롯된, 그것에 대한 계획이 울름가(Rue d'Ulm)의 실험실[이때의 파스퇴르의 실험실]에서 나왔다"(1888, p. 245). 그러나 우선성의 이 역전이 여기서 나를 관여시키는 바는 아니다. 아니며, 일차적 기제는 더 흥미로운데, 왜냐하면 그것은, 과학 법칙과 사법 법률을 사용하여, 새로우며 이제껏 알려지지 않은 공적 권위를 창조해 냈기 때문이다. 위생주의자는 그 새로운 과학을 논쟁 불가능하게 만들기 위하여 그것을 아주 빨리 완성하길 원했다. 그들은 이제 일정한 의무들을 비가역적으로 만들기 위하여 그리고 인간 행동의 변화를 유발하기 위하여 법칙을 완성하길 원했다. 과학 법칙, 사법 법률, 공중도덕의 래치트는, 사회적 회생의 보조(步調)를 강제하기 위하여 그리고 도시 대중 및 미생물 둘 다를 위한 공간을 만들기 위하여, 하나씩 모두 전환되어야 한다.

샹베를랑의 보고서는 그것이 누구의 자리도 차지하지 않고 있었으되 "정치권력"의 새로운 원천을 발명함으로써 모든 이를 대체하고 있었던 이 새로운 권위를 명시적으로 정의하기 때문에 흥미롭다. 로샤르가 쓰듯이 말이다.

이미 위생학의 자라나는 영향력은 여러 공무원을 기분 상하게 하고 있다. "그들 박사가 모든 곳에 들어오고 있다"라고, 학회에서 장티푸스에 관해 이루어지고 있는 그 모든 법석으로 그리고 비의료 언론 속 그들의 토론에 대한 반향으로 약간 짜증이 나서, 한 각료가 몇 년 전에 말했다. 우리가 조언하는 대신 명령하게 될, 우리가 요구하는 유능한, 자율적 권위가 지방자치 당국이 필수적 단계들을 취하도록 그리고 그것이 그러한 단계들이 요구하는 액수에 대한 그들의 공식적 지출 속에서 공간을 차지하도록 강제하게 될 그날이 올 때 우리는 훨씬 더 골칫거리라고 여겨지길 기대해야 한다(1887, p. 338).

그 사건에 앞서 세르의 독자인, 우리의 로샤르는 그의 기생론(pasasitology)을 완전히 활용한다. 장티푸스에 관한 많은 이야기가 있다. 이 이야기는 그 각료를 성가시게 한다. 그러나 목소리는 처음에 그 자체를 아주 확신하지는 못하는 것으로 보인다. 그것은 그리하여 조언하는 목소리가 된다. 마지막으로, 그것은 명령하는 목소리가 된다. 이 마지막 확언이 무엇에 기초하는지를 알기란 충분히 쉽다. 그들은 그들이 무엇에 관해서 이야기하고 있는지를 안다. 그들은 박테리아 과학의 이름으로 이야기하고 있는데, 이는 다시 그것 혼자서는 통제할 수 없는 미생물의 볼 수 없는 인구의 이름으로 이야기하고 있다. 전투적 위생학자는 시작했다. 그것은, 우리의 전투원이 계속하기로, "사람들의 지성이 이 새로운 권위의 수호자의 명에에 복종하는 데 사용되도록" 해야 한다.

샹베를랑의 보고서는 모든 정치적·경제적·사회적 관계에서 제3당으로서 나타났던 이 새로운 목소리를 구현한다. 그는 "각 부서에서, 장관 사무실에서, 법률이 시행된다는 점을, 다양한 공동체에서 건강에 좋은 것을 탐구할 것을, 연구가 불가결한 곳에 있는 것들을 가리켜준다는 점을 확신시켜 줄, 공중건강의 정식으로 인가된 작인을 확립하라고" 효과적으로 제안한다(Héricourt:

1888, p. 248).

그 새로운 작인들을 제거할 한 새로운 작인이 미생물학에 의해 노출된다. 그것은 좋은 배치이다! **각 기생물에 대해서, 한 기생물과 한 절반**. 미생물이 그 자체를 발견할 수가 있는 모든 곳에서, 정식으로 인가된 작인은 그것을 쫓아내기 위해 거기에 존재해야 한다. 전투적 위생학이 이 목표를 성취한다면, 그것은 권력의, 일찍이 수십 년간 생각할 수 없었던 권력의 그리고 급속히 비가역으로 되어가고 있던 권력의 새로운 원천을 창조할 것이다.

제2장

당신들은 미생물의 **파스퇴르들**이 될 것이다!

우리는 파스퇴르주의자의 치환을 어떻게 측정할 것인가?

유럽 사회의 엄청난 움직임을 단독으로 설명할 수 있었던 힘을 재수립하기 위하여 위생학 운동에 관해 나는 그처럼 길게 이야기해 왔다. 큰 전쟁 지도자들, 즉 나폴레옹 또는 "파스퇴르"에게서 이 모든 경이를 수행하는 권력을 박탈하기 위해서 수많은 군중과 그들의 일반적 움직임의 방향을, 너무도 짧게, 재수립해야 했다. 그러므로 파스퇴르주의자(Pasteurians)에 관해 아직 이야기하지 않았다고 나를 비판하는 것은 공정하지 않을 텐데, 그들에게 돌려진 그리고 그들이 편승했던 권력을 자세히 이미 기술했으므로 말이다. 한 기획에 관해 이야기하면서, 그것에 투자했던 모든 이, 그것이 호소하기로 결정했던 시장, 심지어 제조하기로 결정했던 생산물의 몇 가지 본성까지 나열하면서 시작했듯이 그들에 관해 많이 말했다. 파스퇴르주의는 이 모든 신용으로 **이루어졌다**. 이 진술은 한 과학이 정확해지기 위해 찾아내야 하는 동맹자들을 잊는 이들만을 놀라게 할 수 있다. 과학이 때로 부끄러워하는 이들 동맹자는 그것이 나중에, 그것의 승리 이후에, 그 자체를 재정의하는 마법의 바깥에 거의 항상 존재한다. “파스퇴르” 또는 “박테리아학”은 군중에 부여된 이름이다. 이들 환등(幻燈, phantasmagorias)의 역사를 쓰려는 일 또는 하나를 다른 것의 산물로 만들려는 일은 범죄, 섹스, 또는 귀족적 결혼으로 채워진 대중 언론의 기초 위에서 프랑스 역사를 쓰는 일과 같은 것이리라.

파스퇴르, 그 인간 — 인용 부호 없는 파스퇴르 — 과 그의 팀이 이 움직임 속에서 했던 바를 이제 이해하려 해야 한다. 『전쟁과 평화』에서, 쿠투조프도 나폴레옹도 행위를 하지 않은 채 남아 있지는 않은데, 그들을 사용하는 군중 사이에 있는 인간들의 차원으로 그리고 교대로 그들이 사용하는 인간들의 차원으로 톨스토이가 둘 다를 축소한 이후에조차도 말이다. 그것은 파스퇴르와 그의 팀이 무언가를 했음을 부정하는 것의 문제가 아니다.[1] 그 반대로, 파스퇴르적 성인전은 파스퇴르와 그 추종자의 실제 작업을 이해 불가능하게 만들어버리는 것인데, 다른 것들이 그들을 위해 그리고 그들의 자리에서 했던 바를 포함하는 더 큰 전체 안에서 그들 자신의 작업을 숨기므로 말이다. 모든 것을 “파스퇴르”에게 돌리는 과정이 일단 발가벗겨지면, 그에게 제공된 모든 힘이 그들의 구성 부분으로 일단 부서지면 새로운 문제들이 생겨난다. 그들은 결정적인 어떤 것을 했나? 그들은 일차적 또는 이차적 기제에 따라 그날 이겼나? 정확히 무엇을 그들은 그들 스스로 했나? 우리는, 예를 들어, 톨스토이를 따라서, 쿠투조프가 보로디노(Borodino)에서 했던 바를 기억한다. 그는 그 스스로 아무것도 명령하지 않았던 용기, 지휘관들이 그가 해야 한다고 제안했던 바를 그 자신에게서 나오는 명령으로서 다시 내보냈던 용기를 갖고 있었다. ≪과학 비평≫과 ≪파스퇴르 연구소 연보≫ 둘 다에 대한 인내심 있는 연구에 의해 파스퇴르주의자의 작업에 관하여 더 정확한 관념을 얻는 일이 가능하다.

그들의 작업을 이해하기 위하여, 나는 단어 “전략(strategy)”[2]을 사용할 수가 있었을 것이다. 그러나 그것은 올바른 단어가 아닌데, 왜냐하면 그것이 경멸적이거나 너무 정치적이기 때문이 아니라 그것이 문제시되는 작동들을 해명하기에는 여전히 너무 합리적이기 때문이다. 톨스토이가 우리에게 보여주었듯이, 전략들은 그것들 스스로가 전략의 관점에서 분석될 수 없다. 나는 그러므로 몇몇 여타 믿음에 기댐으로써 과학적 신용 가능성(scientific credibility)을 분석할 수 없다. "치환(displacement)"에 대해 이야기하는 것으로 충분하다. 파스퇴르주의자는 그들 스스로를 내가 기술한 위생학의 그들 힘과의 관련 속에 **위치시키지만**, 아주 특별한 방식으로 그렇게 한다. 그들은 그들을 만나러 나가고, 다음으로, 똑같은 방향으로 움직이며, 다음으로, 그들에게 방향을 주는 척하면서, 그들에게 결정적인 요소, 즉 실험실을 더함으로써 그들을 아주 약간 방향 지운다.

파스퇴르주의자가 했던 바는 성인전적 역사에 아무런 문제도 제기하지 않는데, 모든 곳으로 움직이는 권력을 약간의 사람의 관념 탓으로 돌리므로 말이다. 톨스토이의 독자에게, 그 반대로, 파스퇴르적 관념의 아무런 확산도, 파스퇴르적 교의에 대한 아무런 이해도, 아무런 조언도, 아무런 백신도 실험실을 그것을 붙잡는, 그것을 욕망하는, 그것에 관심을 갖고 있는 다른 이들 없이 놔둘 수는 없을 것이다. 그러므로 우리는 어떻게 그들의 실험실 속 약간의 사람이 받아들여졌고 믿겼는지 이해해야 한다. 과학사와 과학사회학에 공통적인 첫 번째 규칙은 이것이 필수적이지 않음을 우리 자신에게 확신시키는 것이다. 이 한 줌의 과학자가 정확히 한 줌 이상이 아니었음이 이야기되었을 수도 — 이야기되었어야 했다 — 있었을 것이다. 그들이 "그들의 실험실 속에 격리된 이론가였을 뿐이며, 바깥 세계와의 접촉이 없었다"라는 점이 이야기되었을 수도 — 되었어야 했다 — 있었을 것이다. 이것은 이야기되지 않았다. 왜? 성인전적 답을 우리가 거부한다면, 그들의 실험실의 연구가, 그들이 알고 있듯, 그것에 관심이 있었던 사람들에 의해서 착수되었을 그러한 방식 속에 그들 스스로를 위치시켰다고 우리는 이야기해야 한다.

심지어 그때, 클로드 베르나르(Claude Bernard)에 의해 통제 집단(control group)이 제공되었다. 실험적 의학이란 이미 과학 실험실의 병원에의 적용이었지만, 파스퇴르주의자의 성공은, 바로 인정될 것인데, 엄밀 과학으로서 그것의 지위를 자랑스러워하는 생리학과 천천히 변화하리라 기대되었던 의학 사이의 엄격한 **분리**를 원했던 생리학자의 그것과 아무런 관계도 맺지 않았다.[3] 그들과 파스퇴르주의자의 의학 인수 입찰가 사이에 공통적인 아무것도 없었고, 이 입찰가에 의해 파스퇴르주의자는, 말하자면, 치료법 전체를 싸게 "살" 수 있다고 그리고 처음부터 시작할 수 있다고 주장했다. 콜레주 드 프랑스(Collège de France)의 클로드 베르나르 실험실은 의학 기술과 더불어 고요하고 정중한 병치 상태에 있었다. 울름가(Rue d'Ulm)의 그것은 병리학에 직접 그 해결책을 구술해 준다고 주장했다. 즉각적 저항받음 없이 그러한 작전을 시도하기 위해서 — 그리고 그들은 많이 저항받지 않았다 — 파스퇴르주의자는 그들 스스로를 어디에 위치시켜야 할지 알아야 했고 그들의 동맹자에 대해 확신해야 했다.

질문들이 이제 명확해지고 있다. 위생학과 전염병이 달려 있을 때 실험실은 어떻게 유관 될 수 있는가? 약간의 인간의 노동력이 그 모든 차이를 만들어낼 수 있는가? 일반적 원리는 단순한데, 어떠한 승리의 원리가 된다. 당신이 지배하고 있는 지형에서 적과 싸워야 한다.

실험실 과학자가 주인인 유일한 지형은 실험실이라는, 즉 실험실 업무 일지, 시험관, 개라는 지형이다. 이는 그가 적대자에게, 적대자가 논란을 벌일 수 없게 될 그리고, 우리가 조금 생각 없이 이야기하듯, "논쟁 불가능하게" 될 증거를 사용하여, 확신시킬 수 있는 유일한 장소이다. 그러나 전체적 문제는, 실험실이라는 지형 안에서, 선험적으로 거기서 발견될 길이 없는 엄청난 문제들의 번역을 실행하는 것이다. 회고적 혼동으로 떨어지지 않도록 우리는 조심해야 한다. 1871년에 그리고 1880년에조차 전염병과 실험실 사이에 **아무런 연결이** 존재하지 않았다. 하나의 연결을 제안하는 일은 17세기에 "하늘의 물리학"을 (또는 요즘에는 과학인류학을) 이야기하는 것만큼 이상했을 것이다. 그때, 질병은 이상한 무언가였는데, 그것은 오로지 그 자체의 지반 위에서 그리고 상황의 관점에서 이해될 수 있었다. 이는 실험실 벽 내부에 놓일 수가 없었다.[4] 성인전 작가들은 파스퇴르주의자에게 그들이 소유할 수는 없었을 권력을 돌리지만 그들이 그들의 작은 인간적 힘과 더불어 그들이 행했을 유일한 것들로 그들에게 신용을 돌리는 일을 빠트린다. 그들이 행했던 바는 그들이 신용을 부여받는 바보다 훨씬 더 흥미롭다. 그들의 "기여"는, 우리가 이 용어를 고집한다면, 그들이 "질병"을 "실험실"과 연결 짓도록 허락하게 되었던 움직임의 일정한 스타일 안에서 찾아질 것이다. 그들은 그들이, 즉 파스퇴르주의자가 우위를 지녔던 곳인 실험실이라는 지형 위로 질병을 이동시킴으로써 성공하게 되었다. 그들은 그리하여 전염병에는 관심이 있었으나 실험실에 대해서는 아무것도 기대하지 않았던 그 모든 집단을 그들의 실험실에 관심을 두도록 강제했다.[5] 이 작전에서 성공하기 위하여, 그들은 다른 이들이 원했던 바를 재번역해야 했다.

독성의 변이

나는 앞서 위생주의자가 새로운 과학에 대해서 기대했던 바를 여러 방식으로 보여주었다. 나는 받침점에 관해 이야기했고 수 세대를 넘는 위생에 관한 위생주의자의 긴 연결망을 보장할 수 있는 새로운 과학에 대한 기대가 아주 커서, 이 과학이 그들에게 제공되지 않았더라면, 그들은 그것을 발명해 냈을 것임을 보여주었다. 정말로, 그들이 그것을 부분적으로 발명해 냈음을 보여주었는데, 그들은 그것이 심지어 작동하고 있기 이전에 또는 심지어 결과를 내고 있기 이전에 그것을 확장했고 폐쇄했으므로 말이다. 이제 우리는 그 요청에 반응했던 이들 쪽에서 어떻게 그들이 위생주의자의 병의 자발성을 그들 자신의 용어로 변환했는지를 보기로 한다. 우리는, 예를 들어, 위생주의자의 전염과 독기(miasma)를 취하기로 한다. 어디서 어떤 이는 그들이 일하는 것을 볼 수 있는가? 다소간 모든 곳에서. 통계에서, 병원에서, 질병 기술학적(nosographical) 표에서, 전염병의 중심을 보여주는 지도에서. 그러나 파스퇴르주의자는 이 전염적 효소(contagious ferment)를 **추출할** 것이고 그것을 새롭고 그것에 호의적인 환경으로 **옮길** 것인데, 거기서 그 밖의 아무것도 그것에 대한 견해를 흐리게 할 수 없을 것이다. 이 환경은 미생물에게 **이상적인** 것이었는데, 세계 속 미생물의 실존 이래 처음으로 그들이 **홀로** 발육하도록 허용되었으므로 말이다.[6] 그것은 관찰자를 위한 "이상적" 조건이었는데, 쾌활하게 자라면서, 다른 생명 존재와의 경쟁에서 자유로워진 미생물은 성장 및 증가에 의해 **그 자체를 볼 수 있게 만들었으므로** 말이다. 파스퇴르주의자 실험실은, 연구되고 있는 시기 족히 이전에, 이들 볼 수 없는 작인을 볼 수 있게 만들기 위해, 구성되었다.

그러나 실험실 미생물은 아직 "전염적 효소"가 아니다. "질병"의 의미의 일부로 여겨진 속성을 재번역할 수 있는 어떤 성질을 갖고 있지 않다. 위생학 또는 의학과 단지 정황적 관계를 갖는, 미켈(Miquel)의 것과 같은, 현미경술(micrography) 실험실이 있을 수가 있다. 많은 사람이 위생주의자로 하여금 울름가(Rue d'Ulm)의 실험실을 살펴보도록 강제하게 할 수는 아직 없는 채로 현미경적 분석에 관심을 가질 수도 있었을 것이다. 그러나 1871년 이후 파스퇴르는 더 멀리 갔다. 그의 배양을 수단으로 하여 볼 수 있도록 만들어진 미생물로 그의 실험실에서 그는 동물을 접종했다. 그는 그들을 아프게 만들었다. 그는 실제로 전염병을 흉내 냈다. 실험실이 만들어낸 통계로 그는 병든 이, 죽은 이, 자동적 치유를 겪은 이를 셌다. 국가적으로 만들어진 통계의 도움으로 위생주의자가 실제 인구에 대해 했던 것을 개, 닭에 대해 그는 수행했다. 그러나 파스퇴르주의자는 실험실에서 작업하고 있었기 때문에, 더 큰 수의 요소를 지배했다. 전염적 효소의 순도, 접종의 순간, 통제 집단의 분리. 그가 창조해 냈던 것은 "실험적 병(experimental illness)"이었는데, 양친을 가진 그리고 그것의 바로 그 본성상 위생주의자의 지식과 파스퇴르주의자의 지식으로 이루어진 잡종이었다. 위생주의자와 실험실의 이중적 움직임은 그 자체의 지형에서 병을 낚아채고 그것을 다른 지형 안에 이식했다. 병에 관심이 있었던 그 모든 이의 자라나는 흥분을 그리고 그들이 실험실을 다루었던 증가하는 존중을 이해하기는 쉽다.

그러나 실험실 자체는 더 멀리 갔다. 그것은 그것이 포획하고자 했던 이들의 유의와 관심을 오래 지속시켰던 실험적 병리학(experimental pathology)을 발전시켰을 수도 있었을 것이다. 그 대신에, 그것은 위생주의자의 관심과 **동일한 방향으로** 한 걸음 더 움직였다. 미생물이 자라고 있던 조건을 그리고 병든 동물의 실존 조건을 변화시킴으로써, 파스퇴르주의자는 실험실 안에서 독성의 변이(variation in virulence)를 이제 재생산해 낼 수 있었다. 위생주의자에게, 그것은 최종적 이륙 지점이었다.

그 시기의 기대 및 요구와 노선을 함께하면서, 전염이 아니라 환경적 정황의 측면에서 전염됨의 **변이**를 설명해 낸 그 누구에게든 상이 가게 될 것이다. 파스퇴르가 전염론자로 보일 수도 있는 한, 그의 실험실은 위생주의자에게 또는 의사들에게 충분한 무게를 지니지 않았는데, 그들의 문제는 전염과 병의 자발성을 화해시키려던 것이었으므로 말이다. 파스퇴르가, 탄저를 이용하여, 실험실 안에서 미생물의 독성에 대한 환경의 영향을 재생산하자마자, 위생학 운동의 모든 권력은 전이했고 울름가의 실험실에 대한 믿음이 되었다. 파스퇴르는 마침내 위생주의자에게 직접적 관심거리가 된 바를 하고 있었다. 그는 결국 이제껏 이율배반적이었던 두 관점을 종합했거나, 같은 것이 되는 것으로, 두 사회집단을 각각이 다른 것을 강화할 수도 있도록 연결했다. 그가 스스로 말하는 것처럼 말이다. "내 실험실의 작업은 바이러스가 병적 존재자(morbid entities)가 아님을, 그들이 서로 다른 생리학적 형태에 영향을 미칠 수가 그리고, 무엇보다도, 그들 바이러스가 살고 증가 되는 환경에 의존하는 속성에 영향을 미칠 수가 있음을 확립했다. 결과적으로, 독성이 현미경적인 살아 있는 종에 속함에도 불구하고, 그것은 본질적으로 변경 가능하다"(1883, p. 673).

적어도 ≪과학 비평≫ 속, 두 가지 특수한 실험의 중요성을 과대평가하기란 거의 가능하지 않다. 산소의 단순한 흐름에 의한 탄저 배양체 독성의 축소 및 닭 사이에서 똑같은 질병의 촉발인데, 닭은 보통 탄저에 복속되지 않지만 그들이 서늘한 온도에 놓일 때 그것에 걸린다. 모든 비평자를 때린 것은 이들 실험의 혁명적 특성은 아니었으며, 반대로, 모든 이전의 위생주의자가 마침내 정당화되었다는 사실이었다. 뒤클로(Duclaux)는 쓴다.

> 그 이중 실험보다 더 두드러진 아무것도 나는 모르는데, 그것이 치료법적 관점에서 최대의 희망을 붙들고 있기 때문만이 아니라, 그것이 수용성(receptiveness), 기질적 소인(organic predisposition), 생리학적 적성(physiological aptitude)과 같은 용어 뒤에 의학이 숨긴 흐릿한 질문에 새로운 빛을 던지는 엄청난 편익을 가져오기 때문에도 흥미롭다. 이들 용어를 대신하여 그리고 탄저에 대한 조류의 저항을 설명하기 위하여, 우리는 한 사실을 진술할 수 있다. 그들의 온도는 너무 높고 그들의 혈구에 가장 적합한 열의 정도가 막대균(bicillus)에 적합하지는 않다(1879, p. 631).

과거의 위생학은 정당화되었으며 동시에 새로운 기초 위에서 확고해졌다. 이들 실험은 위생주의자의 이익과 파스퇴르주의자의 이익 사이에서 완벽한 **교환자**(exchanger)였다. 실험실에서 발생했던 것은 실생활에서 발생한 것이었다. 이는 첫 번째 번역이었다. 독성의 변이는 전염 더하기 환경이었다. 이것은 두 번째 번역이었다. 그 귀결은 엄청났는데, 지금까지 기술했던 전체적 배치를 설명해 준다. 파스퇴르를 그의 논리적 결론을 향해 밀어붙임으로써, 위생학은 전진했고 동시에 그 자체를 강화했다.

전염 환경 또는 중상(中傷)하는 번역

인간 작인 또는 비인간 작인은, 그들의 이익이 몇몇 여타 동맹에 의해서 봉사 받음을, 또는 그들이 믿도록 인도되었던 바가 그들의 이익임을, 몇몇 여타 동맹에 의해서 봉사 받음을 그들이 알아챌 경우에만 그것에 관심이 있다. 서로를 아주 잘 이해하는 두 작인의 동맹은 그들의 오해 또는 논쟁과 동일한 용어로 설명될 것이다. 파스퇴르 실험실을 향한 위생주의자의 정열은 그 똑같은 실험실에 대한 의사의 온건한 관심과 똑같은 방식으로 설명될 것이다. 동맹자 또는 논쟁자가 실질적으로 측정하는 바는 그들의 궤적의 **각도**이다. 위생주의자는 파스퇴르의 방향으로 움직임으로써 가속하는데, 파스퇴르의 영향이 그 자신의 지형 위에서 다른 이들의 요청에 반응함으로써 자라나는 것처럼 말이다. 그러나 이것은 집단들이 서로 잘 이해했음을 의미하지 않는다. 번역은 정의에 의해 항상 오해인데, 공통의 이익이란 장기적 관점에서 필연적으로 발산적이므로 말이다. 파스퇴르의 "독성의 변이"(그 자체가 "병의 자발성"의 치환인)의 위생주의자에 의한 재번역보다, 작인 사이의 이 오해를, 그들이 서로 완벽하게 잘 지낼 때조차, 아무것도 더 잘 예화 하지 못한다. 이 재번역은 "전염 환경"이라는 이름을 낳는다.

프랑스 인식론자는 인식론적 단절(epistemological breaks)을 찾곤 했기 때문에, 전염 환경이라는 관념은 파스퇴르의 명료한, 정확한 관념에 대한 끔찍한 오해이다. 부샤르다는, 란두지가 그를 칭하는 바로서, "프랑스 위생학의 장로"는 파스퇴르가 탄저에 관한 그의 실험에 관해서 말하고 있던 바를 완벽히 이해했다. 그는 그토록 완전히 이해해서 그는 파스퇴르가 마침내 부샤르다의 조언을 심각하게 받아들이고 있다고 여겼다. "당신이 괜찮다면, 그들 질병의 병적 효소, 씨앗은 거기에 항구적으로 존재하며 그들은 파리의 환경에서 우호적 조건을 제공하는 지형을 항상 찾는다"(1883, pp. 170-178).[7]

인식론자는 농업적 은유에 대한 혼동을 조롱할 수가 있다. 그는 씨앗과 면역 체계의 관계가 부샤르다의 모호한 관념과 꽤 구별된다고 꽤 올바르게 이야기할 수가 있다. 부샤르다의 횡설수설을 파스퇴르 의학과 비교하는 것은 우스꽝스러운 일임을 그는 발견할 수가 있는데, 백신 접종, "심기증(心氣症) 환자(hypochondriacs)에 대해서는 몰리에르(Molière)를 읽기", 체조, 자제를 차례로 조언하고 있다. 그러나 이 혼합에 충격을 받는 역사가는 주요 논점을 놓치게 될 것이다. 두 가지 구별되는 세대는 그들이 서로를 이해했다고 믿었고, 이 오해 위에서 행위를 하면서, 그들의 힘들을 결합했고 그들의 효율성을 증가시켰다.

우리는 이 논점을 이해해야 하는데, 이는 파스퇴르주의자의 성공 **그리고** 그들의 연구 대상의 연속적 선택 둘 다를 설명한다. 우리는 동시에 파스퇴르가 아주 빠르게 그리고 아주 일찍 이해되었다는 사실을 감탄할 수 없고 그가 **제대로** 이해되어 왔기를 바랄 수 없다. 위생주의자의 프로그램에 자극을 줌으로써, 두 집단이 동의에 이르렀다고 그들 스스로 선언하게 할 수 있었다는 오해로부터 파스퇴르는 이익을 얻었다. 1881년부터, "미생물 또는 전염병의 병적 효소를 감쇄시키는 주요한 양식에 관해"(1991, p. 458) 특수하게 곱씹는 한 논문에서, 부샤르다는 파스퇴르에 대한 보호 기조를 채택한다. 부샤르다는 과학사가 그것의 영웅들로 인도하는 길을 따라 뿌려놓기를 애호하는 혼란한 선조의 하나로 보여왔을 수 있지만, 사정은 그에 대해 거의 그 역이었다. 그는 파스퇴르적 영웅의 길을 결정하고 있었던 연구 프로그램의 대표자였는데, 그 영웅은 부샤르다가 한 세대를 위해 하길 원했던 바를 실험실에서 하고 있었다. 파스퇴르적 연구 프로그램의 움직임은, 항상 그렇듯, 파스퇴르주의자가 그들이 가장 강함을 알았던 장소, 즉 실험실을 향해 문제의 **방향을 바꾼** 탈취로 보일 수가 있다. 아무것도 이 전략보다 덜 혁명적일 수 없다. 모든 찬성자는 옛 위생학이 불명예를 씻겼음을 그들이 알았던 그 순간에 정확히 움직이기 시작했다. 다시 탄저와 연루된 결정적 실험에 관해, ≪위생학 비평(Revue d'Hygiene)≫의 익명의 저자가 쓴다. "파스퇴르 선생 자신이 전염된 전제 및 대상의 위생 처리에 의한 환기(換氣)라는 해묵은 실천의 이론을 발견했던 것 아닌가? 그가 바이러스들을, 그들의 배양 매체에서, 순수한 공기의 작용에 방법적으로 종속시키지 않는다면, 그는 어떻게 그들을 감쇄시킬 수 있는가?"(1883, p. 248). 완벽한 잡종을 발명해 낸 것은 란두지인데, 그것을 그는 "전염 환경"이라고 부른다. 강의에서 그가 그의 학생들에게 이야기하듯이 말이다. "환경에 대한 그들의 관계에서 인간과 동물에 관한 연구는 개체와 종의 활력을 보존하고 개선하는 데 대한 견해와 더불어, 위생학을 정의하면서, 나는 나의 강의 주제로 전염 환경 연구를 선택했습니다. …… 이는 그 안에서 전염 병균이 공공연히 또는 은밀히, 시끄럽게 또는 소리 없이 발달하는 환경입니다"(1885, p. 101).

이 정식화의 모호성은 분별 있는 어떤 사람도 동의하지 않았을 관심들의 등가물을 허락했다. 위생주의자에 의해 위생 처리된, 마을의 대우주, 그리고 파스퇴르에 의해 위생 처리된, 세균의 소우주 말이다. 이 진실로 물의를 일으키는 짧은 회로는 10여 년간 ≪비평≫을 매혹했는데, 탄저 시기로부터 광견병 시기까지 말이다. 여론은 울름가의 실험실의 심원한 연구에 정열적으로 관심을 두게 되었다. 믿어졌기로, 위생학의 그 모든 대우주적 문제는 실험실의 작은 규모로 파스퇴르주의자에 의해 해결될 것으로 밝혀졌다. 주된 소독약, 파리시 배수의 안전성, 젠빌리에(Gennevilliers)에 있는 하수 관개 이용 농장(sewage farm)의 무해성, 격리의 문제에 대해서도 똑같았다. 각 경우에서, 대우주와 소우주라는 이 파악 덕분에, 파스퇴르의 실험실은 문제를 해결하게 될 최종적 의견을 제공할 것으로 기대되었다.

파스퇴르 자신은 어떻게 움직였나

다시 한번, 파스퇴르주의자에 대해 이야기하면서, 나는 위생주의자에 대해 이야기하는 것으로 끝냈고, 이는 충분히 자연스러운 것인데, 첫 번째가 두 번째의 힘과 지식으로부터 이익을 얻을 수 있는 모든 것을 했으므로 말이다. 그러나 어떻게 한 사람 또는 몇 사람이 전체의 사회적 움직임에 그들 자신을 적용할 수 있었고, 그러고 나서, 모든 이의 눈으로 보아, 그들이 사회 속 진정한 혁명의 원인이 될 수 있게 하려고 서로 다른 방향에서 그 동맹을 움직일 수 있었는가? 보통 정치 안에서만 제기되는, 이 질문은 우리가 과학을 이뤄내는 힘들을 인식하자마자 "과학 안"에서도 제기되어야 한다. 이 질문에 대한 답은 연구되고 있는 학술지들의 시기에서 부분적으로 그러나 1871년 이전 파스퇴르의 이력에서도 부분적으로 발견될 것이다. 파스퇴르에게 특유했던 바는 그의 시대의 사회를 통과했던 일정한 유형의 움직임, 몇 배 더 컸던 사람들의 집단 및 관심의 집단을 그의 움직임 속으로 번역하고 전환하는 일을 가능하게 했던 일정한 유형의 치환이었다. 성인전 작가들은 파스퇴르의 이력에서 필연성을 항상 보고, 그들은 그리하여 이를 감탄하는 일을 생략하는데, 반면 그들은 그가 사실은 하지 않은 놀라운 것들에 대해 경이를 표현한다. 한 인간은 혼자서 큰 거래를 할 수 없다. 그렇지만, 그가 할 수 있는 바는 움직이는 일이다. 고대인의 기울어짐(clinamen)처럼, 이 움직임은 별 에너지를 쓰지 않지만, 잘 놓이면, 다양한 에너지를 모든 것을 휩쓰는 소용돌이로 변환시킨다. 이 이미지는 파스퇴르에게 완전히 어울린다.

파스퇴르의 이력은 여러 번 연구되어 왔다. 최상의 분석가들은, 특히 기슨(Geison)은 동일한 수수께끼들을 우리에게 제시한다.[8] 이 이력의 일정한 특색들은 역사가를 항상 모순적인 것으로서 때렸다. 파스퇴르는 집요한 완고함을 나타내지만 동시에 그의 연구 대상을 계속 바꾸고 있다. 각 시기에 그는 이야기되었던 것보다 덜 혁명적인 것으로 보이며 동시에 그가 들어가는 과학들에 심오한 충격을 배달한다. 뒤보스(Dubos), 다고녜(Dagognet), 뒤클로(Duclaux)는 파스퇴르가 단일 방법으로 단일 주제를 추구했으며 그 둘을 계속 바꾸었다고 동시에 주장한다.

우리가 약간 단순화하는 데 동의하면, 파스퇴르의 옆길 움직임을 고려함으로써 나는 이들 모든 어려움에 몇몇 빛을 던질 수가 있는데, 그 움직임의 최종적 연쇄들만이 연구되고 있는 시기 안에서 발견된다. 파스퇴르는 10여 명의 그의 존경할 만한 동료의 관심을 끈 결정학자(crystallographer)로서 시작했으며 신격화된 "파스퇴르", 세기의 인간, 그의 이름을 프랑스 전역의 거리에 부여한 사람으로 끝났다. 사실상, 파스퇴르에서 끊임없는 것은 그의 움직임인데, 다루어진 문제와 관계없이 말이다. 그가 몇몇 성공을 이루게 될 과학의 발전을 그가 추구하리라고 우리가 기대할 때마다, 파스퇴르는 이 기초적 연구를 추구하는 것이 아니라 그 방금 포기했던 것 이상으로 더 많은 사람의 관심을 끄는 몇몇 어려운 문제를 대면하고자 **옆길로 걸음을 옮기는 것을** 선택한다. 새로운 문제는 첫 번째 문제보다 더 많이 "응용된" 것으로 항상 보이지만 — 그리고 이것이 파스퇴르적 움직임의 두 번째 법칙이다 — 그는 "응용된" 문제를 기초적 문제로 변환시켰는데, 이것을 그는 그가 방금 포기했던 학제에서 획득된 수단으로 푼다. 이 특수한 치환으로 그는 그가 "몇몇 성공"을 이루는 새로운 학제를 매번 구성한다. 그는 새로운 학제를 다시 똑같은 옆길 움직임 속에서 포기하는 등등의 모습을 보인다. 뒤보스는 파스퇴르가 실행했을 수 있었던 기초적 연구의 방향을 방해한 데 대해 그를 정확히 비판한다. 예를 들어, 결정학(crystallography), 생화학, 면역학은 그가 시작했던 그리고 그 스스로는 계속하지 않았던 단지 약간의 학제인데, 매번 더 많은 수의 사람에게 관심거리인 문제들에 그의 주목을 돌렸다.[9]

파스퇴르가 결정학은 포기했지만 효소의 문제에서, 화학자 사이의 유명한 다툼의 심장부에서, 또한 맥주 산업, 식초 산업, 와인 산업의 심장부에서 그 자신을 발견했는데, 그의 경제적 무게는 결정학 속 약간의 동료의 그것에 비해 너무 컸다. 하지만 그는 결정학에서 획득한 실험실 방법들을 포기하지 않았다.[10] 무엇보다도, 그는 결정적인 경제적 질문을 그의 실험실 문제로 변환했으며 그의 실험과 직접 관련되었던 전체 산업을 포획했다. 하지만 그는 현미경술 속 그의 연구를 계속하지 않았는데, 그것을 다른 이들에게 남겨두었다. 그는 자연 발생(spontaneous generation)에 관한 다툼의 가운데로 바로 움직여 들어갔다. 거기서 다시 그는 이전에 거기에 존재하지 않았던 문제들을 실험실 지형 위로 데려갔고 산업가 대중보다 이미 훨씬 더 컸던 교육받는 대중에 편승했다. 그러나 그는 기초 생화학을 발전시키는 데 관심이 없었다. 그는 새로운 경제적 문제, 즉 누에 산업의 문제를 담당하게 되었고, 거기서 다시 그는 더 앞서 있던 실험에서 발전시킨 모든 분석 수단을 새로운 대상, 즉 질병으로 옮겨놓았는데, 이는 그가 아직 직면하지 않았던 것이다. 그는 뚜렷한 패턴을 따라, 다시 움직였고, 계속 그러했다(p. 383의 <그림 1>을 볼 것). 수평선의 교차점은 그가 접수했던 (그리고 회고해 볼 때 어설픈 "선도자들"과 함께 거주하게 되었던) 학제들을 보여주고, 실선은 파스퇴르에 의해 재번역된 학제들을 나타내며, 점선은 다른 이들이 계속하도록 남겨준 학제들이다. 수직선은 그를 새로운 주제로 데려간 옆걸음을 상징한다. 동심원은 그가 그와 더불어 취했던 더 큰 집단을 나타내는데, 처음에는 단지 약간의 동료를 포함하고 결국에는 과장 없이 "전체 세계"라고 부르는 바가 된다.

이 단순화된 구도 속에서 보였듯이, 똑같은 방향으로 항상 이끄는 사선(斜線)을 우리가 고려한다고 가정하면, 우리는 파스퇴르의 이력이 직선적이었다고 옳게 말할 수 있다. 우리는 단일한 문제, 즉 연루된 작인들을 구별하는 문제에 충실했다고 또한 옳게 말할 수 있는데, 왜냐하면 그를 새로운 학제로 이끈 그 성향은 항상 똑같았기 때문이다. 마지막으로, 우리는 그가 그의 "선배들"에게 공정하지 않았다고 옳게 말할 수 있다. 그들 학제에 이미 참여했던 동료들을 무관하게 만들기에 충분할 정도로 다른 실험실 실천(laboratory practices)과 함께 이전의 지식 덩어리 안으로 돌진했던 것이다. 그러한 구도는 또한 대담함과 전통주의의 혼합이 이 이상한 혁명가에서 발견됨을 드러낸다. 다고네가 말하듯, 파스퇴르는 서로 연결 지음에 의해 혁신했다. 이 능력이 천재를 위한 성인전 작가의 갈증에는 충분하지가 않겠지만, 역사학자 또는 사회학자에게는 본질적이다.

연구되고 있는 시기 속 파스퇴르의 이 움직임은 매우 가속화되었고 매우 단호해서 그것은 결국 전략의 규칙성을 띠게 되었다.[11] 그가 움직였던 속도를 보기로 한다. 그가 전염과 질병 사이의 연결을 이루어내자마자 그는 그의 궤도에 멈췄는데, 다른 이들 — 예를 들어, 코흐(Koch) — 에게 미생물과 그것들의 특수 질병과의 관계를 분류하고 기술하는 일을 남겨두었다. 그는 실험실 안에서 실험적 질병을 만드는 방식을 찾는 일에 즉각 착수했다. 그러나 아마도 더 신중한 클로드 베르나르가 했었을 만큼, 그가 실험 병리학을 발전시키지는 않았다. 그는 미생물을 약화하는 방식을 즉각적으로 찾아냈다. 하지만 전체로서 미생물 생리학은 그의 관심을 끈 바가 아니었지만, 동물 백신을 생산해 내는 가능성은 관심을 끌었다. 그가 이 백신을 갖자마자, 흥미로움에도 불구하고, 그의 실험실 안에 남아 있게 될 실험들에 그의 주목을 제한하지 않았다. 그는 즉각적으로 그의 실험실의 방법들을 가축 사육 전체로 확장하는 일에 착수했다. 그는 수의학에 머물렀을 수도 있지만, 이는 그가 그의 경로의 끝(또는 100년 뒤 우리에게 그의 경로의 끝으로 보이는 것)에 도달하면서 훨씬 더 고압적인 것이 되어 보였던 횡단 전략(transversal strategy)의, 즉 사회 전체에 관해 연구하는 일의 반대쪽으로 갔었을 것이다.

동물에서 인간으로, 수의학에서 인간 의학으로 움직이기 위하여, 그 작인, 즉 바이러스가 1930년대까지 볼 수 없는 상태로 남아 있게 되었던 그리고 그 스스로가 발전시킨 방법의 어떤 것에 의해서도 배양될 수 없었던 질병을 그는 선택했다. 더욱이, 개에 대한 시험 이후에, 그는 인간에 대한 실험으로 아주 빠르게 나아갔다. 게다가, 그는 먼저 한 명의 아이에게 실험했고 그다음에 두 명의 아이에게 실험했다. 그는 그 방법을 일반화했고, 그의 다음 단계는 이 일반적 방법이 요구했던 연구를 수행하는 데 그리고 대중 접종을 실행하는 데 필수적인 백신 연구소를 향해 있었다.

다고네가 옳게 주장하듯이, 이들 단계의 어느 것도 필수적 단계가 아니다. 당시 기초연구를 위한 실험실로 변한, 치료된 광견병 두 사례의 수백만 금프랑(gold franc)으로의 전환은 자명하다는 점을 알아내는 일이 인간 파스퇴르의 연구에 정당함을 주는 것은 아니다. 이 모든 것은 그 당시에 흩어져 있었다. 그들을 함께 연결 짓는 일은 연구와 움직임을 요구했을 것이다. 그들은 논리적으로 연결되지 않았다. 다른 말로 하면, 그들은 특수한 경로에 누워 있지 않았다. 파스퇴르는 어떠한 순간에 멈출 수 있었을 것이고 그가 다른 이에게 남겨주려던 기초 학제에서 스스로 연구를 계속할 수 있었을 것이다. 당시의 과학 속 그 모든 전문직업적 훈련이 그를 재촉해야 했던 것조차 그 방향에서였다. 그가 인간 의학에 도달했던 그 지점에서 그가 "움찔했을" 수도 있는데 — 정말로 그는 주저했다. 그는 광견병을 그의 첫 번째 병으로 선택하지 않았을 — 않아야 했을 — 수도 있었다. 그는 조제프 마이스터의 경우를 연구소 설립을 요구하기에는 부적절한 것으로 여겼을 — 여겨야 했을 — 수도 있었다. 확실히 이는 피터와 코흐처럼 서로 다른 사람들이 그를 비판했던 바였다. 그렇다, 그는 이런 것을 해야 했을 수도 있으나, 그 유형의 움직임, 그 대담성은 정확히 그를, 파스퇴르를 정의했던 바였는데 — 정말로, 그의 **특별한** 기여였던 바이다.

한편으로, 그의 실험실에 가두어진 과학인 파스퇴르가 있었고, 다른 한편으로, 그가 한 바를 알려지게 하는 데 관심이 있던, 정치인 파스퇴르가 있었다고 이야기하는 것은 무의미할 것이다. 아니다, 오직 한 사람 파스퇴르가 있었고, 그의 전략은 자체가 천재의 작품이었다. 나는 단어 "천재"를 나 스스로와 모순됨이 없이 쓰고 있는데, 왜냐하면 나는 단일 인간이 자기 스스로 할 수 없을 아무것도 그에게 돌리고 있지 않기 때문이다. 톨스토이의 교훈을 잊지 않기로 한다. 어떤 의심도 없이, 나폴레옹과 쿠투조프는 그들 군대의 "머리"였다. 일단 그들을 움직이게 한 힘들의 복합체가 붕괴하면, 우리는 그들 위대한 인간이 했던 바를 그리고 왜 스탕달(Stendhal) 말고 보나

파르트(Bonaparte)가, 또는 밀로라도비치(Miloradovich) 말고 쿠투조프가 모스크바로 들어갔는지 인식해야 한다. 엄청난 사회적 움직임이 문제에 대한 정열적 관심을 보여주었던 모든 장소에 파스퇴르는 그의 약한 힘들을 놓았다. 각 시점에 그는 그 힘들이 만들고 있던 요구를 따랐지만, 오로지 그가 그에 대한 답을 소유했던 요구를 정식화하는 방식을 그들에게 부과했는데, 그것의 항목들을 이해하는 일이 실험실의 인간을 요구했으므로 말이다. 그는 파리와 스트라스부르(Strasbourg)에서 결정학자로 시작했다. 그는 "신성한 명예"와 함께 끝났다. 그러한 탈바꿈이 한 사람 자신의 노력에 의해서만 발생하지는 않는다. 결정학을 연구하면서, 그가 스트라스부르에 머물렀다면, 그의 성인전 작가들조차 다른 이들이 그 신성한 명예를 부여받았으리라는 점에 동의해야 할 텐데 — 뒤보스가 주장하듯, 생명의 기원에 대한 그의 연구가 "순수 과학"에 훨씬 더 중요했을지라도 말이다. 다른 말로 하면, 파스퇴르는 그 영광을 **추구했고**, 그것을 잘 추구했다.

천재의 의미가 파스퇴르에게 특유한 그리고 치환과 번역으로는 불가해한 아무것도 포함하지 않으므로, 우리는 그것의 가장 흥미로운 측면을 조금 더 잘 이해할 수 있다. 그가 움직이면서 동맹자를 얻는 일차적 기제에서, 그 움직임의 기원에 그가 기여하게 하는 내가 이차적 기제라고 부르는 것에서만큼 그는 열심히 일했다. 실제로, 실험실의 통상적 고객이 아니었던 새로운 사람들의 군중의 관심을 붙드는 응용 주제를 향해 그는 항상 나아갔다. 그러나, 그가 접촉하게 된 필요, 욕망, 문제를 통해, 이런 식으로 동맹자를 **모집하면서**, 기초연구 및 그의 실험실의 연구에서 가져온 것의 모든 강함에 의해 담론(discourse)을 유지했다. 한편으로, 그는 그의 그물을 그가 할 수 있는 한 멀리 던졌다. 다른 한편으로, 그는 동맹자를 가졌음을 부인했고 그가 했던 모든 것은 "과학"에서부터 나아갔다고 (그들 자신의 대의를 더 빨리 진전시키기 위해 그러한 대의 아래서 피하는 데 필요했던 위생주의자 및 여타 많은 집단의 적극적 지지와 함께) 가장했다. 이 이중 전략이 천재의 특질을 산출했는데, 왜냐하면 그것은 실제로 그 시기 모든 사회적 집단의 소원을 번역하는 일에, 이어 그것이 나온 바로 그 집단들에 의해 응용될 것임을 또는 이해될 것임을 알지조차 못했던 순수 연구의 덩어리에서 그들 소원이 발사되어 나오게 하는 일에 이르기 때문이다. "응용"은 그 용어의 종교적 의미에서 기적이 되었다. 내가 분석에 착수했던 예가 그토록 논쟁 불가능하게 보였던 것은 이 이중 전략 때문이었다. 이 이중 노력 — 동맹자의 모집, 그들의 유효성의 부정 — 과 더불어 정말로 우리는 혁명이 파스퇴르의 실험실에서 출현하고 있었으며 사회 속으로 퍼졌다는 인상과 함께 끝나는데, 그것은 당시에 사회를 거꾸로 뒤집었다.[12] 파스퇴르가 했던 바에 대한 바로 그 정식화는 파스퇴르 자신에 의해 (적어도 프랑스에서) 그의 동시대인에게 부과되었다. 나는 이 전략을 감탄하는 이유가 한 가지 더 있는데, 그것은 100년 후 한 사람 이상의 과학철학자에게서 여전히 작동한다는 점이다. 논쟁 불가능한 채로 그토록 오래 남아 있다는 것은 확실히 지속하고 있는 승리이다. 인정되어야 하듯이, 과학 선도자는 군대 지도자보다 더 능숙하다. 아무도 당통(Danton) 또는 레닌(Lenin)을 혁명가로 더는 여기지 않음에 반하여, 모든 이가, 교외에서조차, 아르키메데스(Archimes), 갈릴레오(Galileo), 또는 아인슈타인(Einstein)이 "급진적 혁명"을 수행했다고 생각한다.[13]

논쟁 불가능한 받침점으로서 실험실

이 지점에 도달했는데, 우리는 여전히 아무것도 설명하지 않았다. 파스퇴르는 내가 설명한 길로 움직였다. 그러나 이제껏 다른 이름들을 지녔던 것을 실험실 용어로 번역하면서, 한 개인은 그 자신의 위치와 그에게 의존하는 다른 사람들의 위치 둘 다를 강화하는 데 충분한 강함을 얻는다는 점을 아무것도 입증하지 않는다. 다른 말로 하면, 우리는 파스퇴르가 소망했던 그 무엇이든 해보고자 소망할 수 있고 계속 비참하게 실패할 수 있다. 결핵 연구(Work of Tuberculosis)라는 조직이 같은 시기에 ≪비평≫에 이따금 나타났던 통제 집단(control group)을 제공한다.[14] 이 연합은 광견병보다 무한히 더 중요한 질병을 공격하고 있었지만 파스퇴르 연구소가 세워지고 있었던 동안에, 그 설립자 베르뇌유(Verneuil)를 통해서, 그것의 자본을 잠식하고 있다고 불평했다. “15만 4000프랑은 명백히 부적절하며 광견병에 관한 정당한 선동은 의심의 여지없이 사람들이 이것을 잊도록 무언가를 했다”(익명: 1887, p. 444). 파스퇴르처럼, 베르뇌유는 동맹자들이 동의하도록 만들 만한 아무것도 없었던 그 흩어져 있던 동맹자들을 모으려 하고 있었다. 한 사람의 성공도 다른 이의 실패도 그들의 동맹자의 줏대 없음에 기인하지는 않았다. 베르뇌유는 심지어 그의 주머니에 이른바 코흐 병균을 갖고 있었다. 이 자산에도 불구하고, 그는 이 재앙에 맞서 투쟁하기 위한 많은 관심을 모아들이는 데 실패했는데, 이는 모든 이가 인정했듯이 최대의 중요성을 갖는 것이었다. 베르뇌유의 실패는 그의 이질적 동맹자들을 그의 기치 아래 데려오기 위해 무언가를 스스로 해야 했음을 우리에게 상기시킨다. 우리는 이제 문제의 심장으로, 또는 차라리, 파스퇴르의 전략 덕분에, 문제의 심장이 되었던 것으로 간다. 우선 에콜 노르말(Ecole Normale)의 그리고 다음으로 파스퇴르 연구소의 미생물학 실험실 말이다.

방법론적으로 이 장소에서 출발하지 않은 것이 우리에게 결정적이었다. 우선, 그 자체가 위치 선정, 조합, 움직임의 결과였던 실험실은 그것의 결과에 대한 기적적 시각을 주기에 충분했을 것이다.[15] 그들 스스로가 거기서 “번역되었음”을 알아챈 많은 서로 다른 행위자가 도착했을 때 우리가 실험실에 도착해야 했다. 우리는 이제 사회학적 설명이 금지된 지대에, 우리가 신비롭게 되길 바랄 영역에 도달하고 있는데, 여기서 우리가 받아들이는 것 이외에는 다른 것을 할 수 없는 정치적 그리고 사회적 조건들이, 생산의 모든 조건을 벗어나며 순진한 영혼을 항상 감동하게 하는 몇몇 기적에 의해,

사회에 "영향을 주기" 시작하는 "진리", "교의(doctrines)", "개념"으로 번역되는 곳이다.

사실상, 나는 해결책을 이미 지적했는데, 그에 관해서 신비로운 아무것도 없다. 이기기 위해, 우리는 우리가 더 강할 것이라고 우리가 확신하는 곳에 적을 데려오기만 하면 된다. 파스퇴르는 실험실에서 가장 강했다. 위생주의자와 의사의 거시적 문제들이 실험실의 미시적 수준에서 다뤄질 수도 있는 그러한 방식으로 일단 관심이 일깨워지자, 절차는 충분히 단순했다. 전략적 장소들에 적용된 힘은, 심지어 아주 작은 것조차, 승리를 가져올 수 있었다. 모든 것은, 그렇다면, 이 여분의 힘이 최대 효과를 산출할 수 있었던 그들 장소를 인식하는 데 의존했다. 실험실에서 한 보통 사람의 작업의 규모가 커진다. 파스퇴르는 이 **기술적** 사실을 항상 인식하는데, 특히 정부에 자금을 요청할 때 말이다.

> 의사와 화학자가 그들의 실험실을 떠나자마자, 자연학자(naturalist)가 그의 여행과 수집을 포기하자마자, 그들은 최소의 발견도 할 수 없게 된다. 가장 대담한 개념화, 가장 정당한 사변은 그것들이 관찰과 실험에 의해 신성하게 될 때만 몸과 영혼을 떠맡는다. 실험실과 발견은 상관적 용어이다. 실험실을 제거하면 물리 과학은 불모와 죽음의 이미지가 될 것이다. …… 실험실 바깥에서 물리학자와 화학자는 전투 속 비무장 병사이다(1871, p. 1).

보조금에 관한 한, 파스퇴르는, 우리가 아주 명확히 보게 될 것처럼, 어떤 과학사회학자만큼이나 아주 실리주의자이다. 실험실은 전투 속 병사의 무기이다. 파스퇴르가 무슨 전투를 하고 있었는지를, 그의 화력을 마음껏 활용하기 위해 무슨 선택을 했는지를 우리는 이제 안다. 그 무기 자체를 이제 보기로 한다.

왜 파스퇴르는 실험실에서 강함을 얻었는가? 모든 실험실에서처럼, 거기서 현상이 현상을 뒤이어 지배할 수 있는 인간 집단보다 더 작게 최종적으로 만들어지기 때문에 그는 그렇게 했다.[16] 이것이 단순하다고 느껴진다면, 그것은 실험실을 구성하는 전략이 단순화에 복종하는 정도를 이해하지 못하기 때문이다. 망원경 위로 구부려, 디프테리아(diphtheria) 세균을 관찰하는, 루(Roux)는 그들 세균보다 더 강한데, 반면 그 동일한 미생물들은, 자연에 풀어주면, 인간을 비웃거나 인간을 죽인다. 실험실에서 만들어진 차이는 작지만 결정적이다. 그 안에서 권력 비율이 역전된다. 현상은 그들의 크기가 얼마이든 — 무한히 크든 무한히 작든 — 인간 집단이 그것들을 통제할 수 있는 방식으로 재번역되고 단순화된다. 현상의 크기가 얼마이든, 그것들은 항상 쉽게 읽을 수 있으며 시계(視界) 안에 모든 것을 가진 몇몇 개인이 그에 관해 논의할 수 있는 전사(transcriptions)로 항상 끝난다. 이는 사고의 기적으로 여겨질 수 있지만, 내가 관련된 한, 힘들의 균형이 그에 의해 역전되는 절차의 단순성은 훨씬 더 비범하다.

무슨 기제와 숙련으로 한 줌의 인간이, 그들의 노동력밖에 아무것도 없이, 수천 년 동안 모든 인간의 소망을 비밀스럽게 좌절시켰던 바를 길들이는 일을 배웠는가를 우리는 이해해야 하게 될 것이다. 최소와 최대의 이 유희는 그들의 동시대인에게 커다란 인상을 주었다. 미시기생물이 그 자체보다 수백만 배나 더 큰 황소와 인간을 죽일 수도 있다. 실험실 속 약간의 인간이 시간의 시작으로부터의 인류 전체보다 미생물에 관해 더 많은 지식을 한 세대 안에 획득할 수도 있다.

많은 논평자가 이 이중 불균형에 관해 주장해 왔다. 무한히 작은 것들이 수천 년간 우리를 죽여오고 있으며, 약간의 인간의 응용이 그것들의 모든 속임수를 노출하기에 충분했다. "우리가 붙잡은, 적절한 용액 속에서 그 배양 기교를 통해 재생산해 낸 이 전염 미생물은 …… 실험자가 주인인 그리고 그가 바라는 대로 그가 지휘하는 일정한 영향력을 그것에 가함으로써, 그것에서 그것의 에너지의 과도함을 강탈하는 일이 그리고 그것을 더는 죽음의 작인이 아니라, 보존의 작인이 되게 만드는 일이, 그것의 세력을 필요한 정도로 줄인 이후에, 가능하다"(Bouley: 1881, p. 547).

강함의 시도(trials of strength)에 관해 말하고 있는 이는 내가 아니고 불레이이며, 그와 함께, 그 시기의 모든 과학자이다.

무엇이 파스퇴르주의자를 똑딱거리게 하는가

연루된 모든 작인에 대해 그러한 귀결을 갖게 되었던, 실험실에서 발생한 사건을 이해하는 일은 가능한가? 그렇다, 우리가 전체로서 실험실 기법들의 움직임을 따라간다는 조건으로 말이다. 파스퇴르주의자의 기여는 우리가 이 움직임을 앞뒤로 따라가면 쉽게 설명된다. 편의상, 나는 이 움직임을 나누는데, 이것을 나는, 세 단계로, 파스퇴르주의자의 "용수철(spring)"이라고 부른다. 첫 번째 단계에서는 실험실을 재번역될 현상이 발견된 장소로 움직이라. 두 번째 단계에서는 그렇게 변환된 현상을 안전한 장소, 즉 그것들이 지배되기 때문에 확실성이 증가하는 곳으로 움직이라. 그리고 세 번째 단계에서는 두 번째 단계에서 실행된 연구가 거기서 적용할 수 있게 될 그러한 방식으로 초기 조건을 변환하라.

파스퇴르주의의 이 용수철은 횡단하는 발전을 정의하는 분명히 또 다른 방식이지만 또한 그것의 효율성을 설명해 준다. 그것 없이는 움직임은 실패할 수가 있거나 전략으로 보일 수가 있는데 — 아마도 천재의 전략이겠지만, 진공 속에서만 진전될 전략 말이다. 캉길렘(Canguilhem)은 실재를 움켜쥐는 이 특권을 실험실의 바로 그 본성에 돌린다. "실험실은 자연의 자료 또는 기술의 경험적 산물이 어긋나는 장소, 휴면하는 또는 지체된 사상자가 석방되는 장소, 짧게 말해, 실재적인 것(the real)을 명백하게 만들기 위해 의도된 책략들이 잘 풀리는 장소이기 때문에, 실험실의 과학은 저절로 기술적 활동과 직접 맞붙잡고 있다"(1977, p. 73).[17]

실험실에 그러한 권력을 돌리는 일은 과학적 활동의 용수철을 구성하는 모든 것을 놓치는 것이다. 많은 실험실은 아무것도 움켜쥐지 못한다. 행위의 이 용수철을 이해하는 것이 나의 목적에 핵심적이므로, 나는 탄저라는 예와 함께 단순화된 방식으로 그것을 설명한다.

첫 번째 단계는 잘 알려져 있다. 어떻게 파스퇴르와 그의 사도가 항상 몸소 증류소, 양조장, 포도주 만드는 시설, 누에 치는 가정, 농장, 콜레라로 살상된 알렉산드리아(Alexandria), 나중에는, 파스퇴르 연구소와 함께, 모든 식민지를 방문했는지를 우리는 안다. 심지어 우리의 시기의 끝에서, 전쟁 동안, 파스퇴르주의자는 새로운 미생물을 수집하기 위해서 전선으로 그들의 실험실을 여전히 이동시켰다. 실험실의 이 번역은 결정적인데, 그것이 그리고 그것 혼자 포획을 가능하게 하므로 말이다. 번역은 항상 두 조건 위에서 발생했다. 한편으로, 파스퇴르주의자는 움직였지만 실험실의 인간으로 남아 있었다. 그들은 그들 자신의 연장, 미생물, 무균 용구, 실험실 업무 일지를 가져갔는데, 그것들의 사용이 알려지지 않은 환경에서 그것들을 사용했다. 다른 한편으로, 그들은 그들의 실험실을 그들이 방문한 이들의 이유에 반응하여 다시 방향 지웠다.

탄저, 즉 가축병이 "탄저 병균의 질병"으로 재정의될 수가 있었던 것은 이 이중 조건 아래서였다. 파스퇴르주의자가 땅 위의 사람들 — 농부, 증류자, 수의사, 의사, 행정인 — 로부터 풀어야 할 문제 및 연구될 질병의 증후, 리듬, 진행, 영역 둘 다를 배웠다. 이는 새로운 작인(미생물)과 오래된 작인(질병) 사이의 연결과 관련 있는 모든 반대에 답하는 유일한 길이었다. 병균 혼자 미생물학자의 관심을 끌었을 수도 있었겠지만 그것이 필연적으로 탄저의 "원인"인 것은 아니었음을 우리가 잊어서는 안 된다. 오래된 질병이 했던 모든 것을 하게 될 새로운 작인을 얻기 위해, 파스퇴르주의자는, 가장 불굴의 회의적인 마음으로, 그것을 장대한 실험을 통해 질병의 그 모든 증후와 연결해야 했다. 이 연결을 만들어내기 위해, 파스퇴르는 불가능한 실험을 발명했다. 그는, 새로운 배양을 시작하기 위하여 배양 용액의 방울을 몇 번 취함으로써, 원래의 병균을 수천 배로 희석했으며, 마지막 배양의 마지막 방울로 완전한 병을 여전히 일으켰다. 그는 그의 영웅을 고의로 잃었는데, 동화에서 엄지손가락 톰(Tom Thumb)을 잃는 것처럼 말이다. 병균, 역시, 불가능한 시도로부터 의기양양하게 출현했다. 동물에서 무한히 제거되었을 때조차, 병균은 여전히 질병을 일으킨다. 그것은, 그리하여, 질병의 유일한 작인이 되었다.

이들 시도의 결과는 질병을 실험실의 언어로 재번역한 새로운 대상을 창조하는 것이었다. 이제 그것은 배양 매체처럼 된 동물이었다. “우리는 순수 상태의 병균으로 동물을 접종한다. 병균은 배양 매체 안에서처럼 피부에서 발달하며 그것은 점차로 퍼진다”(Pasteur: 1922/1939, VI, 194). 역으로, 실험실에서 병균을 키우는 일이 보스(Beace)의 토양이 그들을 천연적으로 운반했음을 증명하는 것은 아직 아니다. “이들은 여전히 실험실 실험일 뿐이다. 습기와 경작 속 모든 변화와 함께, 우리는 시골 쪽 자체에서 무엇이 발생하는지 알아내야 한다”(Pasteur: 1922/1939, VI, 259). 실험실에서 야외로의 이 이동은 무시될 수 없는데, 왜냐하면 이에 의해 미래의 사용을 위해 의도된 새로운 대상들(objects)이 형성되었기 때문이다.

파스퇴르가 「외르 에 루아르 데파르트망의 탄저의 병인 및 예방: 농업 및 상업 장관, 테스랑 드 보르 귀하에 보내는 보고서(Researches into the Etiology and Prophylaxis of Anthrax in the Department of Eure et Loire: Report to M. Teisserenc de Bort, Minister of Agriculture and Commerce)」라는 제목의 한 보고서를 썼을 때, 모든 단어는 계산되었다. 그는 데파르트망 장관에게 연설하고 있었다. 그의 병균은 그것이 농업 장관이 탄저에 관해 알았던 모든 것을 해냈을 때만 탄저의 원인이 될 것이다. 주사기로 접종을 하고 그것에 병을 부여하는 일은 모두 아주 좋으나, 소는 이런 식으로 찔러지지 않는다. 파스퇴르는 병균에 대한 믿을 수 있는 방식을 발명해야 했고, 그래서 그는 배양체로 오염된 건초를 동물에게 먹였다. 이것은 충분하지 않았다. 동물은 죽지 않았다. 그는 그래서 엉겅퀴를 덧붙였는데, 그리하여 병을 준다고 알려진 들판을 점점 더 가까이 흉내 내고 있었다. 동물은 건초, 병균, 병에 전염된 엉겅퀴를 먹었다.

파스퇴르주의자가 그들의 선배들과 함께한 수습 기간을 우리가 평가절하해서는 안 된다. 그들의 역할을 아주 잘 숨긴, 그들의 바로 그 성공은 그들의 선배들이 말했던 바를 재번역했던 주목에 기인했다. "그들이 움직이고 있던 위험에 관해서 내가 경고하곤 했던 폐마(廢馬) 도살업자가 동물이 썩었을 때 위험은 사라진다고 그리고 그것이 따뜻하지 않은 한 두려워할 필요가 없다고 내게 확신시켜 주는 것을 종종 들었다"(Pasteur: 1922/1939, VI, 258). "배반당한" 것은 오히려 박테리아학의 새로운 실천에 의한 실천의 전사(transcription)이다. 그 새로운 언어는 그것이 오래된 언어로 말해진 **모든 것**과 동등하게 될 경우에만 채택될 수 있다.

파스퇴르주의자가 한 장관에서 썼을 때, 병균을 흔드는 것으로 충분하지 않았다. 그들은 또한, 예를 들어, "저주받은 들판"이 의미하는 바를 말할 수 있어야 한다. 왜냐하면 병을 주는 여러 들판이 존재하며, 심지어 여러 해 뒤에도 그럴 것이다. 수의사의 언어를 사용하자면, "병의 자발성"의 증명이거나, 농민의 언어를 사용하자면, "저주"의 증명이다. 모든 이의 믿음을 움직이고 그것을 병균으로 치환하기 위해서는, 농민의 후진성을 조롱하는 것으로 충분치 않다. 저주받은 들판보다 **더 강해지는** 것이 필수적이다. 코흐는 미생물이 포자를 형성할 수가 있으며 잠재 형태로 여러 해 동안 살아남을 수가 있음을 보여줌으로써 탄저의 시간적 리듬을 이미 설명했었다. 파스퇴르는 오히려 민족지학적(ethnographical) 탐구 같은 무언가를 추구했다. 그는 동물을 묻는 기법과 스스로를 관련시켰다. 동물이 매장 순간에 피를 잃어가면서, 그들은 또한 병균을 잃는데, 병균은 포자를 형성하고 있었다. 이는 어떻게 병균이 "생존하는" 것으로 보이는지를 설명했다. 파스퇴르는 저주받은 들판에서 여러 해 뒤에 이제 표면적으로 병균의 외양(appearance)을 설명해야 했다. "아카데미(Académie)는 이에 대한 설명을 듣고 매우 놀라게 될 것이다. 아마도 그것은 병균 이론을 생각하는 쪽으로 이동할 것인데, 병균 이론은 실험적 연구로부터 막 출현했을 뿐이며, 그런데도 과학에 대해 해줄 몇몇 기대하지 않았던 계시 및 그 응용을 갖고 있고 …… 지렁이는 그 병균의 전달자이며 그 깊은 매장 장소로부터 가공할 기생물을 토양의 표면으로 되가져온다"(Pasteur: 1922/1939, VI, 260). 지렁이! 고려되어야 할 또 다른 기대하지 않았던 새로운 작인. 들판에 대한 이 관심은 농민을 향한 우정 또는 몇몇 미신적 오락의 결과가 아니었다. 파스퇴르는 오로지 완전한 번역이 결국 현상을 구성할 것임을 알았다. 실험실 속 "막대 박테리아(rod bacterium)"는 탄저의 "원인"이 될 역량은 없었다. 탄저의 정의를 구성하는 **각각의** 요소를 그 자신의 용어로 대체할 수 있었고 그리하여 동료 미생물학자는 물론 장관, 수의사, 농민을 파스퇴르가 확신시킬 수 있었을 때만, 그것은 그렇게 될 수 있었을 것이다.

이 수습 기간을 홀로 통과한 것은 소우주였는데, 이는 대우주를 아주 잘 반영하는 것으로 보이며, 점차 세워졌다. 그리고 아주 좋은 이유로! 파스퇴르주의자가 그들에게 요청된 질문에 답하는 그러한 방식으로 구성했지만, 그들은 그것들을 그들이 이해했던 용어로 재정식화했다. 파스퇴르주의자가 옛 숙련을 그들의 이제 명백한, 구별되는 방법으로 타도했다고 상상하는 것보다 더 거짓일 수가 있는 것은 아무것도 없다. 그 반대로, 그들은 그들 숙련을 배웠지만 그것들로부터 **오직** 그들이 지배할 수 있었던 그들 요소를 취했다. 누가 가르쳤고 누가 배웠는가? 우리는 모른다. 이는 파스퇴르적 방법의 첫 번째 단계가 또한 왜 훌륭한 번역 작인인지의 이유이다. 새로운 숙련은 옛 숙련에서 나타난다는 것이다. 우리는 전염병학 전체를 재생산하려 해서는 안 되고, 미생물의 생활 주기에 관한 무언가를 가르치는 것만을 그렇게 해야 한다. 병리학 전체를 재생산하려 해서도 안 되고, 어떤 이가 실험적 질병에 의해서 동물을 전염되었다고 분류할 수 있게 해줄 약간의 증후만을 그렇게 해야 한다. 위생학의 경우에서 내가 기술했던, 미생물의 받침점이 그것에 덧붙여졌던, 그 제거 및 구조화(structuration)의 동일한 과정이 여기서 그 탄생 시점에 발견된다. 들판에서 약간의 요소를 취하고, 그것들을 실험실에서 새로운 조건 속에서 재생산하라. 이 추출과 재정의의 결정적 요소는 새로운 행위자와 더불어 옛 행위자의 모든 주요 속성을 설명해 내는 일을 끝내는 것이다.[18]

실험실로의 귀환

그러나 한 파스퇴르주의자는 성급하게 구성된 그의 실험실의 지형에서 우물쭈물하지 않는다. 정말로, 그렇게 축적된 지식은 야외에 있는 사람, 수의사, 혹은 의사의 그것보다 이 단계에서 거의 항상 더 약하다. 그들이 대우주로부터 약간의 측면을 추출했으므로, 전체적인 파스퇴르적 전략은 그들의 중심인 장비를 잘 갖춘 실험실로의 긴 우회를 만듦에 의해 강함을 얻어내는 일이다. 이것이 두 번째 단계이다. 지리적으로 이 단계는 파리로의 귀환이라는 또는 파리와 지방 사이의 진정한 왕복 외교라는 형태를 보통 취한다. 물론, 지금 "바깥에" 있는 것에 의해서 제기된 질문의 파스퇴르주의자에 의한 재정의가 없어서는 안 될 바가 되는 일은 여기에서이다.

우리가 파스퇴르에 의해 "발견된" 미생물에 마침내 도달한 순간부터 우리는 강함의 시도라는 측면에서의 우리의 분석을 이제 유예해야 하는가? 우리는 지금까지 우리가 연구해 왔던 것과 다른 장소, 방법, 작인의 유형에 도달했는가? 파스퇴르적 진로를 우리가 재추적하면서, 우리가 신성한 담을 넘어갔음에 우리는 주목하는가? 아니다, 물론 아닌데, 왜냐하면 도시 미생물은 시골 미생물과 똑같은 균주로 만들어진 것이기 때문이다. 우리는 무슨 작인이 일하고 있는지 미리 알 수 없다. 우리는 그것을 시도해 내야 한다. 이것이 송아지 균주를 더럽힌다. 저것은 설탕을 알코올로 변환시킨다. 또 다른 것은 젤라틴(gelatin) 속에서 생존하지만 오줌 속에서는 가로막힌다. 어떻게 우리는 모양(shape)을 정의할 것인가? 다른 모든 이처럼. 그들은 그들이 지배하에 두는 강함의 시도의 가장자리(edge)이다. 우리가 물을 5도 더 끓이면, 새로운 종이 정의되는데, 그것의 "가장자리"가 섭씨 100도에 저항할 것이다. 우리가 그것에서 산소를 박탈하면, 다른 것들은 산소를 필요로 하지 않는다고 정의된다.

미생물은 연구되고 있는 시기 이전에 안정화된 그들의 형태를 보므로, 지크프리트의 검(Siegfried's sword)처럼, 그들이 벼려지고 시험 된 시간을 상기하기가 어렵다.[19] 그러나, 예를 들어, 1890년대의 장면에 나타난, 그것이 만들어낸 행위의 목록에 의해 정의되는, 그리고 아직은 이름을 갖지 않은, 이 새로운 작인을 취하라. "불어가는 맥아(malt)에 의해 산출된 액체로부터, 파양(Payen)과 페르소(Persoz)는 알코올의 작용을 통해, 단단하고, 희고, 비정질이고, 중성의, 알코올에서 녹지 않고, 물과 약한 알코올에서는 녹는, 그리고 부납 아세테이트(sublead acetate)에 의해 침전되지 않는 물질을 추출하는 것을 배우고 있었다. 물기 있는 전분과 함께 섭씨 65도에서 섭씨 75도로 데워지면, 그것은 녹는 물질을 분리하는데, 그것이 덱스트린(dextrin)이다." 희랍 이름이 우리가 그 시험을 잊게 해서는 안 되는데, 왜냐하면 그것은, 인도 이름처럼, 작용의 이름이다. 스라소니와-싸우는-그(He-Who-Fights-the-Lynx) 대신, 우리는 전분을-분리하는-그(He-Who-Separates-Starch)를 갖는다. 그 대상은 이들 시험과 별도로, 다른 아무런 가장자리를 갖지 않는다. 증명은 새로운 작인을 정의하기 위해서 우리가 이들 시험을 변화시켜야 할 뿐이라는 점이다. "전분 풀과의 분리기의 더 많은 확장된 접촉은 다시 덱스트린을 설탕으로 전환하는데, 이는 그것이 더는 부납 아세테이트에 의해서 침전되지 않으므로 덱스트린과 다르다"(Duclaux, 1898, p. 8).

실험실에서 어떠한 새로운 대상은 무슨 작인은 작동하고 무슨 작인은 작동하지 않는지에 관한 긴 목록을 실험실 공책에 기록함에 의해서 처음으로 정의된다. 작인에 관한 이 정의는 수용할 수 있지만, 우리에게 새로운 철학적 문제를 가져오는 위험성을 나른다. 미생물은 파스퇴르 이전에 존재했는가? 실천적 관점에서 볼 때 — 나는 이론적이 아닌, 실천적을 말한다 — 그것은 그렇지 않았다. 확실히, 파스퇴르는 엷은 공기에서 미생물을 발명하지 않았다. 그러나 그는 몇몇 이전 작인의 가장자리를 바꾸어놓음으로써 그리고 그들이 인식할 수 있게 되는 그러한 방식으로 그들을 실험실로 이동시킴으로써 그것을 형성시켰다. 이 점이 중요하지 않은 것이 아닌데, 왜냐하면 우리는 파스퇴르가 미생물을 "발견했다"라고 종종 생각 없이 말하기 때문이다. 실재론적 철학자들이 종종 과학사에서 갖게 되는 문제를 실천적으로 푸는 이들 치환의 몇몇을 보기로 한다.

내가 이야기했듯이, 최초의 탄저는 과거에는 질병으로 정의됐었다. 그것의 가장자리는 소, 상처, 시체, 저주받은 들판, 수의사, 로제트(Rosette)에 의해 정의되어 왔는데, 로제트는 그토록 아름다운 은신처를 갖고 있었다. 또한, 파리 또는 리옹(Lyon)에서 왔던, 과학의 더 앞서 있던 응용은 이 질병을 이미 바꾸었고 그것을 그것의 모든 가장자리가, 이번에는, 거기서 우리가 그것의 자리들을 셀 수가 있고, 그것의 방랑을 따라갈 수가 있고, 그것의 재발을 탐지할 수가 있는 프랑스 지도 위 반점의 집합이었던 가축 유행병으로 전환했다. 전염병학에 의해 구성된 그 작인은, 그것을 정의했던 모든 통계적 시도를 요약하기 위하여, "탄저 전염병(the anthrax epidemic)"이라고 옳게 불렸다. 전임자들 — 아를루앵(Arloing) 또는 다벤(Davaine)과 같이 전임자가 된 이들 — 은 이미 그들의 실험실을 탄저와 접촉하게 했다. 그러나 그런데도 그 새로운 행위자가 더 가시화되지는 않았다. 시험들이 관찰자들을 확신시키지 못했다. 탄저와 전염 사이의 연결은 논쟁 가능한 것으로 남아 있었다. 즉, 그 주제에 관한 다벤 또는 아를루앵에 의한 진술들만큼이나 그럼직했던 몇 가지 진술을, 큰 노력 없이, 어떤 이도 다소간 만들어낼 수가 있었다. 실험실로 가면서, 이들 저자는 그 논쟁에 종지부를 찍지 못했고 그것을 증가시켰다. 이는 이미 의무적 통과 지점이 되었던 그들의 실험실이 탄저와 연합된 모든 현상을 그들의 언어로 번역할 수 없었기 때문에 발생했다. 그것을 우회하는 것은 여전히 쉬웠다.

미생물을 발견하는 일은 모든 다른 것, 현재 "거짓인" 작인들 **아래에 있는** "참된 작인"을 마침내 드러내는 문제가 아니다. "참된" 작인을 발견하기 위해서, 새로운 번역이 더 앞서 있던 작인의 모든 표현을 또한 포함한다는 점을 보여주는 일 그리고 그것에서 다른 이름을 찾길 원하는 이들의 논증에 종지부를 찍는 일을 추가로 필요로 한다. 아카데미에, "여기 새로운 작인이 있습니다"라고 단순히 이야기하는 것으로 충분치 않다. "아, 그래서 탄저라는 모호한 이름 **아래에서** 일어나고 있었던 것이 그것입니다!"라고 프랑스 전체를 통해서, 마을과 시골은 물론 법정에서 이야기되어야 한다. 그럴 때, 그리고 그럴 때에만, 실험실을 우회하는 것은 불가능해진다. 발견하는 일은 베일을 들추는 일이 아니다. 그것은 구성하고, 관계 짓고, 다음으로 "아래에 놓는 일이다(place under)".[20]

작인들의 이 변환 속에서, 모든 것은 새로운 시도에 의존한다. 살균 피펫을 로제트 상처에 놓으라, 피를 뽑으라, 그것의 몇 방울을 오줌 속에 넣어라 — 이들은 새로운 **몸짓**이다. 작인들의 번역은 지적이거나 언어적이지 않다. 그것은 전적으로 숙련 속에서 발견된다. 피를 뽑는 일은, 암소에서 젖을 짜내는 일 이상으로, 더 추상적이지, 더 합리적이지, 더 엄격하지, 더 이상적이지 않다. 농장에서 실험실로 움직이면서, 우리는 사회적인 것(the social)에서 과학적인 것(the scientific)으로 또는 물질적인 것(the material)에서 지적인 것(the intellectual)으로 움직이지 않는다. 차이는 피펫, 배양 매체, 기니피그(guinea pig)의 세계는 현미경을-키우기-위한-세계(world-to-grow-the-microscope)라는 사실에서 오는데, 이는 마치 농장의 세계가 암소를-기르기-위한-세계(world-to-rear-cows)인 것과 같다. 정말로, 실험실 자체는 다른 장소와 숙련의 이동과 치환으로부터만 구성된다. 예를 들어, 배양 매체는 시초에 요리하는 육수에 아주 가까웠다. 그것은 뒤클로가 그것을 조작할 때 변질되지 않는다. "어떤 이는 물속에서, 그것의 두 배 무게의 잘 다져진 송아지 살코기와 접촉시켜, 24시간 놔둠으로써 배양 매체를 얻는다. 어떤 이는 물을 빼고, 찌꺼기를 압출하고, 결과로 나오는 액체를 한 시간 요리하고 그것의 물기를 뺀다. 어떤 이는 그러고 나서 보통 약간 산성인 용액인 것을 중성으로 만들기 위해 1퍼센트 펩톤(peptone)과 0.5퍼센트 바다 소금과 나트륨 용액을 첨가한다"(Duclaux, 1898, p. 105). 젤라틴을 만들기 위해, "어떤 이는 달걀 흰자를, 물속에서 그것의 다섯 배 또는 여섯 배 무게로 늘려 첨가한다." 이들 세부 사항은 웃기지 않는다. 파스퇴르 스스로가 말했듯이, 그것들은 사물의 육체와 영혼이다. 농장의 실험실과의 관계가 실행(practice)의 이론과의 관계와 같이, "실천(praxis)"의 이론과의 관계와 같이, 1급 반성과 2급 반성의 관계와 같다고 상상하는 일 이상으로 더 잘못될 수가 있는 아무것도 없다. 실험실의 농장과의 관계는 뒤클로의 매체의 육수와의 관계인 것이다.

그러나 파스퇴르주의자와 그들이 실험실에서 드러낸 미생물 사이의 관계를 더 명확히 이해하기 위하여, 암소에서 미생물을 취해야 했던 이가 결코 이제껏 아니었던 파스퇴르주의자에게 그 시도가 새로움에도 불구하고, 미생물이 될 것인 바에게 그것이 훨씬 더 그러하다는 사실을 우리는 강조해야 한다. 더 적절히 말하면, 배양 매체의 창조는 파스퇴르주의자에 대해서만큼 미생물에 대해서도 역사적 사건이다. 소음과 격노로 또한 채워진 미생물의 역사가 존재한다.[21] 역사는 비(非)인간 작인(nonhuman agents)에 제한되지 않듯 이른바 인간 작인(human agents)에도 제한되지 않는다. 한때 독기, 전염, 전염 중심, 자생병, 발병 지형이었던 것이, 일련의 새로운 시험에 의해, 볼 수 있고 상처받기 쉬운 미시유기체가 되게 되었다. 왜? 세계사에서 처음으로(엄숙한 논조는 여기에 자리가 없다), 울름가의 연구자는 **그들의** 소망에 전적으로 적합한 이들 아직 막연한 작인을 제공하게 되었기 때문이다. “소변은 병균을 위한 탁월한 배양 매체이다. 소변이 순수하고 병균이 순수하면, 후자는 신속히 증식될 것이다”(Pasteur: 1922/1939, VI, 199). 처음으로 이들 작인은 경쟁자, 적, 기생충에 대한 혼동으로부터 분리되게 되었는데, 이것들은 그들이 이제껏 고려해야 했던 것이었다. 처음으로 — 우리에 대해서는 물론 그들에 대해서도 — 그들은 균질적 집합체를 형성하게 되었다. 이는 나중에 코흐에 의해 발명된 단단한 매체의 결정적 이점이었다. “젤라틴 매체는 각 병균이 반점에서 성장하도록 그리고 **군집**을 형성하도록 강제하는데, 군집은 곧 맨눈으로 볼 수 있게 되고 표면적이든 심오하든, 그 형태, 색, 성장, 젤라틴에 대한 작용은 바로 참조될 수 있는 아주 많은 특성이어서, 그것의 몇몇은 심지어, 주어진 상황에서, 특징적인 것이 될 수가 있다”(Duclaux, 1898, p. 104).

모든 다른 것으로부터 고립되어, 미생물은 이 매체 안에서 열광적으로 자라는데, 이 매체는 그것들의 선조의 누구도 이제껏 알지 못했던 것이다.[22] 그것들은 아주 빨리 자라서 그것들을 거기에 가두어지게 했던 작인의 눈에 가시화된다. 그렇다, 배양체에 색이 든 후광(colored halo)이 나타난다. 이때 열광적인 이는 현미경 위로 구부린 사람이다. 이 사건은 미생물이 되었던 작인과, 그것을 젤라틴에 포획시킨 숙련된 전략가의 위치 둘 다를 완전히 수정한다. 미생물에 대해 이루어진 이 변환의 존재 없이는, 파스퇴르주의자는 받침점이 없었던 것과 같았을 것이다. 그는 이제 배양 매체를 수정하려, 미생물을 굶기려, 소독제로 죽이려, 그것들이 어떤 것을 먹게 하려, 줄여서 말하면, 각 시각에 그것들에 관해서 무언가를 배우기 위해, 그것들을 수많은 방식으로 고문하려 하고 있었다.

그러한 맥락에서 “배우기 위해”란 무엇을 의미하는가? 미생물 군집 위로 둥둥 떠가는 것으로 보이는 그리고 우리가 강함의 모든 시도로부터 탈출할 수 있게 하는 것으로 보이는 관념들의 그 신비적 세계에 우리는 마침내 도달하게 되는가? 우리는 그 선을 지나갔는가? 아니다, 왜냐하면 배우는 것은 충분히 단순하기 때문이다. 그것은 배양물에 주목하고, 페트리 접시(Petri dishes)에 숫자를 매기고, 시간을 기록하고, 문서고에서 사물을 찾아보고, 고문당한 것(the tortured)에 의해 또는, 덜 거친 말이 선호된다면, "시험된 것" 또는, 훨씬 더 점잖은 말로, 대상에 "관해 실험된 것"에 의해 주어진 답들을 실험실 업무 일지의 한 페이지에서 다른 페이지로 이송하는 것을 의미한다. 균질적 용어, 알파벳, 숫자로 답을 **기록하면서**, 우리는 실험실의 본질적인 기술(技術)적 이점으로부터 편익을 얻을 것이다. 우리는 동일한 언어로 쓰인 큰 수효의 시험을 한눈에 볼 수 있을 것이다. 우리는 그것들을 동료에게 즉시 보여줄 수 있을 것이다. 그들이 우리의 발견물에 대해 논란을 벌인다면, 우리는 그들이 곡선과 점을 조사하게 할 수 있고 그들에게 물을 수 있다. 점을 볼 수 있죠? 붉은 얼룩을 볼 수 있죠? 반점을 볼 수 있죠? 그들은 예라고 말하라고 강제될 것이든가, 전문직을 포기하게 될 것이든가, 결국 요양원에 갇히게 될 것이다. 그들은 논의를 받아들이도록 **강제될** 것인데, 읽을 수 있도록 단순했을 — 아니, 읽기에 **훨씬 더 단순했을** — 여타 자취들(traces)을 산출해 내는 일을 제외하고 말이다.

실험실이 치환과 이송(transfer)에 의해서만 구성되었음에도, 그것은 결국 엄청난 차이를 만든다. 농장에는 송아지, 암소, 달걀 무리, 페레트(Perette)와 그녀의 우유병, 연못 옆의 갈대가 있다. 로제트의 병의 위치를 정하는 일은 또는 그것을 다른 병과 비교하는 일은 어렵다. 우리가 보고 있는 것이 미생물이라면 어떤 것을 전적으로 보기가 어렵다. 그러므로 우리는 그 질병에 대해서 끝없이 논의해야 할 운명이다. 실험실에서, 연구자들은 군집 5번, 7번, 8번을 통제 군집 12번, 13번, 15번과 함께 갖고 있다. 그것이 다다. 우리는 기록을 읽을 수 있을 뿐이다. (그것이 이 반점들에 관한 것인지의) 논증은 끝날 것이다. 많은 것이 농장에서 학습될 수가 있지만, 어떻게 미생물을 정의할 지는 그렇지 않은데, 이는 실험실에서 학습될 수 있다. 논점은 첫 번째 것이 두 번째 것보다 존재론적 우월성을 갖느냐가 아니다. 그것은 단순히 실험실이 모든 것에 의존한다는 것인데 — 우유, 달걀, 장작, 농부 딸의 손이 아니라, 쉽게 움직여질 수 있으며 서로의 꼭대기 위에 놓일 수 있으며 우리가 "질문의 꼭대기"에 있는 것처럼 한가로이 논의될 수 있는 종잇장 말이다.[23]

실험실 안에서 전례 없던 것들이 이제 쓰인 기호(written signs)로 표현되게 되었다. 몇 센티미터로, 종잇장에서 종잇장으로, 불가능한 중첩들이 발생하게 되었고, 상당한 에너지를 요구했었을 움직임이 발생했다. 예를 들어, 그 모든 새로이 정의된 미생물에 관한 쓰인 형태(written form)를 비교하는 일이 가능할 것이다. 어디서 우리가 그런 것을 할 수가 있을까? 일단 미생물이 모두 적히면, 실험실 안에서만.

이 모든 누적된 흔적의 가운데에서, 오류조차 쓸모 있게 되는지는 별로 놀랍지 않다. 샹베를랑(Chamberland)이 배양을 잊었던 점, 파스퇴르가 그것으로 동물에게 접종하도록 제안했던 점, 신선한 박테리아의 새로운 접종 이후에 더 오래 살아남았던 이들 동물은 실험실 안에서만 일어날 수가 있었던 사건의 유형이라는 점. 약화는 잘 기록된 통제 집단 가운데에서만 볼 수 있게 된다. 배양의 숙성조차 잘 유지된 실험실 장부의 페이지 위에서만 탐지될 수 있다. 그 사건은, 예기되지 않았음에도, 통상적인데, 실험실이 구성되는 일은 단지 그러한 사건을 위한 것이므로 말이다. 마치 파스퇴르가 이야기할 수도 있었던 것과 같다. "우연은 잘 준비된 실험실을 선호한다." 우리가 새로운 행위자들을 동시에 가시화하면, 우리는 새로운 사물을 본다. 이 동어반복에서 "과학"을 그 밖의 모든 것과 구별할 신비를 찾기 위해서 우리는 우리의 믿음이 우리의 몸에 대해 잘 보증되게 해야 한다.

다른 말로 하면, 권력균형의 역전을 전적으로 향했던, 실험실은 또한 역사를 갖고 있다. 예기치 않았던 기회 — 잊힌 배양 — 는 즉각적으로 방법이 된다. 실험실은 우연을 필연성으로 전환한다. "약화한 바이러스를 준비하는 방법은 경이롭게도 단순한데, 어떤 이는 바로 그 독성 병균을 닭 무리 속에서 42~43도로 배양하고 그 완료 후에 배양체를 똑같은 온도로 공기와 접촉하게 놔두는 것만 해야 하므로 말이다"(Pasteur: 1922/1939, VI, 343). 우리가 감탄해야 하는 바는 이 사람들이 흰 코트를 입고 있다는 핑계 아래서 강함의 시도들을 피한다고 주장하는 이 거짓된 신비가 아니라, 권력균형의 이 **역전**이라는 영리함이다. 다소 약화한, 미생물 자체는 이중 작인으로서 봉사하고, 면역 분야에 미리 경고함으로써, 그 동료들을 배신한다. 백신 작업 속에서 강함과 약함의 이야기를 보지 않기 위하여, 우리는 커다란 믿음, 모든 질문에 저항하는 믿음을 다시 가져야 한다.

그러나 나는 나 자신의 질문에 답하지 않았다. 탄저 미생물은 파스퇴르 이전에 존재했는가? 우리는 아직 모른다. 우리는 무언가의 이전 존재를 항상 회고적으로 진술하는데, 그것은 그리하여 "발견되었다"라고 이야기된다. 발명을 발견과, 실험실의 산물을 "자연의 사실(fact of nature)"과 분리하기 위하여, 우리는 약간 더 필요로 한다. 그들의 움직임의 세 번째 단계를 성공적으로 완성하기 위해서 우리는 파스퇴르와 그의 동료를 필요로 한다. 단일 용어 "탄저 병균(anthrax bacillus)"은 용어 "탄저"에 의해 포괄되곤 하던 모든 것에 대한 번역으로 봉사하도록 만들어져야 한다. 이 연결과 번역 없이, 파스퇴르는 실험실 **안에서** 일정한 것들을 수행했던 미생물과 실험실 **바깥에서** 그 자체로 남겨진 질병을, 간격을 메우는 끝없는 말과 함께, 갖게 되었을 것이다. 그는 다른 이들에 의해 탄저의 원인을 "발견했다"라고 이야기되지 않았을 것이다. 탄저 병균이 시간의 처음부터 거기 있어 왔다는 그리고 파스퇴르가 그것을 놀라게 하기 이전부터 암암리에 존재해 왔다는 회고적 인상을 산출하기 위해서, 파스퇴르는 미생물을 형성했던 시도들을 확장함으로써 실험실의 각 몸짓을 농장의 탄저와 연합된 각 사건과 연결 지어야 했다. 이를 하기 위해, 실험실은 그것이 각 시도와 실질적으로 접촉되도록 그리고 그것을 그 자체의 용어로 재번역할 수가 있도록 다시 움직여져야 했다. 이 새로운 쿠데타를 실행해 내기 위해, 파스퇴르는 소맷자락 안에 하나 이상의 계략을 갖고 있어야 했고 하나 이상의 연결망을 유지해야 했다.[24]

증명 극장, 또는 가장 큰 수에 의해 논쟁 불가능하게 되는 법

실험실 시도로부터 실생활 규모의(life-sized) 시험으로 가기 위하여, 시도는 그 자체가 실생활 규모가 되어야 한다. 약간의 동료만이 아니라 또한 탄저를 이해할 필요가 있었던 모든 이가 "탄저 병균에 의해 야기된 질병"으로서의 탄저에 대한 재정의를 논쟁 불가능한 것으로 받아들이게 된 것은 이 조건에서였다. 우리가 말하듯이, 파스퇴르의 실험들이 그토록 증명력이 있었다면, 야외로부터 중앙 실험실로의 귀환으로 관심이 이동되었던 이들을 분명하게 확신시킨다는 목적과 더불어 그 실험들이 발명되었기 때문이다. 파스퇴르의 천재성은 **증명 극장**(theater of the proof)이라 불릴 수도 있을 바 안에 존재했다. 그가 가장 강한 이라는 것을 그가 알고 있던 장소에서만 다른 이들의 주목을 포획하여, 파스퇴르는 그가 글로 기술하고 있었던 현상을 구경꾼들이 볼 수가 있는 그러한 극적인 실험들을 발명해 냈다. 아무도 전염병이 무엇인지 실제로 알지 못했다. 그러한 지식을 얻는 일은 어려운 통계적 지식과 긴 경험을 요구했다. 그러나 실험실에서 닭 무리를 때린 차별적 죽음은 "밝은 대낮처럼" 보일 수 있었던 무언가였다. 아무도 자연 발생(spontaneous generation)이 무엇인지 몰랐다. 그것은 고도로 혼동을 부르는 논쟁을 일으켰다. 그러나, 병의 내용물이 그 목이 부러진 순간까지 변하지 않고 남아 있던, 우아하고, 개방되고, 백조 목을 한 병은 시선을 집중시키는 것이었고 "논쟁 불가능한" 것이었다. 이 점을 이해하는 일이 중요한데, 왜냐하면 성인전 작가들은 파스퇴르가 불러 모은 것을 분리하는 경향이 있었기 때문이다. 그는 그가 처음에 충원했던 바깥의 힘들을 확신시키길 원했기 때문에 효과적 실험을 수행해야 했다. 불레이가 이야기하듯 말이다. "그는 그들의 의견이 널리 퍼지게 만들어야 할 때 그들의 덕목은 빈둥거린 채 남아 있는 그런 이들의 하나가 아니다"(1881, p. 549). 최소한으로 말해도! 파스퇴르는 그의 관념이 그의 실험실로부터 충분히 형성된 채 나타나기를 기다리지 않았으며 그것들이 사회를 통해 퍼지는 것을 허락하지 않았다. 그는 그들에게 많은 도움을 주었다. 그들의 주목을 포획한 후에 그가 확신시키기를 원했던 집단들이 크면 클수록, 그는 더 세게 쳤다. 모든 논평자가 논의 속 그의 폭력에 동의한다. 많이 경멸받은 정치가에게 더 어울릴 수도 있을 파스퇴르의 수사적 활기를 묘사하기 위하여 성인전 작가들조차 구절들을 사용한다. "진리라고 그가 알았던 바의 주인인 그는 그의 실험적 증명의 눈에 띄는 명료성에 의해 그것을 부과하는 법을 그리고 처음에는 가장 그렇게 하지 않으려 하는 것으로 판명 난 이들의 대부분이 그것을 그와 공유하도록 강제하는 법을 원했 — 알았 — 다"(Bouley, 1881, p. 549).

누군가가 어떤 이의 관점을 "공유"하도록 "강제하기" 위하여, 어떤 이는 새로운 진리 극장(theater of truth)을 실제로 발명해 내야 한다. 파스퇴르의 설명의 명료성은 그의 대중적 성공을 설명하는 것이 아니다. 그 반대로, 최대로 가능한 수의 동맹자를 충원하기 위한 그의 움직임은 그의 증명 선택과 그의 실험의 **시각적** 질을 설명해 준다. 어떤 이가 말하곤 하듯이, "마지막 예에서", 그 위에서 증명의 세우기가 정점에 달했던 그 지각적 판단(perceptual judgment)의 단순성(simplicity)은 차이를 만들어낸 것 그리고 확신을 운반해 준 것이다. 그는 약간의 극단적으로 단순한 지각적 대조에 관한 관심과 토론을 집중시키는 일에서 실험실 안 그리고 바깥에서 아끼지 않고 있었다. 부재하는/현존하는(absence/present), 이전의/이후의, 살아 있는/죽은, 순수한/순수하지 않은(pure/impure).

물론, 실험실 역시 큰 숫자의 시도와 대중에게 알려지지 않은 채 남아 있는 자료를 누적한다. 파스퇴르는 그럼에도 불구하고 내 지식으로는 커다란 교육받은 대중을 그의 실험이라는 거의 일상적인 드라마에 관심을 갖게 할 수 있었던 유일한 연구자이다. 거의 10년 동안 ≪과학 비평≫이 일주일마다 울름가에서 수행되고 있었던 연구를 따라가고 있었음을 잊지 말기로 한다. 이 상황은 사회와 떨어져 있는 실험실의 편익이 나중에 기술적 결과의 형태를 취하게 되는 실험실의 상황과는 거리가 멀다. 아니, 자료의 바로 그 생성이 단계별로 이어졌다. 나는 왜 위생주의자 쪽에 — 전염 환경이 거시 위생학과 실험실을 알아보게 하는 것을 가능하게 했다 — 이 정열이 존재했는지 보여주었지만, 나는 이제 훨씬 더 놀라운 실험에 의해 파스퇴르주의자 쪽에 어떻게 관심이 유지되었는지를 보여주어야 한다. 그 효과는 실험실이, 그 자체의 문제와 절차라는 기초 위에서, 매번 위생주의자의 과제를 정의했고, 단순화했으며, 혹은 강화했던 결과를 산출하고 있었다는 점에서 한층 더 강력했다. 관심과 각색(dramatization)이라는 이 이중적 움직임 없이, 시험들은 논란이 될 수는 없었을 수도 있었겠지만 그것들이 누구의 관심도 끌지 못했기 때문에 토론되지 않은 채 남아 있게 되었을 것이거나, 다벤의 시험들처럼, 토의되었으되 논쟁 가능한 것으로 남아 있었을 것이다. 한편으로, 관심들의 그의 포획과 더불어, 다른 한편으로 그의 증명 극장과 더불어, 그가 천재임을 승인하지 않는 것은 불공정했을 것이다.[25]

푸이-르-포르

파스퇴르적 실험실 속 숙련에 의해 추정된 그 형태가 예외적이지 않았음에도 불구하고, 그것은 특정되었다. 실제로, 파스퇴르주의자가 실험실 **안에서** 생물학을 발전시켰을지라도, 그들은 **실험실** 생물학을 실천하지는 않았다. 그들은, 영국에서 명백히 발생했듯이, 그들의 결과들을 사용하거나 응용하는 일을 다른 이들에게 남겨두지 않았는데, 그들 스스로 "순수 과학"과 씨름하면서 말이다.[26] 아니다, 그들은 극적인 구도에 계속 처했으며 다시 한번 실험실을 움직였으나, 이번에는 반대 방향으로였다. 이 세 번째 단계에서 그들은 실험실 명세 사항에 따라 그들이 나왔던 그 분야를 변환시키는 일에 착수했는데, 두 번째 단계에서 그들이 역전시킬 수 있었던 권력균형을 유지하는 것과 같은 그런 방식으로 말이다. 세 번째 단계는 가장 장대하며, "푸이 르포르의 경이로운 실험"은 ≪과학 비평≫의 쪽들 안에서 그것의 원형(archetype)이다. 불레이가 쓰듯이 말이다. "푸이-르-포르는, 오늘날 모든 전장처럼 유명하고 …… 새로운 아폴론인, 파스퇴르 선생은 신탁을 전하는 것을 두려워하지 않았는데, 시(詩)의 아들보다 성공을 더 확신했을 것이다"(1883, p. 439).

푸이-르-포르에 관해 쓰이지 않았던 것! 하지만 그것은 단지 이 증명 극장에서 최후의 일화였다. 파스퇴르주의자는 이제 결집한 매체 앞에서 실생활 규모로 연기하고 있었다. 파스퇴르는 백신 맞지 않은 많은 양이 죽을 것으로 예측했다. "새로운 백신이라는 수호신으로 씌워진, 똑같은 숫자의 동물은 치명적 접종에 끄떡없이 남아 있었고, 아주 많이 생기 있게, 송장들에 둘러싸여 있는 것으로 보였다"(Bouley: 1881, p. 548). 기적에 관한 말이 있었지만, 우리는 무엇이 기억에 관한 **인상**을 주는지를 이해해야 한다. 우리가 파스퇴르적 전략의 다른 두 단계를 잊는다면, 정말로 그의 예측은 통상적이지 않은, 경이로우며, 진실로 신성한 것이 된다. 이 기적은 많은 철학자가 지치지 않고 축복했던 것, 즉 **사물과 지성의 맞음**(adequatio rei et intellectus)과 관계가 있다. 실험실의 예측은 현실 속에서 적용을 갖는다. 하지만 실제로, 예측은 즉시 덜 통상적이며 더 흥미롭다. 향로를 드는 복사(服事)의 우두머리인, 불레이조차 그만큼을 하는 수 없이 인정한다. "미리 놓인 프로그램 속에서, 일어나게 되어 있었던 모든 것이 단순히 뻔뻔함처럼 보였던 확신과 더불어 선언되었는데, 왜냐하면 여기서 신탁이 과학 그 자체에 의해서 만들어지기 때문이고, 즉, 그것이 긴 연쇄 실험의 표현이었기 때문이고, 그에 관하여 결과의 변함없는 항상성이 절대적 확실성과 함께 발견된 법칙의 진리를 증명했다"(1881, p. 548). 기적의 인상은 그 안에서 과학적 사실이 만들어지는, "실험실"과 이들 사실이 입증되는 곳인, 그 "바깥" 사이의 커다란 단절에 의해 제공된다. 그 인상은, 불레이에 따르면, 어떤 이가 긴, 계속적 연쇄의 실험을 고려할 때, 사라진다.

우리는 그것을 두 방식 모두에서 가질 수는 없다. 확실성이 절대적이었는데, 이 경우 그에 관해 흥분을 일으킬 것이 아무것도 없고, 혹은 확실성은 그렇지 않았는데, 이 경우 그것은 잘못될 수도 있을 도박이었다. 늘 그렇듯이, 파스퇴르는 그의 숭배자들보다 이에 관해 훨씬 더 많이 이야기한다. 그것의 전체에서 드물게 인용되는 한 유명한 구절에서, 파스퇴르는 아르콜(Arcole)의 나폴레옹 스타일로 쓰인, 방법의 규칙을 구성한다. "이 프로그램은, 내가 시인하건대, 눈부신 성공만이 양해할 수 있을 예언의 대담성을 갖고 있었다. 몇몇 개인은 내게 이것을 가리켜줄 정도로 충분히 친절했는데, 나의 과학적 경솔에 대한 약간의 비판을 덧붙여 주었다. 그렇지만, 아카데미는 더 앞서 있던 실험들의 단단한 기초 없이는 그러한 프로그램을 작성해 낼 수 없었음을 이해해야 하는데, 그럼에도 불구하고 그들 실험의 아무것도 우리가 계획하고 있었던 것의 영역을 갖지는 못했다. 정말로, 우연은 준비된 정신을 선호하며, 어떤 이가 시인의 영감 어린 단어들을 이해하는 일은, 내가 믿기로, 이런 방식 안에 있다. **행운은 용감한 자를 돕는다**(audentes fortuna juvat)" (Pasteur: 1922/1939, VI, 348). 실험에 부여될 영역은 정확히 말해 보장은 아니다. 역으로, 실험은 전적으로 보장이 없었던 것은 아니었다. 위험성이 존재했다. 이 위험성은 과학적 신중에 반대되었다. 그러나 파스퇴르는 반증(falsification)의 인식론이 거짓임을 잘 의식하고 있었다. 승리자만이 합리적이라는 것이 본질적 원리이다. "눈부신 성공"은 아르콜의 다리를 위험스럽게 건너는 일을 홀로 정당화할 수가 있다. 불레이에 따르면, "외양"일 뿐인 뻔뻔함이, 파스퇴르에 따르면, 반대로 진짜이다. 그의 웅장한 전략은 그가 감고자 하고 있었던 용수철을 설명해 준다. 농장에서 시작하고 승리자는 그것으로 돌아가라, 그러나 그것에 대해 너무 확신하지 않지 않고서, 포르투나(Fortune)가 그 나머지를, 그 작은 실험실을 실생활 규모의 농장으로 데려다 줄 수 있을 그 여분의 조각을 해줄 것이라 기대하지 않고서 말이다. 우리는 그가 신경과민이었음을 안다. 우리는 왜인지 알 수 있다(E. Duclaux, 1986/1920; L. Nicol, 1974).

기마 행진을 다시 따라가기로 한다. 실험실은 우선 병균을 포획하기 위해 농장으로 움직였다(첫 번째 단계). 그러고 나서 중앙 실험실 안으로 병균 배양체가 옮겨졌고, 정화되었고, 전체 실험용 농장 마당에서 접종되었다. 거기서, 또한, 병균이 약화하였고 동물의 몸은 백신주사에 의해 강화되었다(두 번째 단계). 마지막으로, 농장이 실험실 실험의 조건에 복종했던 그리고 권력의 역전을 유지했던 그런 방식의 농장 변환 이후에, 중앙 실험실에서 수행된 실험들은 반복되었다(세 번째 단계). 파스퇴르적 호(弧) 전체는 정말로 눈부시지만, 그 호의 맥락 속 푸이-르-포르의 실험은 기적적이지 않다. 그것은 그보다 낫다. 그것은 얼굴 두껍다.

이 세 번째 경로에서 첫 번째 경로에서처럼 교섭(negotiation)의 똑같은 현상이 발견된다. 정말로, 믈룅(Melun)의 농학회(Société d'Agriculture)와 토의했던 실험에 대한 설명은 "대회 프로그램(convention program)"이라 불린다. 마치 들판의 몇몇 요소가 실험실 안으로 취해진 것처럼, 그렇게 실험의 일정한 요소도 들판으로 취해졌다. 농장이 어느 정도로 실험실 별관 안으로 변환되지 않았다면, 농학회에 그 백신의 효능을 보여주는 것은 절대 불가능했다. 예를 들어, 백신 맞은 동물이 백신 맞지 않은 것과 분리되어야 했고 귀에 구멍을 뚫어 표시되어야 했다. 매일 그들의 온도가 확인되어야 했고 기록되어야 했다. 주사기는 소독되어야 했다. 그리고 점점 더 많은 통제 집단이 제공되어야 했다.[27] 이것의 아무것도 통상적 농장에서는 일어나지 않는다. 페레트와 로제트에게 알려진 농장은 패배한 미생물이 이번에는 거기서 가시화될 수 있도록 다시 이동되어야 했다. 이 모든 것에 대해, 실험의 결과가 이송될 수 있도록 교섭들이 조직자들과 더불어 수행되어야 했다. 교섭은 섬세했는데, 왜냐하면 파스퇴르가 너무 많은 조건을 부과했다면, 그의 백신은 실험실 안에 남아 있게 되었을 것이고 이동 불가능하게 되었을 것이기 때문이다. 다른 한편, 그가 "이전 실험"에서 너무 많이 벗어나 있었다면, 그의 백신의 효과는 더는 탐지될 수 없는 위험성에 처하게 되었을 수도 있고 전체 일은 대실패로 전환되었을 수가 있다.

일단 포르투나가 그것의 결과가 보장될 수 없었던 실생활 규모 실험에 과학적 신중을 덧붙였던 용감한 남자에게 미소 짓자, 파스퇴르는 이 이중 전략(double strategy)을 적용했다. 한편, 그는 그가 실험실의 작업을 창조하고, 강화하며, 확장할 수 있게 해줄 그 전체 호(弧)를 구성했다(일차 기제). 그러나 다른 한편, 그는 모든 예측을 "과학"에 돌리는 일을 다른 이들에게 돌리거나, 다른 이들에게 남겨두었다. 실험실의 진리가 프이-르-포르에서 적용될 수 있다는 점은 이어 기적이 되었는데, 그런 것으로서 모두에 의해 받아들여졌고, 이 기적에 관해 그는 예언자가 되었다. 이 이중 움직임은 경탄할 만하지만 마법적인 것은 아니었다. 나에게, 우주에 관해 가장 이해 불가능한 것은 우리가 그것을 이해 가능하게 만드는 그럼에도 불구하고 단순한 그 방식을 어떤 이는 이해 불가능한 것으로 여겨야 한다는 점이다.

대우주에서 소우주로

실험실의 조건을 **원위치에** 창조하는 일이 이전에 가능했을 경우에만, 우리가 말하듯, 모든 파스퇴르적 "적용"은 "퍼졌다". 맥주 또는 우유의 저온살균, 밀폐하여 숨겨둔 용기, 필터, 백신, 혈청, 진단 키트 — 증명으로 봉사한 이 모두가, 실험실 안에서만, 논증에 도움이 되며 효과가 있다. 이들 적용이 퍼지게 되려면, 수술실, 병원, 의사 사무실, 포도주 업자의 양조장은 실험실을 부여받아야 한다. 물론, 울름가의 전체 실험실이 움직여져야 하거나 재생산되어야 했던 것은 아니고, 다만 그것의 **일정한** 요소, 일정한 몸짓, 일정한 절차만이 그러해야 했는데, 그것들은 거기서만 실행되었고 문제의 현상이 존재하도록 유지하는 데 불가결했다. 파스퇴르 연구소와 그 지소(支所)가 들판을 차지하는 일의 지속적 수단을 갖게 되었던 것은 진정으로 연구의 이 마지막 단계를 붙듦에 의해서였다.

파스퇴르가 과학사회학에 관한 작품을 썼다면, 그는 "내게 실험실을 달라, 그러면 내가 세상을 들어올리게 될 것이다"(Latour: 1983b)라고 제목을 붙였을 수도 있다. 아르키메데스(Archimedes)의 지레처럼, 가축화한 미생물에 관한 실험실의 받침점(fulcrum)은 세계의 **진정한 치환**(real displacement)을 가능하게 만들었다. 탄저 사례는 왜 그런지를 보여준다. 푸이-르-포르는 고립된 경우, 미래 없는 흥미로운 원형으로 남아 있었을 수도 있다. 그러나 파스퇴르는 미래를 기다리지 않았다. 그는 그것을 충원했다. 푸이-르-포르는 그 안에서 압도적 논증과 함께 그가 똑같이 엄청난 사회적 집단들 — 프랑스 가축 사육 산업, 농학회, 정부 각료 — 을 확신시킬 수 있었던 대규모 극장이었다. 정말로, 세 번째 단계는 아직 완성되지 않았다. 1882년 6월 1일, 실험실의 행위 들판은 2만 5000마리의 소를 포함하여, 30만 마리의 동물이 백신을 맞았던 정도로 지리적으로 확장되었다. 통계에 따르면, 사망률은 9퍼센트에서 0.65퍼센트로 떨어졌다. 편집 논설이 이어진다. "그러한 수치와 대면하여, 우리는 탄저에 맞서는 백신 접종의 효율성을 더는 의심할 수 없다"(익명: 1882, p.801).

그러므로 우리는 대우주로, 통계적 자료로, 옛 전염병학으로, 우리가 그로부터 출발했던 그리고 탄저 전염의 중심들의 별난 확장을 지도 위에서 보여준 것으로 정확히 돌아왔다. 이제 똑같은 통계적 장치가 프랑스 그 자체의 크기의 그 광대한 실험실 실험을, 실생활 규모로, 따라가기 위한 커다란 회계장부로서 파스퇴르주의자에 의해서 사용되었는데, 이에 의해 백신 맞은 동물의 치사율이 백신 맞지 않은 동물의 그것과 비교되었다.

우리는 우리의 출발점으로 정확히 돌아왔는가? 아니다, 왜냐하면 또 다른 움직임이 존재했기 때문이다. 표 안에 이제는 두 개의 평행한 세로 단이 존재한다. 백신 접종 이전과 백신 접종 이후(Pasteur: 1922/1939, VI, 383). 이것이 내가 지레에 관해 말한 이유이다. 파스퇴르의 실험실에서 생산된 작은 유리병의 백신은 감독 아래서 모든 농장에 분배되었고 탄저 병균을 쫓아냈다. 야생의 미생물은 더는 양의 기생물로 행위 할 수 없을 것이다. 그러므로, 우리는, 즉 양의 기생물인 인간은 길들인 미생물, 즉, 약화시킨 병균을 우리의 길들인 동물을 구제하기 위하여 사용할 수 있을 것인데, 이 동물들은, 살쪄 가면서, 농부와 우리를 살찌운다. 그 기생적 사슬을 따라가는 모든 것이 득을 보는데, 탄저를 제외하고 말이다.

우리가 파스퇴르와 그의 동맹자를 동시에 따라가지 않았다면, 한편으로, 과학이 존재했을 것이고, 다른 한편으로, 사회가 존재했을 것이다. 그 둘 사이의 대응은 그렇다면 기적이 되었을 것이다. 우리가 그들 모두를 따라간다면, 우리는 우선 본거지 위에 기초했던, 이어 실험실르 이동된, 이어 역전된, 이어 그들이 출발했던 지형에서 움직이기 위하여 사용된 강함의 시도 속 연속성을 볼 수 있다. 그러한 배치, 그러한 비틀림의 결과는 최소의 노력 — 인간, 약간의 박테리아, 몇 년의 연구 — 이 결국 최대의 결과를 갖게 된다는 점이다. 사물을 보는 이 방식에 대한 관심은 우리가 갖고 시작했던 오류를 우리가 피한다는 것이다. 파스퇴르의 연구는 사회에 "영향을 주기" 위하여 "사회 안에서 나타나는" 것이 아니다. 그것은 이미 사회 안에 있었다. 그것은 그러기를 결코 멈추지 않았다. 시골의 평화를 교란하는 작인으로서 탄저의 바로 그 실존은 첫 번째 과학, 즉 통계 전염병학(statistical epidemiology)에 의존했다. 이 탄저는 파스퇴르의 탄저보다 더 많이 "바깥에" 있지 않았다. 그것은 단순히 농업성의 사무실들 안에 있었는데, 공무원의, 연구자의, 검사관의 움직임에 의해서 얻어졌고, 이것들이 사망률 수치와, 단일 지점의 통계를 얻는 것을 가능하게 해주었다. 이 증거는 항상 잊힌다. 국가적 위험으로서 탄저의 실존도 국가적 구제로서 파스퇴르의 백신의 유효성도 이 첫 번째의 **측정 장치**(measuring apparatus), 즉 농업성의 통계 없이는 가시화될 수 없었을 텐데, 그것의 역사는 동일한 용어로 쓰여야 한다.

동일한 점이 미생물의 "발견"에 관한 또는 푸이-르-포르의 "예측들"에 관한 것으로서 파스퇴르주의의 "유효성"에 대해서도 적용되는가? 파스퇴르주의자가 그 안에서 그들이 힘들의 균형을 역전시킬 수 있었을 연결망을 미리 창조했음을 우리가 잊는다면 그것들은 기적이었다. 우리가 "과학" 또는 "기술" 안에서 결과, 과정, 기법, 또는 기계의 출현을 결코 관찰하지 않는다는 점은 일반적 규칙이다. 그러한 연결망의 "바깥"은 아주 예측 불가능할 것이고, 아주 조직되어 있지 않을 것이어서, 실험실 결과들은 다시 한번 일관성이 없게 될 것이다. 그것들은 불리함을 가질 것이다. 그것들은 논쟁의 여지가 있게 될 것이다.

독자가 과학의 이 연결망 성질을 확신하기에 앞서 잠깐 망설여진다면, 그는 파스퇴르가 탄저 백신의 적용을 확장한다는 주제에 관여하는 논쟁을 보기만 하면 된다. 거기서 다시 파스퇴르는 백신이 홀로 여행하는 생산물이 아님을 아주 잘 안다. 그것에 무언가가 가까이 따라와야 한다. 아카데미의 회의 중, 콜랭(Colin)은 파스퇴르의 희생양인데, 왜냐하면 그는 탄저 배양의 유효성을 의심하기 때문이다. 파스퇴르는 그의 의심이 그의 **손**에 의존한다고 답한다.

> **콜랭** 이 용액은 처음에 작용하고 있었습니다. 나는 그것이 토끼와 심지어 양을 죽이는 것을 지켜보았습니다. 그러나 몇 달 뒤 그것은 탄저를 더는 일으키지 않았습니다. 왜 그것이 불활성이 되었는지 나는 모

릅니다.

파스퇴르 그것이 당신 손에서 불결하게 되었기 때문입니다.

콜랭 그러나 그것은 공기와 결코 접촉한 적이 없습니다.

파스퇴르 당신은 어떻게 그것의 코르크 마개를 땄습니까?

콜랭 나는 그것을 장치에서 뽑아내고 그것을 다시 닫기 위해 파스퇴르 선생과 그의 조수들이 지적한 모든 예방 조치를 취했는데. ……

파스퇴르 사실은, 내게 당신은 이들 질문을 상당한 정도로 더 연구할 필요가 있다고 말하도록 허락해 주십시오. ……

콜랭 [병균 미립자는] 큰 숫자로 그리고 그들의 원래 형질을 가진 채 거기서 발견되게 되어 있었습니다.

파스퇴르 그것이 불가능하다고 나는 이미 당신에게 이야기했습니다. …… 그러나 관 안으로 새로운 불결함을 도입하지 않는 그러한 방식으로 이 유기체를 철수시키는 방법을 당신은 모릅니다. 어떻게 당신은 우리가 당신의 단언들에 어떠한 신뢰를 줄 것이라고 기대하나요? 당신은 여전히 진리를 찾고 있는 것이 아니라 모순을 찾고 있습니다 (Pasteur: 1922/1939, VI, 357).

모든 것이 거기에 있다. "당신은 어떻게 그것의 코르크 마개를 땄습니까?" 콜랭은 관념론자이다. 그는 과학 안에 관념이 존재한다고 믿는 이다. 그러나 아닌데, 어떤 이는 어떤 이의 손가락으로 신뢰를 얻는다. 현상은 어떤 이가 강함의 시도들 내부에 그것들을 유지하는 동안만 남아 있다. 병균은 그것의 순수성을 보장하는 일군의 몸짓만큼만 나타나는데, 마치 전화 메시지는 줄을 따라서만 유지되는 것과 같다. 예를 들어, 항탄저 백신은 프랑스-이탈리아 국경을 지나가길 거부하는 것으로 종종 보일 것이다.[28] 아무리 많이 그것이 "보편적"이고자 시도했어도, 그것은 국소적인 것으로 남아 있었다. 파스퇴르는 백신이 여행하게 되어 있을지라도 그의 실험실의 실천이 정확히 반복되어야 한다고 주장했다.

기법들은 증명되지도 응용되지도 않는다. 그것들은 현상을 존재하게 해 줄 수 있었던 전체 장치를 세움에 의해서 그것들의 움직임이 준비되었다는 조건 위에서 반복될 수 있고 확장될 수 있을 뿐이다. 이것에 통상적이지 않은 아무것도 없다. 증명 극장은, 보통 극장처럼, 그것의 모든 부속 사항을 필요로 한다. 미생물의 모양은 그것이 복속된 시도들의 상대적으로 안정된 전선(relatively stable front)일 뿐이다. 우리가 배양을 멈추면, 우리가 안 좋게 살균하면, 부화기가 온도에 따라 변화되면, 현상은 사라진다. 즉, 그것들은 그것들의 정의를 바꾼다. 이 관점에서 파스퇴르주의자는 위생주의자와 같다. 그들은 그들이 모든 점에서 논쟁 불가능하게 만들어졌다고 선포하는 "진리"를 위해 연결망의 안전성(safety)을 필요로 한다.

"음, 모든 것을 다 아시는 선생님, 파스퇴르가 탄저의 원인을 발견했나요, 아닌가요?"

이제 나는 마침내 긍정적으로 응답하길 좋아해야 한다. 그러나 이 긍정이란 또한 많은 부속 사항을 수반한다. 일단 탄저의 위험과 백신의 유효성을 노출하는 통계적 장치가 안정화되면, 일단 파스퇴르 연구소에서 백신을 약화하고, 조건 지우며, 보내기 위한 절차가 안정화되면, 일단 파스퇴르가 그의 병균을 "탄저"에 의해 만들어진 움직임의 각각과 연결하면, 그럴 때 그리고 그럴 때에만 이중적 인상이 만들어진다. 미생물은 발견되었고 백신은 모든 곳에 배포되었다.[29] 시간과 공간 속 이 이중적 투사는 거짓이 아니다. 구성하고, 초점을 맞추며, 조율하는 것은, 영화에서 어떠한 투사처럼, 긴 시간이 걸릴 뿐이다. "참"이라는 단어가 혼동 이상으로 더해준다면, 나는 파스퇴르가 마침내 미생물의 진리를 "진정으로 발견했다"라고 말할 준비가 되어 있을 것이다.

그 스타일이 파스퇴르적인 것이다

파스퇴르의 옆길 움직임과 그가 연결이 안 되어 보이는 바를 뭉치게 할 수 있게 해준 바로 그 특별한 강함을 기술했기에, 나는 약간 더 야심적으로 될 것이고 이 시기에 파스퇴르주의자가 된다는 것이 의미하는 바를 몇몇 정확성과 더불어 정의할 것이다. 나는 그것을 **스타일**(style)이라는 용어로서 파악한다. 위생학적 스타일이 있었던 것처럼, 첫눈에 파스퇴르적인 것으로 인식될 수 있는 스타일이 존재했다. 그것은 독자에게 가해지는 압력 수단인데, 그들이 믿는 바를, 그들이 하고자 원하는 바를, 또는 그들이 되고자 하는 바를 그들이 바꾸도록 확신시킨다. 독자를 끌어당기고, 움직이며, 강제하거나, 독자에게 폭력을 행사하는 그들 경로를 구성하기 위하여, 저자는 그의 관점을 지지하는 경향을 보일 수가 있을 모든 것과 그의 결론들을 브이(V)자 협곡을 통과하는 강의 행로처럼 논쟁 불가능하게 만들기 위한 모든 것과 자신을 연합시킨다. 이 정도는 일반적이다. 파스퇴르주의적 논문들의 특수한 면모는 그것들이 독자가 경사를 따라가도록 방향 지우되, 이 경사는 서로 절대적으로 맞지 않는 열중(列中)의 명령들과 마주친다. 이 특성은 파스퇴르주의자가 그들이 포획하는 힘들을 함께 "묶는" 것을, 그들을 사용하는 것을, 그리하여 그들이 그 시대의 전투 속으로 던지는 약한 힘들을 증가시키는 것을 가능하게 한다. 또 다른 은유를 취하자면, 파스퇴르주의자는 불리한 힘들의 전선을 **대각선으로** 가로지르고, 이 움직임에 의해서, 그들의 지도자가 되는데, 다른 집단의 각각 안에서 그들이 발견하는 도움을 통해 그들의 움직임의 방향을 바꾼다. 행위의 이 스타일의 미묘함과 우아함은 ≪파스퇴르 연구소 연보≫의 전체 문헌 안에서는 물론 단독 논문 안에서도, 놀라울 정도로 충분히, 보일 수가 있다. 시작하면서, 예르생(Yersin)의 「홍콩의 선(腺) 페스트(The Bubonic Plague at Hong Kong)」(1894, p. 663)이라 이름 붙여진, 한 논문을 취하기로 한다.[30]

예르생은 한 세기 나이를 먹은 과학, 즉 전염병학의 기여를 요약하면서 시작하는데, 그것의 목표의 하나는 현미경적 "야만자들"을 서양 세계의 전선 너머로 되던지는 것이었다. "지난 5월 초, 그 시의 중국 인구에 대해 생명을 앗아가는 것으로 증명된 선페스트가 홍콩에서 발발했다. 이 질병은 윈난(Yunnan) 고원에서 전염 상태로 아주 오랫동안 맹렬했고 이따금씩 멍추(Meng-tzu), 란저우(Lan-Chow), 베이하이(Pei-hai)의 우리 인도차이나 점유지의 전선 아주 가까이서 나타났다." 르네상스 시대 이래로, 모순은 늘 똑같았다. 상업 루트를 확장하는 것은 미생물이 증식하는 것을 허락하게 되어 있었다. "하게 놔두고, 지나가게 놔두라(Laissez faire, laissez passer)"는 상인에게만 이득이 되는 것이 아니다. "한편으로, 광둥(Canton)과 홍콩 사이의, 다른 한편으로, 홍콩과 통킹(Tonkin) 사이의 커다란 상업적 움직임과 이들 땅의 연안 지역에 정말로 효과적인 격리를 확립하는 일의 어려움은 인도차이나가 전염병에 의해 침략당할 것을 두려워하게 한다."

이 논문의 서두 무렵에서 독창적인 아무것도 없는데, 이 논문은 위생학의 모든 정전과 일치한다. 국가는 그것의 전선들을 대규모 적에 맞서 군인으로 그리고 소규모 적에 맞서 의사로 방어한다. 통킹에서 프랑스인은 식민지 장교만이 아니라 통킹인 그리고, 물론, 그들의 개, 고양이, 물소를 비밀스럽게 약화하는 기생물 및 미생물의 급속한 번식으로 허락되는 한에서만 나아간다. "나는 홍콩으로 가라는 그리고 그 재앙의 본성을, 그것이 퍼지는 조건을 연구하라는, 그것이 우리의 점유지에 도달하는 것을 막는 가장 효율적인 조치를 찾으라는 명령을 식민성에서 받았다." 탄저가 프랑스의 가축을 대량 살상할 수 있었듯이, 전염병은 "점유지"를 휩쓸 수 있었다. 거기서, 역시, 각료는 파스퇴르주의자에게 사명을 맡겼다. 그 결정에 독창적인 아무것도 없었다. 그 세기는 기생물[독기(毒氣) 형태의 미시기생물 또는 전염의 중심들]에 맞서 기생물(흰 피부의 거시기생물)을 보호하는 방식에 대한 무수한 커다란 탐구 사명들을 보았다. 이 점에서, 그렇지만, 그 논문은 꽤 다른 회전을 취한다. "나는, 영국 정부의 허가로, 주된 병원의 담벼락 안쪽에, 내가 세운 짚 헛간 안에 나의 실험실을 차렸다."

그가 식민지 2등급 의사였음에도, 예르생은 아픈 사람을 직접 치료하지 않았다(그리고 적대적인 영국 의사에 의해 여하튼 그렇게 하는 것이 금지되었을 것이다). 이것이 첫 번째 치환이었다. 두 번째 치환은 그가 병원 내부에 있었음에도, 그는 그의 실험실 **안에** 있었다는 사실이었다. 세 번째 치환은 그는 그가 많은 어려움 이후에 세웠던 그의 실험실을 **그와 함께** 데려왔다는 점이다. 여기서 우리는 파스퇴르주의자를 인식한다. 최악의 공포의 한가운데서, 제일의 우선성을 부여받은 것이 실험실이었다.

그 논문은 다음으로 다른 과학, 전염병학이 아니라 임상의학의 결과들을 취한다. 예르생은 전염의 중심들 또는 광역 지리에 대해서 더는 토론하고 있지 않으며, 증후들에 대해서 토론하고 있다. 그는 요약 환자에 관해서 토론하고 있는데, 그 환자의 기호학적 표를 그가 요약한다. 그가 직면한 것이 "선페스트"임은 의혹의 여지가 있을 수 없다. "여기 그 병의 징후들이 있다. 4일 반에서 6일까지의 잠복기 이후 돌발. 마비 상태, 탈진. 환자는 갑자기 고열을 갖고, 종종 섬망을 수반한다."

임상 그림의 끝에서, 그는 한마디로 또 다른 자료 집합을 요약하는데, 이것은 이번에는 병원 통계에서 온다. "사망률은 아주 높다. 병원 안에서 약 95퍼센트!" 이 단계에서 예르생은 이미 그의 실험실을 설치했고 세 가지 학제를 포괄했다. 이제부터 그는 기록부를 완전히 바꾸고 우리는 도시위생학이라 부를 수도 있을 바 안으로 움직인다. 아픈 몸으로 여겨진 도시는 전체로서 연구된다. "전염병이 처음으로 발생했고 가장 크게 황폐화를 일으켰던 대부분의 도시에서, 배수의 새로운 체계가 막 설치되었다." 미생물의 또는 더러운 물의 또는 배설물의 순환은 제국들과 전염병들의 순환만큼 모순적이다. 물, 미생물, 배설물의 그들 흐름이 똑같은 방식으로 움직이지 않을 때, 어떻게 어떤 이는 배수가 전염 없이 찌꺼기를 비우도록 설계할 수 있을까?

이는 전문가들의 정신을 족히 반세기 동안 차지했던 문제이다.[31] 에르생은 약간의 물을 비워냈으나 미생물을 증식하게 허락했던 나쁜 배수 설계를 증명하는 일에 아무런 골칫거리는 없었다.

그는 그러고 나서 새로운 집합의 관심사로 넘어갔는데, 이는 민족지학적인 것이라고 불릴 수도 있다. 그는 변소와 거름통 비우기를 꼼꼼히 기술하는데, "그 내용물은, 몇몇 준비를 겪은 후에, 광둥강(江)의 경계를 이루는 수많은 중국 정원을 비옥하게 하는 데 사용된다." 이 모든 세부 사항은 미생물의 행위를 북돋우거나 약화할 가망성이 있는 배양 매체로서 우리가 도시를 고려할 때 중요하다.

그러나 에르생은 그가 다른 것들로부터 배운 바를 요약하고 있다. 그는 그것에 아무것도 덧붙이지 않는다. 그는 아무도 치료하지 않고, 그는 도시의 위생을 바꾸지 않고, 그는 배수 체계를 재배치하지 않으며, 임상 그림에 어떠한 새로운 증후를 덧붙이지 않는다. 영국 당국에 의해 신뢰받지 못하고 일본 박테리아학자와 경쟁하면서, 그는 이 모든 관심을 통과해 가로지른다. 그가 사회적 질문이라고 불릴 수가 있을 바를 통과해 지날 때 그것은 똑같다. "더 빈곤한 계급의 중국인에 의해서 차지된 숙소는 모든 곳에서 불결한 오두막집인데, 그것들은 어떤 이가 좀처럼 감히 들어가지 못하고 그것들 안에는 믿을 수 없는 수의 개체들이 꽉 차 있다. …… 전염병이 그러한 지형에 뿌리를 내릴 때 그리고 거기서 그것을 제거하는 데 어려움이 존재해야 할 때 어떤 이는 그것에 의해 초래된 참화를 이해할 수 있다!"

그 사회적 질문은 이 논문에서 에르생에 의해 단지 그 전염병을 위한 지형으로 보인다. 그는 거기서 "가난한 계급"에 대해 울지 않을 것인데, 그는 거기서 병든 이를 치료하게 되는 것 어떠한 이상이 아니다. 이는 그가 "가슴이 없음"을 증명하지 않는데, 그가 연구하고 있던 프로그램이 그가 임상의학 또는 위생학에 관해서만큼 사회적 질문에 대해서 약간의 시간을 소모하라고 요구했음을 증명할 뿐이다. 이 파스퇴르적 프로그램은 그가 이 모든 학

제를 가능한 대로 빨리 통과해 가로지르라고 요구했다.[32]

지금까지, 예르생은 종류가 다른 요소들을 중첩하는 것으로 보인다. 그러나 연결이 나타나기 시작하는데, 파스퇴르주의자만이 만들기를 고려할 수 있는 연결이다. 더 흥미롭게도, 그는 쓴다. "이들 유럽인 집들은 그럼에도 불구하고 모든 위험에서 면제되지 않는데, 왜냐하면 어떤 이는 그것들 안에 죽은 쥐를 종종 발견하기 때문인데, 전염 균의 가까운 접근에 대한 의심할 수 없는 단서이다." 우리는 풍토병의 중심들을 전염병의 중심들과 비교할 수가 있다. 우리는 도시 속 다양한 지역, 인종, 집 건축, 건강, 농업 실천, 배수 체계에 따라 비교할 수가 있다. 그러나 무엇보다도 — 그리고 이는 위생주의자는 만들지 못할 부가인데 — 우리는 전염병으로 아파진 다양한 동물을 비교하기 시작할 수가 있다. 그들이 모두 죽지는 않지만, 그들은 서로 다른 방식으로 모두 영향받는다. 여기서 다시 예르생은, 파스퇴르처럼, 그의 선배들의 지식에서 배운다. "광둥 지역 근처 베이하이와 린추(Lien-Chu)에서 전염병을 관찰하는 기회를 가졌던 중국 세관의 의사들과 멍추의 프랑스 영사인, 로셰(Rocher) 선생은 재앙이, 인간을 치기 전에, 커다란 수의 생쥐, 집쥐, 물소를 죽임으로써 시작되었음을 이미 주목했다." 관찰자들의 이러한 호기심은 예르생에 의해 "독성의 변이"로 재번역된다. 지역들, 인종, 도시, 동물은 뚜렷한 방식으로 독성에 의해 서로 전염된다. 어떠한 다른 전문가에게는 판독 불가능한 수수께끼가 될 것이 정확히 예르생이 조금 만족스럽게 말할 수 있게 해주는 바가 된다. "전염병에 걸리는 일정한 동물의 특수한 민감성은 내가 질병에 관한 실험적 연구에 좋은 조건에서 착수하게 허락했다." 이 문장은 어떠한 냉소주의에 의해서 얼룩지지 않는다. 전염병은 연구자의 눈에 그 자체를 아주 잘 나타낸다. 그것이 전부다. 그가 파스퇴르적 전술에 따라 정렬시켰던 잇따른 몰두는 지형의 관점에서 단일 유기체 독성의 변이라는 단일 언어로 모두 번역된다.

그 유기체가 임상의학 또는 전염병학을 대체하면서 예르생은 이제 사회적 질문을 대체하게 될 그 유기체를 정의해야 한다. "모든 것은 환자 피 속에 그리고 선페스트 종양 안에 미생물이 존재했는지를 우리가 먼저 발견해내야 했음을 암시했다." 그의 실험실로 돌아와, 예르생은 거기에 누워 있는 환자에 관심이 있었지만, 그 미생물을 포획하기 위해 그는 그의 실험실로 즉시 돌아간다. 그 종양은 더는 임상의학의 증후가 아니다. 그것은 미시유기체를 포함해야만 하는 것이다. "종양의 펄프(pulp)는, 모든 경우에서, 둥근 끝을 가진, 짧고, 무성한 병균의 증명 가능한 퓌레(purée)로 채워져 있는데, 이는 아닐린(aniline) 염료로 물들이기가 꽤 쉽지만, 그람(Gram)의 방법으로는 착색되지 않는다. 이 병균의 끝은 중심보다 더 강하게 착색되고 그리하여 그것은 종종 가운데에 밝은 공간을 나타낸다."

전염의 중심이 정의되는 것은 더는 란저우와 베이하이 사이가 아니다. 전염의 징후가 정의되는 것은 더는 열과 종양 사이가 아니다. 그것은 아닐린, 그람의 방법, 현미경이다. 새로운 시도들이 새로운 작인을 산출한다.

그러나 다시 예르생은 이 행위자에서 멈추지 않는다. 그는 병균을 기술하고자 각료에게 서한을 보내지 않는데, 이것은 곧 "예르생의 병균"으로 알려지게 된다. 선페스트 바이러스가 환자의 몸에 행하는 바를 모방해야 하는 배양 매체 속 그것에 대해 일 처리를 한다. "종양의 펄프는, 겔로스(gelose) 위에 뿌려졌을 때 희고, 투명한 군집을 반사된 빛 아래서 조사되었을 때 무지개 빛깔과 함께 전개한다."

병균 배양을 제시하면서, 한 최근 광고 헤드라인이 실렸다. "새로운 프랑스 식민지들." 그것은 농담으로 의도되었다. 그것은 또한 옳았다. 식민지의 각료는 예르생의 식민지에 비상한 관심을 갖게 되었다. 그의 실험실에 고립되어, 그는 그것의 "점유지"가 위협받은 그들 거시기생물의 식민지를 변환시키려는 노력 속에서 현미경적 식민지에 관해 연구했다.

파스퇴르적 프로그램을 따르면서, 예르생은 배양 매체를 즉시 수정했는데, 왜냐하면 그는 더는 배양에 관심이 없었고 병균 자체에 관심이 있었기 때문이다. "배양은 글리세라이드화 겔로즈(glyserized gelose)에서 훨씬 더 잘 된다. 병균은 또한 응고된 혈청에서 잘 자란다. 매체 안에서 병균은 아주 특징적 외양을 갖는데, 단독(丹毒, erysipelas) 배양을 매우 회상시킨다. 그것의 벽을 따라서 그리고 관의 끝에서 응유(凝乳, curds)를 갖는, 투명한 액체."

그것은 모두 거기에 있다. 우리는 중국 지도 위에서 중심들을 볼 수 있다. 우리는 가난한 계급을 그들의 가축우리 같은 집에서 볼 수 있다. 우리는 아픈 이의 영역에서 종양을 볼 수 있다. 우리는 백인 집에서 죽은 집쥐를 볼 수 있다. 그러나 훨씬 더 나은 것으로, 우리는 관 벽을 따라서 응유를 볼 수 있다. 확실성은 지각의 판단이 단순화될 때 자란다. 그 논문에 수반되는 다섯 개의 사진 도판은 중국인도 상처도 죽은 이도 보여주지 않지만 현미경 아래의 식민지를 보여준다.

그럼에도 불구하고, 배양 안에서 병균을 변화시키는 일은 어떠한 다른 단계보다 예르생에게 더 관심이 있지는 않았다. 그가 원했던 바는 전염병을 동물에게 돌려주는 것이었다. 그는 그의 실험실 안에서 전염병을 재연하기를 원했는데, 이는 실험실 밖에서 격노하는 전염병을 모방하게 될 것이었다. "어떤 이가 생쥐, 집쥐, 또는 기니피그를 선페스트 펄프로 접종하면, 그들 동물을 확실하게 죽일 것이다. …… 기니피그는 평균 2일에서 5일 내에 죽었다. 생쥐는 1일과 3일 사이에서." 접종은 전염을 모방한다. 그리고 예르생은 이제 그의 주변에 있는 병원의 환자에게서는 증후를 더는 찾지 않고 있으나, 그가 의도적으로 아프게 만든 기니피그에게서는 찾고 있는 임상의학을 발명한다. 그는 임상의학을 하고 있으나, 그 자신의 지형에서 하고 있다. "[부검에서] 장 피막과 부신 피막은 종종 충혈되었고, 신장은 자줏빛을 띠었고, 간은 커졌으며 붉었다. 아주 살찐 암컷 집쥐는 일종의 미세한 좁쌀 모양 결절의 발진을 보여준다."

그는 그 논문의 전개 안에서 그가 합쳐냈던 기법들의 어떤 다른 것에서보다 실험 해부 병리학에서 더 멈추지는 않는다. 그가 실험실 전염병을 소유하게 되자마자, 그는 그것의 독성을 변화시키는데, 지역, 배수 체계, 또는 인종을 바꿈에 의해서가 아니라, 배양 매체, 병균 유형, 동물을 바꿈에 의해서 말이다. "어떤 이는 집쥐 펄프 또는 피의 도움으로 그 질병을 기니피그에서 기니피그로 쉽게 전할 수 있다. 죽음은 몇몇 통과 이후에 더 쉽게 도달한다." 반대도 있다. "비둘기는 종양 펄프의 적당 투여량으로, 전염병 병균의 배양물로 접종했을 때 죽지 않는다."

바깥을 지배하는 전염병을 이제 지배하고 있는, 그의 임시 실험실 안에서, 예르생은 결론 내린다. "그 전염병은 그러므로 전염되는 그리고 접종 가능한 질병이다. 집쥐는 그것의 주요 운반체일 가망성이 있다."

그러나 그는 그의 모든 잇따른 관심에 대한 유일한 정당화로 그에게 보이는 것, 즉 백신이라는 정점으로 쇄도하기보다는 가까스로 결론을 내린 것이다. 그 논문은 그렇게 멀리 가지는 않는다. 예르생은 저절로 치유된 환자들만 붙잡으며, 그는 그것의 원인인 약화한 작인을 즉시 현미경 아래에 놓는다. "3주간 요양해 온 환자에게서 취한 신경절 펄프를 심음으로써, 나는, 생쥐에 대해서조차, 어떠한 독성도 절대적으로 결여한 약간의 균체를 얻을 수 있었다."

그리고 그는 결론 내린다. "이들 매우 암시적인 사실은 특정한 병균의 일정한 종족 또는 변이의 접종이 의심의 여지없이 전염병에 맞서 동물에게 면역을 부여할 수 있을 것이라고 내가 제안하게 해준다. 나는 그 결과를 내가 나중에 출간하게 될 이 실험 노선을 시작했다."

그러한 스타일의 예리함을 감식하기 위해서 우리가 위생주의자와 의사에 의해 쓰인 수천 쪽을 읽을 필요는 없다. 예르생이 일군의 작인에 관해 이야기할 때마다, 그는 여타 작인에 관심을 두지 않는 프로젝트를 따라서 즉각적으로 그것의 방향을 부여한다. 위생주의자가 이 논문의 서두를 읽을 수도 있겠으나, 그가 비둘기, 아닐린 연료, "자줏빛의" 신장으로 무엇을 만들어낼 것인가? 신장이 인간에게 속해 있고 기니피그에 속해 있지 않다면, 의사는 마지막 항목에 관심을 가질 수도 있다. 그러나 그는 홍콩의 지나치게 좁은 배수구, 젤로스 속 병균, 또는 중국 고원의 마을로 무엇을 만들어낼 것인가? 사회개혁가는 홍콩의 가축우리 같은 집에 관심을 가질 수도 있겠으나, 이것이 그가 실험실로 들어갈 것을 의미하지 않는다. 그것의 가운데에 밝은 점을 갖는, 이 새로운 병균에 생물학자가 관심을 가질 수도 있겠으나, 모든 여타 작인으로 무엇을 이루어낼지는 모를 것인데, 이 작인들이 그에게는 지극히 어울리지 않아 보일 것이다.

예르생 자신은 모든 일련의 작인에 관심이 있었다. 거시적 작인(지리, 중국 도시)과 현미경적 작인(병균과 그들의 채색). 비인간 작인만큼이나 인간 작인을 따랐고, 중국인의 가축우리 같은 집 및 유럽인의 집은 물론 집쥐에 그의 관심을 행사했다. 그는 궤양만큼 도시에 관심이 있었다. 그렇다면, 그는 모든 것에 관심이 있었나? 아니다, 그는 아무것에도, 거의 아무것에도 관심이 없었는데, 왜냐하면 각 작인에서, 강제된 단계들에 의해, 그를 이끈 의무적 경로를 따라 그것을 백신 접종에 연결해 줄 수도 있을 것만을 그는 취했기 때문이다. 이 이중 움직임 — 모든 작인을 사용하는, 백신 접종으로 이끈 것들만을 사용하는 — 은 그의 예비적, 신경과민적, 빠른 스타일을 설명해 주는데, 이 스타일은 모든 것에 얽혀 있지만, 결코 머무르지는 않는다. 모든 전문직 위에서 놀면서, 그는 항상 그것들을 앞서 있었고, 다른 이들의 결합된 힘으로 그들 각각을 움직이고 있다. 그의 실험실 안에서, 홍콩 환자의 궤양에서 그가 얻는 군집을 굽어보며, 예르생은, 파스퇴르가 식민성에 탄저 또는 광견병의 작인을 주었듯이, 그 전염 병균을 식민성에 제공하고자 했다. 예르생은 정치에 관여되지 않았고, 그는 환자를 다루지 않았고, 그는 가난한 사람을 돕지 않았고, 그는 배수로를 다시 세우지 않았으며, 그는 유럽인들에게 조언하지 않았지만, 그는 벼룩, 집쥐, 식민지 행정인, 군의, 통킹 사람, 빈민 계급, 병균의 위치를 움직였다.

≪파스퇴르 연구소 연보≫

≪연보≫가 1887년에서 1919년에 이르는 전투 속으로 던졌던 한 고립된 논문이 아니라 1500여 개의 논문을 내가 취할 때, 나는 움직임과 전략의 파스퇴르의 이용 — 그리고 예르생의 스타일 — 을 다시 한번 발견한다. 우리가 과학 논문을 기계로서 고려하는 것이 옳다면, 어떻게 우리는 파스퇴르주의자의 정기간행물, 공식적 정기간행물을 기술해야 할 것인가? 현상의 바로 그 존재에 대해 필수 불가결했던 숙련을 전 세계에서 온 탐구자들에게 가르쳤던 강의들에 덧붙여, 실험실이 그 권력을 확장하게 할 수 있었던 백신, 혈청, 배양기, 필터, 진단 키트, 분석 용지와 함께, 그 학술지는 연구소의 "산물"의 가장 중요한 것이었다.

이 과학 학술지를 읽으면서, 우리는 그럼에도 불구하고 강함의 시도들의 단단한 지형을 떠나지 않는다. 반대로, 우리는 그것에 도달한다. 이른바 기술적 논문은 몇몇 최고천(最高天, empyrean)처럼 실험실 실험 위를 둥둥 떠가지 않는다. 그것은 행위의 일부이다(Callon et al. 1986) 그것은 행위 자체인데, 신용 가능성(credibility)을 구성하는 그리고 "과학적 사실(scientific facts)"을 논쟁 가능하게 또는 논쟁 불가능하게 만드는 행위이다. ≪과학 비평≫의 논문들과 유일한 차이는 ≪연보≫가 똑같은 기법에 관여된 여타 실험실에 전해진다는 점이다. 우리는, 그러므로, 규모와 일관성이 증가하던 전문직업적 집단의 국소적 민간전승(local folklore)과 암묵적 실천(tacit practices)을 언급하던 단어, 용어, 약어의 증가를 보리라 기대할 수가 있다.

사실상, ≪연보≫의 전반적 덩어리는 놀라울 정도로 파스퇴르적 용수철에 충실하며 쉽게 분석 가능한 것으로 남아 있다(p. 384, <그림 2>를 볼 것). 이는, 시작하자면, 연구소의 바로 그 존재에 대해서 참이다. 파스퇴르는 1885년 7월 6일, 1886년 3월 18일에, 그가 백신 기관에 관한 질문을 제기했던 아카데미에서, 조제프 마이스터(Jeseph Meister)를 치료하기 시작했다.

석 달 후 부동산 은행(Crédit Foncier)은 파스퇴르를 신뢰했던 이들이 서명한 258만 6000금프랑(gold francs)에 달하는 계좌를 유지했다. 1888년 3월 14일, 연구소의 실험실들이 열렸는데, ≪연보≫는 1년 전에 시작되었다. 신용 가능성은 종종 과학사에서 그렇게 빨리 자본으로 전환되어 왔는가? 광견병에 영향받은 적은 수의 환자에도 불구하고, 치료에 대한 격론에도 불구하고, 대중의 신뢰는, 금이라는 지름길에 의해서, 새로운 사실들을 산출하게 될, 힘들의 균형을 뒤집을, 여타 사회집단을 움직일, 여타 작인을 창조해 낼, 여타 연결망을 확장할 기초연구 실험실들로 전환되었다. 이 전환의 가속화 속에서 우리는 파스퇴르에 대해서 아주 전형적인 치환의 유형을 인식한다.

이 자본화는, 그것이 다시 이야기되어야 하겠지만, 필수적이지 않았다. 파스퇴르는 대중의 신뢰 속에서 현금을 충당할 수 있었을 것이다. 그는 의학의 요구에 따라서 연구 프로그램을 홀로 단순화할 수 있었을 것이거나, 반대로, 그것을 유일하게 생물학에 바쳤을 수 있었을 것이다. 그 대신에, ≪연보≫에서 우리는 그가 개시했으되 전문직업의 용어에 의한 어떠한 정의로 국한될 수 없었을 학제와 숙련의 똑같이 넓은 전선의 연속을 본다. 그들 논문 안에는 치즈, 맥주, 와인에 대한 이야기가 있지만, 또한 효소와 질소에 대한, 박테리아를 포함하는, 센강의 원천에 대한, 포식 세포(phagocytes)와 침강소(沈降素, pricipitins)에 대한, 결핵성 전염병의 상처 또는 아동 병원의 디프테리아 환자에 대한, 폰티노 습지(Pontine Marshes)의 모기 또는 마다가스카르의 쥐벼룩에 관한 이야기도 있다. 예르생의 논문처럼, ≪연보≫의 논문들이 균질적 집합의 작인에서 멈추는 경우는 거의 없다. 그것이 그러할 때, 수효에 의한 또는 연도에 의한 논문들의 병치는 이들 넓은 영역의 관심을 재생산한다.

그 학술지는 의학적이지도 위생학적이지도 심지어 생물학적이지도 않다. ≪연보≫의 한 호는 모든 여타 전문직업이 분리하는 관심사들을 혼합하고 그에 대해 여타 전문직업이 무관심하거나 제한되어 있는 실험실 안에서 획득된 결과들을 모든 곳에 삽입한다.

1895년의 예에서, 같은 호(號)가 배설물의 소독, 디프테리아, 독물, 장내 미생물의 대순환 속으로의 입장, 알코올의 복용량, 인공적 미생물 침입에 대한 하등 척추동물의 저항 양식, 식물 안에서 인산칼슘의 이동, 미생물 채색의 실천에 관한 논문을 포함하지만, 또한 파스퇴르에 대한 경의, 토리노의 도시 반(反)광견병 연구소의 통계, 책을 통한 전염에 관한 논문도 포함한다.

위생학에 관한 학술지는, 1880년 이후에조차, 도시론, 또는 위생학, 또는 빈민법에 제한되었을 것이다. 곤충학에 관한 학술지는 그 자체를 모기의 생활 주기를 기술하는 데 제한할 것이다. 면역학에 관한 학술지는 몸과 그 반응에 대해서만 이야기할 것인데, 미생물과 그 자체를 관련지음 없이 말이다. 의학 학술지는 조심스럽게 질병의 증후와 요법을 기술할 것이다. 행정학 학술지는 쓰레기의 제거 또는 시체의 매장과 관련한 명백한 규제를 제시할 것이다. ≪연보≫는 이 모든 것에 관해 이야기하는데, 모든 전문직업을 통과하면서, 그리고 모든 전문직업이 그것들의 과업을 계속하도록 허락하기에 충분한 실험실 결과들을 추가하면서 말이다. 각각의 전문직업보다 더 약한, 파스퇴르주의자는 그것들의 어떤 것보다 더 강해지게 되었다. 파스퇴르주의자에 의해서 횡단된 다양한 학제의 활동 영역을 제한했던 것은 지력의 결여도 용기의 결여도 실험실 장비의 결여도 아니었다. 그것은 단지 그들이 특권화한 작인 또는 작인의 유형 그리고 그들이 그 작인을 달리게 했던 연결망의 형태였다.

≪연보≫의 "과학적" 내용을 이해하기 위하여, 우리는 그 저자의, 내가 "정치학적" 또는 "사회학적"이라고 부르기를 주저하지 않는, 독창성을 이해해야 한다. 파스퇴르주의자는 다른 이들보다 더 많지 않았고, 더 명민하지 않았고, 더 엄격하지 않았지만, 그들은 다른 작인, 즉 그들이 그 독성을 바꾸었던 배양된 미생물을 따라갔다. 그러한 작인과 함께, 그들은 (그리고 그것은) 그 위에 19세기 사회가 세워왔던 범주들을 무시할 수 있었다. 위생주의

자는 되도록 거시적 규모의 **외부적**(external) 작인에 관심이 있었다. 도시, 기후, 토양, 공기, 빈곤, 인구 과밀과 같은 사회적 작인, 상업을 지배하는 법률 말이다. 의사는, 체질, 지형, 체액, 상처와 같은, **내부적**(internal) 그리고 무엇보다도 **개체적**(individual) 실천에 관심이 있었다. 외부적인 것과 내부적인 것 사이에, 군중과 개체 사이에 접촉은 별로 없었다. 생물학자 또는 생리학자는 때로 현미경적인, 때로 기능적인 내부적 작인에 관심이 있었는데, 의사와 필연적 관계가 없었고, 위생주의자와도 별 관계가 없는 것이었다. 그들은 기관에 대하여, 간의 글리코겐 유관 기능에 대하여, 호흡에 대하여, 세포에 대하여 이야기했다. 이는 의사-환자 관계 또는 도시 위생 처리와 직접 관계가 없던 거대한 세계였다. 그의 약화한 미생물을 따라가면서, 파스퇴르주의자는 이들 세 가지 큰 집단의 하나의 몰두로부터 다른 것의 몰두로 통과할 수 있었다. 물론, 거시적 또는 미시적 작인이 그것들이 위생주의자의 관심을 끈 것만큼 많이 그의 관심을 끌지는 않았지만, 그는 그것을 인간 몸 안에서 미생물의 움직임을 이해하기 위해 사용할 수 있었다. 병리학의 내부적인 개체적 작인은 그것들이 의사에게서 관심이 있었던 것보다 그에게서 작게 관심이 있었지만, 그는 환자의 몸을 특수한 배양 매체로서 이해하기 위해 징후를 사용할 수 있었다. 몸의 내부적 기계장치는 생리학자에게보다 그에게 덜 관심이 있었지만, 그는 그것을 몸의 경제 안에서 미생물의 눈부신 진전을 이해하기 위해 그것을 사용할 수 있었다.

그의 작인을 조작함으로써, 파스퇴르주의자는 그의 동료에 비해 항상 약간 옮겨졌는데, 그들의 학제를 그는 재번역했고 때로 다시 방향 지었다. 내과의가 환자와 함께 안쪽에 있었던 순간, 예르생처럼, 항상 바깥에서, 위생주의자가 나쁜 주거의 문제에 직면하고 있던 동안, 파스퇴르주의자는 갑자기 안에 존재했고, 그의 현미경 위로 구부리고 있었다. 그리고 그는 생물학자가 그의 실험실에서 병균을 헤아리고 분류하던 동안 갑자기 디프테리아에 걸린 어린이를 치료하는 병원 침대에 있었다. 우리는 어떻게 사회가 미생물과 미생물 폭로자를 고려하지 않은 채 이루어져 왔는지를 보았다. 그러나 그 세기의 마지막 몇 해 안에 사회의 틀은 미생물들을 위한 **공간을 만들기** 위하여 재정의되었다. 그것들이 왜곡한 사회적 관계들로부터의 그것들의 제거 또한 파스퇴르주의자를 위한 공간을 만들었다. 미생물 폭로자는 쉽게 카드를 다시 섞을 수 있었고 현실에서 아주 수수한 일터였던 바의 권력을 증가시킬 수 있었다.

예르생처럼, ≪연보≫는 그것이 그것의 연속적 연결망들을 따라 함께 묶었던 모든 작인에 관해 이야기하는 것을 삼갔다는 점에서, 이 증가는 더욱 더 효과적이다. 그것은 일반적 빈곤에는 관심을 두지 않았으나 가난한 결핵 환자의 가래가 그의 주위에 있는 이들에 대한 직접적 전염 원인이 되게 만든 의무적 통과 지점에는 관심을 두었었다. 일반적 행정은 관심사가 되지 않았으나, 정체된 물을 고갈시키라고 명령내림에 의해, 모기가 알을 낳는 것을 막았던 그들 규제는 관심사가 되었다. 일반적 병리학은 관심사가 되지 않았으나, 일단 배양되면, 일정한 진단을 가능하게 만들어줄 어린이의 목구멍에서 취한 가막(false membranes)은 관심사가 되었다. 일반적 인류학은 관심사가 되지 않았으나, 전염병을 낳는 벼룩이 그것들이 기생했던 집쥐로부터 사람들의 침대 담요로 지나가도록 허락했던 문화적 습관은 관심사가 되었다. ≪연보≫의 논문들은, 그렇다면, 사회 안에서 실행된 분할들로부터의 그것의 독립에 의해, 인식될 것이다. 그것들은 위생, 사회, 의학, 생물학, 산업 사이의 아무런 일정한 차이도, 또는 화학, 동물학, 미생물학 사이의 차이도 만들지 않는다. 그러나 광대한 종합 속 모든 것에 관해 이야기하는 대신, 그것들은 그들이 그들의 약화한 미생물의 언어로 재번역할 수 있는 작인에 **대해서만** 말한다. 그들은 그리하여, 그들 스스로를 흩어지게 하지 않고서, 실험실이 그들이 가장 강하도록 허락하는 위생학, 생물학, 행정, 병리학의 약간의 논점들로 그들의 모든 노력을 가져갈 수 있다. 그것의 독성이 변화될 수가 있을 미생물을 사용함으로써, 그들은 하나의 학제에서 다른 학제도 지나갈 수 있었고 단일한 움직임 속에서 전염으로부터 식세포(phagocytes)로, 이것들로부터 치즈로, 그리고 계속하여 녹말 당화 효소(diastases)로부터 배수로 이동할 수 있었다. 이들 규모의 급작스러운 변화는 그들이 이 이중적 쿠데타를 실행할 수 있게 했다. 그것들은 **질병을 연구 대상으로서 여태까지 취하지 않고서** 의학을 다시 새롭게 할 수 있었으며 **가난한 이들 또는 사회적 추방자를 분석의 단위로서 여태까지 취하지 않고서** 정치학과 위생학을 다시 새롭게 할 수 있었다.[33]

정말로 ≪연보≫의 내용은 질병에 관한 큰 수효의 논문을 포함하지만, 그것들은 모두 여기서 정의된 특수한 스타일로 쓰인다. 그것들 가운데 10개만이 그것의 동질적 작인들과 함께하는 전형적 의학으로 여겨질 수도 있을 것이다. 이들 몇 안 되는 논문 모두는 그의 프로그램을 진전시키기 위하여 몇몇 여타 파스퇴르주의자에 의해 필요했던 한 질병의 증후들을 ≪연보≫를 위해서 기술하도록 초대받은 의사들에 의해서 쓰였다.

≪연보≫의 점차적 표이

파스퇴르적 드라마의 용수철에 대한 ≪연보≫ 측의 이 충실성에도 불구하고, 전염병만큼 완전하고 유명한 질병을 여섯 쪽으로 다룰 수 있는, 전염병학에서 백신에 이르는, 예르생과 같은 이들의 논문들은 흔치 않다. 내가 보였듯이, 파스퇴르는 성공에 의해서만 정당화되는 움직임의 원리에 따라 우연적 요소들을 함께 묶는다. 그의 성공 및 그의 사도의 성공이, 포르투나가 대담한 이에게 미소 지었음에도, 그녀는 좀처럼 환경의 우호적 집합을 그러모을 수 없었음을 우리가 잊게 허락해서는 안 된다. 물론 광견병 사례가 있지만, 결핵도 있는데, 이에 대한 백신은 1927년까지 고통받은 세계 안에 도달하지 않았다. 우리가 ≪연보≫를 유의 깊게 읽는다면, 우리는 파스퇴르의 전격전이 얼마나 드물었는지 안다. 정말로, 질병을 파스퇴르화하는 것은 쉽지 않은 문제였다. 그것은, 말하자면, 곡선의 각 단계가 다시금 실행되어야 했던 곡선을 따라 놓여야 했다. 질병과 미생물 사이의 연결이 이루어져야 (그리고 때로 임상적 그림이 다소 날카로워져야) 했다. 그 후 미생물이 고립되어야 했는데, (예를 들어, 그것이 바이러스였다면) 항상 가능하지 않았던 과정이다. 그러고 나서 미생물은 그것의 효과를 증가시키는 그러한 방식으로 우호적 매체 안에서 배양되어야 했는데, 거친 미생물이 그 자체가 길들도록 허락하기를 거부한다면 종종 불가능했던 조작이다. 그다음 단계는 질병을 전염시킬 수 있는 실험실 동물을 찾는 일이었는데, 좀처럼 극복될 수 없는 또 다른 어려움이다. 다음으로 미생물의 폭력을 약화하거나 증가시키기 위하여 그리고 그리하여 백신 또는 혈청을 생산하기 위하여 동물에서 동물로의 그리고 배양에서 배양으로의 움직임을 배가하는 것이 필수적이었다. 그 후 백신 또는 혈청은 커다란 양으로 생산될 수 있어야 했고 제도, 입법, 산업, 이 확장에 필수적인 당국을 세우거나 감독함으로써 확장되어야 했다. 이 모든 과업에 더하여, 그것들을 중요한 질병에 적용하는 일은 나쁜 것이 아니었다. 이차적 기제를 강화하기 위하여 발견들의 부성(父性)이 그 연구소의 연구자들에게 돌려져야 했음 또한 핵심적이었다.

말할 필요도 없이, 단일 진행에서 그러한 여행을 수행할 역량이 있는 논문들은 두 손의 손가락으로 헤아릴 수가 있다. 그러한 논문들은 별로 알려지지 않은 동물 질병을 다룬다. 우리는 ≪연보≫ 안에서 부분적인 파스퇴르적 프로그램을 거듭 발견한다. 거기에 존재할 수가 있으나, 그것과 함께 갈 아무런 질병이 존재하지 않는다. 미생물과 질병, 그러나 그것을 배양할 매체가 없다. 배양, 그러나 질병을 취할 아무런 동물이 없다. 질병에 걸린 실험동물, 그러나 혈청 백신을 만들 아무런 방법이 없다. 그것은 질병들 자체가 그들 자신의 역사를 갖고 있고 그들 스스로가 탄저 병균 또는 전염병 병균처럼 쉽게 파스퇴르주의자의 전략에 의해 덫에 걸리도록 허락하지 않았던 것과 같다. 그러므로 헤아릴 수 없이 많은 논문이 그 프로그램의 부분적 단계들에 관해 이야기할 것을 요구받는다. 게다가, 우회들은 점점 더 길어진다. 하나의 논문은 전염병 병균에 관해서가 아니라 채색 방법에 관해서 이야기한다. 또 다른 논문은 전염병으로 아픈 동물에 관해서가 아니라 실험실에만 존재하는 실험실 미생물과 함께하는 실험적 질병에 관해서 이야기한다.

질병의 이 차별적 저항에 대해서 그리고 때로 전체 이력을 정당화하는 우회들의 이 확장에 대해서, 우리는 이제 연구자 자체의 숫자 증가를 덧붙여야 한다. 세기의 전환으로, 프랑스는 물론 해외에서도, 이제 전염 질병에 관해 연구하는, 그들의 전체 군중이 존재했다. 이 군중은 그것과 더불어 노동 분업을 가져왔고, 그리하여 단일 논문의 전략을 인식하는 것이 어려워졌다. 하나의 질병을 따라가기 위하여, 이제는 수십 편의 논문을 읽는 것이 필수적이었다. 이 하부 분화와 파편화는 하나의 커다란 결과를 가졌다. 연구자들은, 미생물처럼, 실험실에서 증식 될 수 있었고 그들의 노력을 명시적으로 계획할 필요 없이도 그들의 이력을 파스퇴르적 용수철을 따라서 만들 수 있었다. 다른 말로 하면, 실험실 내부에서 외부적 요인의 나타남은 훨씬 덜 분명하게 되어 있었다. 기법, 숙련, 사적 언어의 주머니는 이제 그 자체를 여타 학제에서 상대적으로 격리된 것으로 여길 수 있었다. "과학"은 더 큰 격리 속에서 나타나게 되어 있었고, 상관적으로, 분석가는 그것을 설명하는 데 더 많은 어려움을 갖게 되어 있었다. 격리를 이야기하면서, 나는 내가 출발했던 원리들에 대해 문제를 제기하고 있는 것이 아니다. 격리는 파스퇴르적 움직임과 충원만큼 꼭 그렇게 물질적이고 실재적이다. 다른 작인에 대한 관심이 더 낮기 때문에, 그것은 단순히 덜 능숙하거나, 그것이 더는 다른 작인을 필요로 하지 않기 때문에, 그것은 더 능숙하다.

우리는 관심의 이 주머니 및 움직임의 창조를 ≪과학 비평≫과 ≪연보≫ 둘 다에서 따라갈 수가 있다(p. 385, <그림 3>을 볼 것). 디프테리아(1894년) 이후에 그리고 무엇보다도 위생에 관한 큰 법률의 통과(1902년) 이후에, 파스퇴르적 혁명은 더는 머리기사를 치지 못한다. 독자는 그에 관해 이야기하기 위해 설립되어 온 셀 수 없이 많은 과학 학술지에 관해 언급 받았다. 표제는 증식되었다. "기생충학", "면역학", "미생물학", "열대 의학", "생화학", "혈청요법", "사회적 위생". 훌륭한 저자들이 위생에 관해 이야기하길 원했을 때 그들은 더는 ≪비평≫ 안에서 직접 쓰지 않았다. 파스퇴르적 용수철의 짧은 회로는 더는 작동하지 않았는데, 적어도 파스퇴르주의자가 열대의 솔론(Solon)으로 다시 나타났을 때까지는 말이다. 우선 전염병 연구를 으스러뜨렸던 그리고 다음으로 기생충병이 도착했을 때 거의 완전히 사라졌던 커다란 주머니. 많은 방을 차지하고 있는 것으로 보이는, 이 주머니는 어떻게 설명될 것인가?

우선 파스퇴르, 다음으로 그의 사도가 그것들이 없이는 다른 방향으로 가게 되었을 그 관심들을 함께 묶었음을 독자가 인정했다면, 움직임의 방향에 관한 최소한의 불확실성도 파스퇴르주의자 자신을 즉시 방향 전환해야 했음에 그는 놀라지 않을 것이다. 움직임과 번역의 챔피언들, 그들 역시, 그들이 부드러워졌다면, 그들 스스로가 해석되고 사용되도록 허락할 수 있었을 것이다. 이것이 연구소 안에서 메치니코프(Metchnikov)의 연구와 더불어 일어난 바이다.

전염병이라는 드라마 속 작인인, 미생물은 명백히 "사악했다". 그러나 사악한 존재자의 행위를 바라보는 대신, 몸의 반응을 그들이 바라보았다면 무엇이 발생했을까? 실험실은 새로운 작인들의 군중과 더불어 살게 되었을 것인데, 그들 중 가장 유명한 것이 식세포였고, "사악한 작인들"의 특수한 적이었다. 그러나 두 번째 움직임에서 이들 식세포가 완전한 미생물에 항상 반응하지는 않았다. 고립된 독소인, 미생물의 일부가 질병과 반응을 동시에 가져올 수도 있다. 그러나 미생물 또는 독소가 일으켰던 바가 **어떤 것**에 의해 초래될 수도 있었다. 먼지, 속눈썹, 화학제품 말이다. 이 세 번째 움직임은 미생물 — 파스퇴르에 의해서 정의되어 온 것으로서 — 에게서 어떤 중요한 역할을 박탈했다. 면역학은 살과 피부 사이의 몸에 달라붙을 수 있었고, 그 자체에 항원을 임의로 줄 수 있었고, 유일하게 실험실의 벽 내부에서, 계속해서 수년간 수십 명의 연구자에게 작업을 제공할 수 있었다. 더는 미생물의, 광견병과 함께하는 늑대와 여우 이야기의, 중국 빈민의, 소독 통제의 필요성은 없었다. 미생물은 일반적 문제, 즉 유기체의 온전함의 특수한 사례들이 되어가고 있었다.

초기 프로그램으로부터의 이 움직임은 연구소의 어디서도 미생물과 그것의 독성 변이가 더는 분석의 단위로 여겨지지 않았다는 점에서 더욱더 중요하다. 뒤클로의 프로그램은 아래로부터 미생물을 취했다. "미생물"은 확정적인, 명백한, 자연적 작인이 아니다. 그것은 한때, **더 나은 어떤 것의 부재 속에서**, 존재했는데, 그것이 다시 왜곡되기 이전에 말이다. 이들 연속적 왜곡은 "발견된 미생물(discovered microbes)"에 관해 이야기한다는 것이 얼마나 잘못되었는지를 명확히 보여준다. 미생물이 단일성으로서 행위 하도록 만들기란, 뒤클로에게, 조건들의 잠정적 배치이다.[34] 그에게 미생물을 그 구성 부분들로 깨트리고 그것들 각각이 다시 작동하게 만드는 것은 그에게 훨씬 더 흥미롭다. 생화학 프로그램은 ≪연보≫에서 엄청난 중요성을 얻었고 면역학이 개시했던 파스퇴르의 미생물에 대한 파괴를 완성했다.[35] ≪연보≫는 그것의 독성의 정도가 의지대로 바뀔 수가 있을 미생물들을 파괴하고 그것의 산산조각이 난 요소들과 더불어, 한편으로, 면역학을 그리고, 다른 한편으로, 생화학을 구성했다.

약화한 미생물이 단지 몇 년 동안 향유했던 행위의 단일성을 그것에서 박탈했던, 이들 두 개의 큰 움직임에 대해서, 실험실 안에서 반점, 군집, 문서고의 누적을 덧붙여야 하는데, 이것이 실험실 바깥으로 나가지 않고도 새로운 작인들을 산출하는 것을 가능하게 해주었다. 이 움직임은 말하자면 그 지점에서 발생했고 인공물(artifacts) 누적의 결과였다.

우리가 이들 연속적 구속 요인들(constraints)을, 질병들 자체의 완강한 저항을 물론 잊지 않고서, 합산한다면, 우리는 ≪연보≫의 전반적 움직임의 많은 것을 설명할 수 있다. 완전한 파스퇴르적 프로그램이 처음에 존경받았지만, 항상 부분적으로 그리고 제한된 수의 질병에 대해서 그러했다. 파스퇴르에 의해서 시작된 학제들에 부합했던, 위생학 또는 현미경술 같은, 고전적 프로그램들은 쇠퇴하거나 사라졌다. 뒤클로와 메치니코프에 의해 시작된 프로그램들은 자라났으나, 그것들조차 초기 방향의 파편만을 나타냈다. 보르데(Bordet)의 면역학만이 고전적 파스퇴르주의의 노선 위에 다시 한번 위치되었다. 보르데의 손에서, 면역학은 진단과 치료의 새로운 방법을 향한 좀 긴 우회로가 되었다. 그에 의해서 전체 지구 행성이 궁극적으로 파스퇴르 연구소의 행위의 장이 되게 되어 있었던, 파스퇴르주의자의 그 전형적 움직임이 최종적으로 재연했던 것은 실질적으로는 미생물 없이 질병에 관심을 두었던 라브랑(Laveran)의 프로그램이었다.

우리가 1894년과 다시 1910년 절단면을 만들면, 우리는 파스퇴르적 추동력의 모든 요소를 발견할 수 있을 것이다. 그러나 우리가 1900년 절단면을 취한다면, 우리는 파스퇴르적 전략가들에 의해서 충원된 이질적 작인들의 그 증식을 찾는 데 더 많은 어려움을 갖게 될 것이다. "사회적 관심사와 독립된 과학 논문들"을 우리가 읽고 있었음을 우리는 더 의식하게 될 것이다. 메치니코프는 파스퇴르 이외의 여타 동맹자, 여타 목적을 갖고 있었다. 그는 실험 안에서만 일했고, 살과 피부 사이의 작인을 구성했으며, 정말로 활동적으로 자신과 그의 학생들을 분리했다. "분리하다"라는 단어는 어떠한 존재론적 의미를 지니지 않는다. 그것은 신성한 경계를 추적하지 않는다. 우리가 분리에 관해서 이야기한다면, 우리는 그 단어에 섬유 유리 또는 이중 유리창 분리 막의 제조만큼 물질적 의미를 부여해야 한다.

우리가 ≪연보≫에 파스퇴르와 여타 사람이 쓴 "전문적" 논문을 한쪽에 남겨둔다면 우리의 분석이 얼마나 무력하게 되었을지 우리는 알 수 있다. 우리는 그 당시 사회에 관해 아무것도, 내용 그 자체에 관해 아무것도 이해하지 못했을 것이다. 분리된 내용에 대한 인상조차도 메치니코프의 것과 같은 그러한 분리 기법 및 무엇보다도 책임의 귀속에서만 기인하는데, 이것은 과학에 의해 획득되는 동맹자의 수를 단지 몇 개에 제한한다.

우리는 왜 파스퇴르주의자가 책임을 귀속하는 데 항상 그토록 맹렬했는지를 또한 이해한다. 그토록 많은 동맹자와 함께, 그들은 커다란 위험성을 굴렸다. 그들은 많은 연구자 집단 안에서 그들의 동맹자를 혼동하는 위험성을 굴렸는데, 그들의 다수는 흰 실험복조차 입지 않았다. 이 작인들의 군중으로부터 "과학"과 "파스퇴르적 과학"을 창조하기 위하여, 이차적 기제 속 아무것도 무시되지 않게 되어 있었다. 파스퇴르의 선배 중 하나에 관해 이야기하면서, 뒤클로가 쓴다. "다벤은 그 자신의 발견들을 이해조차 하지 못했다"(1879, p. 629). 그가 했던 바는, 그러므로, 그가 정말로 한 것이 아니었다. 그렇지만, 백신의 발명자인 제너(Jenner)처럼 100년 먼저 태어났기 때문에 그들이 논쟁이 될 수 없어 보였던 선배들이 있었다. 이들조차, 그렇지만, 시간 속에서 다시 상황 지어질 수도 있다. 제너의 백신은 그저 한 특수한 경우인 그러한 일반 법칙의 발명자인 파스퇴르 없이는, 제너는 선구자조차, 즉 신봉자조차 될 수 없었을 것이다. 이차적 기제의 관점에서 볼 때, 파스퇴르는 제너보다 **먼저**인데, 왜냐하면 그가 독일인 코흐만큼이나 많이 제너를 위한 토대를 제공하기 때문인데, 코흐의 역할은 박테리아학의 모든 비프랑스적 역사에서 엄청나다. 책임의 귀속을 변호했던 이는 파스퇴르 자신이었다. 얼마나 거칠게 그가 코흐에게 장자(長子) 신분이라는 질서 — "내가 미생물을 배양하고 있었을 때 당신은 과학 안에서는 태어나지 않았다" — 를 상기시키는지 그리고 토론의 끝에서, 그는, 리스터(Lister)의 동의와 더불어, 리스터에 맞서 승리한 우선성(priority)에 대한 또 다른 논쟁 결과를 사용한다. "이들 숙련된 그리고 용감한 실험들은 부패에 관한 나의 비망록을 읽는 가운데 그들의 연구의 출발점을 위치 시킨다"(1883, p. 74).

그러나 시대가 힘들었다. 우리는 우리가 사람에 대해 행위 할 수 있는 한에서만 연대순을 유지한다. 파스퇴르에 의해 착수된 이차적 기제에 아무런 유의를 하지 않은 생물학 속 최근 발전에 관한 역사를 한 미국인이 썼을 때, ≪과학 비평≫은 그 논문을 출간했으나 그것을 뒤집어버렸는데, 연대순과 참된 책임들을 복원했다. 리셰(Richet)는 최고의 절대적 관념론(absolute idealism)과 더불어 그 문제를 확정한다. "파스퇴르 선생은 정말로 이 모든 과학의 영혼, **기원과 원천**(principium et fons)이 되어왔으며 코흐 이전에 아무런 이름도 그의 이름에 맞설 수 없었다고 말하는 것은 정말로 충분치 않다. 코흐 선생 이전과 이후에, 아무런 이도 파스퇴르와 비교될 수 없다고 이야기되어야 하고 반복되어야 한다"(1889, p. 330). 독일인, 미국인, 영국 외과의에 맞선 일련의 유사한 전투에 의해서, 그러나 또한 리오네(Lyonnais), 생물학자, 의사, 기술자 및 여타 친애하는 동료에 맞선 일련의 유사한 전투에 의해서 결국 사회적 변환의 원인이 되었던 분리된 파스퇴르적 과학을 성취해 내는 것이 가능했다. 과학에 그리고 파스퇴르의 천재성에 돌려진 이 신비적 유효성은, 여타 신비처럼, 흥미로운 구성물인데, 그의 분석은, 적어도 원리적으로, 아무런 어려움도 나타내서는 안 된다.

제3장
마침내 의학이

시대가 힘들다

지금까지 나는 파스퇴르주의를 만든 엄청난 힘들과, 이들 힘을 포획하는, 그들을 지지하는, 그들을 번역하는, 그들의 권력을 그 자체에 돌리는 일의 끝을 향한 파스퇴르주의의 진화를 보여주었다. 나의 증명은 성공만을 고려하는 불편함을 갖고 있었다. 위생주의자와 파스퇴르주의자는 대략 같은 방향으로 움직이고 있었다. 나의 모방 불가능한 모형인, 톨스토이는, 힘들의 조성과 관련한 그의 다양한 가설을 시험하는 일에 관한 견해와 더불어, 승자와 패자의 한 범위를 선택하는 숙련을 지녔다. 유사하게, 나의 분석의 결실 많음을 진정으로 판단하기 위하여, 우리는, 똑같은 기간 동안 그리고 똑같은 질문에 관하여, 그들의 행동이 전적으로 달랐던 통제 집단들을 찾아내야 할 것이다. 그때에만 우리는 "이유의 증거", "논리의 힘", "진보의 주제", "관심의 힘", "저항 불가능한 효험", "시간의 성숙"이 단지 승리자의 단어들임을 명확히 볼 수 있다. 톨스토이가 보로디노에서의 "완패" 또는 "승리"의 외침과 함께 보여주듯이, 그것들은 운명을 피하려고 전투 중간에 내었던 외침이다.

통제 집단을 배가하는 첫 번째 방식은, 사회적 "행위자"의 집단에 의해서가 아니라 "비인간" 행위자의 집단에 의해서, 이야기를 하는 일이 될 것이며 질병 자체를 약간 바라보는 일이 될 것이다. 질병을 분명히 "과거"의 것으로 만드는 저항할 수 없는 진보의 좋은 배치에 질병은 별로 복종하지 않는다. 그것들의 리듬이 그것들의 사라짐을 선언하는 집단의 리듬에 복종하지 않는, 질병 일부에 대한 이 "저항"의 상징은, 물론 스페인 독감이다(Katz, 1974). 제1차 세계대전은, 모두의 의견 속에서, 근대 위생학의 승리였다. 박테리아학자들 없이, 장군들은 진흙탕의, 쥐가 들끓는 참호에서 4년 동안 수백만의 인간을 결코 계속 붙들고 있을 수 없었을 것이다. 독가스와 기관총이 그들의 목숨을 빼앗기 전에 이들 인간은 죽었을 것이다. 이 전쟁은 어떤 이가 이동할 수 없는 무리를 죽일 수 있었던 최초의 것이었는데, 왜냐하면 역사에서 이제껏 미생물은 그 일을 항상 더 잘했었기 때문이다. 박테리아학의 이 승리 이후, 스페인 독감은 심지어 작인을 판정해 낼 수 있는 파스퇴르주의자가 없는 채로 1919년에 약 1500만을 쓸어버렸다.

똑같은 좌절이 임의로 선택된 어떤 해에 일어났는데, ≪과학 비평≫에서 다양한 질병이 토론되었던 방식으로 보였듯이 말이다. 예를 들어, 1893년을 취하자면, 아르맹고드는 결핵을 길게 토론하지만 과학이 그 연구를 끝냈다고 선언한다. 즉, 그 질병은 코흐의 병원균과 연결됐지만, 그는 그것을 파스퇴르화하길 기도하지 않는다. 그의 목표는 요양소진흥연맹(Leagues for the Advancement of Sanitoriums)의 회원을 늘리는 것이다(Armaingaud; 1893, pp. 33-42). 이제 아무것도 요양소보다 덜 파스퇴르적이지 않다. 그렇다면, 칼멧(Calmette)이 따라잡는 데 10년이 걸리게 되어 있던 그리고 그것의 역사가 탄저 또는 장티푸스의 역사와는 절대적으로 다른 한 질병이 여기 있다. 하지만 같은 해 아주 파스퇴르화 되어 그것에 대한 혈청이 확인되었던 한 질병의 관점에서 파상풍(tetanus)에 관한 토론이 존재한다. 그러나 같은 4월 30일 발진티푸스에 관한 언급이 있을 때, 그것은 그 질병이 분석을 거부한다고 말하는 것이다. 아마도 에리쿠르였을, 한 확신 있는 파스퇴르주의자가 심지어 이단으로의 그의 경도를 고백한다. "우세풍(優勢風), 가뭄, 습기 등등의 방향의 영향력을 추적해야 하게 될 것이다. 별의 영향력과 관련된 우리 선조의 가설에 따라, 우리는 거의 뒤로 돌아가야 하게 될 것이며 그렇게 이야기할 용기를 갖자고 해야 하게 될 것이다"(익명: 1893, p. 539).

여기 시간이 통과하지 않는 증명이 있다. 질병마다, 사회집단마다, 그것이 통과하게 되어야 하는데, 이렇지 않고는 그것은 그냥 잘못된 방향으로 떠나는 것이다.

100년 동안 파스퇴르화 되어 온, 천연두에 대해서 우리가 이야기할 때, 그것은 영국에서 콜레라에 맞선 연맹의 승리에 경의를 표하는 것이다. "백신 재접종이 영국에서 아주 흔해져서 그것이 의무적이게 될 필요가 없어지는 일을 우리가 희망할 수 있을 때 시간은 통과한 것이다. 백신 재접종을 위한 움직임이 중지됐을 뿐 아니라, 백신 접종 자체가 점점 덜 실행되고 여러 가지 점에서 그것을 부과하는 법률이 더는 준수되고 있지 않다"(익명: 1893, p. 699).[1]

법률과 과학을 같은 방향으로 정렬하려는 그리고 천연두를 태곳적 질병의 하나로 전환하려는 위생주의자의 기도는 너무 취약해서 시간은 되돌아갔다. 우리는 천연두의 부재로부터 백신 접종의 부재로 간다.[2] 운 좋게도, 146명이 백신 접종 반대 연맹이 가장 강했던 레스터(Leicester)에서 죽었는데, 이는 위생주의자의 약화한 입장을 때마침 강화했다.

결핵과 천연두는 그것들 자체의 역사를 갖고 있다. 콜레라, 역시, 그러하다. 같은 해인 1893년, 메카로 가는 순례자를 관찰하려 취해진 단계를, 가장 순수한 위생학적 전통 속에서, 단지 기록하기 위하여 그것이 언급되었다. 하지만 같은 해 디프테리아 치료의 결과가 출간되었다. 그 치료는 완전한 성공이었다. 파스퇴르가 정말로 어떤 식으로든 예상할 수 없었던 프로그램 속 움직임 이후에, 이 질병은 곧 완전히 파스퇴르화 되게 되어 있었다.

≪비평≫에서 고려 중이던 질병에 따라, 시간은 멈춰 섰거나 앞으로 움직였다. 논쟁이 있었느냐의 여부에 의존하여, 진전은 앞으로 또는 뒤로 움직였다. 독성의 변이가 파스퇴르주의자에게 흥미로웠던 만큼 사회학자와 역사학자에게 흥미로웠던 이해관계의 변이가 여기에 존재했다. 그들의 방법을 모방하여, 나는 일련의 통제 집단을 선별하게 될 것이고 어떻게 그들이 파스퇴르주의에 서로 다르게 반응했는지를 보이게 될 것이다. 군의, 일반 민간인 의사, 식민지 의사, 최후의 수단으로, 다른 모든 이가 몰려오는 보통 사람들.

군의

나의 초기 원리들에 충실하기 위하여, 나는 **똑같은 논증으로** 무엇이 의사는 멈춰 세웠고 무엇이 위생주의자는 쇄도하게 했는지 설명해야 한다. 위생주의자는 행위 했고 의사는 저항했다고, 위생주의자는 성숙했고 다른 이는 그렇지 않았다고, 혹은 무지를 위한 피난처로 봉사하는 또 다른 은유를 사용하여, 위생주의자는 "열려" 있었고 다른 이는 "반계몽주의적"이었다고 말하는 것은 요점이 없다. 자크 레오나르(Jacques Léonard)의 연구(1967, 1979, 1981, 1986)와 경쟁하지 않고서, 나는 ≪의학 콩쿠르≫에 대한 연구를 통해서 어떻게 이들 비대칭적 설명에 대한 거부가 우리가 시간 만들기를 설명할 수 있게 하는지 보여주고 싶다. 전체로서 사회에 혁명을 일으키는 역량을 파스퇴르의 천재성에만 돌리는, 확산주의 모형(diffusionist model)을 우리가 거부하는 순간부터, 내가 이미 보였듯이, 우리는 발견을 붙잡는 개인에게 그만큼 돌려야 하며 때로 그보다 더 많은 역량을 그 발견을 제안하는 개인에게 돌려야 한다. 이는 내가 파스퇴르주의적 프로그램의 내용으로 전환할 수 있었기에 앞서 왜 내가 위생주의자에 관해서 그토록 많이 이야기해야 하는지의 이유이다. 그러나 역으로 우리는 왜 발견이 단순히 다양한 집단의 저항에 의해서 확산하지 않는지를 설명할 수 없다. 우리는 왜 그들이 특수한 발견을 붙잡지 않았는지를 이해해야 한다. 그것을 "받아들인" 이들과 "거부한" 이들은 둘 다 그 사회의 작인이며, 그들의 움직임을 이해하기 위하여, 우리는 그들을 칭찬하거나 비난해서는 안 되며 내부로부터 그들의 활동의 원리를 이해하려 추구해야 한다.

그 논점을 증명하기 위하여, 우리는 하나의 큰 이점을 갖고 있다. 우리는 우리가 원하는 대로 쓸 수 있는 통제 집단 내부의 통제 집단을 갖고 있다. 정말로, 군의는 위생주의자와 똑같은 갈망으로 파스퇴르주의를 붙잡았다. 알릭스(Alix)는 1881년부터 그의 전문직에 파스퇴르적 모형을 부여했던 가공할 만한 지렛대를 깨닫는다. "공적 의견이 생명과학의 진보로 움직여지기 시작하고 있다." 그것이 움직이고 있다면, 우리는 그것의 이점을 취할 수 있고 그것을 앞쪽으로 움직일 수 있으며 그리하여 우리 자신의 일을 약간 진전시킬 수 있을 것이다. 왜 알릭스는 그토록 관심을 가졌나? 그가 설명한다. "아주 가까운 미래에, 의학적 질문이 위생학의 발견으로부터 유도되는 응용으로 모두 해결될 것임을 부정하기는 불가능하다. 민간 공공 의학 속 약학적 요법은 아주 이차적인 순위로 떨어지게 될 것인데, 군대 의학에서 이미 발생했듯이 말이다"(1881, p. 761).

파스퇴르화 된 위생학을 독려하면서, 우리의 알릭스는 그 자신의 의학의 지위를 그의 민간인 동료의 그것보다 위로 들어 올린다. 게다가, 군대 의학은 이미 제도적으로 파스퇴르화 되어 왔다. 결국, 병영은 건강한 젊은이의 군단이 통일된 체제에 복속된 곳인 이상적 실험실이 항상 되어오지 않았던가? 신병들과 함께하는 "의사/환자 관계"는 없는데, 그들은 그들의 의무(醫務) 병력과 함께 행진하고 묶음으로 접종받는다. 환자 없는 이 약간 조야한 의학은 이제 알릭스에 의해 의학의 미래 그 자체로 보인다. 그러한 혁신으로부터 얻는 모든 것을 가진 누군가가 그것의 효과를 확장하는 일에 대한 견해와 더불어 그것을 붙잡는 것이 놀라운가?

그러나 이들 군의의 활동성을 이해하기 위해서, 그들이 "정당성"을 찾고 있었다고 믿는 것은 충분치가 않다. 사회학에서 유도되는 이 모호한 단어가 행위들의 진정한 내용을 거의 항상 숨긴다. 그들의 본질적 문제는 평화 시에 병영에서 사람들이 죽었다는 것이었다. 그 밖의 어떤 이가 쓰기로, 우리가 전염병의 병세를 억제하지 못한다면, "국가가 그것이 그것의 아들들을 보내는 곳인 병영을 그리고 어느 곳에서부터 모두 돌아오지 않게 되는지를 두려워하게 될 것이다"(익명: 1881, pp. 72-78).

여전히 더 심각한 무언가가 존재했다. 잘 알려져 있듯이, 전시에, 적에 의해서 나오는 사망자보다 미생물에 의해서 나오는 사망자가 더 많다. "나폴레옹"과 "쿠투조프" 사이의 갈등은, 카트라이트(Cartwright)에 따르면, "장군 나폴레옹"과 "장군 발진티푸스" 사이의 갈등에 의해 곱절이 되었다. "프랑스인은 반대자를 만남이 없이 모스크바까지 행진했지만, 발진티푸스는 그들과 함께 행진했다. 10만 명의 그 군대는, 9월 7~14일의 그 주에만, 1만 명을 질병으로 잃었다"(1972, p. 97). 모든 연합이 몇 개의 전선에서 이 전투에 의해 변환되었다. "러시아인에 대한 공포 및 폴란드인의 복수에 대한 공포는 군인을 소형 집단들로 계속 집결해 있도록 만들었다. 가축우리 같은 집에서 나오는 벼룩이, 옷 솔기, 머리에 들러붙어, 모든 곳에서 움직였으며, 그들과 함께 발진티푸스 미시유기체를 데려왔다"(p. 92).

1802년 한 프랑스 군대가 5만 8545명으로 산토도밍고로 출발했다. 넉 달 안에 5만 270명이 황열(yellow fever)로 죽었다. 1809년 그들 중 300명만 남았고, 그들은 프랑스 본국으로 송환되었다. 한 군의였던, 레뮈르(Lémure)가 1896년 마다가스카르 원정을 기술한다. "호바(Hova) 정부는 우리 군인이 안타나나리보(Antananaribo)에 닿는 것을 막고자 그 열에 의지하고 있었다. 그것은 영국에서 만들어진 총알과 포탄보다는 그 무기에 훨씬 더 의존하고 있었다"(1897, p. 47). 한 방도 쏘지 않고, 호바인은 프랑스인이 평원에서 야영하도록 강제한 데 만족했다. "그들의 숫자를 반으로 그리고 심지어 4분의 1로 줄이는 데 2개월로 충분해서, 몇몇 대대를 이름뿐으로 존재하도록 했는데 — (2만 4000명 중) 모두 아팠고 5000명이 죽었고, 그것이 대차대조표였다"(p. 50).

모든 곳에서 강함의 시도들을 보는 이는, 꼬인 마음을 지닌 저자인, 내가 아니다. 연구된 행위자들은 이 교훈을 내게 가르쳤다. 호바인은 소총과 대포로 무장한 그들에 맞선 전쟁에서 승리하고자 독기(毒氣)와 동맹을 형성했다. 이미 한 번 뒤집혔던, 힘들의 이 균형을 한 번 더 뒤집기 위하여, 무엇이 행해져야 하는가? 그들은 현대 박테리아학을 사용해야 했다. 실험실 속 기생물의 미생물을 분쇄함으로써, 그들은 호바인의 동맹자의 역량을 제거했고 그리하여 대포와 소총에 그것들의 우월성을 되돌려주었는데, 그것들을 사용했던 이들이 더는 죽지 않을 것이므로 말이다. 당신이 군의일 때, 당신은 거의 주저할 수 없다.

전쟁에서 두 개의 적, 미시적인 것과 거시적인 것이 항상 존재해 왔다. 의사가, 훨씬 더 치명적인 적인, 두 번째 것을 억제하는 데 성공하면, 그는 중요성을 엄청나게 얻어내며 장군들 및 대포에 맞서 싸운 이들과 거의 같게 된다. 복수(復讐)의 관념에서 영감을 받은, 그것의 떨어지는 출산율에 집착했던, 그 당시의 프랑스와 같은 나라에서, 전체 대대들이, 위대한 프랑스인, 파스퇴르가 그에 맞선 구제책을 산출해 냈던 미생물에게 져야 한다는 점은 곧 생각할 수 없게 되었다. 군대 의학은 최소한의 저항을 하지 않고서 파스퇴르주의로 전향되었다. 이 발전은 전적으로 파스퇴르주의자에게 귀속되지는 않을 것이며, 파스퇴르주의자를 붙잡았고 그들에게 대규모 투자했던 그들 군의에게도 귀속될 것이다. 군의는 다시 그들의 신용을 강한 군대를 원했던 그리고 그들에 대해서 의사가 쉽게 정치인이 되었던 모든 이에게 돌렸다.

의사가 파스퇴르는 논쟁의 여지가 있음을 발견하다

보통의 민간인 의사는 최상의 반례를 제공하는데, 그들은 보조가 맞지 않았으므로 말이다. 레오나르가 보여주었듯이, 그 의사는 회의론자였다. 그 범주가 사회학에서 받아들여진다면, 회의론자 훨씬 이상으로, 그들은 "불평객"으로 불렸을 것이다. 적어도 1894년 이전에, 질병과 환자를 직접 염려했던 이들은 파스퇴르주의에서 비범한 아무것도, 또는 심지어 유관한 아무것도 보지 못했다. 그들이 결국 파스퇴르주의를 사용하기로 마음먹었을 때, 그들은 그것을 그들 자신의 실천 속 혁명으로서가 아니라 **그들이 늘 해왔던 바를** 강화된 방식으로 **계속하는** 길로서 보았다. 마침내, 공공 위생 조직에 관한 1902년 법률의 통과 이후에 그들이 파스퇴르주의의 이익을 완전히 동화시켰을 때, 새로운 의학은 파스퇴르적 전략보다는 오래된 전략에 더 빚이 있는 것으로 보였는데, 파스퇴르적 전략은 한동안 열대 의학 쪽으로 전이되어 있었다.[3]

여타 주역이 위생주의자, 외과의, 또는 군의에게 이야기했던 바는 왜 개업의가 파스퇴르주의를 사용하고자 1인치도 움직이지 않았는지의 이유를 부재중에 정의했다. 더 간단한 용어로, 도달했던 파스퇴르주의의 모든 진보는 그들에게 의학 전문직의 해산이었다. 다른 이들은 개업의를 그들의 반계몽주의에 대해서 비판했던 반면, 그들은 자살할 것을 요청받고 있었다. 무슨 집단이 기꺼이 그렇게 할 것인가? 파스퇴르적 전략은 개별적 아픈 이를 결코 단일체로서 취하지 않았던 횡단적 움직임으로 질병을 공격하는 것이 되었다. 어떻게 그것이 다름 아닌 아픈 개인을 알고 있던 의사에게 기쁨을 가져올 수 있었는가? 환자에게 전혀 초점을 맞추지 않고도, 너무도 공적이고도 너무도 생물학적이었던, 이 시각으로 그는 무엇을 만들 수 있었는가? 결국 그의 일상적 작업이 되었고 그들의 지역 의사의 역량의 꽤 바깥에다 내려놓는 그러한 범위의 것이었던, 약간의 큰 전염병으로 그는 무엇을 만들 수 있었는가? 인간의 얼굴을 지닌, 의학과 아주 거의 관계가 없던, 그 모든 돼지, 닭, 개, 말, 소, 새끼로 그는 무엇을 할 수 있었는가? 아주 드문 질병과 관련되었던 그리고, 더구나, 통상적 의사에게 절대적으로 사용될 수 없던 한 생산물로 치유되기 위해서 환자가 파리로 갈 것을 요구했던, 광견병의 치유와 같은, 확실히 장대했던 치유로조차 무엇이 행해질 수 있었던가? 짧게 말해, 의학적 작업의 부정이었던 그 모든 교의와 방법으로 무엇이 행해질 수 있었던가? 답은 명백하다. 아무것도 없었거나, 많지 않았다. 그리고 의사가 그 교의들로 할 수 있었던 바가 없었으므로, 그들은, 심지어 비꼬는 겸손의 기미를 띠면서, 정중하지만 열성적이지 않은 관심을 표현했다. 이는 의사의 반계몽주의에 관해서 아무것도 증명하지 않는다. 그것은 파스퇴르주의자가, 다른 동맹자들과 달리, 그들 동맹자를 옳은 방식으로 취하는 것을 아직은 배우지 못했음을 단순히 증명한다.

이제껏 한 개였을지라도 공동 학술지였던, ≪의학 콩쿠르≫는 위생주의자의 탐욕과 완전히 대조되는 거리(距離) 및 신중함과 더불어 파스퇴르의 연구에 관해 이야기하는데, 파스퇴르는 절대적으로 옳아야 하고 그의 연구의 시행을 즉시 확장해야 한다고 주장하고 있다. 파스퇴르 실험들의 "결정적" 특성은 정말로 그것들의 고유한 성질에 돌려질 수 없다. 의사는 위생주의자에게는 논쟁 불가능했던 바가 논쟁 가능함을 발견했다. 물론 의사는 "선한 의지"를 보여주었다. 그들은 파스퇴르 연구소에 대한 기부를 지지했고 그를 자랑스러워했다. "우리는 무명이되 자발적인 병사들로서 훌륭한 전투를 한다는 관념에서 깊은 기쁨을 느낀다"(익명: 1888, p. 530). 그러나 그들은 조심스러웠다. "천천히 누적해 가는 그 연구 가운데, 정확한 지식의 덩어리가 어느 날 확실히 출현할 것이다. 우리는 앞쪽의 길을 거의 흘끗 볼 수 있으며 이미 커다란 여러 사실이 쌓이고 있다. 그러나 우리는 당분간 일정한 유보를 지속해야 하며, 이전에 박테리아를 아무 데서도 보지 못한 이후에, 우리는 모든 곳에서 박테리아를 보아서는 안 된다. 수술에서 무균 방법이 이미 커다란 서비스를 부여해 왔는데, 그것에 관한 올바른 관념이 종종 과장이었던 그 올바른 관념에 의해서만큼 그것의 자세한 응용에 의해서 그렇게 많이 그러한 것은 아니다. 그것은 의심의 여지없이 의사에게도 마찬가지로 봉사하게 될 것이다"(Gosselin: 1879, p. 159).

그들은 반계몽적인 이들이었나? 그들은 저항했는가? 아니다, 그들은 과장되었던 바를 그들 자신의 전문직업적 관점에서 보아 유용했던 바와 분리하고자 크게 조심했다. 파스퇴르가 의학을 접수하려 기도하고 있었을 때 그리고 파스퇴르주의자에 의해 제공된 부가된 역량 때문에 위생주의자가 정세를 정복했다고 주장하고 있었을 때, 의사는 그들이 모든 것을 잃게 했던 그리고 그들이 그러한 어려움과 더불어 배치했던 정세를 유지하길 선호했던 몹시 어려운 상황에서 어떻게 나오게 될지를 알아보고자 기다렸다. "우리는, 파스퇴르 선생의 다소 정열적인 공격에도 불구하고, 임상의학이 완전히 죽은 것은 아니라고 믿는다"(Reynaud: 1881, p. 102). 그들은 그들 자신을 방어했는데, 이는 아주 정상적이었다. 그들은 과학적 방법 속에 파스퇴르 교훈들을 부여하면서 심지어 일정한 기쁨을 취했다. "파스퇴르 선생은 그들 다양한 사실로부터 전염병의 일반적 역사에의 적용을 연역함으로써 (닭 콜레라에 관한) 그의 의사소통을 끝냈다. 우리는 그의 일반화 속에서 그 박식한 화학자를 따라가지는 않게 될 것이다. 확실히 매우 흥미로운 그들 사실로부터 그러한 결론을 연역하기에 앞서, 그는 실험을 반복해야 했으며 변화를 주어야 했다"(익명: 1880, p. 177). 코흐처럼 그리고 피터처럼, ≪의학 콩쿠르≫의 의사는 파스퇴르가 정말로 과장하고 있었다는 의견 쪽이었다. 어떻게 우리는 그들이 옳았음을 부정할 수 있는가?

어떻게 그들이 의사-환자 관계를 방어하게 되었는가?

위생주의자는 번역하기 위한 커다란 사회적 움직임을 갖고 있었고 권력의 그 모든 원천으로 그들을 이끌었던 도시들을 변환시키려는 커다란 기획을 갖고 있었는데 — 미생물을 정복하려 과학에 의해 보내진 파스퇴르주의자처럼 말이다. 반미생물적인 것을 따름으로써, 이제껏 그들에게 금지되어 왔던 기관(organs)에 마침내 도달할 수 있었던 외과의처럼 말이다. 파스퇴르주의를 채택함으로써 군대의 강함을 더 급속히 발전시킬 수 있었던 군의처럼 말이다. 그렇지만, 내과의는 아무런 커다란 사회적 움직임에 의해서 권한을 받지 못했다. 그들은 공공 건강의 번역자가 아니라 다수의 의사-환자 관계의 번역자였다. 여타 모든 작인을 계속 몰고 갔던, 부와 건강 사이의 갈등이 내과의를 마비시켰다.[4]

그들은 다른 갈등이 참여하게 했다. ≪의학 콩쿠르≫는 그것의 존재를 위해 투쟁하는, 세계에 맞서 싸우는 전문직업적 단체를 거의 희화적 방식으로 드러낸다. ≪콩쿠르≫의 노동조합화되지 않은 의사에 따르면, 의학적 군대는 그것의 최저점에 있었다. "그것은 안 좋게 여겨졌고, 보수를 잘 받지 못했으며, 무엇보다도 그 밖의 모든 곳에서 오는 충성스럽지 않은 경쟁으로 계속 위협받았다. 주(週)가 지나가면서, 그 학술지는 약을 처방했던 약사에 맞서 싸우는, 젊은 의사의 입으로부터 빵을 취했던, 종교적 열정을 벗어난, 애덕회(sisters of charity)에 맞서 싸우는, 의사가 그들 스스로, 1893년 이전에는, 그들을 비웃어주는 데 아직 성공하지 못했던 건강 공무원[5]에 맞서 싸우는, 산업에 의해서 완성된 형태로 팔렸던 "약학 전문가"에 맞서 싸우는, 대중에게 상처를 붕대로 감는 법을 가르치는 일을 고집했던 건강 학회에 맞서 싸우는 우리의 전투원을 보여준다"(Gassot: 1900, p. 97). 심지어 교육을 못 받은 가구에서조차 의사와 경쟁했던 가짜 의사, 심령주의자, 허풍선이에 맞서. 그것이 아니라, 의사의 삶은 지옥 같은 것이었으며, 프랑스 사회에서 돈을 위해 사람을 다루는 것이 가능했던 공간을 개척하는 일은 계속적 투쟁을 요구했다. 건강과 부의 갈등은 각각의 의사에게 어떻게 사람들을 다루면서 생계를 유지하느냐의 문제가 되었다.

≪콩쿠르≫는 또한 뻔뻔스럽게도 개인 환자를 맡았던 군의에 맞서, 지급을 거절한 환자에 맞서, 의사의 채무자 또는 의사를 부주의하다고 고발한 이들을 선호하여 의사에 반하는 판결을 항상 내린 판사에 맞서, 그것에 의해 학생을 끌어당기는, 우호적 이미지를, 또는 그것에 의해 그들로부터 환자를 강탈하는 비우호적 이미지를 의사에게 부여한, 언론에 맞서, 그들의 가난하고, 알려지지 않은 동업자들을 경멸했던 파리의 부유하고, 유행을 따르는 내과의에 맞서, 협조하기를 거부한, 여타 전문직업적 단체에 맞서 싸웠다. 짧게 말해, 사망률을 줄임에 의한, 위생학의 진보가 그들로부터 환자를 더 나아가 박탈하고 있었던 사실과(익명: 1900, p. 79) 또 다른 물의를 일으키는, 젊은 동료가 교수진으로 모여들고 있었고 경쟁을 늘리고 있었던 사실은 말할 것도 없이, ≪의학 콩쿠르≫의 의사는 적만을 갖고 있었다.

다시, 내과의의 이해관계는 위생주의자, 외과의, 군의 혹은 파스퇴르주의자의 이해관계가 그랬던 것보다 더 좁지가 않았으며 그들의 정신 상태는 덜 계몽된 것이 아니었다. 그들은 전문직을 구하기 위해서 그리고 그들의 통제 밖에 있던 대변동에 저항하기 위하여 싸우고 있었다. 정말로, 그들은 탈출하기 어려웠던 역설 속에 포획되었다. 굴레를 벗은 자유주의라는 자유방임주의는, 그들의 견해에서, 그들의 적이 아주 빠르게 그들에게 종말을 가져다 놓게 허락했을 것이다. 예를 들어, 상조회는 젊은 내과의에게 독점의 교환으로 고정된 월급을 쉽게 보장할 수 있었다. 외적 힘들에 의한 그러한 장악을 막기 위하여, 내과의는, 그들 사이의 경쟁을 유지하도록, 젊은 내과의가 조합 속 그들의 동료와 합류하도록 강제함으로써 의학적 자유주의에 반대해야 했다. 예를 들어, 조합들은 상조회가 환자 자신의 내과의를 "자유롭게" 선택할 환자의 "권리"를 인정하도록 강제했다. 개업의에게, 그 선택은 다음과 같았다. 한쪽으로 그들이 조합에 가입하지 않았고 "그들의 자유를 유지했고", 그리하여 공동의 몸으로서 의학은 사라질 것이고, 전문직의 과밀은 확장되며, 정부에 채용된 내과의는 환자의 각각의 범주 — 학교, 결핵에 걸린, 입원한, 백신주사 맞은 — 에 걸쳐 독점하게 될 것이다. 다른 한쪽으로 그들은 조합에 가입했고 그럼으로써 "자유로운" — 즉, 조합에 가입되어 있지 않은 — 내과의를 자유로운, 충성 경쟁을 제한하는 일로부터 효과적으로 막았다. 다시, 이 상황은 위생주의자의 그것과 두드러진 대조를 이루는데, 위생주의자의 권력은 집중으로부터 그리고 공공 당국의 권력과 합병함으로부터 얻은 것이었다. 내과의는 그러한 합병으로부터 모든 것을 잃게 했다.

그러한 문제들과 더불어 내과의가 실험실 속 미생물의 곡예에 관한 정중하되 거리를 둔 관심 이상의 아무것도 갖지 못했음을 우리는 쉽게 이해할 수 있다. 내과의는 그들 자신의 이해관계를 진전시키고자 파스퇴르 연구소 안에서 발생하고 있던 바를 이용할 수 있었거나, 그럴 수 없었다. 그들이 그럴 수 있었다면, 어떠한 논증은, **그것이 아무리 혁명적일 수가 있을지라도**, 군의의 경우에서처럼, 되도록 빨리, 이해될 수, 붙들릴 수, 운반될 수 있을 것이다. 그러나 그들이 그럴 수 없었다면, 아무런 논증도, 다른 사람의 눈에는 **그것이 아무리 유용하고 중요할 수가 있을지라도**, 이해될 수 없거나 심지어 한 세기 후에도 응용될 수 없을 것이다. 혁신의 시간은 어떤 이가 해마다 사회적 집단의 "저항" 또는 "성숙"을 지적해 낼 수 있었던 일반 격자와 같은 것이 아니다. 혁신의 시간은 사회적 집단들 상호 간 그리고 그것들의 움직임 속 이해관계의 **궁극적 귀결**이다. 그들 이해관계가 공유된 오해에 대응하지 않거나 그것에 의해 번역될 수 없다면 혁신은 시간이 걸린다. 위생학의 경우에서처럼, 힘들이 같은 방향으로 당기고 있을 때, 그것은 아주 빨리 움직이며, 힘들이 서로 반대일 때 천천히 움직이거나 전혀 움직이지 않는다. 내과의는 시간의 이 본질적 교섭의 완벽한 실례를 제공한다. 과학이 관련되었던 한, 그들은 파스퇴르적 프로그램들의 치환이, 위생주의자의 더 앞서 있던 사례에서처럼, 그들의 생존을 위해 투쟁하는 내과의의 이해관계의 혁신과 최종적으로 제휴했을 때 — 즉, 시간이 그들을 위해 유예될 때 — 까지 그들은 그들 그대로인 채 남아 있었다.

≪의학 콩쿠르≫의 원천은 이 역전에 경탄할 만한 빛을 던진다. 그러나 우리가 어떻게 여타 전문직과 당시의 사회적 움직임이 내과의의 미래 역할을 보았는지를 파악하려면 우리는 ≪과학 비평≫으로 돌아가야 한다. 이름이 가리키듯, 행위자는 항상 활동적임에도 불구하고, 몇몇 행위자는 다른 행위자에 의해 수동적인 것으로 정의된다. 이는 1894년까지 내과의의 실정이었다. ≪비평≫에서 그들 스스로를 표현하는 모든 집단은 내과의를 급진적 재형성을 요구하는 수동적 집단으로 정의했고, 그들은 그 전문직과 더불어 행해져야 할 바를 자세히 펼쳐놓았다.

하나의 작인이 다른 작인을 환자로 전환하다

물론, 모든 이가 내과의에게 말로 하는 존중은 보여주었다. 파스퇴르는, "내가 내과의가 되는 영예를 갖고 있다면", 나는 이것저것 할 수 있으리라고 항상 말했다. 하지만 ≪과학 비평≫ 쪽들 전체에 걸쳐 "다른 시대에 속하는"(추월됨으로써 다른 시대에 속하도록 만들어진) 그 숙련에 대한 경멸 말고는 아무것도 없다. 이 경멸은 내과의가 그를 은밀히 조작하고 있던 아주 작은 존재자에 맞서 어둠 속에서 싸우는 어린이로 여겨졌던 사실에서 유도된다. 그 자신에게 알려지지 않은 미생물에 의해 조작당하는 그 누구이든 올바른 진로 위에다 그를 놓는 것에 대한 견해와 함께하는 너무도 많은 양심의 가책 없이도 다시 조작될 수가 있다. ≪비평≫은 소극적 집단 — 정말로 내과의는, 외과의와 달리, 결코 "우리"에 관해 말하지 않았다 — 으로서 내과의에 관해서는 결코 거의 말하지 않았고 항상 수동적 집단으로서 내과의에 관해 말했다. 수십 편의 논문이 의학에게 그것이 **따라야 하는** 길을 보여주기 시작했으나, 그것을 위해 제안된 작업들의 **아무것도** 적은 개인 내과의의 능력 안에 있지 않았다. 개업의들은 변환되기 위해서는 그들의 의술이 따라야 하는 방식을 보게 되었으나, 그 의술은 실험실 과학자에게만 알려진 과학이었다. 한 익명의 비평가는 소박하게 쓴다. "과거에, 우리는 질병의 원인을 몰랐으므로, 환자 및 연루된 환자의 이해관계만 존재했다. 전체로서, 즉 우주적이고 사회적인, 환경 안에서 추적되어야 하고 파괴되어야 하는 질병의 외부적 원인을 우리가 알기에, 내과의의 권위와 영향력은 그의 행위 영역의 그러한 확장으로부터 자연스럽게 이익을 얻었다"(1889, p. 630). 이 "자연스럽게"란 위생주의자에게만 타당했는데, 내과의는 그가 이제껏 해왔던 바를 완전히 부정함으로써만 그의 행위의 영역을 확장할 수 있었으므로 말이다. 전염 환경에 대한 혼성(hybrid) 관념과 더불어 위생주의자는 파스퇴르화 되는 동안 그가 하고 있었던 바를 계속할 수 있었다. 외과의조차 파스퇴르주의의 전제와 성과를 받아들이는 동안 수술을 계속 수행할 수 있었다. 그러나 내과의가 파스퇴르화 되게 되어 있었다면, 그는 그의 환자를 포기해야 할 것인가? 그렇다면, 그는 무엇을 할 것인가? 그것은 그렇다면 내과의에게 그의 "잘 이해된" 이해관계 또는 그의 "장기적" 이해관계에 관한 요점 없이 말하는 일이 될 것이다. 아무런 행위자도 바뀔 수 없다. 그들은 약간 전이할 수 있을 뿐이다.

≪과학 비평≫은 치유력이 있는 의학의 끝을 선언하는 일을 결코 피곤해하지 않았다. 내과의에게, 이는 듣기에 아주 즐거운 일이 아니었다. 의학의 전체적인 파스퇴르적 탈취는 병리학을 재정의하여 질병이 **치료되는** 대신에 **예방되도록** 하는 것을 목표로 했다. 리셰는 격론 속에서 쓴다. "파스퇴르 혼자 …… 의과학에서 그보다 더 능력 있던 1만 명의 개업의보다 더 많은 진보를 이루어냈다"(Jousset de Bellesme: 1882, p. 509). 이 진보의 이유는 충분히 단순했으며 의학을 피곤해했던 ≪비평≫의 모든 저자를 열광하게 했다. 파스퇴르의 "위생학은 병의 원인을 예방하는 것을, 병을 제거하는 것을, 그리

하여 그들을 치료해야 하지 않는 것을 가능하게 한다"(Alix: 1882, p. 149). 그 세기의 말 이전에 점차 사라지게 되어 있었던, 이 주장은 내과의의 발아래에서 지반을 끊어냈다. "한 사람의 병든 이를 치료하는 이보다 100명의 사람이 그렇게 되는 것을 막기가 더 쉽다"라고 로샤르는 쓴다(1887: p. 388). 어떻게 한 사회적 집단, 즉 내과의가 그들이 곧 치료할 환자를 더는 갖지 못할 것을 경고받는 동시에 협조적이게 되었던 것일까?

의사는 경멸받은 것만이 아니라, 질병이 환자를 제거함으로써 재정의되었던 것만이 아니라, 내과의가 그의 삶을 바쳤던 의술이 임박한 소멸의 운명에 명백히 처했던 것만이 아니라, "그들은" 그가 배웠던 모든 것에 그리고 그의 해묵은 이해관계에 절대로 반대인 역할을 그가 하길 심지어 원했다. "그들은" 그가 질병이 전염성이라고 선언하길 원했다. 사회학에서 하나의 사회적 집단에 의한 또 다른 집단의 역할에 대한 재정의의 거의 드문 그러한 좋은 사례에 관해 나는 알고 있다.

이제껏 내과의는 환자의 마음의 벗이었고 의학적 비밀을 유지했는데, 이는 모든 법률, 예절, 의료윤리의 규칙으로 떠받쳐졌다. 이제 여타 주인공이 이들 규칙을 뒤집을 그리고 내과의가 전염 환자를 맹렬히 비난해야 한다고 요구할 무렵이었다. 다른 이들에 의해서 **행위 당함**(acted upon)이라는 것이 의미하는 바를 아무것도 더 잘 보여줄 수 없었다. 이 대변동의 이유는 근본적인 것이다. 파스퇴르주의자는 사회에 새로운 작인을 더했는데, 이는 모든 여타 작인의 자유를 그들의 이해관계를 추방함으로써 차지했다. 위생주의자는 그리하여 미생물은 감염의 사슬을 가로막음으로써 전파가 예방되어야 한다고 요구했다. 이를 성취하는 유일한 길은 환자를 그가 그 주위에 있는 이들을 전염시킬 수 있기 이전에 분리하는 것이다. 내과의만이 그의 환자가 아프다고 당국에 선언함으로써 이를 해낼 수 있었다. 그러나 이는 어디에다 의학적 비밀을 놓았던가? 전염의 원천을 비밀로 유지하는 일은 범죄가 될 것이다. 그러나 내과의의 역할은 어찌 되는가? 그것은 이제 역전되었다. 그는 더는 **환자**의 마음의 벗이 아니었지만, 환자에 대한 공공 건강의 위임받은 **작인**이었다. 그러나 개인의 자유는 어찌 되는가? 미생물의 현존이 그것을 재정의했다. 아무도 다른 이를 전염시킬 권리가 없다. 모든 이의 자유를 구하기 위하여, 전염 환자는 내과의에 의해 주목되어야 하고, 분리되어야 하며, 소독되어야 하고, 짧게 말해, 범죄자처럼, 해를 주는 길에서 없어져야 한다. **질병은 더는 개인의 불운이 아니라 공공질서의 위반이었다**. 이제껏 내과의와 그의 환자에 의해 차지되었던, 무대의 한가운데로, 셈을 하는 운율 속에서처럼, 미생물, 미생물을 드러내는 이, 위생주의자, 시장, 소독 사업, 검사관이 이제 터져 나왔는데 — 미생물을 추적해 내려 모두가 나왔다. 사회를 이루어냈던 바를 재정의하면서, 파스퇴르주의자는 당국의 이 일반적 움직임에 기여했는데 — 지진처럼, 작인의 하나, 즉 내과의를 완전히 전복시킨 움직임 말이다.

그 안에서 내과의가 다른 이에 의해 행위를 당한, 이 역전은 ≪과학 비평≫에서 자명한 것으로 여겨지지만 ≪의학 콩쿠르≫에서는 반감의 아우성을 일으킨다. 한 익명의 내과의가 경고한다. "당신이 한 질병을 선언하면, 당신은 그러면 소독하는 사람들의 분대를 알게 될 것이다. 당신의 방, 당신의 가구, 당신 자신은 석탄산으로 처리될 것이며 당신의 환자는 분리될 것이다. 전체 지역이 잘못되게 될 것이며, 당신 및 다른 이들은 전염병 소지자로 취급될 것이다. 친구들이 당신에게서 달아날 것이고, 당신은 당신의 염소산, 당신의 석탄산, 그들에게 아무런 더 나은 점을 주지 못하게 될 당신의 환자와 함께 혼자 남겨질 것이다"(1894: p. 212).

1894년까지 ≪콩쿠르≫는 질병에 관해서 당국에게 알려주는 일의 위험에 독설을 퍼붓기를 결코 중단하지 않았는데, 이 일은 다른 이들에 의해서 내과의를 위한 기회로 여겨졌다.[6] 내과의는 가능한 대로 짧았던 연결망들을 따라서 작업을 했다. 중심이 파리에 있던 긴 연결망 위에서 검사자가 되는 일은 그들에게 처음에는 새로운 권력의 원천이 아니라 새로운 무능의 원천으로 보였다. 우리는 우리에게 이익이 될 수가 있는 바만을 믿는다. 개인 환자를 내과의와 연결했던 짧은 연결망 안에서, 환자의 **신뢰**만이 되돌려질 수 있었다. 그것이 상실되면, 모든 것이 상실된다.

발랑티노(Valentino)와 같은 내과의가 쓸 수 있었던 것은 훨씬 나중이었다. "의학적 비밀이 폐지된다면, 내과의는 그런데도 사회에 의해서 공공 건강과 공공 위생을 책임지게 될 것이고 …… 그는 그의 환자의 이기적인 원하는 바를 무시하도록 허락될 것이며 그가 되어야 할 존재가 진정으로 될 것이다. 사회의 하인 말이다"(1904: p. 355).

이들 두 인용 사이에서 내과의 역할의 역전이 발생했다. 그들은 행위적으로 되었다. 짧은 연결망을 따른 환자의 신뢰는 공공 당국의 신뢰보다 결국 덜 이익이 되었는데, 이는 공공 당국에게 다시 환자에게 행위를 하는 것을 허락한다.

이 신선한 출발을 이해하기 위하여, 우리는 내과의의 역할을 재정의했던 이들이 그를 필요로 했음을 이해해야 한다. 그들은 그의 새로운 의무를 그에게 구술했다. 그들은, 그에게 상의하지 않은 채, 그가 무슨 연구를 따라가야 할지 토론했다. 그들은 그가 디프테리아를 진단하면서 무슨 몸짓을 만들어내야 하는지를 그에게 자세히 설명했다. 그러나 개혁된 내과의를 그렇게 강조하면서, 그들은 수동적 하인이 아니라 협조적 작인을 필요로 함을 보여주었다. 그들의 말은 절대적 관념론으로 표시되었음에도 불구하고 그리고 그들은 늘 "진보"와 "확산"에 관해 이야기했음에도 불구하고, 몸짓 또는 기법이 프랑스 사회의 모든 구석으로 퍼져 들어가게 되어 있다면 위생주의자는 실천 속에서 적극적 집단과 동맹을 형성할 필요가 있음을 아주 잘 알고 있었다. 내과의는 경멸받아 왔고 반계몽적인 이 또는 무능한 이로 여겨져 왔을 수가 있지만 그 밖의 누가 위생학을 확산하는 것에 의지할 수 있었을까? 그들은, 영국에서처럼, 내과의와 나란히, 공공 건강의 작인으로서 작동했을 수도 있을 새로운 전문직 집단을 창조해 냈다.[7] 그러나 프랑스에서 당국은,

위생학이 그들에 대해 요구했던 바를 그들이 하도록 하는 일에 관한 견해와 더불어, 말하자면, 가까이에 있던 유일한 사람들인, 내과의를 사용하기로 결정했다.

내과의가 개혁되고, 재교육받고 일정한 만족을 제공받는다면, ≪비평≫의 저자들에 따르면, 그들은 새로운 과학적 규칙 및 법적 규칙을 적용하기 위하여 적절한 작인을 만들어내는 데 꽤 역량이 있을 것이다. 그들이 "그것에 대처하게" 만들기 위하여, 로샤르는 그들이 새로운 과학을 가르침받아야 한다고 주장한다. "그들의 전문직 교육이 25세에 끝난 사람들에게 이는 너무 많이 요청하는 것은 아니다." 질병의 완전한 사라짐이라는 환상이 시들해지기 시작하자마자, 로샤르는 공공 건강의 하인으로서 내과의 — 그들 자신도 모르게, 그렇게 보이는 — 에게까지 후퇴하는 ≪비평≫의 첫 번째 작가이다. 개혁된 내과의와 함께 작성될 계약을 그는 약간 반항적으로 정의한다. "의무(醫務) 군대 안에, 다양한 적성과 역할이 존재하며, 나라가 내과의에게 훨씬 더 많은 신뢰를 놓을 때, 신중한 입법기관 안에서 그들이 그들의 지식을 확장해야 함을 요구하는 것은 옳다"(1887, p. 390). 그는 덧붙인다. "그들에게 정확한 설명을 제공하고 그들이 그것들로부터 떨어져서는 안 됨을 확신시키는 일은 절대로 필요하다"(1887, p. 391). 내과의는 그들이 원했던 바를 몰랐을 수가 있지만, 그들에 관해서, 그리고 자세히 알고 있던 것으로 보인 다른 이들이 존재했다. 그들이 그들 자신의 이해관계를 이해하지 못했다면, 그것들이 무엇이었는지를 다른 이들이 들어야 했던 것은 아니었다. 내과의는 신뢰받지 못했으나, 그들은 필요했다. 1894년에조차 리셰가 쓴다. "디프테리아에 대한 초기의, 확실한 진단은 박테리아적 방법의 사용에 의해서만 확립될 수 있다. 우리는 내과의가 이들 방법을 사용하도록 주장해야 한다"(1894, p. 412).

불쌍한 내과의를 동정하라 — 질병에 관한 그 자신의 정의를 박탈당하고, 그의 의료윤리 속에서 뒤집혀져, 다른 이들에 의해 재정의된 그의 역할은 처음에는 그의 역할을 부정했으며 그러고 나서 그의 진찰실에서 그가 해야 했던 바를 그리고 무슨 방법을 그가 채용해야 하는지를 극히 세밀하게 그에게 말해주었던 새로운 힘의 대표자를 만들어냈다. 마치 그러한 불신이 충분치 않았던 것처럼, 내과의가 파스퇴르 연구소의 구술 내용에 순응하도록 촉구하라고 사람들은 요구받고 있었다. 미생물만이 이 기간에 고통받았다고 말하면 나는 틀렸다. 내과의 역시 그랬다.

그리고 그런데도 리셰가 불신의 이 궁극적 기호를 삼갔을 수도 있다. 왜냐하면 내과의가 그들에게 부과되고 있던 역할을 붙잡은 것은, 그것을 재번역했던 것은, 그것을 증폭했던 것은, 결국 그들의 정복자들을 정복했던 것은 정확히 그해였기 때문이다.

환자가 작인이 되는 곳

≪의학 콩쿠르≫의 내과의는 그들의 역할에 대한 이 재정의를, 즉, 위로부터의 찌르기를 잘 의식하고 있었는데, 이는 그들의 관점에서 보아 그들이 가졌던 모든 것을 그들이 잃을 것을 의미했던 계약을 통해 개혁하려 의도된 것이었다. 한 명의 도지사에 의해서 제안된 개혁에 관해 풍자적으로 이야기하면서, 한 익명의 내과의가 쓴다. "이 개인은 그가 세울 것을 제안하는 모든 조직에 대하여, 명령을 기다리는 프랑스 영역의 큰 부분 전반을 통해 흩어져 있는 협력자가 존재한다는 인상 아래에 있다"(1887, p. 362). 그리고 정확히 이는 다른 이들이 할 것을 제안하고 있었던 바였다. 우리는 그리하여 ≪과학 비평≫이 쫓아내고 있던 쪽에서 이야기하고 있던 바를 쫓겨난 작인 쪽으로부터 본다. 다른 이들은 내과의를 위생학의 작인으로 만들길 원했는데, 그들 스스로가 즉시 모든 곳에 존재하기에는 충분히 많지가 않았기 때문이었다. ≪콩쿠르≫는 그들이 오고 있음을 확실히 보았다. 한 익명의 언론인이

"일정한 사람들이 그들을 사회보호법의 지급받지 못한 작인으로, 한 푼도 소비하지 않고서 나라의 국회의원에 의해 영향을 받지 않는 하인으로 만들려는 뻔뻔함을 지니는, 그 내과의에"(1900, p. 97) 관해서 쓴다. 그들의 위생 처리를 구성해 내기 위하여, 위생주의자는 기울고 있는 내과의를 솟아오르고 있는 파스퇴르주의자만큼이나 많이 필요로 했다. 그들이 이 이중적 연합을 잇는 데 실패한다면, 그들은 결코 그들의 계획을 실현할 수 없을 것이다.

행위 받고 있던 내과의의 감각에 대한 한 내과의에 의해 쓰인 이 우화보다 더 나은 증거는 존재하지 않는다. 한편으로, 아픈 이가 존재하며, 다른 한편으로, 신들이, 즉 파리의 두목들이 존재한다. "가운데에 불행한 존재의 집단이 있는데, 그들에게 휴식도 일시적 중단도 없다. 인간을 돌보고 신들에게 경고하는 과제를 맡고서, 그들은 신성한 처벌을 회피하는 것 말고는 이 과제에 대한 아무런 다른 보상이 없었다. 그들은 그들이 너무 느리다고 비난하는 신의 분노와 그들이 인간의 불행에 책임이 있다고 여기는 인간의 분노 사이에 그들 스스로가 붙들려 있음을 발견한다"(Hervouest: 1894, p. 26). 행위 받은 집단은 관성에 의해 저항할 수가 있거나, 여타 사회적 집단이 그것에 주의하면, 스스로를 여타 집단의 소망과 동일시하며 공격 측으로 전환할 수가 있는데, 스스로 거래를 제안하면서 말이다. 국가, 즉 파리와 이룬 거래라는 관념은 ≪콩쿠르≫에 점점 더 빈번히 튀어나온다.[8] 내과의가 쓰건대, 국가가 그들에게 요청하는 그리고 그들이 그러한 불행한 방식으로 거부하는 모든 새로운 것을 수행하는 일에 동의할 수도, 그러나 적절한 보상과의 교환 그리고 무엇보다도 의학적 전문직의 강화된 방어와의 교환 속에서만 동의할 수도 있음은 가능하다. "공적 견해는 내과의에 의해 행해진 서비스에 대한 충분한 해명을 받아들이는 것으로 낙착되었다고 별로 보이지 않았는데, 이는, 그런데도, 모든 이가 이제껏 끈덕지게 그들에게 요구하는 것이다"(익명: 1894, p. 490).

출현하기 시작하고 있었던 거래는 내과의가 국가에 봉사할 것이되, 국가는 그러면 내과의에게서 그들의 전통적 적들을 없애게 될 것이라는 점이었다. 『기생물(The Parasite)』의 독자로서, 내과의는 다음과 같이 말해야 하게 될 것이다. 우리는 프랑스에서 기생물을 없애는 것을 돕게 될 것이지만, 국가는 우리의 피를 빨고 있는 이들을 제거해야 하는데 — 약사, 돌팔이, 수녀 등등 말이다(Serres: 1980/1982). 내과의는 그러한 것으로서 "과학"에 찬성하지도 반대하지도 않았다. 아무것도 전혀 바깥에서 오지 않는다. 한 집단은 그 자체의 이해관계와 소망 내부로부터 바깥을 항상 다시 낳아야, 즉 그것을 번역해야 한다. 내과의는 그들이 이 새로운 거래를 강화하도록 허락한 그들 조각만을 파스퇴르주의로부터 선별했다. 한 사람의 내과의가 소리친다. "의학적 과학과 수술적 과학의 경이로운 승리 이후에, 모든 형태로 허풍의 불법적 실행의 참으로 무서운 확산을 목격하는 일은 비통하고 혐오감을 느끼게 하는 것 아닌가"(Lasalle: 1888, p. 562). 이 내과의는 오로지 돌팔이를 분쇄하기 위해서 과학을 감탄할 준비가 되어 있다. 우리는 그를 소견의 이 좁음 때문에 비난해서는 안 되는데, 왜냐하면 위생주의자도 똑같았기 때문이다. 그들의 움직임의 방향만은 조금도 파스퇴르주의자의 그것에 반대되지 않았다. 그것이 승자를 도왔기 때문에, 또는 적어도 그들 스스로를 승자로 임명했던 이들을 도왔기 때문에 그것은 우리에게 더 "계몽된" 것으로 그리고 더 "성숙한" 것으로 보인다.

그 관념이 내과의에 적대적인 일정한 힘들을 여타 적을 박멸하는 데 사용함으로써 그것들의 방향을 바꾸게 하는 것을 가능하게 할 거래의 출현에 관한 것일지라도, 그 연구소가, 기대치 않은 표이로, 그들의 세력 범위 내부로 오지 않았다면 내과의는 파스퇴르주의를 결코 사용하지 않았을 것이다. 예방적이었던 백신이 잘못된 방식으로 내과의를 문질렀는데, 그것이 그들에게서 돈을 지불할 수 있던 환자를 박탈했으므로 말이다. 루(Roux) 및 그의 동료에 의해서 발명된 혈청은 그와 반대로 한 환자가 아프다고 진단된 **이후에** 사용된 치료법이었다. 여러 집단 이후에, 이제 의사는 파스퇴르주의를 묾으로써 또한 그들 자신의 이해관계를 진전시킬 것이다. 다른 집단이 다른 방향으로 움직였기 때문에, 이제껏 행위 받은, 한 집단이 그것에 의해서 행위를 바꾼 그 움직임을 우리가, 매주, 날짜를 매기도록 ≪의학 콩쿠르≫는 허락한다. 백신으로부터 면역학을 거쳐 혈청으로 가는 파스퇴르적 전이는 내과의에게 1894년부터 계속 파스퇴르주의에 의해 **강화된** 효험으로 환자를 치료했던 인간으로서 그들의 전통적 전문직을 이어가는 방식을 제공했다.[9] 약간의 실험실 장비를 대가로, 그들은 가공할 소아병인, 디프테리아를 진단하고 치료하는 수단을 얻었다. 파스퇴르주의자는 그러고 나서 내과의에게 독성의 변이의 등가물을 제공했는데, 그것을 위생주의자가 독성의 변이를 "전염 환경"으로 번역하기 위해서 즉시 사용했었다. 그들이 해왔던 바를 그들이 계속해 갈 수 있게 되자마자, 편협하며 무능하다고 불렸던 그 똑같은 내과의가 즉시 움직이게 되었는데, 확산주의 모형(diffusionist model)의 거짓에 대한 한 예시적 증명이다.

태도의 역전은 두 문장으로 요약될 수가 있다. 하나는 리셰의 것이다. "우리는 혈청요법의 이들 방법을 내과의가 사용하라고 주장해야 한다"(1894, p. 417). 이는 지배적으로 된 집단의 입장이었는데, 그 입장은 20년 동안 지배적인 것이 되었으며 내과의가 개혁하는 쪽으로 스스로를 몰아넣기를 원했다. 한 주 전의 ≪콩쿠르≫에서 우리는 다음을 발견한다. "루 선생의 발견을 코흐 선생의 결핵에 관한 행운에 종속시키지 않도록 우리가 너무 열광하지 말고 사실을 철저히 조사하기로 한다. 무엇보다도, 우리의 고객을 우리의 회의주의로 전향시키도록 하고 그들이 그들의 신문에서 비판 없이 채택했던 것으로 보이는 관념으로 우리가 너무 빨리 영향받지 않도록 한다"(익명: 1894, p. 434). 내과의, 과학, 대중의 역할에 관한 두 정의는 여기서 충돌하고 있으며, 양측은 ≪비평≫ 그리고 ≪콩쿠르≫로 정렬된다. 걸려 있는 것은 충분히 단순하다. 대중이 강력한 항의를 제기하고 그 아이들을 구제할 수가 있을 파스퇴르 연구소에서 나오는 혈청을 열렬히 외친다면, 내과의는 무엇을 할 것인가? 마침내 개혁하고 **압력에 굴복하라**고, ≪비평≫은 말한다. 회의적으로 남아 있고 압력에 저항하라고, ≪콩쿠르≫는 말한다. 이는 두 가지 엄청난 힘의 충돌 점이다. 내과의는 포기해야 하고 마침내 우리가 필요로 하는 현대적 작인이 되어야 한다. 내과의는 저항해야 하고 이들 다소 비과학적인 열광으로부터 대중이 계속 떨어져 있게 해야 한다. 그러나 내과의는 포기하지도 저항하지도 않게 되었다. 그들은 그들의 행로를 비껴가게 된다.

1894년 10월에 ≪콩쿠르≫의 큰 이야기는 디프테리아가 아니라 한 내과의, 라피트(Lafitte) 박사에 대한 법정의 비난이다. 루의 혈청이 내과의 저자에 의해 언급되지만, 여전히 과학적 신중을 권하는 견해와 더불어서이다. "루 선생의 발견은 열광의 만장일치 움직임을 계속 제기한다. 우리는 이를 관찰해서 그리고 우리 자신을 그것과 연합시켜서 행복하다. 그렇지만 '보편적 열광'에 직면했을 때 일정한 걱정을 느끼지 않을 수 없다." 익명의 저자는 덧붙이는데, "우리는 변덕스러운 프랑스인이, 과학에서, 너무 신중한 독일인들 자신보다 훨씬 더 조심스럽게 증명해 내는 능력이 있음을 세계에 보여주어야 한다!"(1894, p. 510). 이 문장은 ≪피가로(Figaro)≫ 모금 중에 쓰이고 있었는데, 리셰가 내과의가 사용하도록 강제하길 원했던 디프테리아 서비스가 세워지고 있었던 바로 그때였다!

누가 "눈부신" 그리고 "논쟁 불가능한" 증명에 관해서 여전히 이야기할 수 있을까? 그토록 많은 열광에 직면하여 이 신중은 위생주의자가 파스퇴르의 결론을 그가 그의 입을 열었기 이전에조차 추정하는 경향과의 훌륭한 대조를 제공한다. 쉽게 믿음, 신뢰, 회의주의, 무관심, 반대가 정신적 태도 또는 덕목이 아니라 이동의 각도를 언급함을 우리가 잊지 않기로 한다. 같은 내과의 언론인은 왜 그렇게 많은 불신이 존재하는지를 설명한다. 디프테리아를 "확실성"과 더불어 진단하기 위하여 그리고 그것을 효과적으로 다루기 위하여, 한 내과의가 육체적으로 파스퇴르 연구소에 두 번 가야 한다. 첫 번째는 환자의 목에서 막을 가져오기 위하여. 두 번째는, 디프테리아 진단이 실험실 시험에 의해서 입증되었다면, 혈청 유리병을 환자에게 돌려주기 위하여. 이에 놀라울 것은 없는데, 미생물의 권력이 역전되었음은 실험실 안에서만이므로 말이다. 병균을 옮기기 위하여, 내과의는 연구소의 실험실 방향으로 자신을 두 번 움직여야 했다. 즉, 그는 실행자의 국소적 작업을 두 번 부정해야 했다. "이 체계는 절대적으로 불가능하다"라고 내과의가 덧붙인다. 내과의는 디프테리아 혈청을 그것이 그들에게 옮겨지고, 이 새로운 방법으로, 그들이 이전에 해왔던 바를 그들이 더 잘해내도록 할 수 있었을 때에만 번역할 수 있었다. 그것이 파리로 두 번 가는 그리고 그리하여 파스퇴르 연구소를 강화하는 문제였다면, 그들은 움직이지 않았을 것이다. 무엇이 더 자연스러울 수 있을 것인가? 이는 느림이 아니라 **교섭**이다.

1895년 1월에 내과의의 저항은 더 약해졌다. 그들은 성급함과 보편적 열광을 더 오래 불평하고 있었던 것이 아니고, 혈청 부서 속 나쁜 조직을 불평하고 있었다. 왜? 조직이 **혈청을 마침내 내과의의 진찰실로 이동시킨다는** 신속한 목적과 더불어 설치되었기 때문에. 이 움직임의 영역은 그들의 불신의 쇠퇴와 직접 비례했다. 일어나고 있었던 교섭 속에서, 진찰실로의 혈청의 확산은 질병을 진단하고 치료할 수 있는 전통적 개업의로서 그들의 위치를 마침내 강화했다. 파스퇴르적 통로가 그들의 작업을 더는 방해하거나 조롱하지 않았으나, 그 자체를 비껴가게 했기에, 내과의에게 편안함을 주었다. 지불될 가격은 상당히 낮았다. 그것이 요구했던 모두는 내과의의 진찰실이 **일정한 시점들**에서 파스퇴르 연구소 실험실의 부속물로 변환되어야 했다는 점이었다. 내과의는 현미경의 사용법, 몇 가지 배양 기법, 혈청을 접종하는 몇 가지 몸짓을 배울 필요가 있었다. 힘들의 적용이라는 관점에서 이 연속적 위치 이동은 아주 넓을 것이어서 내과의는 파스퇴르주의자와 같은 방향으로 다소 정렬된 것으로 끝났는데, 파스퇴르주의자는 스스로 그들의 연구자들을 백신에서 혈청으로 비껴가게 했다. 우리가 이들 두 위치 이동을 조심스럽게 재구성하지 않았다면, 한편으로 이해할 수 없는 "혁명"과, 다른 한편으로, 갑작스러운 "전향"에 관해서 이야기하는 일은 불가피했을 것이다.

우리가 혁명을 피하고자 한다면 개혁을 준비하자

한계점은 1895년 3월 23일 ≪의학 콩쿠르≫ 안에서 왔다. 그 학술지의 미래 편집인 잔(Jeanne)이 그의 동료에게 그들이 180도 움직여야 한다고 제안했다. 그는 방어적인 것에서 공격적인 것으로 움직이길 원했다. 놀랍게도 「박테리아학과 의학적 전문직(Bacteriology and the Medical Profession)」이라고 제목이 달린, 이 논설은 여기서 전부 인용된다.

> 저명한 파스퇴르 및 그의 학파의 유익한 발견으로 초래된 과학 혁명이 의학적 전문직을 위해서 준비해 놓고 있는 미래를 내다보는 일은 너무 이르지 않을 수가 있다.
>
> 아카데미의 그들 두 연설가, 파스퇴르와 피터 사이의 귀청이 터질 듯한 결투 이래로 얼마의 거리(距離)를 갖게 되었던가? 그리고 아직 그것은 단지 어제였던 것처럼 보인다. 우리 오래된 임상적 방법의 챔피언의 열정과 숙련은 쇠약했는데, 왜냐하면 그에 맞서 나아가고 있는 상대방은, 유행을 창조하는 몽상가 중 하나인, 지나가는 일시적 유행인 이론가가 아니라, 그것은 과학자였고, 그것은 실험적 방법이었으며, 그것은 진보였다.
>
> 그리하여 오늘날 그의 군대가 요새의 모든 열쇠를 쥐고 있다.
>
> 수술과 위생은 정복되어 왔다. 옛 의학은 그 지형에서 더는 혼자서 싸울 수 없다. 우리의 의술의 태곳적 요소인 진단은 현미경, 박테리아적 또는 화학적 분석, 배양, 접종 없이는, 한마디로 우리의 임상적 판단에 절대적으로 엄밀한 자료를 줄 수가 있을 모든 일을 조만간 더는

해낼 수 없게 될 것이다.

그러나 의학적 재간, 즉 우리가 우리의 것이라고 믿는 정의할 수 없는 그 무언가와, 경험, 즉 대중이 우리의 흰머리에 요구하곤 했던 그 보장은 그렇다면 무엇이 될 것인가? 그것들의 가치는 논쟁 될 것이며 점점 반박을 받게 될 것이다.

그러므로 우리가 심지어 10년 전에 에콜 드 메디신(Ecole de Médicine)을 떠났던 우리나라 내과의의 미래를 고려하는 일은 불안과 더불어서이다.

이제 그 능력을 **채우는** 개업의의 그 떼가 우리 지역 안으로 퍼져나가고, 바로 그 사실에 의해서, 그러한 빽빽한 경쟁 이전에 우리를 떨게 만들 때, 우리와 우리의 숙련과 다른 숙련으로 무장한 젊은이들 사이에서, 진정한 가치에 대한 감각이 어떤 이에게 주는 열정과 확신과 함께, 생존을 위한 투쟁이 시작될 때, 우리는 조만간 압도적, 치료 불가능한 패배로 위협받게 되지 않을 것인가? 대중은 우리 편에 서게 될 것인가?

동료여, 이 경보의 외침에 대해서 우리를 용서해 달라!

우리의 정착된 상황의 높이로부터, 우리가 더는 병균과 배양 매체를 비웃어서는 안 된다. 그것들을 배양하는 이들은 그들이 인류에게 준 봉사에 대해 우리의 존중을 받을 가치가 이미 있다. 우리에게, 의학적 전문직의 옛 호위대인 그들은 쓸모 있을 유익한 공포와 결정을 또한 고무한다. 우리는 시대와 함께 행진해야 한다. 다가오는 세기는 새로운 의학의 피어남을 보게 될 것이다. 그것을 연구하기 위해 우리는 금세기에 남겨진 바를 바치기로 한다.

우리가 혁명을 피하고자 한다면, 우리는 학교로 돌아가기로, 그리고 개혁을 위한 지반을 마련하기로 하자.

그리고 우리 중 다수가 우리의 젊은 주인들을 위한 강의실과 실험실 때문에 우리의 고국을 떠나는 것이 불가능하다면, 그들의 가르침이 발견되게 될 곳, 즉 의학 학술지 안에서 그것을 찾기로 하자. 우리 시대에, 논저와 사전은 그것들이 나타나기 전에조차 시대에 뒤처져 있다. 학술지만이 진보와 과학 혁명의 급속한 행진을 따라갈 수 있다. 더 읽기로 하자.

이런 식으로 우리는 새로운 관념에 대한 이론을 손에 넣게 될 것이다. 그러고 나서, 잘못 놓였던 자부심은 내던지고, 좋은 믿음과 진리에 대한 사랑에 의해 유일하게 안내받아, 우리는, 환자의 침대 곁에서 혹은 진료실에서, 우리의 젊은 경쟁자들이 그들의 최근 연구의 편익을 우리와 공유하도록 요청하게 될 것이다. 동시에 우리는, 보상의 방식으로, 의학적 전문직의 숙련 속 우리 경험의 성과를 그들과 공유하게 될 것이라고 우리가 그들에게 말해주자.

봉사에는 봉사로. 이런 식으로 우리는 전문직 연대의 결속을 확립하고 더 밀접하게 만들게 될 터인데, 이는 그리하여 우리 모두에게 가용한 과학의 소중한 승리를 만들게 될 것이다(Jeanne: 1895, p. 133).

이 잔 박사는 『표범(The Leopard)』 속에서 혁명에 직면한 살리나 공작(Prince Salina)과 같다(Lampedusa: 1960). 그가 공격 측으로 바꿨다면, 그것은 모든 것을 똑같게 유지하려는 그리고 의학의 동료 및 적 둘 다를 향해가는 길을 마찬가지로 막으려는 것이다. 힘들의 균형을 강조하고 있는 이는, 군사적 언급을 전개하는 이는, 절망적 상황 속에서 오로지 탈출하기 위하여 계약과 협력에 관해 말하는 이는 잔이지 내가 아니다. 행위 속으로 넘어가면서, 이전에는 비활동적으로 보였던 이들은 그들에 대해서 기대되었던 바를 명백히 배반하게 되었다. 그들은 그들에게 부여되어 왔던 그리고 그들이 이제 열렬히 붙잡은 기능을 전이시키게 되었다. 그들은 그들에게 제공된 한때 그들이 완강히 거부했던 역할을 받아들였다. "우리 시대에 사회적 삶은,

반대로, 의학적 지식을 점점 더 사용하는 경향이 있다. 정부, 법원, 모든 종류의 당국이 계속 우리의 전문적 역량을 불러낸다. 우리의 숙련과 전문직업적 용기를 향한 존중에 관한 이 증언에 우리를 불쾌하게 할 아무것도 없다. 그렇다면, 우리는 자진하여 그것들을 받아들이기로 하자. 그러나 모든 작업이 그것의 보상을 받을 가치가 있음을 그들 당국에 상기시키는 기회는 잃지 말기로 하자"(Jeanne: 1895, p. 144). 내과의는 늑장을 부리는 일을 멈추었으나, 그들은 다른 이들이 그들에게 주기를 꺼리고 있었던 지급금을 이제 요청하고 있었다. 움직여져서, 그들은 이제 그들 자신의 합의를 움직이기로, 그러나 그 밖의 무언가와의 교환 속에서만 그리고 그들을 기다렸던 새롭고 더 잘 지급 받는 곳으로 이동하기로 동의했다. 집단들은 무관심했으며 아무것도 그들의 마음을 바꾸도록 만들지는 않게 될 것이었거나, 그들은 관심이 있었으되, 그들이 이해했던 바를 서로 다른 방식으로 번역하는 데에만 관심이 있었다.

아무것도 완전한 태도 변화를 파스퇴르적 과학을 향한 ≪콩쿠르≫의 입장보다 더 잘 보여줄 수 없었다. "근년에 이르기까지, ≪의학 콩쿠르≫는 미생물, 막대 같은 세포, 코마균(comma bacilli), 구균(cocci)[연쇄상(strepto), 포도상(staphylo), 미크로(micro) 등등]에 관해서 이야기하는 것을, 또는, 그것의 통상적 독자인, 개업의가 그 과하게 사변적이고, 과하게 가설적인 뒤범벅에 대해 아주 많이 신경 쓰지는 않으리라는 점을 알고서, 순수한 박테리아적 연구에 관해서 이야기하는 것을 자발적으로 삼가왔다." 그들은 파스퇴르주의자로부터 자발적으로 거리를 유지했다. 번역될 수 없는 것을 배우는 일의 요점은 무엇인가? 아무것도 교환으로 제공하지 않는 무언가를 믿는 일의 요점은 무엇인가? 적의 확산을 격려하는 것에 신임을 부여하는 일의 요점은 무엇인가? 1895년 디프테리아를 전통적 의학을 구제하는 한 방식으로서 보는 것이 가능해졌을 때 모든 것이 변화했다. 잔이 회상하듯 말이다. "그러나 오늘날, 박테리아학이 실험실에서 출현했고, 그것은 임상의학으로 들어갔으며, 그것은 심지어 치료법에 도달했다." 치환에 관해 이야기하는 것은 내가 아니다. 파스퇴르적 실험실의 움직임을 측정하는 이는 잔인데, 이 실험실은 그것이 내과의에 봉사하는 곳에서 마침내 자신을 발견한다. "시작부터 그것은 그것의 우월성을 선언했다. 프랑스 전체가 디프테리아에 맞서 아주 강력한 혈청을 이미 소유하고 있다." 그는 이 마지막 타격을 추가한다. "모든 개업의가 이 치료법을 알고 그것을 적용할 수 있는 것이 절대 필요하다. 모든 이가 이 엄청난 진보를 의식해야 할 무렵이다"(Jeanne: 1895, p. 199). 탄원 된 신중에 무슨 일이 9월에 일어난 것인가? "너무 신중한 독일인들 자신보다 훨씬 더 조심스럽게" 보여야 할 필요성에 무슨 일이 일어난 것인가? 디프테리아의 움직임들은 그 "절대 필요한"의 방향을 바꾸었다. 하지만 그들은 **같은** 개업의였다.

4월에 그들은 계속 더 멀리 갔다. 내과의는 학교로 돌아가 박테리아학을 배워야 한다고 ≪콩쿠르≫는 권리로서 요구했다. "새로운 법률들이 모든 내과의를 공공 위생 서비스의 공식적 작인으로 만들듯이, 그 작인은 그들의 역할을 학습하기와 잘 이용하기라는 수단과 더불어 제공되어야 한다"(Jeanne: 1895, p. 160). 한 좋은 단어, "작인"이라는 단어. 환자로서, 내과의는 작은 짐승을 조롱했다. 작인으로서, 그들에 관해 모든 것을 알길 원했다. 계약은 그것의 의미를 바꾸었다. 나라는 내과의가 새로운 과학을 배워야 한다고 옳게 요구했다. 그러나 내과의가 교환으로 나라가 그들에게 요구했던 바를 요구했던 것은 이제 옳았다.

우리의 정복자를 정복하기 그리고 우리의 번역자를 번역하기

그 유명한 편집 논설 이후 막 1년인, 1895년 9월, 우리는 ≪콩쿠르≫에서 읽을 수 있다. "삼출물(滲出物, exudate)의 경우에서 미생물 통제[즉, 환자의 목구멍에 대한 검사를 자신에게서 박탈하는 내과의는, 폐 질병의 경우에서, 청진을 사용하는 것을 금했던 의사만큼 무책임하고, 무정하며, 유죄일 것이다" (익명: 1895, p. 383).

그러한 증거 이후에 "시간이 지나간다"라고 또는 역사를 위한 좌표계로 봉사하는 시간이 존재한다고 여전히 이야기될 수 있을까? 내과의가 파스퇴르적 박테리아학이 실험실에서 출현했음을 깨닫고 있었던 것은, 푸이-르-포르 이후 15년이 지난, 지금일 뿐이다. 그들은 그러므로 절망적으로 느렸다. 하지만 1년 안에 같은 "편협하고" "한계 있는" 내과의가 그들의 양심의 가책을 극복했고, 그래서 그해 이전에는 하기가 위험했던 바를 하지 않는 것이 이제는 범죄적이었다. 내과의는 그리하여 놀라운 속도로 움직이고 있었다. 그러나 사실상 그들은 느리지도 않고 빠르지도 않게 움직이고 있었는데, 1895년에 그들은 항디프테리아 백신 접종을 60년 전에 발명된 청진만큼, 존경스러운, **전통적인**, 명백한 무언가로 변환하고 있었으므로 말이다. 시간은 교섭된다. 그 사실은 충분히 명백하고, 그것이 그럴 수가 있을 만큼 아주 명백한데, 그들 움직임의 궁극적인 그리고 먼 귀결들의 하나에 의해서, 말하자면 일, 월 연의 임의적 격자를 따라 그들의 위치에 의해서 사회적 움직임을 설명하는 역사가에 의해서 그것은 너무도 자주 잊힌다.

정말로, 내과의가 행위 속으로 움직여 들어간 바로 그날부터, 그들은 파스퇴르를 오래된, 마침내 의기양양한 의학의 여타 요소 중 하나로서 포함하기 위하여 **즉각 연대기를 바꿨다**. 이차적 기제의 재배치가 ≪과학 비평≫에서 부샤르의 한 논문 안에서보다 더 명확한 곳은 없다. 그것은 내과의가 외과의, 위생주의자, 군의처럼 말하고 있는, 즉 자랑스럽게 그리고 1인칭 복수로 말하고 있는 그 학술지에서 첫 번째 논문이다. 파스퇴르에 관해서 그는 쓴다. "그러나 의학적 발견의 중요성이 무엇이든 간에, 그것은 의학을 대체하지 않고, 그것은 그것의 자리를 의학 안에서 찾는다." 우리는 오래된 의학에 대한 파스퇴르의 탈취와 거리가 멀다. 누가 움직였는가? 의학에 포함된 이는 파스퇴르임에 반해, 그는 반대로 주장했다. 부샤르는 계속 간다. "박테리아학의 기여는 이상하게 축소되며, 그 이유로 우리는 오래된 의학 안에 남아 있게 되는데, 오래된 의학의 많은 사고에서 우리는 돌아서고 있었다." 혈청진단(serodiagnosis)에 대한 그의 해석은 전염 환경에 관해 20년 전 위생주의자가 말하고 있었던 바와 정확한 동치이다. "미생물 침투로부터 우리 자신을 자연스럽게 방어하는 기능을 격상시키는 이 혈청진단은 자연적 치료법 안에서 그 자리를 또한 발견한다." 파스퇴르주의에 대한 내과의의 결집이 아니라 내과의에 의한 파스퇴르주의자의 최종적 흡수를 신성하게 함으로써 그는 끝내는데, 마침내 편안해진다. "이 대단한 치료법적 진보가, 오래된 건물을 뒤흔드는 것과는 거리가 멀게도, 다름 아닌 오래된 치료적 성격에 관한 노력을 통상적으로 인가해 준다고 당신은 생각하지 않는가?"(1895, p. 225). 에리쿠르가 10년 전에 말했듯이 말이다. "**외부 신체 질환 반응을 일으키는 질병**(Morborum Causa Externa Morbus Corporis Reactio)이라는 오래된 금언은 그러므로 이제까지처럼 참이다"(1895, p. 532).

내과의가 마침내 공격 측으로 바꿨을 때, 그들은 이제껏 그들을 정의한다고 주장했던 것의 역할과 기능을 재정의했다. 실험실 방법의 수용은 오래된 임상의학의 용어에 따라 재교섭 되었다. "방사선 촬영술(radiography), 박테리아학, 혈청진단은 보통 사람을 위한, 요컨대, 우리와 같은 개업의를 위한 여전히 너무도 빠른 격발의 무기이다. 그것들이 우리에게 약속하는 엄밀성을 우리가 꿈꿀 수가 있겠지만, 그것들이 때로 심각한 결점을 갖고 있음을 우리가 잊어서는 안 되며 우리는 굴하지 않고 그것들을 순수 임상의학에 복속시켜야 한다. 무엇보다도 병균을 놓고 내전을 시작하지 않도록 하자" (Jeanne: 1900, p. 145).

의학의 파스퇴르의 탈취가 환상이었던 정도를 우리는 안다. 그가 그의 영향력을 확장하는 데 필요했던 의사는 위생주의자만큼 친절하지는 않았는데, 위생주의자는 그를 그들 자신의 확신을 효과가 있게 만들기 위한 그들의 움직임의 지도자로 선출했다. 1905년이 되어서야 ≪의학 콩쿠르≫는 확실한 우월성과 더불어 주장한다. "임상의학이 실험실과 박테리아학에 대한 우선성의 형식적 권리를 갖는다고 주장하는 이들 사이에 우리는 항상 있었음을 우리의 독자가 의식하지 못하는 것은 아니며, 물론 실험실 방법에 관해 그토록 열광적인 우리 시대에, 우리는 우리의 의견을 바꾸기로 결정하지는 않았다. 그러나, 이차적 중요성을 가짐에도 불구하고, 실험실에 의해서 제공된 진단 방법은 경멸 되어서는 안 된다"(Huguenin: 1905, p. 202).

위생주의자의 열광 이후 한 세대에, 내과의의 태도는 단순히 실험실을 경멸하지 않는 것이었다. 심지어 박테리아 과학은 완전히 재번역되어 왔다.[10] 1900년 ≪의학 콩쿠르≫는, 내과의의 관점에서 보아 유일하게 진실로 치명적인 질병인, 전문직의 **과밀**을 위한 치료법을 제안하기 위하여 그것의 독자 사이에서 경쟁에 착수했다. 확실한 구피에(Gouffier) 박사에게 포상이 갔다(1900, pp. 528-556). 그는 위대한 파스퇴르의 박테리아 과학들에 관해 이야기했으나, 그는 그것들을 과밀을 위한 **구제책**으로 보았다! 의학 연구의 기간을 연장함으로써, 그 과학들은 동료의 숫자를 제한할 것이며, 희랍어와 라틴어가 추가된다면, 결과는 훨씬 더 나을 것이다. 이는 그 학술지 쪽의 천박한 행위는 아니었다. 1906년 ≪과학 비평≫ 또한 "의학 연구의 개혁"에 관한 설문에 착수했다. ≪비평≫의 새로운 편집인 툴루즈(Toulouse)는, 그가 설명하기로, "의학 교육과 경험 있는 개업의를 그들의 의술의 실행에 관한 철저한 파악으로 훈련시키는 일을 향한 경향 속에서 이른바 이차적 과학(화학, 생물학, 물리학, 기생충학)의 폐지를 목적으로 하는 상당한 새로운 움직임"(1905, p. 702) 때문에 이 탐구를 시작했다.

다시 한번 시간은 한 방향으로 움직이지 않는다. 그것들의 위치를 비가역적으로 만들 수 있는 작인이 존재하는 만큼의 여러 방향이 존재했다. 파스퇴르가 의학을 제거했던 것만큼 빨리 박테리아학을 제거하는 것이 가능했다. 동맹자가 발견되었다는 조건 위에서 두 움직임 모두 가능했다. 과학적 의학에서 과학 없는 의학으로 움직이는 것처럼, 백신 접종에서 백신 접종의 부재로 움직이는 것은 가능했다.

내과의가 공격 측으로 바꿨을 때, 그들은 파스퇴르주의로부터 무언가를 확실히 취했으나, 위생주의자와 달리, 그들은 실험실을 취하지는 않았다. 그들은 파스퇴르에게 붙여진 위신을 취했다. 정당성이라는 관념이 사회학에서는 드물게 옳지만, 그들의 이해관계를 그들의 영향력을 확장하기 위해서 번역할 수 없으나 그런데도 서로를 필요로 하는 집단 사이의 관계를 지정하는 데 그것은 때로 봉사할 수가 있다. 그것은 또 다른, 더 단순한 연합의 형태이다. 1905년, ≪콩쿠르≫가 경쟁을 완화하기 위해서 출간한, 모든 의학적 치료에 대한 치료비 종합 목록은 꽤 명확하게 기초의학에서 파스퇴르의 과학에 의해서 맡아진 위치를 보여준다. 단순한 무균 붕대에 대해서 환자는 진료비를 지불할 것이다. 이는 30년 전의 파스퇴르주의였다. 다섯 번의 방문 또는 진료의 가격은 "국소적인 예방적 사고에 대한 치료를 포함하는, 항미생물 그리고 항독성 혈청의 피하주사를" 포함한다. 50년의 실험실 작업 그리고 전염병의 사라짐 및 새로운 의과학의 확립에 관한 30년의 울려 퍼지는 선언 이후에, 이전에 행해졌던 바에 관한 여러 쪽수에 몇 줄만이 더해졌다. 급진적 인식론적 단절(epistemological break)은 주류의 실천 속 얇은 긁기인 것으로 판명 난다.

그러나 이는 이 전략적 역전에 의해 얻어진 위신에 대해서는 참이 아니었다.[11] 의학적 감독을 보장하기 위하여 위생주의자가 아주 많이 필요로 했던 내과의는 마침내 이 역할로 전향했으며 다른 이들이 새로운 전문직 집단을 창조하는 데 실패했기 때문에 그들에게 남겨두었던 지형을 차지하는 것으로 끝났다. 내과의는 경멸당할 수 있었으며 동시에 필수 불가결했다고 내과의에 대해서 말하는 이들은 그들이 과학자이며 동시에 정치인이 되기를 원했다. 내과의는 정치인의 역할을 받아들였고, 연구의 지속을 확장해 나가는 것과 "업신여겨지지 않았을" 몇 가지 방법을 채택하는 것을 제외하고 과학자의 역할을 포기했으며, 그들은 그들을 필요로 했던 작인들의 위신을 유지했다. 다른 이들은 그들의 앞잡이로서 행위를 했다.

그 기간의 나머지 동안, 자기만족을 표현하는 셀 수 없는 논문이 ≪과학 비평≫에 출간되었다. 아무것도 문체 또는 기법을 정말로 바꾸지 못했다. 자기만족만이 더 커졌다. 대단한 혼합자, 란두지가 내과의에 관해 그의 흉내 낼 수 없는 문체로 쓴다. "환자에게 주어질 도움에 덜 흡수된, 내과의는 가까스로 시작된 기획에, 개체와 종의 생명력을 증가시키는 기획에 이제 자신을 바칠 것이다. …… 아이 키우기, 번식, '인간 배양(hcminiculture)'. 가족 위생, 교육적·심리적·육체적 위생. 그 모든 것을 가르치고 실천하는 일은 아무것도 아닌가?"(1909, p. 162). 정말로 그것은 아무것도 아니었다! 위생주의자가 추구했던 전체는 내과의에 의해 계승되었는데, 공중위생에서 아무런 특화된 전문직이 없었으므로 말이다. 파스퇴르적 용수철 자체는 모든 것에 관해 이야기했던 내과의에 의해 모방 되었지만, 전략적 지점에서 실험실의 추가 없이 그랬다. 1914년 쇼파르(Chauffart)는 「전쟁과 인종의 건강(War and the Health of the Race)」이라는 제목의 한 논문에서 의학의 확장을 정의한다.

> 과거 50년 이상, 우리의 의학적 습관은 현저하게 바뀌었다. 일단, 내과의로서, 우리는 치료될 **개체**가 아닌 것을 좀처럼 보지 않았다. 우리는 한 환자의 내과의였고, 우리는 그를 다루고자, 치료하고자 했으며, 일단 그가 치유되면, 우리는 우리의 임무를 완수했다고 생각했다. 그러다가, 관념의 일반적 경향이 바뀌면서, 내과의는 환자의 침대 옆에서만 자리를 갖는 것이 아니라, 또한 가족에게, 사회, 국가의 위원회에서 조언하는 데서도 자리를 갖고 있음을 우리는 알았고, 사실상, 개체의 건강이 존재하듯, 국가의 건강과 인종의 건강이 존재함을, 내과의는 자신을 이것들과 그만큼 많이 관련지어야 함을 알았다(1915, p. 18).

내과의, 또한, 움직였다. 그는 환자로부터 국가로 움직였다. 다른 이들에 의해서 임명된 자리를 차지했고 그의 습관을 가능한 대로 약간 바꾸었다. 진실로 이상한 혁명인데, 그 안에서 추정적으로 혁명화된 집단들은 그들이 이전처럼 계속 수행할 수 있음을 그리고 그들의 번역자들을 배반할 수 있음을 확신했을 때에만 움직였다. 과학의 혁명적 역사는 그것의 토크빌(Tocqueville)을 아직도 기다린다.

마침내 강제가

1871년과 1919년 사이에 다양한 행위자가 모든 가능한 관계를 통해서 위생, 과학, 의학을 서로 관련지어 정의하려 시도했다. 약간의 논문이 명확성에 대한 권리를 주장하고 순전히 의학적이길, 순전히 과학적이길 또는 순전히 위생학적이길 소망한다. 그러나 그들의 대부분은 이해관계를 융합하고 새로운 혼합체를 산출하기 위하여 애매성을 활용한다. 리셰가 외친다. "위생학의 모든 문제는 사회적 질문이다. 이제 과학이 아니라면 무엇이 그것들을 해결할 수 있을 것인가?"(1888, p. 360). 이들 존재자(entities)를 분류하려는 또는 구별하려는 모든 기도는 자체로 아무런 이해관계도 없다. 그것들은 그저 이 엄청난 입체 교차로로 수렴하고 있었던 고속도로의 수를 가리킨다. 사회적 질문(빈곤, 착취, 알코올중독, 결핵). 프랑스의 떨어지고 있던 출생률 및 육체적 약함(체조, 군대, 유모 일). 위생 시설에 대한 질문(배수, 정수, 오염). 질병과 대규모 국제적 상업의 연결(격리, 감독). 수술과 병원 행정. 몸의 저항과 면역학. 전염병. 기생 질환 또는 열대병. 이 모든 관심사를 포괄하는 한 가지 단어는 존재하지 않았다. 더욱이, 일단 행위자가 서로 혼합되고, 자리에서 이동하고, 그들의 "목표들" — 또는 그들이 그들의 목표들이라 부르기로 정했던 것 — 에 도달하자 파스퇴르주의자를 관심사의 하나의 등급에서 또 다른 등급으로 움직이게 할 수 있었던 **융합**(fusion)은 아주 길게 지속할 수가 없었다.

예를 들어, 그와 같이 중요한 한 사회적 움직임의 번역자인 위생학은 ≪비평≫에서 점차 사라진다. 미생물 자체처럼, 그것은 짧은 기간에만 단일성과 인격성을 부여받은 작인이었다. 위생에 대한 이야기가 여전히 존재했으나, 그것은 그것이 이름 속에서 어떤 이가 행위를 해야 했던 그 "발신자"가 더는 아니었다. 비평 속의 논문들은 더는 변화를 옹호하지 않는다. 그것들은 이제 "파리 위생 처리 조직"과 같은 조직과 "물을 정화하기 위한 방법들의 현재 상태"를 **서술한다**. 이들 서술적 논문에서 "감독", "규제", "감시 활동"이라는 단어가 계속 되풀이된다. 1910년 장티푸스에 대한 의학 아카데미의 한 보고서는 샘물의 담수를 "감독하기", 정화하는 기계류를 "감독하기", 하수 "규제하기", 전염병 "탐지하기"를 제안한다. "도지사의 권위는 이야기된 규제가 수행되는지 확인해야 하는 의무를 갖고 있다." 우리가 현재 가진 바는 **늘 하는 일과**(routine)인데, 그것은 연결망들을 유지하기 위하여 그 밖의 다른 곳에서 오는 요소를 사용함으로써 연결망을 세우거나 확장하는 질문이 더는 아니므로 말이다. 실험실은, 아카데미가 계속하기로, "가치 있는 도움"이되, 그것은 "물 공급의 건강함을 감독함에 의한, 내과의가 진단에 도달하도록 도움에 의한", 위생적 감시 활동의 베르티용(Bertillon) 이상의 어떤 것이 더는 아니다. "부서 안에 박테리아 관측소를 설치하는 것이 바람직하다. 그러한 관측소 없이 지방자치제 당국 및 부서의 위생 감시 활동은 효과적으로 수행될 수 없다"(익명: 1910, p. 471). 실험실은 그 당시 사회가 참여했던 투쟁의 최전선에 더는 있지 않았다. 이제 그것은 모든 곳에 퍼져 있었고, 미생물과 공공 당국을 정복했으며, 그것의 법률이 이제는 단지 **시행되어야** 했던 다름 아닌 행정의 정보 제공자였다.[12]

의학과 내과의에 의해서 점차 대체되게 되어 있어, 행위자로서 위생학이 사라져 가고 있었을 때인, 위생 시설에 대한 모든 위대한 프로그램이 마침내 진행 중이었을 때인, 1902년 법률이 통과되었을 때인 그 당시, 어떠한 논쟁도 더는 없었다.[13] 아무도 위생 수칙의 확산을 위한 동맹자를 얻으려 더는 시도하지 않고 있었다. 법률로 비준된 과학 법칙은 이미 모집된 집단 사이에서 논쟁의 어떤 여지를 더는 남기지 않았다. 아니 오히려, 위생주의자의 동맹자가 더 수가 많아지고 더 높이 자리를 차지하게 되면서, 남아 있는 적은 죄책감을 적게 갖고도 파괴될 수 있었다. 1887년 로샤르는 위생학이 호전적으로 되길 원하지만, 그는 그것이 **교섭해야** 한다는 것 또한 안다. "위생학이 결정권을 갖기를 그리고 그것의 결정이 존중받게 하기를 원한다면, 극단적 절제와 조심과 함께 움직여 나가는 일을 잘하게 될 것이다. 그것이 스스로 전횡적이고, 간섭하며, 완고하다는 것을 보인다면, 그것은 불가피하게 실패할 것이다. 그것은 보호물이 되어야 하지, 족쇄가 되어서는 안 된다. 절대적으로 필요할 때에만 나라의 커다란 경제적 톱니의 작동을 지체시켜야 한다"(1887, p. 392).

몇 년 뒤에 아르맹고드는, 결핵이라는 주제에 관해 이야기하면서, 번역의 모형과 확산의 모형 둘 다를 사용한다. 결핵의 전염에 대한 관념이 퍼지지 않는다고 그가 불평하지만, 동시에 그는 실천의 확산을 강제하기에 충분할 정도로 강력한 동맹자들을 찾는다. 산업가에게 그들의 결핵에 걸린 노동자를 배려하라고 요청하는 안내문을 지을 것을 그는 제안한다. "대중의 의견을 옮기고 그들의 손을 강제할 국가적 캠페인 없이 …… 이들 조치에 맞서기 위해 공장 및 작업장 지배인의 명백한 또는 진정한 이해관계에 의해서 제기된 모든 장애를 극복하는 것이 가능할 것이라고 당신은 믿는가?" 아르맹고드에 의해서 비난당한 이 환상은 파스퇴르의 발견이 사회를 관통해 움직였다고 믿은 이들에 의해 그럼에도 불구하고 자진하여 공유되었다. 훌륭한 선전가로서, 아르맹고드는 한 관념이 여행에 착수할 수 있으려면 무슨 힘들이 그 관념을 수반시켜야 하는지를 아주 잘 안다. "일단 산업가가 깨우쳐지고 확신을 하게 되어, 그들이 행위를 하고자 마음을 먹게 되려면, 몇 안 되는 예외 사항과 더불어, 그들은 이해관계를 지닌 당파의 요구로 강제되어야 한다." 아르맹고드는 아무런 환상 아래 있지 않다. 그는 코흐의 병균이 위험하다는 점을 확신시키기 위하여 그들의 보스에 맞서도록 노동자들을 휘젓길 원한다. 이 움직임은 산업가들 자신의 최선의 이익 안에 물론 있지만, 그들이 이들 이익을 이해하게 되려면, 그들은 **강한** 증명을 필요로 한다. "우리가 호텔 객실 소독이 시행되게 할 수 있기 시작하면 …… 그것은 결핵의 전염에 대하여 신문에 의해 이미 부여된 홍보 덕택인데, 이는 새로운 도착자에게 보증을 요구하도록 만들고 있다"(1893, p. 34).

그는 얼마나 훌륭한 **연합**론자(*associo*lgist)인가! 증명이란 저절로 아무것도 증명하지 않는다는 점을 그리고 소독 업무가 사회로부터 코흐의 병균을 몰아내도록 호텔 경영자가 영향을 미치도록 하는 데 고객이 영향을 미치게끔 언론이 영향을 주려 한다면 사회적 몸(social body)에 노력이 들어가야 함을 그는 안다. 그는 행위자가 서로 반대되도록 배치하는데, 약간의 위치 이동만이 그들 각각에서 얻어질 수 있음과 "진리"의 단순한 "확산"은 기대되지 않는다는 점을 알고서 말이다.

하지만 몇 년 뒤 일단 이 일련의 사람들이 확신하게 되자 모든 것이 변했다. 교섭할, 모집할, 또는 다른 힘들을 서로 반하게 배치할 어떤 필요성이 더는 없었다. 다름 아닌 불활성체(inert bodies)가 존재했다. "질병 예방은 대중의 무지와 부주의로 그리고 그것이 위생적 조치에 맞서 세워놓는 비합리적 저항으로 손상된다"(Arloing: 1910, p. 481). 거기서 그들은 마침내, "불활성인 것(the inert)", "비합리적인 자(irrationalists)", "저항자"였다. 아무도 더는 조심스럽게 취급되지 말아야 했다. 이해관계의 각도는 이 사람들을 공범으로 되돌아가게 하는 일을 곤란을 겪을 가치가 있도록 만들기에 충분할 정도로 예리하지가 않았다. 그들에게 기대되었던 소독의 역할은 그들의 적극적 방조를 찾을 필요가 있을 정도로 충분히 복잡하지가 않았다. **파스퇴르가 흥미로웠음을 확신하는 데 40년이 걸렸던** 그리고 그들이 똑같은 활동을 계속 수행해 나갈 수 있을 것을 확신했을 때에만 그를 이해하는 데 곤란을 겪었던 **이들은** 그들과 협력하는 것에서의 다른 작인의 느림을 다만 **관성**으로 여겼다. 이야기는 끝났다. 이루어져야 할 어떠한 미묘한 분석이 더는 존재하지 않는다. 빈자는 위생주의자, 생물학자, 공공 당국, 내과의, 외과의, 산파, 도지사, 시장, 소독 업무, 교사, 군의에 의해서 이제 포위되었던 이들이었다. 이 집단들 각각은 토론했고, 교섭했고, 방향을 전환했으며, 저항했고, 미생물에 맞선 투쟁을 왜곡했다. 그러나 그들의 위치를 비가역적으로 만들기 위하여 그들이 취했던 모든 조치에 매달리면서, 일단 서로 동맹을 이루자, 그들은 논쟁 불가능하게 되었다. 교섭 없음. 왜곡 없음. 시행.

위생은 치안 유지 활동과 강제의 측면에서 종종 토론되어 왔다. 아마도 옳겠으나, 이들 용어는 그것의 마지막 단계를 기술할 뿐이다.[13] "훈육하기(disciplining)"와 "지배"에 관해서 말하는 이들은 거의 모든 것이 끝난, 권력이 더는 "교섭될" 필요가 없는, 남아 있는 모든 것인 사다리의 바닥에서 그들을 확신시키는 일인 그 지점에서만 그들을 분석하기 시작할 수 있다. 1910년대에, 정말로, 의기양양한 위생주의적 움직임은 훈육적 권위처럼 보였어야 했다. 그러나 분석을 이 강제에 제한하는 일은 전에 발생했던 아무것도 이해하지 못하는 것인데, 이때 위생학은 약했고, 목소리가 없었으며, 무력했지만 권력을 갈망했다. 일단 중요했던 힘들과 그것이 동맹하게 되자, 그것이 빈자에 빌붙어 살찌면서, 즉 그들의 이를 잡아주고, 그들을 갱생시키고, 백신 접종을 해주고, 씻기면서, 그것은 이어서 그것의 진보를 따라갈 수 있었다. 그것을 할 사회학자가 부족하지는 않다. 그들은 그들이 권력을 비난하고 있다고 생각하며 위생주의적 움직임이, 권력을 갖지 못한 채, 실험실과 같은 기대치 않았던 그러한 장소에서 바라봄으로써, 권력을 요구하려 하고 있었던 수십 년을 무시한다.

열대의 솔론으로서 파스퇴르주의자의 초상

위생학이 거대한 관료주의로 병합되고 있던, 그리고 시행되고 있던 문제 이외에는 다른 문제를 갖지 않고 있던 사이에, 새로운 의과학에의 그들의 할당을 그들이 최종적으로 받아들였던 내과의가, 그들의 위신과 위생 감시 활동이라는 새로운 역할을 제외하고는 어떠한 것을 바꾸어야 하는 일 없이, 위생주의자와 새로운 의과학 둘 다의 지형을 차지하고 있던 사이에, 면역학과 생화학에서 거대한 걸음걸이를 이루어내고 있던 파스퇴르 연구소가 일찍이 파스퇴르가 따냈던 융합의 지점에서 움직여 멀어지고 있었으며 그것의 실험실 안에서 더 절연된 것으로 보이던 사이에, 파스퇴르주의자 측의 한 새로운 움직임은 1880년대와 1890년대 동안의 사회에 대한 재정의 속에서 그들이 했던 중심적 역할을 그들에게 복원하는 일을 시작하고 있었다.

"과학"에 의한 사회의 이 변환을 따라가기 위하여, 우리는 모국이 아니라 식민지를 들여다봐야 한다. ≪파스퇴르 연구소 연보≫의 산출에서 열대 의학에 의해서 수행된 엄청난 부분은 미시기생물과 거시기생물 사이의 투쟁을 가장 직접적으로 드러냈으며, 파스퇴르주의자의 균형 안으로 던져진 힘들이 서양인을 선호하여 비가역적으로 정세를 일변시킬 수 있던 것은 거기에서였다. 파스퇴르화 된 의학 및 사회가 무엇인지를 우리가 가장 잘 상상할 수 있는 것은 열대에서였다. "기껏해야 불쾌한 요인인 열 훨씬 이상으로, 열병과 이질은 우리의 급습에 맞서 열대 나라를 방어하는 그리고 우리가 활용해야 하는 원주민을 우리가 대체하는 일을 막는 "장군들"이다"(Brault: 1908, p. 402).[14]

호바인과 같은 흑인은 면역되어 있었다. 서양인은 그렇지 않았다. 그리하여 원주민은 그들의 자연적 열등성을 상쇄해 주었던 우월성을 지녔다. 흑인의 그 상대적 동맹자와 백인의 상대적 적을 극복함으로써, 힘들의 균형을 한 번 더 뒤집는 것은 그리고 서양인에 그들의 자연적 우월성을 복원시키는 것은 그러므로 필수적이었다. 기생물 말이다. 칼멧이 쓴다. "이제 아프리카를 공유하는 유럽인이 말라리아에 대한 그들의 승리를 기대해 오지 않았다면 아프리카가 그토록 많은 탐욕을 일으켜 왔을 가망성은 없지 않을까?"(Brault: 1908, p. 402).

이 거대한 투쟁 안에 파스퇴르 연구소를 위치시키기 위하여, 우리는 심지어 조야한 마르크스주의자가 되어야 하거나 믿기지 않는 증거에 의존해야 하는 것은 아니다. 「파스퇴르 연구소의 과학적 임무와 프랑스의 식민지적 확장(The Scientific Mission of the Institute Pasteur and the Colonial Expansion of France)」이라는 제목이 달린 논문에서, 칼멧이 다시 쓴다. "이제 그것은 무대 위로 오려는 과학적 탐험자의 전환인데 …… 그들의 과제는 정복된 나라의 천연자원의 물품 목록을 작성해 내는 것 그리고 그것들의 개발을 위한 길을 준비하는 것이다. 이들 과학적 탐험자는 지리학자, 공학자, 자연학자(naturalists)이다. 자연학자 가운데, 미생물학자는 볼 수 없기 때문에, 가장 무시무시한 적에 맞서 식민지를, 그것들의 원주민 협력자를, 그것들의 가축을 보호하는 상당한 역할을 한다"(1912, p. 129).

기생물은 거시기생물에 의해 형성된 제국의 범위를 직접 제한했기 때문에, 기생물에 관한 이 연구는 식민화에 직접 영향력을 미쳤다(McNeill: 1976). 각 기생물의 식별 및 움직임은 더 멀리 진전하는 것을 가능하게 했다. 백인을 선호한 이 전이의 범위는 꽤 분명히 보일 수 있다. 그것은 아주 많은 과학자의 총애를 받은 그들 극적 증명의 하나이다. 정복된 각 기생물과 함께, 병사, 선교사, 식민지 이주자의 대열이, 30년 전에 외과의가 무균법(asepsia)의 행진 속 각 단계와 함께 새로운 장기(臟器)와 대결했었던 것처럼, 강을 배로 거슬러 오르고 평원을 침입하면서, 아프리카와 아시아 지도 위에 가시화되었다. "그러므로 기니(Guinea), 상부 나일(Upper Nile), 로디지아(Rhodesia), 앙골라(Angola) 사이에서 확장되는 엄청난 아프리카 사변형의 착취에 주요 장애 — 어떤 이는 유일한 장애라고 거의 말할 수도 있겠다 — 를 형성하는 트리

파노소마증(tripanosomiases)의 다양한 전파 양식을 지금 우리가 아는 것은 부에(Bouet)와 루보(Roubaud) 덕분이다"(Calmette: 1912, p. 132).

생물학자에게 부여된 이 정치군사적 역할은 파스퇴르주의자에 의해서 명시적으로 주장된 것이다. 1915년 라브랑(Laveran)의 연구를 칭찬하면서, 루가 외친다. "그들(과학자들) 덕분에, 말라리아가 유럽인에 대해서 금했던 땅이 문명에 열렸다. 그러므로 과학자의 작업은 우리의 가장 위대한 정치인의 구상의 귀결을 족히 넘어나가는 인류를 위한 귀결을 가질 수가 있다는 것이다"(1915, p. 410). 그렇다, 그것이다. 정치로 정치를 추구하는 일 대신, 과학자는 **다른 수단**으로 그것을 추구하고 있었기 때문에, 그들은 가장 위대한 정치인의 구상의 귀결을 **넘어서** 나간다. 힘의 이러한 예견할 수 없는 보충이 빈자에 대해서, 마다가스카르 주민에 대해서, 외과의에 대해서, 아프리카인에 대해서, 낙농장에 대해서 행위를 하는 것을 가능하게 했던 최상급의 정치를 그들에게 부여했다.

파스퇴르는 아우스털리츠의 정복자보다 더 유명한 정복자로 환호받았다. 그럼에도 불구하고, 그가 상원 의원에 후보로 지명되었을 때, 이 위대한 정치인은 완전히 패배했다. 이 결과가 모든 것을 이야기한다. 정치적 정치는 실패하지만, 다른 수단에 의한 정치는 최상으로 성공한다. 무력으로 지배하려는 결단으로 아프리카를 침입하라, 그러면 당신은 머지않아 죽을 것이고 해변에 국한될 것이다. 그러나 파스퇴르 연구소와 함께 그것을 침입하라, 그러면 당신은 그것을 정말로 지배할 수도 있다. 예견할 수 없었던 바는 파스퇴르적 실험실, 열대 의학, 열대 사회의 융합이 프랑스 자체에서보다 훨씬 더 완벽할 것이라는 점이었다.

이 새로운 의학은 그것의 성공을 설명했던 다섯 가지 특성을 갖고 있었다. 우선 질병 자체가 대부분 새로웠다. 임상의학은 존재하지 않았거나, 처음으로 파스퇴르화 된, 군의에 의해서만 실행되고 있었다. 파스퇴르주의자는, 당시에, 1세기나 오래된 임상의학을 섬세하게 다룰 필요가 없었다.

둘째, 연구될 수 있었던 질병은 모두 병균이나 기생물에서 유도되었다. 프랑스 자체에서 의학적 전문직 연구의 10분의 9를 이루는 여타 질병은 단순히 무시되었다. 식민지 주민 가운데 잠재적 환자는 모두 전염병으로 병든 훌륭한 건강 상태의 젊은 남자였다. 의사가 원주민을 치료했을 때, 그들은 집단으로 그렇게 했는데, 대단히 파괴적인 증후와 극적 질병(전염병, 황열, 나병, 수면병)에 대해 연구하고 있었다. 그러한 상황에서, 환자가 지불할 것으로 기대받은, 가족 의학에 관한 질문은 존재할 수 없었다.

셋째, 질병 대부분은 곤충의 생활 스타일과 연결되어 있었다. 어떤 내과의도, 훈련을 통해서, 곤충학에 관여될 준비가 되어 있지 않았다. 서로 다른 과학 사이의 전선을 가로지르면서 바쁜, 파스퇴르주의자는, 너무 많은 재훈련을 요구하지 않고도, 행위자의 새로운 종을 미생물 행위자 떼에 더할 수 있었다. 이 시기의 모든 위대한 발견은 정말로 기생물, 곤충, 인간이 연결되었던 통로를 재발견하는 일로 이루어졌다. 그 말은 이제 전적으로 벼룩, 모기, 체체파리(tsetse flies), 확장된 기생물학(parasitology)에 관한 것이었다. 그들 곤충은 이동하거나 번식하기 위하여 그들을 사용했던 기생물에 자체가 종속되었다. 그것은 결정적으로 위대한 시기였는데, 왜냐하면 세르[Serres (1980/1982)]의 독자 및 이른바 사회적 행위자(social actors)는 어떻게 중첩을 이루고, 움직이며, 전염되는지를 배우는 일에서 "자연적" 행위자("natural" actors)와 기발하게 경쟁하는 것으로 보였기 때문이다.[15]

이 새로운 의학의 넷째 특성은 그 지점에, 주술사를 제외하고는, 다른 지형에서 이미 싸우고 있었던 의무 부대가 존재하지 않았다는 점이었다. 종종 훈련상 군의였던, 파스퇴르주의자가 그들의 활동의 영역을 제한하도록 강제할 아무것도 없었다. 본국에서 건강에 관심을 둔 셀 수 없는 전문직업적 집단에 의해서 그들은 뒤에 있었고 궁극적으로 그들에 의해 압도되었음에 비해, 식민지에서 그들은 아무것도 없이 공중 보건을 구성할 수 있었다. 이는 은유가 아니다. 그들은 종종 마을 앞에 있었는데, 그들은 그리하여 마을을 위생학의 엄격한 권고에 따라 세울 수 있었다. 본국에서 그들은 수백 년의 비위생적임과 공공 당국의 의혹을 항상 고려해야 했다. 열대에서 군대 당국의 세속적 팔이 그들 쪽에 있었다. 모든 집이 다시 세워져야 한다면, 그것들은 그러할 수도 있었다.

새로운 의학의 성공의 다섯째 이유는 더 역설적이었다. 파스퇴르적 용수철은 미시유기체와 그것의 약화에, 그러므로 약화한 미생물 또는 혈청의 제조에 있었다. 이제 기생물은 미생물과 비교하여 거인이었고, 약화하거나 접종되는 것은 놔두고, 그들 스스로 자라게 되는 것을 허락하지 않았다. 질병 편에서의 새로운 계략에 기인하는 이 실패는 파스퇴르주의자의 모든 노력을 줄였을 수가 있다. 그 대신에, 이들 노력은 옮겨졌다. 파스퇴르주의자가 실험실 단계에 그들의 모든 유의를 집중할 수 없었고 실생활 조건에서 기생물의 생활 주기를 방해함에 의해서만 기생물을 방해할 수 있었으므로, 그들은 전권을 얻어야 했고 대규모 행위를 해야 했다. 그들은 그들의 기여를 한 단계로 줄일 수 없었고 다른 것들이 그것을 적용하게 할 수 없었으므로, 파스퇴르주의자는 전체 사회적 몸을 위해 **입법할** 수 있도록 허용되어야 했다.[16] 말라리아 또는 황열은 백신으로 파괴되는 것이 아니라 식민지 이주민과 원주민이 그들의 집을 다르게 짓도록, 정체된 연못을 건조하도록, 다른 재료의 벽을 세우도록, 혹은 그들의 나날의 습관을 바꾸도록 명령함으로써 파괴되게 되어 있었다. 파스퇴르주의자는 실험실 안에서 그리고 행정적 규제에 관해서 둘 다 연구했으나 그의 행위는 구별된 단계 안에서 더는 연구될 수 없었다. 그는 솔론(Solon)처럼 입법했다. "문명을 열대 국가의 문턱에서 멈추게 했던 것으로 보였던 모든 큰 전염병의 본성과 기원을 과학이 발견하는 데 30년이 걸렸다. 모든 문제가 이제 제기되었고 모든 해결책이 시계(視界) 안에 있다. 우리 식민지의 정부는 과학인(科學人)으로서 사고하고 파스퇴르의 세기가 탄생시킨 교의를 적용하기 위하여 행정인(行政人)으로서 행위를 한다. 우리의 식민지 건강 부대는 그것의 감탄할 만한 작업을 모든 곳에서 계속하고 있다"(Nattan-Larrier: 1915, p. 303).

행정인이 과학인으로서 행위 할 수 있었던 수단은, 늘 그렇듯, 실험실이었는데, 이제는 사이공, 알제, 튀니스, 탕헤르, 브라자빌, 다카르에 있는 모든 식민지로 확장되었다. 1901년 한 식민지 의학 연구소(Institute of Colonial Medicine)가 프랑스 식민지 조합(Union Coloniale Française)의 승인으로 설립되었고 파스퇴르 연구소에 부속되었다. 1908년 ≪이국 병리학회 회보(Bulletin de la Société de Pathologie Exotique)≫가 ≪연보≫에 부가되었다. "극동과 프랑스령 아프리카에, 그리하여, 박테리아 연구를 위한 그리고 파스퇴르적 방법의 전염병 치료와 예방에로의 또는 생물학에 의존하는 경제적 조건에 관한 연구에로의 즉각적 적용을 위한 적절히 장비를 갖춘 하나 또는 그 이상의 실험실을 몇 년 동안 소유하지 못한 우리 식민지 중의 어떤 하나도 더는 존재하지 않는다"(Calmette: 1912, p. 133).

예방의학과 유럽에서 큰 전염병의 쇠퇴 속에서 삶의 기준의 상승 둘 다의 역할은 논쟁 사안이 되어왔다. 그러나 식민화 속에서 파스퇴르 연구소의 직접적인 그리고 결정을 내리는 역할에 관해서는 어떠한 의혹도 결코 없었다. 주인과 노예로만 식민지 사회를 만들어내는 것이 필수적이었다면, 어떠한 식민지 사회도 결코 존재할 수 없었을 것이다. 그것은, 곤충의 떼 지어 몰려다님과 그들이 운반했던 기생물과 함께하는, 미생물과 더불어 만들어져야 했다. "기생물학의 사회적 또는 제도적 이해관계에 대한 영향"(Stepan: 1978)에 관해 수줍게 이야기하는 것으로 충분치 않다. 백인과 흑인만으로, 유해 지역 및 건강한 또는 위험한 기후만으로, 지구를 가로질러 퍼진 식민지 레비아탄(Colonial Leviathan)은 결코 세워질 수 없었을 것이다. 파스퇴르주의자의 식민지 의학도 "사회", "이해관계"라는 용어로는 설명될 수 없는데, 파스퇴르주의자는 그 시기의 모든 착취자와 피착취자를 지녔던 것 이상으로 사회에 대한 더 풍부한 정의를 얻기에 충분할 정도로 그들의 연구 프로그램을, 한 번 더, 움직일 수 있었으므로 말이다. 파스퇴르주의자는, 강함의 시도들을 수정함으로써, 그리고 실험실을 가장 이상하고 가장 적게 예측 가능한 장소에 삽입함으로써, 세계 안에서 역할을 하는 행위자의 목록을 심오하게 과감히 바꿈으로써 카드를 다시 섞었다. 그들의 "천재성"은, 두 번의 서로 다른 시기에 그리고 두 번의 연속적인 정치적 상황 — 첫 번째는 본국에서 1880년과 1890년 사이에 전염병에 관해서, 그리고 다음으로 1914년 이전에 식민지에서 기생 병(parasitical diseases)에 관해서 — 에서 "우리의 위대한 정치인의 관념"을 족히 넘어갔던 방식으로 사회를 다시 질서 지우는 데 성공했다는 점에 놓여 있었다.

제4장
이행

책의 이 부분에서, 그것의, 실험실 바깥에서의, 응용만으로도 다양한 집단 — 어떤 것은 열리고 근대적인데, 응용들에 적응했었고, 다른 것은 닫히고 퇴영적인데, 불활성으로 남아 있던 — 에 막대한 영향력이 있었던 논쟁 불가능한, 혁명적이고, 심원한 과학을 나는 선택했다. 신비의 그러한 연속 앞에서 — 사실의 발명이라는 신비, 그것들의 확산이라는 신비, **사물과 지성의 맞음**(adequatio rei et intellectus)이라는 신비, 인정이라는 신비 — 불가지론적인 것(한 무능한 사회학자)에게 심지어 설명의 시작을 제공하라고 요구하는 일이 가능했다. 어떤 이가 할 수 있었던 모든 것은 침묵하는 일, 만족하는 일, 이론을 감탄하는 일, "사회적인 것"에 관한 주석을 쓰는 일, 설상가상으로, 다름 아닌 "상징적이고 문화적인 차원", 즉 실재(reality)라는 좋은 음식을 포기한 이들이 갉아먹는 데 만족하는 뼈를 연구하는 일이다.

약화한 미생물을 통한 이 여행을 수단으로 나는 과학과 사회에 관한 이 시각이 신화, 우리의 신화, 스스로가 아주 영리하다고 생각하는 우리가 이 단순한 믿음을 그에 따라 승인하는 유일한 신화임을 보여주었다. 과학은 사회적 집단 이상의 내용을 갖고 있지 않다. 그들 두 가지 주마등 같은 존재는 귀류법(reduction ad absurdum)으로만 얻어지며, 우리는 그것의 위험성과 그것에 대면하는 법 둘 다를 막 감지하기 시작했을 뿐이다.

"나폴레옹"과 "쿠투조프" 사이의 마법적 전투로부터, 톨스토이는, 때로 큰 무리 속에서 그리고 때로 개별 인물로서 행위 하는 군중의 싸움을 창조해 냈다. 그들 군중 가운데서, 때로 군중으로서 그리고 때로 인물로서 행위 하면서, (인용 부호 없는) 나폴레옹과 쿠투조프는, 그들이 하는 여타의 것 가운데, 오해된, 잘못 복종 받은, 나쁘게 전달된, 왜곡된, 배반당한 그리고 그에 관해 정보가 뒤늦게, 왜곡되어, 배반당해 돌아오는 연대들과 포탄들의 움직임 속에서, 시시각각, 끝이 나는 명령을 부여한다. 일어나고 있는 바에 대해서 군대가 부여하는 단어들은 또한 자기 충족적 예언으로서 행위 한다. 누군가가 단어 "승리" 또는 "각자 자신을 위하여"라는 단어를 외치느냐에 의존하여, 전선의 이 부분 또는 저 부분이 퇴각하거나 돌진한다. 무엇이 일어나고 있으며 무엇이 일어났는지를 알려는 싸움은 끝이 없다. 워털루(Waterloo)에서 파브리스(Fabrice)와 매점 소녀 사이에서 아주 따뜻하게 시작되었던 이야기들이, 유럽의 역사에 계속 영향을 미치는 그리고 군중, 열광, 책임을 휘젓는 문서고들과 편람들 속에서 차갑게 끝난다. 우리는 어디서도 번역과 시도의 귀결로부터 벗어날 수 없는데, 이것들이 물 자체(thing themselves)이다. 우리는 결코 더 잘할 수 없다. 우리는 결코 더 명확히 알 수 없다.

광견병의 나타샤(Natasha)와 황열의 앙드레 왕자(Prince André)를 기술하게 될 누군가가 나타나기를 우리가 기다리듯이, 내가 아주 개략적으로 이야기했던 미생물의 전쟁과 평화도 마찬가지이다. 나는 과학들에게, 과학들의 군대를 이루어내는 이질적 동맹자의 군중을 그리고 이질적 동맹자의 군중에 대해서 과학들은 그들의 기능이 항상 불확실한 그저 많은 훈장을 받은 지휘부일 뿐인 그 이질적 동맹자의 군중을 되돌려주어야 했다. 나는 이들 평판 나쁜 동맹자[위생주의자, 배수지, 한천 젤(Agar gels), 닭, 농장, 모든 종류의 곤충]가 이른바 과학적 대상(scientific objects)의 불가결한 부분임을 보여주어야 했다. 정말로, 나는 그들이 바이러스, 박테리아, 백신의 형태를 띠었던 것은 그들의 동맹자를 만들기 위해서, 그들에게 부착하기 위해서, 그들을 확신시키기 위해서였음을 보여주었다. 마지막 투표에서, 역사의 법정 앞 인정의 순간, 즉 메달 분배하기에서, 그들 군중이 보잘것없을지라도, 우리가 서투른 군대를 고려하지 않는다면 우리는 사실의 견고성에 관해 아무것도 이해하지 못한다. 착각하지 말라! 나 역시 사실의 견고성을 애호하는데, 이는 과학자의 머리 내부에서 떠도는 것으로 보이는 그들 심령체(ectoplasms)에 내가 만족할 수 없는 이유이다. 그들이 사회적 "환경(environment)"을 갖고 있지 않은 것과 마찬가지로 그들은 "내용(content)"을 갖고 있지 않다. 우리가 강함의 시도들을, 임의로 그리고 잠정적으로, 어떤 것은 "내용"으로 그리고 다른 것은 "맥락(context)"으로 재분배하는 것은 싸움 동안이다. "승리" 또는 "패배"의 외침처럼, 파스퇴르주의자가 했던 바에 관한 기술이 아니라, 또 다른 적대자를 물리치기 위한 합성에 관한 기술이다. 강함의 시도 위쪽에 있는 이유의, 파스퇴르 이론에 의해서 위생학과 의학 안으로 도입된 진정한 과학 혁명의 가장 걸출한 예로서 내가 받아들이기로 되어 있었던 것이 그 합성이었다. 그리고 그 합성이 논쟁 불가능하게 남아 있기를 실질적으로 원했던 사람들이 존재했다.

처음에, 내가 박테리아학을 있는 그대로 인정하는 데, 즉 힘들의 균형에서 일련의 자리 잡은 역전을 인정하는 데 동의했기 때문에, 그리고 그것이 이끄는 어디에서든 그리고 "과학"과 "사회" 사이의 신성한 경계를 필요한 만큼 자주 가로지르면서, 그것이 구성해 냈던 그 무슨 집단에 대해서든 그것을 따라가는 데 동의했기 때문에, 나는 내가 그 논쟁 불가능한 과학을 토의할 수 있었고 박테리아학에 대한 설명을 제공할 수 있었다고 주장했다. 나는 그렇다면 내가 지적했던 세 가지 실패, 즉 사회학적 환원론(sociological reductionism), 기술적 내용(technical content)의 생략, 그들 단어 자체를 설명하기 위한 부족적 단어들(tribal words)의 사용을 회피했나? 나는 성공했는가?

내가 기술해 왔던 강함의 시도에서 어떤 설명도 탈출하지 않는데 — 나의 것이 더 그런 것도 또한 다른 것이 덜 그런 것도 아니다.[1] 내가 파스퇴르주의자에게 돌릴 수 없는 바를 나 자신에게 돌릴 수 있다고 나는 주장하지 않는다. 나의 증명은 그들의 것보다 더 논박 불가능하지 않으며, 덜 논쟁 가능하지도 않다. 나는 친구와 동맹자를 찾으러, 그들의 관심을 끌러, 내가 써왔던 것 — 나의 출처들에서 나온 여기 있는 추출물, 그들의 현미경 아래에 놓였던 저기에 있는 배양물 — 에 그들의 주의를 끌러, 독자를 확신시키기 위하여 충분한 반대 사항에 미리 응답하러 가야 하는데, 그러므로 한 진술을 여기서 제안된 것만큼 개연성 있게 만드는 일이 그때 더 어려워질 것이다. 논박 불가능한 증명이 존재하지 않음을 증명하는 일은 어떤 식으로든 모순적이지 않다.

독자가 사회학자의 허약한 힘들과 내가 그것들에 대해서 모독적이라고 이야기했던 거대한 것들 사이의 비교를 고려한다면, 그들이 힘, 자원, 이 모든 경로가 이끄는 장소를 비교하게 하라. 증명하기와 확신시키기의 두 가지 방식은 존재하지 않는다. 인문과학 또는 사회과학과 엄밀 과학 또는 자연과학 사이의 본질적 차이는 존재하지 않는데, 사회가 존재한다는 것 그 이상으로 과학이 존재하는 것은 아니기 때문이다. 나는 파스퇴르주의자를 그들이 그들의 미생물에 관해 이야기했던 것으로서 이야기해 왔다. 우리는 우리에게 그들의 지원이 필수적인 이들에게 토로한다. 충실한 번역자인가 또는 불충실한 비방자인가? 아무것도 알려지지 않는데, 오로지 강함의 시도를 통해서 실현될 뿐이다. 마지막 수단으로 중재하는 것 — 충실함 또는 불충실함, 확신 또는 회의 — 은 우리가 가길 희망하는 방향의 **각도**이다. 나의 해명은 독자가 어떤 경우에 그들이 가길 원했던 방향에서 더 빨리 가도록 그것이 허락할 경우에만 확신을 주는 것으로 보이게 될 것이다.

과학자를 위대하게 만들어준 힘들과 그들을 감탄하도록 만들어준 잇따른 움직임을 다시 조립하면서, 나는 그것들을 축소하지 않았다. 반대로, 나는 그것들을 그것들이 속해 있는 이들에게 돌려주었다. 그들은 어디로 가고 있었나? 파스퇴르와 그의 추종자는 미생물에 맞서 싸웠고, 마을을 주거할 수 있게 만들었으며, 위생주의자, 외과의, 군의의 연결망에게 그들이 결여했던 연속성을 주었다. 나는 사실의 단단함만큼이나 용기 있는 행위를 좋아한다. 내가 인정하지만, 그들의 논문을 읽고 있을 때, 그들이 도달했던 장소를 걸어 둘러볼 때, 그들이 약화했던 적을 보고 있을 때, 나 역시 울었다. 그러나 우리는 더는 같은 방향으로 가고 있지 않다.

미생물을 드러내는 이들의 경로와 나 같은 사람들의 경로가 헤어지는 것은 이 지점에서이다. 우리가 더는 미생물에 맞서 싸워야 하지는 않지만, 이성의 불운에 맞서 싸워야 하는데 — 그리고 그것 역시 우리를 울게 만든다. 이것이 왜 우리가 다른 증명, 다른 행위자, 다른 경로를 필요로 하는지의 그리고 왜 우리가 그들 과학자에 도전해야 하는지의 이유이다. 우리는 다른 이해관계를 갖고 있고 다른 방식을 따르기 때문에, 우리는 이성과 과학의 신화가 받아들일 수 없는 것임을, 견딜 수 없는 것임을, 심지어 비도덕적임을 발견한다. 우리는, 아아, 더는 세기들 가운데 가장 아름다운 것인, 19세기의 끝에 있는 것이 아니고, 20세기의 끝에 있으며, 병리학과 도덕의 주요 원천은 이성 자체인데 — 그것의 작업, 그것의 장관(壯觀), 그것의 군비(軍備) 말이다. 1870년에, 미생물의 급속한 번식이 그랬듯이, 이 상황은 예견될 수 없었다.

그것의-독성을-어떤 이가-실험실-안에서-변화시킬-수-있는-미생물(microbe-whose-virulence-one-can-say-vary-in-the-laboratory)의 잠정적 형성으로 자연, 과학, 사회 사이에서 행위자의 분포를 개편할 수 있었던 것처럼, 우리는, 살아남기 위하여, 자연, 과학, 사회에 속하는 것을 한 번 더 재분배해야 한다. 내가 한때 과학"인류학(anthropology of science)" 또는 과학"민족지학(ethnography of science)"이라고 소심하게 불렀던 것은 그것의 의미를 점차 바꿔왔다. 그것은 먼저 모든 논리적 체계, 즉 캘리포니아 생화학자 또는 프랑스 공학자의 그것들은 물론 알라디안(Alladian) 주술사의 그것들을 연구해야 했다. 그러나 논리적 체계와 경로를 이루어낸 것을 점차 발견해 내면서, 인류학은 마침내 붕괴했다. 일단 사회와 과학을 마비시켰던 족쇄가 파괴되자, 우리는 이 가장 오래된 대상-주체(object-subject)에 관해, 즉 세계에 관해 다시 생각하기 시작할 수 있었다.

미생물은 나의 해명 안에서 이른바 과학사 안에서보다 더 사적인 역할을 하며 이른바 사회사(social histories) 안에서보다 더 중심적인 역할을 한다. 정말로, 우리가 과학들을 그것들을 대신해 서 있는 약간의 권위로 환원하는 일을 멈추자마자, 다시 나타나는 것은, 톨스토이에서처럼, 인간의 군중만이 아니라, 또한, 비판 안에서 영원히 추방되었던, "비인간"의 군중이다. 사회와 과학의 이중 지배로부터의 비인간의 이 해방에서 우리가 성공한다면, 그것은 아마도 서투르게 시작되었을 그 "과학인류학"의 가장 훌륭한 결과일 것이다.

그렇지만, 그 목표에 도달하기 위하여, 우리는 여러 매개적 믿음을 포기해야 한다. 근대 세계의 존재에 대해 믿음, 논리학의 존재에 대해 믿음, 이성의 능력에 대해 믿음, 심지어 믿음 자체 대한 믿음과 그것의 지식과의 구분에 대한 믿음 말이다. 나는, 과학사회학자 또는 심지어 과학사학자로서가 아니라, 철학자로서 써야 하며, 미생물에 관한 이 역사에서 그렇게 확장적 사용을 이루어냈던 그들 강함의 시도를 정의해야 한다. 그것이 이 책의 두 번째 부분의 목표이다.

제2부

—

비환원

도입

프랑스의 파스퇴르화에 대한 이 연구처럼, 과학과 사회에 관한 연구는 항상 회의주의와 만난다. 비판가들은 과학 안에 특별한 무언가가, 사회적 설명을 탈출하는 무언가가 있다고 주장한다. 수년간 이 회의주의와 조우한 후, 그것이 경험적 연구의 어떤 결여(이것이 몇몇 역할을 할 수가 있음에도 불구하고)에 뿌리를 두고 있는 것이 아니라 지식과 권력에 관한 훨씬 더 깊은 철학적 논의에서 가치 쳐 나온 것임을 나는 깨달았다. 경험적 연구가 과학에 관한 믿음의 표면을 긁는 일 이상을 결코 할 수 없음을 알고서, 나는, 데카르트가 우리에게 조언했듯이, 경험적인 것으로부터 전이하여 철학을 실행하는 데 1년간 몇 시간씩을 소비하기로 결심했다. 그렇게 하던 중, 나는 과학에 대한 사회적 설명을 거부하는 이들의 근본적 선가정(presuppositions)인 것으로 내게 보였던 바를 빠르게 발굴했다. 이것은 힘(force)이 이성(reason)과 종류가 다르다는 추정이다. 정의는 결코 강력함(might)으로 환원될 수 없다. 지식에 관한 모든 이론은 이 공준(postulate)에 기초해 있다. 그것이 주장되는 한, 과학에 관한 모든 사회적 연구는 **환원적**(reductionist)이라고 생각될 것이고 과학의 가장 중요한 면모를 무시한다고 주장될 것이다. 에우클레이데스 기하학의 평행선 공리처럼, 이 가정을 부정하는 것이 어리석어 보일지라도, 나는 만일 힘과 이성 사이의 구별이 이루어질 수 없다면 지식과 권력이 어떻게 보일지를 알아보기로 결심했다. 하늘이 우리 머리 위로 떨어질까? 우리는 스스로가 과학을 정당화할 수 없음을 발견하게 될까? 우리는 불멸을 용납하게 될까? 또는 우리는 과학과 사회에 관한 **비환원적**(irreductionist) 그림을 향해 인도될까?

환원적 철학에서 비환원적 철학으로의 이 전이는 로빈슨 크루소(Robinson Crusoe)가 마침내 프라이데이(Friday)를 만날 때 일어났던 일을 밀접히 닮아 있다. 나는 여기서 디포(Defoe)의 이야기에 관해서가 아니라 투르니에(Tournier: 1967/1972)에 의해 우리에게 제공된 독창적 버전에 관해서 이야기하고 있다. 그의 이야기는 디포의 것처럼 출발하나, 소설의 중간쯤 프라이데이가 화약통을 부주의하게 터트리고 로빈슨은 그가 섬에 온 첫날에 그랬던 것처럼 자신이 벌거벗었음을 발견한다. 잠깐 그는 그의 방책(防柵), 그의 규칙, 그의 훈육 척도를 다시 세우는 것을 생각한다. 그러고 나서 그는 프라이데이를 따르기로 결정하고 프라이데이는 완전히 다른 섬에서 살고 있다는 것을 발견한다. 프라이데이는 게으른 야만인처럼 사는가? 그렇지 않은데, 왜냐하면 야만과 게으름이란 크루소에 의해 섬에 전가된 질서와의 대조에 의해서만 존재하기 때문이다. 크루소는 그가 질서의 기원을 안다고 생각한다. 성경, 시간 엄수, 훈육, 토지등기, 회계장부. 그러나 프라이데이는 무엇이 강하고 무엇이 질서 잡힌 것인지에 대해서 덜 확신한다. 크루소는 그가 힘과 이성을 구별할 수 있다고 생각한다. 그의 섬의 유일한 존재로서, 그는 외로움으로 울고, 그 사이에 프라이데이는 스스로가 경쟁자, 동맹자, 배신자, 친구, 절친(切親), 전체 형제자매 사이에 있음을 발견하는데, 이들 중 하나만 사람의 이름을 휴대한다. 크루소는 한 유형의 힘만을 감지하나, 그 사이에 프라이데이는 그의 소맷자락에 더 많은 것을 갖고 있다. 나의 철학적 논고를 코페르니쿠스 혁명 — 그 섬을 크루소의 의지로 환원하는 — 과 더불어 시작하는 대신 나는 그리하여 프라이데이의 관점에서 출발하고 사물은 비환원적인 것이라고 그리고 자유로운 것이라고 설정한다.

그러한 견해를 위해서 나는, 프라이데이처럼, 무엇이 힘을 만드느냐에 관한 아무런 선험적 관념도 필요로 하지 않는데, 왜냐하면 그것은 모든 형태와 크기로 오기 때문이다. 몇몇 힘은 사악하고 마법과 악마와 연합되는 데 이용된다. 다른 힘은 아리스토텔레스적이며 그것들 내부에 놓여 있는 모양을 실현하고자 한다. 똑같은 것을 더 많이 원하며 만일 여타 균등히 탐욕스러운 힘들이 그것들을 점검하지 않는다면 그들의 지수적 성장으로 세계를 침입할 맬서스적 또는 다윈적 힘이 존재한다. 항상 똑같은 것을 원하며 그것들이 평화롭게 남겨져 있는 한 똑같은 궤적을 따라 여행하는 뉴튼적 힘이 존재한다. 그것들이 갈망하는 바 — 필요가 발생하면서 스스로를 치환하기(displacing), 대체하기(substituting), 변환하기(metamorphosing), 혹은 마비시키기(paralyzing) — 를 모르는 프로이트적 힘이 존재한다. 엄격하되 유연한, 니체적 힘(Nietzschean forces)이 존재하는데, 스스로에게 형태를 부여하는 권력의 의지(wills of power)이다. 그리고 이 모든 힘은 함께, 서로를 증가시키고, 축소하거나, 동화시킴으로써 헤게모니를 추구한다. 이것이 힘의 엉킴과 함께하는 정글이 그 섬을 가로질러 자라나는 이유이다.

이 논의를 따라가기 위해, 무슨 힘의 상태가 앞서게 될지 혹은 무엇이 힘으로 여겨지게 될지를 우리가 선험적으로 결정해서는 안 된다. 만일 "힘"이라는 단어가 너무 기계적이거나 너무 호전적인 것으로 보인다면, 우리는 약함(weakness)에 대해서 말할 수 있다. 그것은 무엇이 저항할지 그리고 무엇이 저항하지 않을지를 우리가 무시하기 때문에, 우리가 건드리는 바가 언제 산출하거나, 강화하거나, 약화하거나, 혹은 용수철처럼 풀리게 될지를 알지 않은 채로, 우리는 건드려야 하고 바스러뜨려야 하고, 더듬어야 하고, 애무해야 하며, 구부려야 한다는 점이다. 그러나 우리는 모두 서로 다른 힘과 약함의 장(fields)과 더불어 놀아야 하므로, 우리는 힘의 상태를 모르며, 이 무지는 우리가 공유하는 유일한 것이 될 수가 있다.

예를 들면, 어떤 이는 상처와 함께 놀기를 좋아한다. 그는 찢긴 상처를 그것이 저항하는 지점까지 따라가는 일에 뛰어나며 가장자리를 서로 꿰매기 위해 자유자재인 모든 숙련으로 현미경 아래서 창자 실(catgut)을 사용한다. 다른 이는 전투의 시련을 좋아한다. 그는 전선이 약해질지 혹은 무너질지 결코 미리 모른다. 그는 신선한 군대를 배치함으로써 그것을 일거에 보강하기를 좋아한다. 그는 그의 군대가 총 앞에서 해산하는 것을 보기를 그리고 이어 그들의 약점을 강점으로 변화시키고 적의 대형을 흩어진 무리로 바꾸기 위해서 그들이 도랑의 피신 장소에서 어떻게 다시 집단화하는지를 보기를 좋아한다. 이 여자는 그녀가 다루는 어린이들의 얼굴에서 보는 느낌을 좋아한다. 그녀는 걱정을 달래는 말을 사용하길 좋아하는데, 이는 마음을 움켜잡아 온 공포를 해결하기 위한 껴안음이다. 때로 그 공포가 아주 커서 그것이 그녀를 압도하고 그녀의 심장박동을 달리게 한다. 그녀는 그녀가 화가 날지 혹은 아이를 때릴지 모른다. 다음으로 그녀는 괴로움을 떨치고 그것을 포복절도로 바꾸는 몇 단어를 말한다. 이것이 그녀가 "저항하다" 혹은 "무너진다"라는 단어들에 의미를 부여하는 방식이다. 이것이 단어 "실재(reality)"의 의미를 배우는 재료이다. 그 밖에 누군가는 문장을 조작하는 것을 좋아할 수도 있다. 단어 증가시키기, 그것들을 조합하기, 그것들을 유지하기, 그것들을 지켜보기는 잘못 놓인 단어 때문에 그들의 오래된 혹은 느슨한 의미로부터 의미를 획득한다. 이것이 그녀가 스스로를 소속시키는 재료이며, 그녀는 그 단어들이 스스로를 짜맞추기 시작할 때 더 많은 아무것도 좋아하지 않는데 그래서 다른 모든 것으로부터의 저항 없이 한 단어를 부가하는 것이 더는 불가능하다. 단어들은 힘인가? 그것들은 싸우는, 반란을 일으키는, 배반하는, 노는, 또는 죽이는 능력이 있는가? 정말로 그러한데, 모든 재료처럼, 그들은 저항할 수도 무너질 수도 있다. 당신이 내게 당신이 그것들과 씨름할 때 여러분이 느끼는 바를 말한다면, 당신의 관심이 내게 완전히 이질적

일지라도, 나는 당신을 나의 또 다른 자아(alter ego)로 인식할 것이다.

예를 들어, 어떤 이는 다른 이들이 문장을 좋아하는 방식으로 화이트소스(white sauce)를 좋아한다. 그는 밀가루와 버터가 변하는 것을 우유가 조심스럽게 더해지는 사이에 지켜보는 것을 좋아한다. 만족스럽게 부드러운 반죽이 결과되는데, 그것은 줄지어 흘러나오고 소스를 만들기 위해 입자상 치즈(grated cheese) 위에 뿌려질 수 있다. 그는 그 양이 꼭 맞는지, 조리 시간이 옳은지, 연료가 적절히 조정되었는지를 판단하는 흥분감을 좋아한다. 이들 힘은 다른 것들처럼 바로 그만큼 미끄럽고, 위험하며, 중요하다. 그다음 사람은 요리를 좋아하지 않는데, 그것이 흥미롭지 않음을 그가 발견한다. 그 밖의 어떤 것 이상으로 그는 한천 젤(Agar gels) 속 세포의 저항과 운명을 지켜보는 것을 사랑한다. 그가 페트리 접시(Petri dishes) 안에서 피펫(pipette)으로 볼 수 없는 흔적을 심을 때 그는 빠른 움직임을 좋아한다. 모든 그의 감정은 세포 집단의 미래에 투자된다. 그것들이 자랄 것인가? 그것들이 소멸할 것인가? 모든 것은 접시 35와 12에 달려 있으며, 그의 모든 이력은 그것들이 종속된 무시무시한 시련에 저항할 수 있는 그 약간의 변종에 붙여져 있다. 그에게 이것은 "물질"이고, 이는 야곱이 천사와 씨름하는 곳이다. 그 밖의 모든 것은 비실재적인데, 그가 스스로 느끼지 못하는 물질을 다른 이들이 조작하는 것을 보므로 그러하다. 또 다른 연구자는 그 밖의 모든 이에게 변경 불가능한 것으로 보이는 완벽한 기계를 그가 가지고 놀아볼 수 있는 힘들의 무질서한 연합으로 변환시킬 때에만 행복하다고 느낀다. 비행기의 날개는 항상 에일러론(aileron) 앞에 있지만, 그는 명백한 것을 재교섭하며 날개를 뒤로 움직인다. 그는 그의 꿈을 불가능하게 만드는 동맹의 견고성을 시험하는 데 여러 해를 보내는데, 동맹자를 서로, 하나씩 하나씩, 인내 속 혹은 분노 속에서 분리한다. 또 다른 사람은 여자를 유혹하려 시도하는 점잖은 공포만을 즐기는데, 체면 손상, 따귀 맞기, 자신이 덫에 걸렸음을 알기, 혹은 성공 사이의 정열적 순간 말이다. 그는 각각의 여자를 획득하는 길의 윤곽을 그려내는 데 여러 주를 소모할 수가 있다. 무슨 일이 일어날지를, 그가 떨어져 나갈지, 부드럽게 오를지, 좋은 상태에 있게 될지, 또는 그의 소망의 신전에 도달할지를 아는 것을 그는 선호하지 않는다.

그래서 우리는 똑같은 재료를 값을 쳐주지는 않지만, 우리는 그것들과 같은 것을 하고 싶어 하는데 — 즉, 강함과 약함의, 실재적과 비실재적, 연합된과 분리된의 의미를 배우는 일 말이다. 우리는 이들 재료의 상대적 중요성에 관해, 그들의 유의미성과 그들의 우선성의 순서에 관해 서로 계속해서 논의하지만, 그들이 **똑같은** 규모라는 점과 어떤 것도 그 밖의 다른 것 이상으로 더 복잡하거나, 다중적이거나, 실재적이거나, 뚜렷하거나 혹은 흥미롭지 않다는 점을 우리는 잊는다. 이 유물론은 과거의 예쁜 유물론들이 사그라지게 원인을 줄 것이다. 동질적 물질과 힘에 관한 그것들의 층위와 더불어, 그들 과거의 유물론은 너무 순수해서 그것들은 거의 비물질적으로 되었다.

아니며, 우리는 어떤 힘들이 존재하는지를 모르고, 그들의 균형을 모른다. 우리는 어떤 것을 그 밖의 어떤 것으로 환원하기를 원치 않는다. 우리는 대신에, 프라이데이처럼, 그 섬을 느끼고 그 정글을 탐구하길 원한다.

이 텍스트는 한 경로를 따라가는데, 그 귀결이 아무리 이상하고 관습과 반대되더라도 말이다. 아무것도 다른 것으로 환원되지 않을 때 무엇이 발생하는가? 우리가 힘이 무엇인가에 관한 우리의 지식을 유예한다면 무엇이 발생하는가? 서로를 관계 짓는 그들의 방식이 어떻게 변하는지를 우리가 모를 때 무엇이 발생하는가? 우리가 모든 것을 환원하려는 이 부담을, 이 정열을, 이 분개를, 이 강박을, 이 불꽃을, 이 격분을, 이 아찔한 목표를, 이 과도함을, 이 제정신이 아닌 욕망을 포기할 때 무엇이 발생하는가?

제1장
약함에서 효험으로

1.1.1 아무것도, 그 자체로, 그 밖의 어떤 것으로 환원 가능(reducible)하지도 환원 불가능(irreducible)하지도 않다.

■ 나는 이것을 "환원 불가능성 원리(principle of irreducibility)"라고 부를 것이나, 그것은 자기-모순이 될 것이므로 통치하는 군주가 아니다(2.6.1).

1.1.2 강함(strength)의, 약함(weakness)의 시도(trials)만이 존재한다. 또는 더 단순하게 말해서, 시도만이 존재한다. 이것이 나의 출발점이다. 동사 "시도하다" 말이다.

1.1.3 그것은 아무것도, 그 자체로, (강함의, 약함의) 시도일 뿐인 그 밖의 어떤 것으로 환원 가능하지도 환원 불가능하지도 않기 때문이다. 환원 가능하지도 환원 불가능하지도 않은 바는 시험되고, 헤아려지며, 측정되어야 한다. 다른 길은 없다.

1.1.4 모든 것은 그 밖의 모든 것의 척도가 되도록 만들어질 수 있다.

1.1.5 시도에 저항하는 그 무엇이든 실재적(real)이다.

■ 동사 "저항한다(resist)"는 특권화된 단어가 아니다. 나는 그것을 동사와 형용사, 연장과 도구의 모음을 나타내기 위해 사용하는데, 그것들은 함께 실재적임(being real)의 방식들을 정의한다. 우리는 "분리시키다", "접는다", "불분명한", "날카롭게 하다", "미끄러지다"를 똑같이 잘 말할 수가 있다. 수십의 대안이 존재한다.

1.1.5.1 실재적인 것(the real)은 다른 것 중 하나가 아니라 오히려 저항의 기울기(gradients of resistance)이다.

1.1.5.2 "실재적인 것"과 "실재적이지 않은 것(the unreal)", "실재적인 것"과 "가능한 것(the possible)", "실재적인 것"과 "상상적인 것(the imaginary)" 사이에 차이(difference)가 존재하지 않는다. 오히려, 오랫동안 저항하는 것과 그렇지 않은 것 사이에, 용감하게 저항하는 것과 그렇지 않은 것 사이에, 어떻게 스스로를 동맹시키거나 고립시키는지를 아는 것과 알지 못하는 것 사이에 모든 차이가 존재한다.

1.1.5.3 어떤 힘(force)도 그것이 저항하는 다른 것 안에서 창조해 내는 차이를 통하는 일 말고는, 흔히 제기되듯이, "실재를 알" 수 없다.

■ 옛날에는 힘과 지식이 공연적(共延的, coextensive)이거나, 우화 속에서처럼, "가장 강한 이유가 항상 가장 강한 것에 관한 이유를 산출한다고 이야기되어 왔을 것이다.

1.1.5.4 아무것도 알려지지 않는데 — 단지 실현될(realized) 뿐이다.

1.1.6 모양(shape)은 변형하고, 변환하고, 정보를 주거나, 수행하는 강함의

시도의 최전선이다. 물론, 형태(form)가 안정적이면, 그것은 더는 강함의 시도로 보이지 않는다.

1.1.7 힘이란 무엇인가? 그것은 누구인가? 그것은 무엇을 할 수 있나? 그것은 주체(subject), 텍스트(text), 대상(object), 에너지(energy), 혹은 사물(thing)인가? 얼마나 많은 힘이 존재하는가? 누가 강하고 누가 약한가? 이것은 전투인가? 이것은 게임인가? 이것은 시장인가? 이 모든 질문은 더 나아간 시도 속에서만 정의되고 변형된다.

■ "힘" 대신에 우리는 "약함", "현실태(entelechies)", "단자(monads)" 또는 더 단순히 "행위소(actants)"에 관해 말할 수가 있다.

1.1.8 어떤 행위소도 그렇게 약하지 않아서 그것은 다른 것에게 도움을 요청할 수 없다. 그리하여 그 둘은 결부되고 세 번째 행위소를 위한 것이 되는데, 이 세 번째 행위소를 그들은 그러므로 더 쉽게 움직일 수 있다. 회오리가 형성되고, 그것은 다른 여타의 것이 됨으로써 자란다.

■ 행위소는 본질(essence)인가 혹은 관계(relation)인가? 우리는 시도 없이 말할 수 없다(1.1.5.2). 스스로가 쓸려 가기를 멈추기 위해, 본질은 스스로를 많은 동맹과 관계 지을 수가 있으며, 관계는 많은 본질과 관계 지을 수가 있다.

1.1.9 행위소는 다른 것과 연합함으로써만 강함을 얻을 수 있다. 그러므로 그것은 그들의 이름으로 말한다. 왜 다른 것들은 스스로를 변호할 수 없는가? 그들은 말이 없기 때문에, 그들은 침묵 되어 왔기 때문에, 그들은 동시에 말함으로써 들을 수 없게 되기 때문에. 그러므로, 누군가 그들을 해석하고 그들의 자리에서 말한다. 그러나 누가? 누가 말하나? 그들이 또는 그것이? **반역자-번역자**(Traditore-tradutorre). 하나는 여러 개와 같다. 그것은 결

정될 수 없다. 행위자의 충실성이 질문받는다면, 그것은 다른 것들이 그것이 말하기 원했던 바를 반복할 뿐임을 증명할 수 있다. 그것은 힘들의 상태에 관한 주해(exegesis)를 제공하는데, 그것은 또 다른 동맹(alliance) 없이는 잠정적으로조차 주장될 수 없다.

1.1.10 당신이 원하는 대로 행위 하라, 이것이 쉽게 풀릴 수 없는 한 길게 말이다. 행위소들의 작업의 결과로서, 일정한 사물들은 그것들의 원래 상태로 돌아가지 않는다. 모양이 잡히는데, 마치 주름처럼 말이다. 그것은 덫이라고, 래칫(rachet)이라고, 비가역성(irreversability)이라고, 맥스웰의 악마(Maxwell's demon)라고, 물상화(reification)라고 불릴 수 있다. 정확한 단어는 그것이 비대칭(asymmetry)을 지정하는 한 문제 되지 않는다. 그렇다면 당신은 당신이 희망하는 대로 행위 할 수 없다. 승자와 패자가 있고, 방향이 있으며, 어떤 것은 다른 것보다 더 강해진다.

1.1.11 모든 것이 여전히 걸려 있다. 그렇지만, 모든 것이 똑같이 가능하지는 않음을 확신시키기 위해 모든 선수가 게임을 비가역적으로 만들고자 하고 있으며 그들이 할 수 있는 모든 것을 하고 있으므로, 게임은 끝난다.

■ 『명인(Masters of Go)』(Kawabata, 1972)에 대한 경의.

1.1.12 비대칭을 창출하기 위해서, 행위자는 그 자체보다 약간 더 내구성이 있는 힘에 기댈 필요만이 있을 뿐이다. 이 차이가 작을지라도, 다른 행위자에 대해 그것들 둘 다를 더 실재적으로 만들어주는 저항의 기울기를 창출하기에 충분하다(1.1.5).

1.1.13 우리는 행위소가 규칙, 법칙, 구조를 따른다고 말할 수는 없으나, 그것이 이들 없이 행위 한다고 말할 수도 없다. 다른 행위자가 하는 바에서 배

움으로써, 그것은 규칙, 법칙, 구조를 점차로 정교화한다. 그러고 나서 그것은 그것이 배웠다고, 관찰했다고, 또는 수용했다고 주장하는 이 규칙들에 의해 다른 것들이 놀 수 있게 만드는 일을 추구한다. 만일 그것이 이기면, 그것은 그들을 입증하며 그럼으로써 그들을 적용한 것이 된다.

■ 어떠한 주어진 질서는 규약(convention)인가, 사회적 구성(social construction)인가, 자연의 법칙(law of nature)인가, 또는 인간 정신의 구조인가? 우리는 말할 수 없다. 그러나 규칙들을 그것들을 고무했던 순간보다 더 내구성이 있는 무언가에게 붙이려는 기도(企圖) 속에서 모든 것은 전쟁 속에서만큼이나 사랑 속에서 공정하다.

1.1.14 아무것도 그 자체로 질서가 있거나 무질서하지 않으며, 고유하거나 복수적이지 않으며, 균질적이거나 이질적이지 않으며, 유동적이거나 불활성이지 않으며, 인간적이거나 비인간적이지 않으며, 쓸모 있거나 쓸모없지 않다. 그 자체로 결코 그렇지 않되, 다른 것에 의해서는 항상 그러하다.

■ 스피노자(Spinoza)는 오래전에 말했다. **모양**과 관련된 한, 인간 **형태적**(anthropo*morphic*)이지 말자고. 각각의 약함은 완전한 범위의 역할을 분배한다. 그것이 다른 것에서 기대하는 바에 의존하여, 그것은 모양 없는 것과 움직이는 것으로부터 안정된 것과 질서 잡힌 것을 구별한다. 그러나 다른 것 모두가 역할을 또한 분배하므로, 아름다운 얽힘이 뒤이어 일어난다. 여전히, 왜 현실태는 그것들이 부순 것을, 탈퇴시킨 것을, 또는 유추한 것을 모양 없는 물질로 잘못 취하게 될 수가 있는지는 이해 가능하다.

1.1.14.1 질서(order)는 무질서(disorder)가 아니라 다른 질서에서 추출된다.

■ 우리는 항상 똑같은 실수를 한다. 우리는 야만적인 것과 문명화된 것을, 구성된 것과 분해된 것을, 질서 잡힌 것과 무질서한 것을 구별한다. 우리는 타락과 도덕의 분해를 항상 탄식하고 있다. 불운! 아틸라(Attila)는 희

랍어와 라틴어를 말한다. 펑크족은 코코 샤넬(Coco Chanel)처럼 똑같이 신경 써서 옷을 입는다. 역병 박테리아는 IBM의 전략만큼 미묘한 전략을 갖고 있다. 아잔데족(Azande)은 그들의 믿음을 어떤 포퍼(Popper)처럼 열정적으로 반증한다. 우리가 아무리 멀리 갈지라도, 언제나 형태가 존재한다. 각 물고기 내부에 물고기로 가득 찬 연못들이 존재한다. 어떤 이는 스스로가 거푸집(molds)이라고 믿는데 다른 이는 날 재료라고 믿지만, 이것은 엘리트주의의 형태이다. 힘을 등록시키기 위해, 우리는 그것과 공모해야 한다. 그것은 판 금속처럼 펀치로 결코 구멍을 낼 수가 없거나 주형 안에서처럼 쏟아 부어질 수 없다.

1.1.15 "모든 것은 필연(necessary)적이다"와 "모든 것은 우연적(contingent)이다"는 똑같은 것을 의미하는데 — 그것은 아무것도 아니다. 단어 "필연적" 또는 "우연적"은 그것들이 저항의 기울기 — 즉, 실재(reality) — 를 기술하는 순간의 열기 속에서 사용될 때에만 의미를 얻는다.

- 클레오파트라(Cleopatra)의 코 길이는 유의미한 것도 유의미하지 않은 것도 아니다. 상황은, 그것들을 이루어내는 것이 그 무엇이든 간에 그 중요성을, 당분간, 결정한다. 우연(chance)과 필연(necessity)은 미리 그것들의 역할을 할당받을 수 없다.

1.1.16 무엇이 똑같은 것이고 무엇이 다른가? 무엇이 누구와 함께하는가? 무엇이 반대되거나 동맹을 이루거나 친밀한가? 무엇이 계속되고, 멈추고, 포기하고, 서두르고, 혹은 그 자체에 붙어 있는가? 이것들은 공유되는 질문에, 그렇다, 우리가 아양 떨든, 맛보든, 풀리든, 엮든, 합류하든, 지우든, 또는 제기하든 모든 시도에 **공유**된다.

1.2.1 아무것도, 그 자체로, 그 밖의 어떤 것과 똑같은 것이 아니거나 다르

지 않다. 즉, 등가물(equivalents)은 존재하지 않는데, 번역(translation)만이 존재한다.

다른 말로 하면, 모든 것은 한 번만, 그리고 한 장소에서만 일어난다. 행위소 사이에 동일성(identities)이 존재한다면, 이는 그것들이 큰 비용을 들여 구성되어 왔기 때문이다. 등가성(equivalences)이 존재한다면, 이는 그것들이 많은 노고와 땀으로 조각과 파편(bits and pieces)으로부터 이루어진 것이기 때문이고, 그것들이 힘에 의해 유지되기 때문이다. 교환(exchanges)이 존재한다면, 이것들은 항상 동등하지 않으며 수립하고 유지하는 일 둘 다에 재산이 든다.

■ 나는 이것을 "상대성원리(principle of relativity)"라고 부른다. 하나의 관찰자가 다른 관찰자와 빛의 속도 이상으로 의사소통하는 일이 불가능한 것처럼 바로 그렇게, 행위소 사이에서 행해질 수 있는 최선은 하나를 다른 하나로 번역하는 것이다. 공약 불가능(incommensurable)한 힘과 비환원적 힘 사이에는 아무것도 없다. 아무런 에테르(ether)도 없고, 아무런 즉각성(instantaneousness)도 없다. 이 상대성원리가 행위소들의 비등가성(inequivalence)을 재수립하려는 것을 목표로 한다는 점은, 반면 다른 원리는 모든 관찰자의 등가성을 복원시키려 설계되었음은 참이다. 둘 다에서, 그렇지만, 그에 대해, 에테르의 부재 속에서 숨 쉬는 데 익숙해져야 한다. 그에 대해 내가 말하는 재료는 드물고, 흩어져 있으며, 대부분 비어 있다. 모임(gatherings), 포화, 풍부는 흔하지 않고 흩어져 있는데, 한 나라의 지도 위 큰 마을과 같다.

간주곡 I: 저자의 목표를 설명하기 위한 의사자서전적(pseudo-autobiographical) 문체 속에서

나는 프랑스의 지방인 그레(Gray)에서 1년간 가르쳤다. 1972년 겨울의 끝, 디종(Dijon)에서 그레로 가는 길 위에서, 나는 멈춰서야 했고, 환원론(reductionism)의 과다 복용 이후 나의 감각으로 이끌려야 했다. 세계를 창조했기에 세계를 스스로에게 환원할 수 있는 신을 기독교인은 사랑한다. 가톨릭교도는 세계를 로마적 구원의 역사에 국한한다. 천문학자는 빅뱅으로부터 우주의 진화를 연역함으로써 그것의 기원을 찾는다. 수학자는 다른 모든 것을 따름정리(corrolaries)와 귀결(consequences)로 함축해 내는 공리(axioms)를 찾는다. 철학자는 나머지를 부수현상적으로 만드는 급진적 토대(radical foundation)를 추구한다. 헤겔주의자는 사건으로부터 그것들 안에 이미 내재한 무언가를 짜내고자 희망한다. 칸트주의자는 사물을 먼지 알갱이로 환원하고 그러고 나서 그것들을 노새만큼 다산적인 선천적 종합판단(synthetic a-priori judgments)으로 재조립한다. 프랑스 공학자는 효험(potency)을 계산에 돌리는데, 그럼에도 불구하고 이것들은 동창회 연결망(old-boy network)의 실행에서 온다. 경영자는 임원, 수하, 주제를 찾는 데서 결코 피곤해하지 않는다. 지식인은 저열한 것에 관한 "단순한" 실행과 의견을 명백하게 그리고 의식적이게 만들고자 분투한다. 부르주아지의 아들은 포도 경작자, 지하 저장실 담당자, 회계장부 담당자에게서 부의 추상적 순환의 단순한 단계들을 본다. 서양인은 종과 제국의 진화를 클레오파트라의 코, 아킬레스의 뒤꿈치, 넬슨의 안 보이는 눈으로 위축시키는 일에서 결코 피곤해하지 않는다. 작가는 일상의 삶을 재창조하려 하고 자연을 모방하려 한다. 화가는 느낌을 색으로 옮기려는 욕망으로 강박되어 있다. 롤랑 바르트(Roland Barthes) 추종자는 홀로 모든 것을 텍스트(texts)만이 아니라 기의(signifiers)로 전환하고자 시도한다. 남자는 인간을 대신해 용어 "그(he)"를 사용하길 좋아한다. 투사는 혁명이 과거에서 미래를 비틀어 떼어낼 것이라고 희망한다. 철학자는 아직 "과학의 확실한 경로를 찾지 못한" 이들을 단두대로 보내고자 인식론적 단절(epistemological break)을 날카롭게 한다. 연금술사는 철학자의 돌(philosopher's stone)을 그의 손안에 쥐고 싶어 할 것이다.

모든 것을 아무것도 아닌 것으로 놓기, 모든 것을 거의 아무것도 아닌 것으로부터 연역하기, 위계 속에 놓기, 명령하고 복종하기, 심오해지거나 우세해지기, 대상을 수집하고 그것들을 작은 공간에 밀어 넣기, 그것들이 주체이든, 기표(signifiers)이든, 계급이든, 신이든, 공리이든 — 나의 카스트(caste)의 동반자와 같은, 동반자를 위해 무(無)라는 용과 전체성이라는 용만을 갖기. 피곤하고 지쳐서, 갑자기 나는 모든 것이 여전히 바깥에 남겨져 있다고 느꼈다. 기독교인, 철학자, 지식인, 부르주아, 남성, 지방 사람, 프랑스인인 나는 공간을 만들기로 그리고 그에 관해 내가 말하는 사물에게 그들이 "일정한 거리를 두고 서 있을" 필요가 있었던 방을 허용하기로 결정했다. 나는, 당시에, 내가 지금 쓰고 있는 바에 관해 아무것도 몰랐지만 단순히 스스로에게 반복했다. "아무것도, 그 자체로, 그 밖의 어떤 것으로 환원될 수 없고, 아무것도, 그 밖의 어떤 것으로부터 연역될 수 없으며, 모든 것은 그 밖의 모든 것과 동맹 될 수 있다." 이는 악마들을 하나하나씩 패퇴시켰던 악령 쫓기(exorcism)와 같은 것이었다. 그것은 겨울 하늘이었고 아주 파랬다. 나는 그것을 더는 우주론으로 떠받칠 필요가 없었고, 그것을 그림 안에 놓을 필요가 없었고, 그것을 쓰기(writing) 안으로 옮길 필요가 없었고, 그것을 기상학적 논문에서 측정할 필요가 없었고, 혹은 그것을 그것이 내 머리에 떨어지는 것을 막으려 한 티탄(Titan) 위에 놓을 필요가 없었다. 나는 그것을 다른 장소 속 다른 하늘에 더했고, 그들 중 아무것도 그것으로 환원하지 않았으며, 그것을 그들 중 아무것으로도 환원하지 않았다. 그것은 "일정한 거리를 두고 서 있었고", 달아났고, 그 자체를 그것 혼자서 그것의 위치와 그것의 목표를 정의했던 곳에 수립시켰는데, 알 수도 없고 모를 수도 없다. 그것과 나, 그들과 우리, 우리는 서로 우리 자신을 정의했다. 그리고 내 생애 처음으로 나는 환원되지 않은 그리고 자유로워진 사물을 보았다.

1.2.2 현실태는 아무것도 아닌 것에 관해 동의하고 모든 것에 대해 동의할

수 있는데, 왜냐하면 아무것도 아닌 것은, 그 자체로 혹은 저절로, 공약 가능하지도 공약 불가능하지 않기 때문이다. 동의가 그 무엇이든 간에, 비동의(disagreement)가 먹여질 수가 있는 무언가는 항상 존재한다. 거리가 무엇이든 간에, 그에 관한 이해가 세워질 수 있는 무언가는 항상 존재한다. 다른 식으로 이야기하면, 모든 것은 교섭 가능(negotiable)하다.

■ "교섭(negotiation)"은 탁자의 모양 혹은 대표단의 이름만이 아니라, 모든 것이 교섭 가능하다는 점이 이해되는 한 나쁜 단어가 아니다. 교섭이란 도대체 무엇인지, 그것이 시작되었다거나 끝났다고 이야기될 수 있을 때, 어떤 언어로 말해진 것인지, 우리가 이해되어 왔는지 아닌지는 어떻게 결정될 것인지에 관해서 또한 결정이 이루어져야 한다. 그것은 전투였나, 의식(儀式)이었나 토론이었나 혹은 게임이었나? 이는 또한 논쟁의 모든 현실태가 정의되고 그것들 스스로가 다른 것을 정의했을 때까지 계속되는 논쟁의 문제이다. 내가 어떤 황금천 들판(Field of the Cloth of Gold)을 필요로 한다는 점은 이들 교섭을 나타내려는 것이다.

1.2.3 얼마나 많은 행위소가 존재하는가? 이는 그것들이 서로에 대해 측정되었을 때까지 결정될 수 없다.

■ 나는 아직 우리가 얼마나 많은지 말하지 않았다. 5000만 명의 프랑스인, 단일 생태계, 200억 개의 뉴런, 세 개 또는 네 개 유형의 특성, 단수인 "나를(me), 나는(I), 나를, 나는". 우리는 힘의 수를 셀 수 없고 유일한 실체(substance)가, 두 사회 계급이, 세 개의 은총이, 사원소가, 일곱 가지 죽을죄가, 혹은 열두 사도가 존재한다고 결정할 수 없다. 우리는 더해서 총합을 이뤄낼 수 없다. 이 특수한 산술 속에서 누구도 이제껏 빼지 않는다. 회계사가 존재하는 것처럼 많은 소계를 우리는 더한다.

1.2.3.1 전체도 부분도 존재하지 않는다. 조화, 구성, 통합, 혹은 체계도 존

재하지 않는다(1.1.14). 어떻게 무언가가 뭉치는가는 전장에서 결정되는데, 왜냐하면 누가 복종해야 하고 명령해야 하는지에 대해, 누가 일부가 되어야 하고 누구 전체가 되어야 하는지에 대해 아무도 동의하지 않기 때문이다.

■ 라이프니츠(Leibniz)에도 불구하고, 사전에 수립된 조화란 존재하지 않는데, 조화는 수선(tinkering)에 의해 논리적으로 **나중에** 수립되는 것이다.

1.2.4 우리는 행위소가 어디서 발견될지 모른다. 그것의 위치에 대한 정의는 최초부터 존재하는 투쟁인데, 그 투쟁 동안 많은 것은 길을 잃었다. 우리는 몇몇은 위치를 잡고 다른 것은 위치를 부여받는다고 말할 수 있을 뿐이다.

1.2.4.1 장소들은 거리가 떨어져 있고, 환원 불가능하고, 덧셈이 가능하지 않음에도 불구하고, 그것들은 그럼에도 계속 서로 묶이고, 하나로 되고, 더해지고, 나란해지며, 방식과 수단에 종속된다. 이런 방식과 수단이 아니었다면, 아무런 장소도 어떤 다른 것으로 이끌지 못할 것이다.

1.2.5 시도의 과정에서 그들 스스로를 동맹시키는 힘들은 내구력이 있다고 이야기된다. 각 현실태는 다른 것들과 동맹하거나 배신함으로써 그들을 위한 시간을 생성한다. “시간”은 이 게임의 끝에서 일어나는데, 대부분은 그들이 걸었던 바를 잃는 게임이다.

■ 이 순간은 이전인가 혹은 이후인가? 그것은 추월된 것인가, 예언적인 것인가, 쓸모없는 것인가, 퇴폐적인 것인가, 동시대적인가, 잠정적인가, 혹은 영원한 것인가? 이것은 미리 결정될 수 없다. 그것은 교섭되어야 한다.

1.2.5.1 시간은 행위자 각각이 그들 자신의 이익을 위해 뒤집힐 수 없는 기정사실(fait accompli)을 창조하고자 추구하는 것으로서 그들의 먼 귀결들이다(1.1.10). 이런 식으로 시간은 지나간다.

1.2.5.2 시간은 지나가지 않는다. 시간은 힘들 사이에 걸려 있는 것이다. 물론, 하나의 힘이 다른 힘을 앞지를 수가 있지만, 영속성(permanence)이란 비용이 너무 많이 들고 너무 많은 동맹을 요구하기 때문에 국소적(local)일 뿐이며 잠정적(temporary)일 뿐이다.

1.2.5.3 프랑스에서 혁명이 "존재한다"라고 종종 이야기되지만, 이것들은 시간과 역사를 만들어내고자 다른 행위자로부터 그들의 역량을 취하며 그럼으로써 다른 행위자를 지나가게 하며 그들을 구식이 되게 하는 행위자일 뿐이다. 물론, 완파된 것이 때로 보복을 하게 되고 그리하여 시간의 질서를 한 번 더 뒤집는다.

■ 누가, 그렇다면, 가장 근대적인가 — 페르시아 황제(Shar), 다른 시대에서 온 이슬람교인 호메이니(Khomeini), 또는 파리에서 망명한 대통령 바니-사드르(Bani-Sadre) 아무도 모르며, 이는 왜 그들이 그들의 시간을 만들고자 그토록 많이 투쟁하느냐의 이유이다.

1.2.5.4 모든 민주주의 중 가장 자유로운 것이 순간 사이에서 다스린다. 아무런 순간도 어떠한 다른 순간을 왕위에 앉힐 수 없고, 불구가 되게 할 수 없고, 정당화할 수 없고, 대체할 수 없고, 또는 제한할 수 없다. 이전에 온 모든 순간을 비난할 마지막 순간은 없다.

■ 시간은 환원 불가능하며, 이것은 왜 "죽음"이 항상 완파되는지의 이유이다. 목적이 수단을 정당화하지 않는다. 죽음이 삶을 정당화하지도 않는다.

1.2.6 공간과 시간은 현실태를 틀 짓지 않는다. 그것들은 다른 행위소의 패권에, 국소적으로 그리고 잠정적으로, 항복한 그들 행위소에 대한 기술(記述)의 틀이다.

■ 그래서 모든 것이 교섭되었을 때까지, 시간들의 시간과 공간들의 공간 등

등이 존재한다. 페기(Péguy)의 『클리오(Clio)』(1914)에 대한 경의.

1.2.7 각 현실태는 정의한다. 무엇이 안에 놓여 있고 무엇이 밖에 놓여 있는지를, 무엇이 그것에 속하고 무엇이 그것에 속하지 않는지를 결정할 때 어떤 다른 행위자를 그것이 믿어야 할지를, 이들 심판을 믿어야 할지 말아야 할지를 결정할 때 어느 종류의 시도를 그것이 사용해야 할지를.

■ 단자는 그들 스스로에게서 결코 나오지 않기 때문에, 그것들은 문도 없고 창도 없다고 라이프니츠가 말한 것은 옳았다. 그렇지만, 그것들은 체인데, 왜냐하면 그것들은 그것들의 전선에 관해, 누가 교섭자가 될지에 관해, 그것들이 무엇을 할지에 관해 끊임없이 교섭하기 때문이다. 결국 그것들은 키메라(chimeras)가 되는 것으로 끝나는데, 어느 것이 문이고 어느 것이 창인지를, 어느 것이 왼쪽 무대이고 어느 것이 오른쪽 무대인지를 결정할 수 없다.

1.2.7.1 외부적 지시체(external referent)는 존재하지 않는다. 지시체는 그들의 시금석으로 사용하는 힘들에 대해 항상 내부적이다.

1.2.7.2 실재 원리(principle of reality)는 다른 사람이다.

■ 실재적인 것은 저항의 기울기이기 때문에 실재적인 것에 대한 해석은 실재적인 것 자체와 구별될 수 없다(1.1.5). 행위소는 그러므로 수·기울기·이들 차이의 본성을, 수·권위·교섭하는 이들의 무게를, 수·성질·심판의 신용 가능성을 판단하기 위해 사용하게 될 시금석의 신뢰 가능성을 교섭하는 일을 결코 멈추지 않는다.

1.2.8 모든 현실태는 단독으로 한 전체 세계를 만든다. 그것은 그 자체 및 여타 모든 것의 위치를 알아낸다. 그것은 그것이 어느 힘들로 구성되는지를

결정한다. 그것은 그 자신의 시간을 생성한다. 그것은 누가 그것의 실재 원리가 될지를 지정한다. 그것은 모든 여타 힘을 그 자체의 이익을 위해 번역하고, 그들이 번역하는 것을 좋아할 그 자체의 버전을 그들이 받아들이게 만드는 일을 그것은 추구한다.

■ 니체(Nietzsche)는 이를 "가치 평가(evaluation)"라고, 그리고 라이프니츠는 "표현(expression)"이라고 불렀다.

1.2.9 그것은 우리가 그에 대해 말하는 힘인가? 그것은 말하는 힘인가? 그것은 다른 행위자에 의해 말하도록 만들어지는 행위자인가? 그것은 해석인가 대상 자체인가? 그것은 텍스트인가 세계인가? 이것은 우리가 그에 대해 투쟁하는 바이기 때문에, 우리는 한 전체적 단어 세우기(building of a whole word)를 말할 수 없다.

■ 해석학, 주해(exegesis), 기호학을 사용하는 이들이 텍스트에 관해 이야기하는 바가 모든 약함에 관해 이야기될 수 있다. 하나의 텍스트와 다른 텍스트 사이의 관계가 항상 해석의 문제라는 점은 오랫동안 동의되어 왔다. 이른바 텍스트와 이른바 대상 사이에, 그리고 심지어 이른바 대상들 자체 사이에서 이것이 또한 참임을 왜 받아들이지 않는가?

1.2.10 아무것도 최초부터 존재하는 시도들을 벗어날 수 없다. 교섭 이전에 우리는 어떤 종류의 시도가 존재하게 될지에 대해 아무런 관념도 갖지 못하는데 — 그것들이 갈등, 게임, 사랑, 역사, 경제, 혹은 생활로 생각될지의 여부 말이다. 우리가 경기장에 들어가기 전에는 그것들이 최초부터 존재하는 것인지 또는 이차적인 것인지를 우리는 알지 못한다. 마지막으로, 우리는 끝까지 그것들이 교섭되었는지 혹은 태어날 때 받아들여졌는지, 즉 피부 자체에 아로새겨졌는지 말할 수 없다.

1.2.11 우리는 우리가 주체 또는 대상, 인간 혹은 신, 동물, 원자, 또는 텍스트에 관해서 이야기하고 있는지 우리가 안다고 미리 믿어서는 안 된다. 나는 아직 말해오지 않았는데, 왜냐하면 이는 정확히 힘들 사이에서 걸려 있는 것이기 때문이다. 누가 말하고, 무엇에 관해서 말하는가?

■ 우리는 "문화"에서 "자연"을 나누고자 서둘러서는 안 된다. 가리비는 물고기, 어부, 그것들이 스스로를 붙이는 암석이 가리비의 목적과는 다른 목적을 갖기 때문에 자연이 가혹한 감독 — 적대적인, 영양을 주는, 방탕한 — 이라는 점 또한 알아낸다.

1.2.12 아무것도, 단독으로, 알 수 있는 것이 아니거나 알 수 없는 것이 아니고, 말할 수 있는 것이 아니거나 말할 수 없는 것이 아니고, 가깝지 않거나 멀지 않다. 모든 것은 번역된다. 무엇이 더 단순할 수 있겠는가?

1.2.13 우리가 그에 관해 써야 하는 모든 것이 논쟁 될 것이고 번역될 것이라면, 우리는 데카르트가 말했듯이, 잠정적 교훈을 필요로 한다. 우리가 강함의 시도에 관해 말할 때, 우리는 한쪽이나 다른 쪽의 이점과의 관계를 고정하는 어떠한 용어를 사용하는 일을 피해야 한다. 이것이 가능하지 않다면, 시간과 공간을 취하지 않되 그 대신에 그것을 제공하는 텍스트를 쓰고자 적어도 우리는 시도해야 한다.

1.3.1 모든 현실태가 모든 다른 현실태를 측정할 수가 있고 모든 다른 현실태의 척도가 될 수가 있다(1.1.14). 그럼에도 불구하고, 일정한 힘들은 측정되기보다는 측정하려 하고 번역되기보다는 번역하려 계속 시도한다. 그것들은 작용 받기보다는 작용하기를 희망한다. 그것들은 다른 것보다 더 강하기를 희망한다.

■ 나는 니체의 호전적 신화 속에서처럼 "모든"보다는 "일정한"을 말했다. 대

부분의 행위자는 도전하려 일어나기에는 너무 멀리 떨어져 있거나 너무 무관심하고, 그들의 이름으로 말하는 것들은 오랫동안 따라가기에는 너무 훈련되어 있지 않거나 정직하지 못하고, 다른 것의 명령을 취하기에는 너무 행복하고 자랑스러워한다. 이 연구에서 나는 그들의 힘을 증가시키길 원하는 그들 약함에 관해서만 말한다. 환원 불가능한 다른 것은 철학자보다는 시인을 필요로 한다.

1.3.2 행위소들은 공약 불가능하며 각각이 다른 것만큼 크고 완전한 세계를 만든다는 점을 고려하면, 하나가 다른 것 이상의 것이 된다는 점이 어떻게 발생하는가? 몇 가지가 된다고 주장함으로써, 연합하기에 의해서(1.1.9).

1.3.3 아무것도, 그 자체로 그리고 저절로, 등가인 것도 아니고 등가가 아닌 것도 아니므로(1.2.1), 두 힘은 오해 없이 연합할 수 없다.

■ 우호조약, 배치, 타협, 교섭, 책략, 조합, 압축 — 이 모든 용어가 사용될 수 있다. 그것들이 경멸적임을 발견하며 그것들이 연합의 더 완벽한 형태와 충돌한다고 믿는 이들은 그것이 결코 더 잘할 수는 없음을 이해하는 데 실패하는데, 등가성이란 없기 때문이기도 하고(2.2.1) 아무것도, 그 자체로, 어떤 다른 것으로 환원 가능하지 않거나 환원 불가능하지도 않다는 점 때문이기도 하다.

1.3.4 모든 현실태는 "동등하게" 활동적임에도 불구하고, 그것들은 두 상태에 있는 것으로 보일 수가 있다. 지배하거나 지배되거나, 행위 하거나 행위 받거나. 현실태가 수동적이라고 불리려면, 그것은 되돌려 답하는 데 실패할 필요가 있을 뿐이다.

■ 나는 능동적 힘이 존재하며 수동적 힘이 존재한다고 말하고 있는 것이 아니라, 하나의 힘은 마치 다른 힘은 수동적이며 복종적인 것처럼 행동할 수

가 있다는 점만을 말하고 있다(1.1.14). 수동적 힘에 대해, 물론, 관점은 전적으로 다르다. 복종을 가장하는 데에는 천 가지 이유가, 지배되기를 희망하는 데에는 만 가지 이유가, 침묵을 지키는 데에 십만 가지 이유가 존재하는데 — 그들이 봉사 받는다고 믿는 이들에 의해서는 결코 의혹 되지 않는 이유이다.

1.3.5 한 행위소는 몇 가지의 하나가 됨에 의해서만 다른 것보다 더 커지게 될 수 있으므로, 그리고 이 연합은 항상 오해이므로, 모순됨이 없이 연합의 본성을 정의하는 그 하나가 통제를 장악한다.

- 두 힘이 그들 자체가 단합되었다고 주장하는 곳에서, 하나만이 말한다. 두 힘이 그들이 마찬가지라고 여기는 교환을 이뤄내는 곳에서, 하나가 누가 교환될 것을 정의하는지를, 어떻게 같음(equality)이 측정되는지를, 언제 교환이 일어났는지를 항상 정의한다.

1.3.6 아무것도 등가적이지 않으므로, 강하다 함은 등가적이지 않았던 것을 등가적이게 만드는 것이다. 이런 식으로 몇 가지가 하나로서 행위를 한다.

- "어떤 것은 안 통한다." 담론(discourses)과 연합은 동등하지 않은데, 왜냐하면 동맹과 논의는 하나의 연합이 다른 연합보다 더 강해지게 되도록 정확하게 징집되기 때문이다. 만일 "언어 게임(laguage games)"이 존재하며 그 이상의 아무것도 없다고 보인다면, 어떤 이는 확신 받지 못한 것이다. 이것이 상대주의자의 약점이다. 그들은 확신시키고 이기기 위해 다른 것과 그들 자신을 연합시키는 능력이 없는 힘에 관해서만 말한다. "어떤 것도 좋다"를 반복함으로써, 그것들은 비등가성과 비대칭을 생성하는 연구를 놓친다(1.1.11).

1.3.7 아무것도 공약 가능하지 않거나 공약 불가능하지 않으므로(1.1.4), 더

행위적인 것이 측정의 기제를 정의할 수 있는 그것이다.

■ 차이와 동일성(identities)이 아닌, 차별화(differentiation)와 동일화(identification)라는 **행위**가 존재한다(1.1.16). 단어 "같은", 그리고 "여타의"는 힘의 시도의 귀결, 즉 패배와 승리이다. 그것들은 그것들 스스로 이들 연결을 기술할 수 없다.

간주곡 II: 사물 환원하기를 멈추는 일이 얼마나 안도가 되는지를 보여주기

때로 태양이 소크 연구소(Salk Institute)의 거칠어진 콘크리트 위로 비칠 때, 우리는 시간에 관해 서두르는 일을 그리고 시간을 다 쓰는 일을 멈춘다. 우리는 문간의 계단에 앉아 시간의 각 나뭇가지가 그것이 할 수 있는 한 최대로 펼쳐지게 한다. "아무것도 그 자체로 그 밖의 어떤 것으로 환원 가능하지도 환원 불가능하지도 않다"라고 우리는 환원하고, 파괴하고, 대체하고, 연역하고, 다른 순서로 바꾸고, 설명하고, 일으키고, 만회하고, 복구하고, 연루시키고, 결정하고, 교환하고, 구매하는 것 모두에 관해 말한다. 시간의 나무, 시간의 나무들, 시간의 나무들의 숲. 아무것도 변하지 않았지만, 각 힘의, 각 현실태의, 각 행위자의 위치는 그토록 완전히 변해서 우리는 우리가 전에는 놓치고 있었다는 것을 몰랐던 공기를 호흡한다.

이들 순간에 그 자체를 드러내는 것은 존재로서의 존재(being as being)가 아니다. **존재**로서의 존재라는 이 업무는 각 현실태가 그것이 단독으로 한 전체 세계를 만드는 데 필요한 모든 차이를 갖고 있으므로 꽤 상황에 어울리지 않는다. 조수(潮水)는 변했다. 이전에는 꼬투리 속의 콩처럼 우리 머릿속에서 덜컹거리며 지내는 잔여적 존재와 더불어, 환원되어 왔던 사물만이 그리고 환원하기를 행했던 사물만이 존재했다. 이것은 융합, 평정, 혹은 차별화의 결여가 존재한다는 것을 의미하는가? 아니다, 물론 아니다! 모든 차이가 거기에 있다. 어떤 하나의 것도 빠트리지 않고 있다. 그리고 그것들을 환원하고, 산출하고, 단순화하고, 위계화하고, 전체화하고, 혹은 파괴하려는 모든 기도(企圖)는 마찬가지로 거기에 있는데, 그것들이 억압하고자 소망했던 것에 그것들 자체를 부가시키는 그토록 많은 차별화처럼 말이다.

아무것도 용서하지 않고, 보상하지 않고, 속죄하지 않고, 균형 잡지 않고, 성공하지 않고, 포섭하지 않고, 결론 내리지 않고, 요약하지 않고, 혹은 그 자체에 복종하지 않는다. 그리고 아직도 우리는 은총(grace)의 상태에 대해 진정으로 말해야 한다. 모든 것은 빛인데, 왜냐하면 아무것도 그 밖의 어떤 것의 아찔한 추락을 초래할 힘을 갖고 있지 않기 때문이다. 그렇다, 갈 자유, 할 자유, 지날 자유, 가게 할 자유 말이다. 갈매기는 그 이름과 거리가 멀고, 그 종과 거리가 먼데, 공기, 바다, 선호된 물고기라는 그 자체의 세계 속에 있다. 물고기는 그 떼와 거리가 멀고 갈매기 및 그것의 부리와 거리가 먼데, 얼음 같은 물속에서 결백하다. 그 자체를 함께 모으고 모양을 짓는 물은 바람에 의해 섞이고, 해류에 의해 얽히고, 바닷가로 그 자체를 들어올리고 부서진다. 해양학자는 라 홀라(La Jolla) 잠수함 협곡으로 다이빙하는 잠수부가 된다. 〈조스〉 이후에 〈조스 II〉를 제작하고 깊은 곳 및 상어에 대한 공포를 파는 책임 감독 — 모두가 결백하다. 결백? 아니다. 결백하지도 유죄인 것도 아니다. 표시되어 있고, 기록되어 있고, 용서 불가능하다. 시간의 나무가 자라는 상태가 될 때, 행위와 그 귀결은 분리되고, 각각은 다른 것의 수단 및 목적이 된다. 그리하여 목적으로 수단에 대해 속죄하는 것은, 기도로 죄의 삶을 속죄하는 것은, 그의 아이들로 한 인간을 속죄하는 것은, 그의 은행 계좌로 총감독을 속죄하는 것은 불가능하다. 등가성은 없고, 시장(市場)은 없다. 우리는 죽을 수도 없고 죽음을 정복할 수도 없다. 산 사람을 위한, 그녀의 죽음의 날을 위한, 살인자의 총알을 위한, 결론 없음으로 이끄는 탐구를 위한, 죽은 친구에 대해 말하는 이들에 관한 기억을 위한 방이 존재한다. 아무것도 그들 공간을 요약하지 않고, 아무것도 그것들을 설명하지 않고, 아무것도 그것들을 정당화하지 않는다. 결백? 아니다, 우리는 교수대 설치에 의해 이루어진 결백한 것과 유죄인 것 사이의 구별을 넘어서 갔기에 그러하다. 불가해(不可解)한? 아니다, 우리가 이해하는 바와 우리가 모르는 바를, 날마다, 수립하는 작업을 우리는 넘어서 있기에 그러하다. 그 이름과 거리가 먼, 새는 내가 그것에 부여한 이름으로부터 날지만, 동물학의 논저 속에서 그리고 생-존 페르스(St. John Perse)의 시 속에서 계속 난다. 갈매기는, 우리의 하늘로는 환원 불가능한, 그것의 하늘 속에 있지만, 분류학자의 언어는 교재 속에 있는데, 그 자체는, 살았든 죽었든, 이제껏 꿈꾸었던 어떠한 갈매기로도 환원되지 않는다.

1.4.1 일정한 행위소는 그들의 강함을 다른 행위소에 대해 시험하고, 그것들은 수동적이라고 선언하며, 그것들 스스로를 정의하는 그들과의 동맹을 이룬다. 그들이 지휘하는 등가성을 부과함으로써, 그들은 스스로를 수동적 행위자로부터 수동적 행위자로 단계별로 확산한다.

■ 우리는 "교환", "같음", 등가성의 "전달"과 더불어 너무 자주 시작하는 경향이 있다. 그러나 우리는 결코 이들 등가물이 단조(鍛造) 된 예비적 작업에 관해 말하지 않는다. 그것은 마치 우리가 도로 연결망에 관해 말하되 토목공학에 대해서는 결코 말하지 않는 것과 같다. 그렇지만, 등가물과 등가물 만들기 사이에는 자동차를 모는 일과 고속도로를 닦는 일 사이에서만큼이나 많은 차이가 존재한다.

1.4.2 하나의 약함이 다른 것을 등록시킬 때, 그것은 그들의 연합을 정의하는 특권을 그것이 유지할 수 있는 한에서 연결망을 형성한다.

■ 연결망 안에서 아주 많이 떨어져 있는 일정한 점들은 그들 스스로가 연결되어 있음을 발견할 수 있는데, 이 동안에 이웃이었던 다른 점들은 서로에서 멀리 제거된다. 각 행위자는 국소적임에 불구하고, 그것은 장소에서 장소로 이동할 수 있는데, 적어도 하나의 장소를 다른 장소와 똑같게 해주는 등가성을 교섭할 수 있는 한 말이다. 한 연결망은 그리하여 한 "보편적인 것"을 언젠가 통과해 지나가야만 함이 없이도 "꽤 일반적"일 수 있다. 한 연결망이 아무리 희박해지고 복잡해질 수가 있을지라도, 그것은

국소적으로 그리고 국한되어, 엷고 부서지기 쉬운 것으로, 공간에 산재한 채 결코 남아 있을 수 없다. 우리는 자아내어지고, 서로가 섞여 짜인 필라멘트와 같은 현실태를 상상해야 하는데(1.2.7), 이들은 각각의 하나가, 크기, 속도, 이 조화의 편성을 정의하기 때문에 조화의 역량은 없다.

1.4.3 하나의 연결망과 다른 연결망 사이에서, 하나의 힘과 다른 힘 사이에서처럼(1.2.7), 아무것도 그 자체로 공약 가능하지도 공약 불가능하지도 않다. 그리하여 우리는 한 연결망이 아무리 멀리 확장할지라도, 우리는 결코 그것에게서 벗어나지 못한다.

■ 어떤 것이 아우슈비츠(Auschwitz)에서 사령관일 수 있고, 코르푸(Corfu)에서 올리브 나무일 수 있고, 로체스터(Rocherter)에서 배관공일 수 있고, 실리제도(Scilly)에서 갈매기일 수 있고, 스탠퍼드(Stanford)에서 물리학자일 수 있고, 미나스제라이스(Minas Gerais)에서 편마암(gneiss)일 수 있고, 아델리랜드(Adelie Land)에서 고래일 수 있고, 다미에트(Damiette)에서 코흐(Koch)의 박테리아 중 하나일 수 있고 등등인 것은 이 이유 때문이다. 각 연결망은 단독으로 한 전체 세계를 만드는데, 이는 그것의 내부가 아무것도 아니지만 그것을 정교화하는 것들의 내부적 분비물들인 그러한 한 세계이다. 아무것도 뒤집힘 없이는 그러한 한 연결망의 미술관들(galleries)로 들어갈 수 없다. 흰개미가 라이프니츠보다 나은 철학자였다고 우리가 생각했다면, 우리는 연결망을 흰개미의 둥지와 비교할 수 있었을 것인데 — 우리가 그것의 미술관들을 어둡게 하기 위한 아무런 바깥의 태양이 없음을 대조에 의해 이해하는 한 말이다. 더 분명하게 보는 일은 결코 가능하지 않을 것이고, 흰개미보다 더 먼 "바깥"에 있게 되기는 결코 가능하지 않을 것이며, 가장 널리 수용된 등가성이, 시도 아래서, 점토 벽보다 더 강하지 않은 것으로 보일 수도 있다.

1.4.4 한 힘은 다른 힘을 수동적이게 만듦으로써 소로(小路)를 수립한다. 그것은 그러고 나서 그것에 속하지 않는 장소로 이동해 갈 수 있고 그것들을 그것들이 그 자신의 것이었듯이 다룬다.

■ 나는 "논리"에 관해서 흔쾌히 이야기할 의향이 있으나(2.0.0), 그것이 공적 연구 또는 토목공학의 가지로 보일 때만 그러하다. 이런 식으로 이야기하는 것은, 울리히(Ulich)와 같은, 정밀성과 정신을 위한 총사무국(General Secretariat for Precision and the Spirit)에 관해 이야기하는 것보다 더 정확하다(Musil, ch. 116).

1.4.5 더 강해지길 소망하는 현실태는 힘의 선(lines of force)을 창조한다고 이야기될 수 있다. 그것들은 선 속에 다른 것을 유지시킨다. 그것들은 그들을 더 예측 가능하게 만든다.

■ 용어 "힘의 선"은 "연결망", "길", "미술관", 또는 "논리"보다 훨씬 더 모호하지만, 이것은 괜찮다. 독자는 내가 사회적 존재(social beings), 인쇄, 회로, 이유, 기계, 주장, 혹은 습관에 관해 이야기하고 있는지의 여부를 결정할 수 있어서는 아직 안 된다. 이 모호함은 정확히 내가 추구하는 효과인데, 왜냐하면 아마도 우리는 이런 식으로 분류된 대상을 결코 다시는 우연히 마주치지 않을 것이기 때문이다.

1.4.6 하나의 행위소가 다른 것으로 하여금 선 안으로 떨어지도록 그럭저럭 설득하자마자, 그것은 이에 의해 그것의 힘을 증가시키고 그것이 조정했고 확신시켰던 것 이상으로 더 강해진다(1.5.1). 이것은 방식의 수로 측정될 수 있다. A는 다른 것과 **연결되었다고** 이야기될 수 있다. 원리적으로 모든 연결이 똑같이 가능함에도 불구하고, B를 C보다 A에 연결하는 것이 이제는 더 쉬워진다. A는 다른 것을 **지휘한다고** 또한 이야기될 수 있다. 원리적으로 이들 다른 것이 그들의 힘을 A에게 빌려줌에도 불구하고, 그들은 그들 스

스로가 그것에 의해 통제되도록 허용한다. A가 다른 것의 희망을 **번역한다고** 이야기될 수 있다. 다른 것이 그 밖의 무언가를 이야기하길 희망할 수도 있음에도 불구하고, 그들은 A가 말하는 바가 그들이 말하길 원했던 바이되 말로 할 수 없었음에 동의한다. A의 강함은 그것이 다른 것을 **살** 수 있다고 말함에 의해서 또한 측정될 수 있다. 원리적으로 다른 것들은 똑같은 양의 가치는 없음에도 불구하고(1.2.1), E 또는 F는 A가 지불하고자 하는 바와 등가적임에 동의한다. 마지막으로, A가 다른 것을 **설명한다고** 이야기될 수 있다. 다른 것은 그들 스스로를 A로 환원할 수 없음에도 불구하고, 그들은 그것의 귀결, 예측, 또는 적용임에 동의한다(2.0.0).

마지막 계산에서 가치 만들기 및 등가물 만들기 작업은 A가 다른 것의 공약 불가능성에도 불구하고 그들보다 더 강함을 의미한다. 그것은 번역하고, 설명하고, 이해하고, 통제하고, 사고, 결정하고, 확신시키고, 그들이 작동하게 만든다.

- 때로 이 등가물의 또는 토큰(tokens)의 축적은 "자본"이라고 종종 불리지만, 자본은 처음 단계가 아니었다. 우선 등가물을 창조하는 것이(1.3.7), 힘을 구부리는 것이, 저울질 되고 측정되기에 충분할 정도로 그들을 장소에 오래 붙들어둘 필요가 있었다. 그럴 경우만 이윤을 계산하는 것이 가능했다(1.3.5). 시장은 연결망 수립의 귀결일 뿐이다. 그것은 그들의 형성을 설명하지 못한다.

1.4.6.1 절대적 힘은 모든 것을 설명하게 될, 모든 것을 번역하게 될, 모든 것을 산출하게 될, 모든 것을 사고 만회하게 될, 모든 것이 행위 하도록 원인을 줄 그러한 것이다. 그 자체를 모든 것으로 대체할 수 있는, 보편적 등가물로서, 그리고 생명을 모든 것에 부여할 수 있는 보편적 섭리로서, 그것은 제일 운동자(prime mover)일 것이고 그것으로부터 모든 나머지가 생성될 수 있을 제일 원리(first principle)일 것이다.

■ 몇몇 사람은 그들이 세계를 그의 아들에 의해 구원할 수 있는, 기원과 창조를 설명할 수 있는, 동물과 비동물인 모든 피조물이 그것의 심장 속 바닥에서 희망할 수 있는 바를 그의 말로 번역할 수 있는, 우리를 섭리의 우회로를 통과하여 우리 모두가 욕망하는 것으로 안내할 수 있는 힘에 대해 생각할 때 "하느님(God)"에 대해 말한다. 아무것도 그 자체로 환원 가능하지도 환원 불가능하지도 않기 때문에(1.1.1), 이 절대적 힘은 또한 아무것도 아닌 것의 절대적으로 순수한 표현이다. 그것의 바로 그 순수성 때문에 그것은 항상 신비주의자, 군사 지도자, 산업의 수장, 제일 원리를 찾는 학자를 항상 매료시켜 왔다. 그들 모두는 스스로에게 "오, 단독의 힘[한 마을, 한 성배(聖杯), 한 공리, 한 은행]을 움켜잡아라, 그러면 그 나머지가 우리에게 부여될 것이다"라고 말한다. 환원이라는 공황을 피하기 위해, 우리는 항상 이렇게 말해야 한다. "남겨진 바가 모든 것이다(간주곡 I~II). 위대한 판(Pan)은 죽었다."

1.4.6.2 "자본주의"는 급진적 새로움, 들어본 적 없는 파열이라고, 최후의 극단으로 밀어붙여진 "탈영토화(deterritorialization)"라고 이야기되어 왔다. 항상 그렇듯이, 차이는 신비화이다. 하느님처럼, 자본주의는 존재하지 않는다. 등가물이 존재하지 않는다(1.2.1). 이들이 만들어져야 하며, 그들은 비싸며, 멀리 이끌지 않으며, 아주 오래가지 않는다. 우리는, 기껏해야, 확장된 연결망들을 만들 수 있다(1.4.2). 자본주의는 오늘날에조차 여전히 주변적이다. 곧 사람들은 그것은 그것의 적과 옹호자의 상상 속에서만 보편적임을 깨닫게 될 것이다(간주곡 IV). 로마 가톨릭이 그들의 종교가 로마의 채널 속에서 흐를 뿐임에도 불구하고 그것의 보편성을 믿었던 것처럼 바로 그렇게, 자본주의의 적과 옹호자는 신비적 꿈의 아마도 가장 순수한 것일 바, 즉 절대적 등가성이 성취되어 왔다는 점을 믿는다. 참된 자본주의 나라, 미합중국조차 그것의 이상에 부응할 수 없다. 노동조합과 고용주 연합의 노력에

도 불구하고, 노동 없이 동등하게 될 수 없는 힘들이 떼 지어 다닌다(3.0.0). 페르낭 브로델(Fernand Braudel, 1985)에 나의 경의를 표하는데, 그는 이 사실을 숨기지 않으며 어떻게 장거리 통제가 미약한 연결망들을 통해서 성취될 수가 있는지를 보여준다.

1.5.1 한 힘은 그것이 배열해 내고 확신시키는 그들 힘을 **부여받을** 수 없다. 정의에 의해, 그것은 **그들의 지지를 빌려올** 수 있을 뿐이다(1.3.4). 그럼에도 불구하고, 그것은 그것에 속하지 않는 바를 주장할 것이고 그들의 힘을 새로운 형식으로 그들 자신의 힘에 더할 것이다. 이런 식으로 **효험이 태어난다**.

■ 한 현실태가 그것이 포함하지 않는 다른 현실태를 포함할 때, 우리는 그것이 그들을 "잠재적으로" 포함한다고 말한다. 효험의 기원은 이 혼동에 놓여 있다. **한 행위자를 그것을 강하게 만들어주는 동맹자(allies)와 구별하는 것이 더는 가능하지 않다**. 이 지점으로부터 계속해서 우리는 한 공리가 그것의 증명을 "잠재적으로" 함축한다고 말하기 시작한다. 우리는 강력한 군주, 존재 그 자체(being-in-itself)가 단독으로 그 존재를 포함하는 군주에 관해 말하기 시작한다. 효험과 더불어 불의(injustice) 또한 시작되는데, 왜냐하면 행복한 몇몇 — 군주, 원리, 기원, 은행가, 지지자 — 과 별도로, 다른 현실태는, 즉 모든 그 나머지는 세부적인 것, 귀결, 적용, 추종자, 하인, 작인이 되기 때문인데 — 짧게 말해서, 서열과 줄 말이다. 단자는 자유롭게 태어나며(1.2.8), 모든 곳에서 그들은 사슬에 엮인 채로 남아 있다.

1.5.1.1 가능성(possibilities)에 대한 이야기는 운반 비용을 잊은 채 움직이는 행위자의 환영(幻影)이다.

■ 가능성을 산출해 내는 일은 특수강 또는 레이저를 만드는 일만큼 비용이

들고, 국소적이고, 현실적이다. 가능성은 다른 모든 것처럼 사고 팔린다. 그것들은 본성상 서로 다르지 않다. 그들은, 예를 들어, "실재적이지 않은(unreal)" 것이 아니다. 공짜 가능성과 같은 것은 존재하지 않는다. 자문 위원의 서류철은 비싼데 — 너무 많은 가능성을 산출했으나 충분히 팔리지 못했기 때문에 파산한 이들에게 의존한다.

1.5.2 한 행위자가 잠재적으로 많은 다른 것을 포함한다면, 혼자 있을 때조차, 그것이 군중이기 때문에 그것은 인상적이다. 이는 그것이 다른 행위자를 등록시키고 그들의 지지를 더 쉽게 빌릴 수 있는 이유이다.

■ 그것은 단지 빌려온 것을 소유한다고 주장함으로써 허세로 시작함에도 불구하고, 그것은 실재적인 것이 된다. 실재적인 것이란 저항하는 것이므로(1.1.5), 군중으로 전환된 현실태에 누가 저항할 수 있을까? 권력, 왕좌, 지배는 등급에 이어 등급을 퍼트리는데, 그럼에도 불구하고 그것들은 자란 것도 아니고 움직인 것도 아니며 그것들이 행위 하도록 허락한 이들만큼 약하다.

1.5.3 권력은 결코 **소유되지** 않는다. 우리는 또한 그것을 "잠재적으로" 갖지만, 그러고 나서 우리는 그것을 갖지 않는다. 또는 우리는 그것을 "실제로" 갖지만, 그러고 나서 우리의 동맹자는 행위로 들어가는 것들이다.

■ 권력철학자와 권력사회학자는 그들이 비판한다고 주장하는 주인들에게 아첨한다. 그들은 주인들의 행위를 권력의 위력이라는 관점에서 설명하는데(3.4.0), 그럼에도 불구하고 이 권력은 권력으로 설명되지 않는 공모, 방조, 타협, 혼합의 결과로서만 효험이 있을 뿐이다. "권력" 개념은 강해지기 위해 권력 없는 군주들이 똑같이 힘없는 다른 이들과 그들 스스로를 동맹할 때의 바로 그 순간에 비판가들 속에서 졸림을 유도하는 양귀비의 최면성 장점이다.

1.5.4 그들이 다른 것을 헤아릴 수도 총계를 낼 수도 없음에도 불구하고, 그들 자신의 것이라고는 아무것도 없는 점점 더 적어지는 힘들은 모든 다른 권력의 효험을 그들 자신에게 돌린다. 이는 전체의 아무것도 아닌 것으로의 귀류법(reductio ad absurdum)이다. 거의 아무것도 아닌 군주들은 그 나머지, 즉, 모든 것이 더는 어떤 것도 아닌 것처럼 행위 한다.

제2장
사회론(sociologics)

2.1.1 모든 추론은 똑같은 형태의 것이다. 하나의 문장이 다른 문장을 따른다. 그러고 나서 세 번째 문장은 이들이 서로 닮지 않았음에도 불구하고 그들은 동일하다고 단언한다. 그때부터 그 두 번째 문장이 첫 번째 것의 자리에서 사용되고, 다섯 번째 것은, …… 등등에도 불구하고, 두 번째 것과 네 번째 것이 동일하다고 확언하는데, 하나의 문장이 이동하지 않은 것처럼 가장하는 사이에 **치환될**(displaced) 때까지, 그리고 충실히 머물러 있는 것처럼 가장하는 사이에 **번역될**(translated) 때까지 말이다.

2.1.2 연역(deduction) 같은 것은 결코 있어 본 적이 없다. 하나의 문장이 다른 문장을 **따르고**, 그러고 나서 세 번째 문장은 그 두 번째 문장이 첫 번째 것 **안에** 이미 암암리에 혹은 잠재적으로 있었다고 단언한다(1.5.1).

- 선천적 종합판단(synthetic a-priori judgments)에 관해 말하는 이들은 루르드(Lourdes)에서 목욕하는 신도를 조롱한다. 그렇지만, 결론이 그 전제 **안에** 놓여 있다고 주장하는 것은 그 물 **안에** 신성함이 존재한다고 믿는 것보다 덜 기이하지 않다.

2.1.3 많은 서로 다른 문장이 등가적으로 되었을 때, 그것들은 첫 번째 것 안으로 뒤로 접히는 것인데, 이에 대해서는 이것이 "그것들 모두를 함축한다"라고 이야기되는 것이다. 이 단일 어구는 그러고서 입길에 오르고, 모든 다른 것은 그것으로부터 "순전한 연역"에 의해 추출될 수가 있다고 주장된다.

2.1.3.1 다른 이들 앞에서 추론하고 **다른**(another) 어구로부터 하나의 어구를 추출한다고 주장하는 이들은 기껏해야 던지기 곡예사이고 최악의 경우 사기꾼이다. 여러 해 동안 그들은 구경꾼에게 빌린 토끼와 모자를 사용하여 그들의 속임수를 연습해 왔다.

2.1.3.2 교사만이 하나의 문장을 다른 문장으로부터 "순전한, 형식 연역"이라는 수단에 의해 추출할 수 있다고 주장한다. 그들은 그들이 펼치고 있다고 주장하는 그 논증의 결론을 미리 알고 있다. **천천히** 그리고 **무질서하게** 학습된 조직된 논증들은 그들에 의해 고속으로, 잇따라서, 펼쳐지는데, 칠판 뒤 뒷무대에서 무엇이 진행되었는지를, 이 명제를 저 명제와 연결되도록 이끈 떠들썩한 역사를 숨긴다. 그들은 그들의 학생들의 숭배를 위해 모든 귀결을 잠재적으로 포함하는 그것을 제공하는데, 학생들은 그들이 하나의 것에서 다른 것을 연역했다고 열렬히 믿는다.

- 학업 없이는, 누구도 연역이라는 이 종교를 믿지 않을 것이다. 우리는 스피노자의 『윤리학(Ethics)』의 명제들이 첫 번째 명제에 "모두 들어 있다"라고, 또는 주요리 안에 후식이 들어 있다고 말하는 것이 나을 수 있다. 그러나 학동들은 라플라스(Laplace)의 원리에 의해 제공된 절대적 구유에 늘 매혹되어 왔다. 우리의 손바닥 속에 모든 지식을 쥐기 위해서인데, 우리 신발 굽에서 그것을 추출해 냈다.

2.1.4 논증은 우리가 그것들을 시험하는 일을 잊을 때만 체계 혹은 구조를

형성한다. 무엇이라고? 내가 **하나의** 요소를 공격하게 되어 있다면, **모든** 다른 것은 그럼 한순간의 주저도 없이 나를 둘러싸고 모여들 것인가? 이는 매우 그럴 법하지가 않다! 행위소의 모든 모음은 게으른, 비겁한, 이중적인 행위소, 몽상가, 무관심한 이, 반체제 인사를 포함한다. 그렇다, 나는 구원코자 오는 A, B, 또는 E를 보는 것에 대한 공포가 사람들에게 그토록 인상을 주어 그들이 포기하게 한다는 점을 당신에게 인정한다. 그러나 만일 그들이 계속 붙들고 있다면, B가 이탈될 공산이 있는데, 왜냐하면 C는 너무 늦게 오고, E는 침체하였고, F는 배반자이며, G는 그것이 F의 배신을 멈추려 하고 있었기 때문에 도움을 줄 수 없었기 때문이다.

- 잘 알려졌듯이, 논리학자와 군대 사이의 동맹은 슈툼 장군(General Stumm)으로 하여금 구조의 견고성을 빈(Vienna)에 있는 도서관에서 시험에 놓이게 이끌었다(Musil, ch. 85). 그는 매우 실망했다. 파리에서 우리는 구조들의 충성을 시험하는 데에 신경을 쓰지 않기 때문에 우리가 여전히 그것들을 믿는다.

2.1.5 주석(commentary)은 결코 충실하지 않다. 주석이 아닌 반복이 있거나, **다르게** 이야기된 주석이 있다. 다른 말로 하면 번역(translation)과 반역(betrayal)이 있다. 이것에도 불구하고, 주해자(exgetes)는 텍스트에 주석을 씌우는 일에 결코 피곤해하지 않는다. 텍스트는 이 모든 읽기를 정당화하기 위해 "잠재적으로" 포함해야 하는 모든 주석으로 불룩해진다.

- 텍스트들은 서로에게 결코 충실하지 않지만, 항상 몇몇 거리를 갖는다.

2.1.6 마치 결과가 원인 안에 잠재적으로 포함되어 있는 것처럼, "원인을 통제하는 그 누구나 결과를 통제한다"라고 우리는 말한다. 그렇지만, 아무런 **단어**도 다른 것을 일으킬 수 없다. 단어들은 이야기 안에서 서로를 따른다. 하나의 특성이 "원인"이 되고 다른 것은 "결과"가 되는 것은 그 이야기 안에

서 나중일 뿐이다. 고려해야 할 유일한 결과는 단어들의 이런 동맹 또는 저런 동맹이라는 군중에 관한 결과이다. "아니다, 그는 과장하고 있다" 또는 "그것은 잘 쓰였다" 다시 또는 "매우 조명해 주는 바가 있다", "매우 확신을 준다", "얼마나 자만하는지", 또는 "얼마나 지겨운지".

2.1.7 이론은 존재하지 않는다. 게으른 강한 통치자처럼, 그것들이 하지 않은, 추론하지 않은, 예기하지 않은, 또는 일으키지 않은 사물(things)을 우리가 존경스럽게 귀속하는 텍스트들이 존재한다. 이론은 결코 홀로 찾아지지 않는데, 마치 개방된 나라에는 연결하기 위한 그리고 다시 방향을 주기 위한 자유 통행로 없는 클로버 잎 교차로가 존재하지 않듯이 바로 그렇게 말이다.

2.1.7.1 이론 안에, 이론들이 존재한다. 실천 안에, 그것들은 존재하지 않는다.

- 아무도 이제껏 에우클레이데스(Euclid)의 공리와 공준에서 기하학의 모두를 연역하지 못했다. 그러나 "이론 안에서", 그들이 말하기로, "누구나 어디서든" 에우클레이데스의 공리에서 "어떤 띠든" 기하학의 "전체를" 유도"할 수 있다". 실천 안에서, 이것은 **누구**에게도 **결코 일어나지 않았었다**. 그러나 아무도 이 결론을 이제껏 이끌어낼 필요가 없었는데, 왜냐하면 "이론 안에서" 그 반대가 가능한 것으로 남아 있기 때문이다. 그리고 마법사는 사실이 수 세기 동안 매일 그들과 모순되었을 때조차 그들은 사실을 받아들일 능력이 없다고 이야기되기 때문에 경멸받는다.

2.1.7.2 **메타**언어(*meta*language)란 없고, 인프라언어들(infralanguages)만이 존재한다. 다른 말로 하면 언어들만이 존재한다. 우리는 바벨탑을 세울 수 없듯이 한 가지 언어를 더는 다른 것으로 환원할 수 없다.

■ 메타언어에 관해 말하는 이들은, 내가 생각하기로, 부엌에서 이야기된 바를 번역하기에조차 너무도 빈곤해진 일류 요리사의 피진어(pidgin)를 의미해야 한다.

2.1.7.3 나날의 실천은 그것의 "바닥에 놓여 있는 구조"를 드러낼 이론가를 필요로 하지 않는다. "의식"은 실천의 바닥에 놓여 있지 않지만 또 다른 연결망 속 그 밖의 어딘가에 있는 그 밖의 무언가이다. 실천은 아무것도 결여하지 않는다.

■ **어디에** 원시 신화의 무의식적 구조는 존재하는가? 아프리카에? 브라질에? 아니다! 그것들은 레비-스트로스(Lévi-Strauss)의 연구실 파일 카드 사이에 있다. 그것들이 에콜가(rue des Ecoles)의 콜레주 드 프랑스(Collège de France)를 넘어서 확장된다면, 그것은 그의 책과 학도를 통해서이다. 만일 그것들이 바이아(Bahia) 또는 리브르빌(Libreville)에서 발견된다면, 그것은 그것들이 거기서 교육되었기 때문이다.

2.1.8 형식이 관련된 한(2.1.1), 모든 논증은 똑같이 좋다. 우리가 필요로 하는 모든 것은 일련의 문장이고, 그러고 나서 우리는 어떤 것은 똑같고 다른 것은 상이하다고 말한다(2.1.2). 문장들은 그러고 나서 땋은 것, 머릿단, 화환, 망으로 엮인다. 이는 **항상** 될 수 있는데, 그렇지 않은가? 결과적으로, **일정한** 움직임은 더 쉽게 되고, 다른 것은 더 어렵게 된다.

■ 아무도 논증을 그 **형식적** 성질의 관점에서 분류할 수 없다. 당신이 고집하면, 우리는 그것들을 그들의 **물질적** 성질의 관점에서 등급을 매길 수는 있다.

2.1.8.1 아무것도 홀로 논리적이지도 않고 비논리적이지도 않다. 길은 항상 어딘가로 간다. 우리가 알 필요가 있는 모든 것은 그것이 어디로 가며 어

느 종류의 교통을 그것이 가져야 하느냐이다. 고속도로를 "논리적"이라 부르고, 길을 "비논리적"이라 부르며, 당나귀를 "어리석다"라고 부르는 것과 같이 바보 같을 이는 누구일까?

2.1.8.2 문장의 아무런 집합도 홀로 일관적이지도 비일관적이지도 않다(1.1.14). 우리가 알 필요가 있는 모든 것은 동맹을 이루는 그것을 누가 시험하며 얼마나 오래 그러하냐이다. 일관성은 느껴진다(1.1.2). 그것은 졸업장도, 메달도, 또는 상표도 아니다.

2.1.8.3 **논증**의 실은 결코 똑바르지 않다. "논리"에 관해 말하는 이들은 어떻게 무언가가 자아내어지고, 엮이고, 순위가 매겨지고, 짜이거나, 또는 연역되는지 결코 보아오지 않았다. 나비는 추론하는 마음보다 더 똑바른 선으로 난다. (때로, 물론, 짜인 유형이 보기에는 예쁜 직선을 나타낼 수는 있다.)

2.1.8.4 "이성"은 단어 사이에서 동의와 비동의를 할당하는 작업(2.5.4)에 적용된다. 그것은 기호와 느낌의, 노우-하우(know-how)와 감식안(connoisseurship)의, 계급과 지위의 문제이다. 우리는 모욕하고, 눈살을 찌푸리고, 삐죽거리고, 주먹을 꽉 쥐고, 열중하고, 침 뱉고, 한숨 쉬며, 꿈꾼다. 누가 추론하는가?

- 보디랭귀지 인류학자는 케임브리지 교수 또는 월스트리트 은행가의 사고를 스케치할 수가 있을 것이다.

2.1.9 우리가 **공유**해야 하는 동일성과 차이의 **양**(amount)은 상수로 남아 있으므로(2.1.8), 논리적이 되거나 비논리적이 되는 것은 우리의 능력 내부에 있는 것이 아니다(2.1.8.1). 아직도, "결과적으로", "때문에", "모순되는", "그럼에도 불구하고"를 할당하는 여러 방식이 존재한다. 아무도 논리학자, 마

법사, 또는 무대감독보다 "불합리한 추론(non sequiturs)"에 더 유의할 수는 없다. 결과가 꾸며져야 하게 되어 있을 때, 우리는 무엇에서 무엇이 따라 나오게 될지를 대단히 유의 깊게 결정해야 한다. 우리는 언제 배반자 또는 공리라는 이름이 알려지게 될지를 그리고 청중에게 가장 많이 인상을 주게 될 입장(入場)을 준비해야 할지를 결정해야 한다. 우리는 시간과 장소, 원인, 원리의 단위들을 결정해야 한다. 우리는 우리가 정리들과 그 부대 사항을 고상하게 선별해 가면서 "더 기하학적으로" 혹은 "더 대중적으로" 쓸지를 결정해야 한다. 짧게 말해, 확신은 우리가 선택하는 장르에 의존한다는 것이다.

■ 코페르니쿠스들과 질라드들(Szilards) 사이에 존재하는 것처럼 아잔데족 사이에도 바로 그만큼 많은 회의론자, 추론자, 포퍼주의자, 합리주의자가 존재함을 우리는 잊고 있다. 동의와 비동의의 양은 상수로 남아 있으므로, 우리는 신화적 허구(mythical fictions)와 과학적 해명(scientific accounts)을 **깨끗이** 분리할 수 없다. 이는 더러운 방식으로만 할 수 있고, 그렇다면 그것은 진짜 도살 행위이다. 회색 그림자만을 선택하는 화가는 아찔한 색채를 사용하는 이 못지않은 화가이다. 겨울만큼 엄격한 증명이 그리고 봄과 같은 증명이 존재하지만, 그것들 모두 여전히 증명이다.

2.1.10 아무것도 그 밖의 어떤 것에 내재하지 않으므로, 변증법은 동화이다. 모순들은 그 나머지처럼 교섭된다. 그것들은 세워지며, 부여되지 않는다.

2.1.11 마법이 일정한 단어에게 "사물"에 작용할 잠재성을 부여하는 실천의 덩어리라면, 논리, 연역, 이론의 세계는 "마법적"이라 불려야 한다. 그러나 그것은 **우리의** 마법이다.

■ 마치 그리스인이 파르티아인(Parthians), 아비시니아인(Abyssinians), 또는 사르마티아인(Sarmatian)의 좋은 언어를 "야만적"이라고 불렀던 것처럼, 그렇게 우리도 연역의 다른 힘들을 믿는 이들의 완벽한 논증을 "비논

리적"이라고 부른다.

2.2.1 무언가를 말하는 것은 그것을 다른 단어로 말하는 것이다. 다른 말로 하면, 그것은 번역하는 것이다.

- 한 단어는 그것이 닮지 않은 다른 것의 자리에 놓인다. 세 번째 단어는 그들이 똑같다고 말한다(2.1.1). A는 A가 아니지만, B와 C이다. 로마는 더는 로마 안에 있지 않지만, 크레타섬(Crete) 안에 그리고 색슨족(Saxons) 사이에 있다. 이는 "술어화(predication)"이라 불린다. **말하자면**, 우리는 제대로 말할 수 없어서, **똑같은 것**에서 **똑같은 것**으로 움직이지만, 거칠게만, 똑같은 것에서 **다른 것**(other)으로 움직인다.

2.2.2 아무것도 그 밖의 어떤 것으로 환원 가능하지도 환원 불가능하지도 않고(1.1.1) 등가성(equivalences)은 존재하지 않으므로(1.2.1), 단어의 모든 쌍은 동일하다고 또는 공유하는 것이 아무것도 없다고 이야기될 수 있다. 그래서, 문자적 의미에서 비유적 의미를 구별하는 명확한 방식은 존재하지 않는다(Hesse: 1984). 단어의 모든 집단은 지저분할 수, 정확할 수, 은유적일 수, 풍유(諷諭)적일 수, 기술적일 수, 올바를 수, 혹은 억지로 갖다 붙인 것일 수 있다.

2.2.3 아무것도 홀로 "이야기할 수 있는" 것도 "이야기할 수 없는" 것도 아니다. 모든 것은 번역된다(1.2.12). 하나의 단어는 그것과 그럼에도 불구하고 차이가 있는 다른 것에 항상 그것의 의미를 빌려주므로, 동화라는 작은 절삭기가 갈아서 소금을 만들어내는 일을 멈추도록 하는 것보다 옳게 말하거나 틀리게 말하는 것은 더는 우리의 힘 안에 있지 않다.

2.2.4 똑같은 것이 이야기되고 아무것도 이야기되지 않거나, 무언가가 이

야기되나 그것은 그 밖의 어떤 것이다. 선택은 이루어져야 한다. 무한히 떨어져 있는 단어들을 우리가 등가적이게 만들어내려 하는 것처럼 그것 모두는 우리가 가릴 준비가 된 거리(距離) 및 우리가 구슬릴 준비가 된 힘들에 의존한다.

2.2.5 그것이 둘러싸여 있고, 우회되어 있고, 배반당하고, 추방되어 있고, 전달되어 있음을 우리가 이해하고 있을 수도 있지만, 우리는 결코 **잘** 이해되어 있지는 않다. 한 전언이 전달되면, 그것은 변환된다. 단순히 퍼진 한 전언을 우리는 결코 얻을 수 없다.

2.3.1 자유롭게 연합하는 단어들 속에서는 우리가 이야기하는 일을 결코 시작하지 못하지만, 우리의 모국어 속에서는 오히려 된다(2.2.2).

■ 다른 이들은 우리가 이야기하기 시작할 때 이미 그 단어들과 놀았었다(1.1.10). 해를 이어, 세기를 이어, 가능하든 불가능하든, 옳든 야만적이든, 제대로 되었든 천박하든, 거짓되었든 우아하든, 정확하든 무의미하든 다른 이들은 소리, 음절, 구절, 논증의 일정한 연합을 이루었다. 이들 집단화의 아무것도 주장된 만큼 단단하지 않음에도 불구하고(2.1.4), 그들을 해제하기를 또는 다시 만들기를 우리가 바란다면, 우리는, 강타, 나쁜 표지, 애무, 발포, 혹은 박수의 대상이 된다.

2.3.2 제대로의 또는 비유적 의미는 존재하지 않음에도 불구하고, 한 단어를 전용하는 것은, 그것의 의미와 동맹을 축소하는 것은, 그것을 다른 것에 대한 봉사와 단단히 연결 짓는 것은 가능하다.

■ 하지만 아라비아의 모든 향료는 그것을 비유적으로 만들기 위해 이 작은 은유를 달콤하게 하지 않을 것이다.

2.3.3 소리, 단어, 문장의 모든 연합은 등가적이지만(2.1.8), 그것들은 엄밀하게 연합되어서 그것들이 **더는** 서로 등가적이지 **않게** 되므로(1.3.6), 결국 승자와 완패자, 강한 것과 약한 것, 의미와 무의미, 문자 그대로의 그리고 비유적인 용어들이 존재한다.

2.3.4 아무것도 홀로 논리적이지도 않고 비논리적이지도 않지만(1.2.8), 모든 것이 똑같이 확신을 주는 것은 아니다. 하나의 규칙만이 존재한다. "어떤 것이든 좋다(Anything goes)." 이야기되고 있는 것들이 확신을 주는 한 어떤 것을 이야기하라. 당신은 B에서 C로 가는 것을 취하고자, 당신은 D를 통해서 E로 가야 한다고 말한다. 다른 이들이 아무도 다른 방식을 제안하려는 그들의 목소리를 내지 않는다면, 당신은 확신해 온 것이다. 아무도 B를 떠나 C로 가기를 원하지 않으며 취할 수 있는 많은 다른 길이 존재함에도 불구하고 그들은 제안된 경로를 따라서 B에서 C로 간다. 당신이 확신을 주고자 추구했던 이들이 묵인했다. 그들에게, 더는 "어떤 것이든 좋다"란 없다. 그것은 해내야만 하게 될 터인데, **왜냐하면 당신은 더 나은 어떤 것을 결코 하지 못할 것이기 때문이다**(1.2.1).

2.3.5 우리는 우리가 기쁜 어떤 것을 말할 수 있으나, 아직 우리는 할 수 없다. 우리가 단어들을 말하고 결집하자 곧, 다른 동맹은 더 쉬워지거나 더 어려워진다. 비대칭은 단어의 범람과 함께 자란다. 의미가 흐르면서, 경사지와 평원이 곧 침식된다. 동맹이 전장에서 단어 사이에서 형성된다. 우리는 더는 게임을 통제하지 못하는 상태에 있다. 몇몇 의미가 제안되고, 그사이에 다른 의미는 치워진다. 우리는 논평 받고, 추론되고, 이해되고, 또는 무시된다. 바로 그것이다. 우리는 우리가 기쁜 것을 그것이 무엇이든 간에 더는 말할 수 없다.

2.4.1 어떻게 문장의 하나의 계열이 다른 계열보다 그토록 많이 "더 강해"져서 후자가 "비논리적"이게 되고, "터무니없어"지게 되고, "허구적"이게 되고 또는 "유치하게" 되는가? 힘(1.3.2)처럼, 논증은 손에 들어오는 그 무엇이든 사용함으로써만 더 강해진다. 이런 식으로 우리는 행위소로 하여금 이 문장 또는 저 문장이 "모순적이라고" 또는 "터무니없다고" 고백하도록 강요할 수 있는데, 논증을 비논리적이게 만들 수 있다고 아무에게도 더는 알려질 수 없을 때 이르러서 말이다.

- 수사(rhetoric)는 문장의 한 계열의 힘을 해명할 수 없는데 왜냐하면 만일 그것이 "수사"라고 불린다면 그것은 약하고 이미 진 것이기 때문이다(1.3.6). 논리는 그 힘을 해명할 수 없는데 그것이 일정한 문장으로부터 결과한 그 승리를 모든 논증에 공통적인 "형식적" 성질 탓으로 돌리므로 말이다(2.1.0). 반면, 기호학은 그것이 "물 자체(things in themselves)"도 다루는 대신 텍스트 또는 상징(symbols)만을 고려하는 것을 고집하기 때문에 부적절한 것으로 남아 있다.

2.4.2 단어들은 결코 혼자서 찾아지지 않으며, 다른 단어들에 의해서만 둘러싸이는 것도 아니다. 그들은 들을 수 없을 것이다.

- 한 행위소는 어떤 것 밖에서 동맹을 만들 수 있는데, 아무것도 홀로 환원가능하지도 환원 불가능하지도 않으므로(1.1.1) 그리고 등가적이게 만드는 작업 없이는 등가성이란 존재하지 않으므로(1.4.0) 말이다. 한 단어는 그리하여 한 의미, 단어의 한 연쇄, 한 진술, 한 뉴런, 한 몸짓, 한 벽, 한 기계, 한 얼굴 …… 어떤 것과의 동반자 관계(partnership) 속으로 들어갈 수 있는데, 저항의 차이가 하나의 힘으로 하여금 다른 것보다 더 강하게 되도록 허용하는 한 말이다. 한 단어가 다른 단어와만 연합될 수가 있음은 어디에 쓰여 있는가? 일련의 단어의 견고성이 시험 될 때마다, 우리는 벽, 뉴런, 정감, 몸짓, 가슴, 마음, 지갑에 대한 **애착**(attachment)을 측정하

고 있는 것인데 — 즉, 동맹, 용병, 친구, 창녀의 이질적 다수 말이다. 그러나 우리는 이 비순수(impurity)와 방탕(promiscuity)을 참을 수 없다.

2.4.3 우리는 우리가 강력함(might)을 갖는 때의 그들 순간과 우리가 옳을 때의 그들 순간을 구별할 수 없다.

- 강함의 시도는 가끔만 힘의 보여줌의 형식을 취한다(1.1.2). 그것들은 또한 많은 여타 겉모습 속에서 나타난다. 하나의 극단에서 행위소는 아주 평화롭게 작동해서 그들은 배경 속으로 사라지고 자연의 흐름이 된다. 그들의 행위는 아주 평화로워서 아무런 힘도 전혀 실행되지 않은 것으로 보인다(1.1.6). 다른 극단에서 유혈 사태가 존재하는데 — 의식(儀式), 목적, 또는 준비 없는 전면전 말이다. 이것이 언제나 일어날까? 내가 추정컨대, 한 단어의 강함이 동맹 사이에서 왔다 갔다 할 수가 있고 무언가를 증명할 수가 있는 곳, 아주, 아주 드물게, **그 밖**의 **모든 것이 같을 때**, 누군가가 말하고 설득하는 곳 사이의 어딘가에서. 우리는 항상 이 세 가지 교과서 사례에 관해 이야기하는 데에 우리 자신을 제한한다. 나는 여타 사례 모두에 관해 또한 말하고 싶다.

2.4.4 언어들은 지배하지도 않고 지배받지도 않고, 존재하는 것도 아니고 존재하지 않는 것도 아니다. 그들은 모든 다른 것처럼 현실태이다. 그들은 그들의 편리를 위해 동맹을 찾고 여타 행위자처럼 동일한 금지와 특권으로 한 전체 세계를 세운다.

- 단어들이 한 언어적 구조를 만들기 위해 여타 단어와만 연합한다고 언어학자만이 믿을 수 있을 것이다. 그들은 그들이 그들의 구조들을 발명했을 때 그들의 동맹으로부터 단어를 떼어내는 일에서 그들이 가졌던 어려움을 잊는다. 그 단어들은 그들 자신의 시간과 공간과 함께 다른 단어처럼 힘들인데, 그들의 “습관(habitus)”과 그들의 우정은 “인간”이 언어를 존

재케 하거나 지배한다고 믿는 이들에게만 놀라울 것이다. 당신은 단어와 결코 싸워보지 않았던가? 당신의 혀는 말함으로써 단단해지지 않는가? 저항하는 그 무엇이든 실재적이다(1.1.5). 누가 단어들이 그들 자신의 깨끗한 역사를 갖는다고 믿을 수 있을 것인가?

2.4.5 "단어"의 역할을 하게 될 그들 행위자와 "사물"의 역할을 하게 될 것들을 오랫동안 구별하기는 불가능하다. 우리가 언어와 "언어 게임(language games)"에 대해서만 이야기한다면, 우리는 이미 진 것인데, 왜냐하면 변화하는 역할과 복장이 분배되었을 때 우리는 부재했었기 때문이다.

■ 최근에 언어를 특권화하는 경향이 있어 왔다. 오랫동안 그것은 투명하다고, 밀도도 폭력도 가지지 않는 행위자 사이에서 혼자라고 생각되었다. 그러고 나서 의혹이 그것의 투명성에 대해 자라나기 시작했다. 이 투명성은 우리가 창을 청소할 수도 있듯이 언어를 청소함으로써 복원될 수도 있다는 희망이 표현되었다. 언어는 아주 특권화되어서 그 비판은 칸트들과 비트겐슈타인들의 세대를 위해 가치 있는 과업일 뿐인 것이 되었다. 그러고 나서 50년대에 언어는 불투명하고, 조밀하며, 무겁다는 점이 인식되었다. 하지만, 이 발견은 그것이 그것의 특권화된 지위를 잃었고 그에 의해 번역하고 번역되는 여타 힘들과 같아졌음을 의미하지는 않았다. 그와 반대로, 그 기도(企圖)는 모든 여타의 힘을 기표(signifier)로 환원하게끔 이루어졌다. 텍스트는 "대상"으로 전환되었다. 이는 레비-스트로스에서 바르트(Barthes)와 푸코(Foucault)를 거쳐 라캉(Lacan)으로 가는 "활기찬 60년대"였다. 이 무슨 야단법석인가! 기표에 관해 이야기되는 모든 것이 옳지만, 그것은 또한 모든 다른 종류의 현실태에 관해 이야기되어야만 했다(1.2.9). 시간의 어떤 길이 동안 그것이 그 나머지와 구별되도록 허용해 주는 언어에 관한 특별한 아무것도 없다.

2.4.6 한 동맹의 일관성은 그것을 분리하기 위해 함께 모여져야 하는 행위자의 수에 의해 드러난다(2.1.8.2). 그러므로, 우리는 우리가 무엇을 다루고 있는지를 알기를 원한다면 — 그토록 자주 한 고립된 단어, 한 홀로인 텍스트, 또는 하늘의 한 기호에게 돌리는 유효성이 실질적으로 **오는지**를 우리가 알기를 원한다면, 우리는 그것을 시험해야 한다.

■ 그들은 "당신은 C 또는 E를 통과하지 않고는 B에서 D로 갈 수 없다"라고 말한다. "당신이 C에 관해 확신하지 못하면, 당신은 또한 B와 D에 관해 의심하게 된다." "당신이 B에 있다면, 당신은 그러그로 D로 가야 한다." 이들 진술의 각각은 기하학, 한 계보학, 한 지하 연결망, 남편과 아내 사이의 한 싸움, 또는 한 카누 위에 칠해진 광택제의 문제에 대해서 똑같이 잘 만들어질 수 있다. 각각은 모든 내구성이 있는 형태에 관해 이야기될 수 있다(1.1.6). 우리는 우리가 뉴튼 법칙을 의심할 수 없듯이 우리는 지하철에서 자동차를 운전할 수 없다. **이유는 각각의 경우에서 똑같다**. 떨어진 점들은 처음에는 좁았고 이어서 넓혀지고 적절히 닦인 통로들에 의해서 연결되어 왔다는 것이다. 이제는 혁명 또는 자연적 대변동을 제외하고 아무것도 여행자에게 또 다른 길을 제안하고자 이들 통로를 사용하는 이들을 이끌지 않을 것이다. 하나의 논리는 다른 것에 의해 파괴되는데, 불도저가 오두막집을 파괴하는 방식으로 말이다. 이 치환에 관해 기적적인 아무것도 없지만, 그럼에도 불구하고 수용된 것(the expropriated)이 그들 스스로에게 복수한다면 그것은 위험할 수 있다.

2.4.7 일련의 단어를 일관성 있게 만들어주는 이질적 동맹(2.1.8.0)은 아주 길 수가 있는 그리고 공약 불가능할(incommensurable) 수가 있는 연결망을 이루는데 — 그것들이 서로 다른 것의 척도를 선택하지 않는 한 말이다. "당신은 B를 C에 결합하는 고리를 의심하는가?" "아닌데, 나는 나의 건강, 나의 신용, 또는 나의 지갑을 잃을 준비가 되어 있지 않은 한, 나는 그럴 수 없다."

"당신은 D를 E에 매어주는 유대들을 풀 수 있는가?" "그러하되, 황금, 인내, 분노의 힘과 더불어서만." 필연적인 것과 우연적인 것(1.1.5), 가능한 것과 불가능한 것, 단단한 것과 부드러운 것(1.1.6), 실재하는 것과 실재하지 않는 것(1.15.2) — 그것들은 모두 이런 식으로 자라난다. 한 현실태에 대해서 세계를 만들어내는 **더 강한** 그리고 **더 약한** 상호작용만이 존재한다.

2.4.8 한 문장은 그것이 참이기 때문에 단결하는 것이 아니라, **그것이 단결하기 때문에** 우리가 그것은 "참"이라고 말한다. 그것은 무엇에 매달리는가? 여러 가지 것에. 왜? 그것이 그 자체보다 더 단단한 가까이에 있는 어떤 것에 그것의 운명을 묶어놓았기 때문에. 결과적으로, 아무도 그 밖의 모든 것을 흔들지 않고는 그것을 흔들어 풀어버릴 수 없다.

- 당신은 종교적인 사람이지, 그 이상은 아니다. 당신은 상대주의자이지, 그 이하가 아니다.

2.5.1 가장 강한 것이 된다는 것으로 아주 충분하지는 않다. 그들은 또한 최상이 되기를 원한다. 이겨야 한다는 것으로는 결코 충분하지가 않다. 그들은 또한 옳기를 원한다.

- "가장 강한 이유는 가장 강한 것에 대한 이유에 항상 양보한다." 이것은 내가 치우고 싶은 선량함에 대한 보충이다. 가장 강한 것에 대한 추론은 단순히 가장 강한 것이다. 우리가 존재하지 않는 이 보충을 치워버려야 했다면, 우리가 이 작은 첨가의 승자에게 강도질하게 되었다면, "여기 아래쪽 이 세계"는 아주 달랐을 것이다. 한 출발로 말하자면, 그것은 더는 기초 세계가 될 수는 없을 것이다.

2.5.2 권력은 우리가 한 힘을 그것을 강하게 해주는 그들 동맹자와 혼동하도록 이끄는 불꽃이다(1.5.1). 우리가 용접 마스크를 써야 한다면, 우리는 눈

이 멀게 되지 않고도 용접 점을 응시할 수 있다.

■ 내가 그렇게 하기를 희망하지 않은 한, 나는 더는 방패 막의 불꽃을 회색 눈 아테나(Athena)의 얼굴로 오인하지 않을 것이다.

2.5.3 우리는 단어를 전유하고 "권력을 잡고" 있다고 주장하는 이들에 의해 겁먹게 되는 일을 피할 수 있다.

■ 안식일 밤에 마녀는 그들의 몸이 지푸라기 위에서 잠들었던 사이에 잠재적으로 날아갔다. 아무도 지금은 이것을 믿지 않지만, 마법은 계속되는데, 그들은 그들의 몸보다 더 멀리 그리고 그들의 강함의 한계를 넘어서 여행할 수 있다고 믿는 이들의 마법 말이다. 이성의 마법사의 검은 안식일은 주중 매일 발생하며, 이 마법은 그것에 대한 회의론자들을 아직 조우하지 않았다(4.0.0).

2.5.4 우리는 생각하지도 않고 추론하지도 않는다. 오히려, 우리는 다른 사람과 더불어 취약한 재료 — 텍스트, 기록하기(inscriptions), 흔적(traces), 또는 물감 — 에 대해 **연구한다**. 이들 재료는 용기와 노력에 의해 연합되거나 분리된다. 그것들은 한동안 그것들을 함께 붙들어 주는 좁은 연결망의 바깥에서 아무런, 의미, 가치, 또는 일관성을 갖지 않는다. 확실히 우리는 여타 행위소를 충원함으로써 이 연결망을 **확장할** 수 있고, 우리는 또한 더 내구성 있는 재료를 가입시킴으로써 그것을 **강화할** 수 있다. 그렇지만, 우리는 꿈속에서조차 그것을 포기할 수 없다.

■ 도살자의 거래는 도살자의 실천, 그들의 외양간, 그들의 냉장고, 그들의 목초지, 그들의 도살장만큼 멀리 확장된다. 도살자의 옆집에서 — 예를 들면, 식료품점에서 — 도살은 없다. 그것은 정신분석, 이론물리학, 철학, 회계, 사회 안전, 줄여 말해 모든 거래에서 똑같다. 하지만, **일정한 거래는** 그것들이 그 안에서 실천하는 연결망을 넘어서 그것들이 그들 스스로를

잠재적으로 또는 "이론적으로" 확장할 수 있다고 주장한다. 도살자는 이론물리학을 도살 기술로 환원한다는 관념을 결코 환대하지는 않겠지만, 정신분석학자는 도살을 부친 살해로 환원할 수 있다고 주장하고, 인식론자들은 "물리학의 기초"에 대해 행복하게 이야기한다. 모든 연결망은 똑같은 크기를 가짐에도 불구하고, 오만이 똑같이 분배되는 것이 아니다.

2.5.5 우리가 "사유"라는 수단으로 우리 스스로를 권력 있는 것에서 자유롭게 할 수 없지만, 우리가 "사유"를 작업으로 전환할 때 우리는 우리 스스로를 권력에서 자유롭게 할 수 있다.

■ 사유의 작업에 대해 우리가 쓰는 구어적 표현(우리의 뇌를 고문하기, 우리의 정신을 구부리기, 관념을 씹기)은 은유가 아니라 모든 거래에 공통적인 손과 몸의 작업을 가리킨다. 그러면, 왜 이것이, 다른 모든 것과 달리, 수작업이 아니라고 주장되는 사유의 거래인가? 왜냐하면 그렇지 않다면 그것은 그것의 연결망 바깥으로 나가는 특권을 포기해야 하게 될 것이기 때문이다. 그것은 거래꾼의 단순한 실천 위쪽으로 그 자체를 더는 확장할 수 없을 것이다(2.1.7.2). 모든 이가 그들이 작업한다는 점을 인식하기보다는 지식인을 (심지어 그들을 조소하기 위해서일 뿐이더라도) 따로 떼어놓는 일을 선호한다. 믿는 사람들이 이들 자유로운 여행에서 스스로를 이득이 되게 하지는 않을지라도, 그들은 다른 이들이 시간과 공간의 바깥에 맴도는 특권을 박탈당하는 것을 바라지는 않는다.

2.5.6 한편으로, 환원하는 이와, 다른 한편으로, 영혼의 한 보충을 원하는 이 사이에 차이는 없다. 두 집단은 똑같다. 그들의 모든 것을 아무것도 아닌 것으로 환원할 때, 그들은 모든 그 나머지가 그들을 탈출시킨다고 느낀다. 그들은 그러므로 "상징"과 함께 그것을 계속 유지하려 추구한다.

■ 상징적인 것(the symbolic)은 세계를 잃어버린 이들의 마법이다. 그것은

그들이 "객관적 사물"에 "더하여" 그것 없이는 사물이 "자연스러운" 것이 될 "뿐"인 "영적 대기(spiritual atmosphere)"를 유지했다고 알려졌던 유일한 길이다.

2.5.6.1 그들이 상징에 관해 이야기할 때마다, 그들은 돈을 내지 않고도 여행하려 하고 있는 것임을 확신할 수 있다. 그들은 집을 떠나지 않은 채 이동하길 희망하고 있는데, 두 행위소를 트럭 없이, 연료 없이, 고속도로 없이 연결하겠다는 것이다.

- "상징적" 행위에 대해서 말하는 이들은 마법사로서 연구되어야 한다. 그들은 마법이 말을 통해 "효과가 있는 실천(efficacious practice)"에 의해 성취될 수 없는 바를 줄 수 있다고 말한다. 그러나 이 정의는 **그들 스스로**에게 적용되어야 한다. 그들의 시도를 통해 힘들을 줄 능력이 없으면서, 그들은 아무것도 비용이 들지 않고 소모하지 않는 "상징"을 "실재에 더하여" 발명한다.

2.5.6.2 저항하는 무엇이든 실재적이므로, "실재적인 것(the real)"에 더해줄 "상징적인 것"이 있을 수 없다. 그들에게 "더해진" 상징을 갖기 전에, 행위소는 아무것도 결여하지 않았다. 그리하여, 우리가 그것들을 환원하길 멈춘다면, 이 미신적 부가는, 다시, 아무것도 아닌 것이 된다.

- 단지 우리가 상징적인 것에서 자유로워진다면, "실재적인 것"은 우리에게로 돌아올 것이다. 건국 신화에서 물고기는 신, 별, 또는 음식이 될 수가 있고, 물고기는 우리를 아프게 할 수가 있고 다른 역할을 할 수가 있음을 나는 받아들일 준비가 되어 있다. 그들은 그들의 삶을 이끌고, 우리는 우리의 삶을 이끈다. 정말로, 우리의 삶은 중첩되었고 서로 아주 오랫동안 사용했기에 모든 고래, 멜빌(Melville)의 각각의 책 속에 고래 안 요나들(Jonahs)들이 존재한다. 낚시질, 해양학, 잠수의 — 우리와 물고기가 서로

에 대한 척도를 취하기 위해 사용하는 모든 것의 — 번역을 누가 멈추게 될 것인가? 그 사람은 아직 태어나지 않았다(간주곡 IV). "상징적" 물고기와 그것의 "실재적" 대응물을 분리하길 희망하는 이들은 그들 스스로를 분리하고 국한해야 한다(3.0.0).

2.5.6.3 우리는 한 영혼의 부재로 고통받지 않는다. 우리는, 반대로, 존엄한 매장을 제공받지 못했던 **너무 많은** 괴로운 영혼들로 고통받는다. 그것들은 비참한 유령처럼 넓은 일광(日光) 안에서 방황한다. 나는 이들 영혼에게 귀신을 몰아내길 그리고 그들로 하여금 우리를 살아 있는 것과 더불어 홀로 놔두도록 설득하길 원한다.

2.6.1 토대와 기원에 관한 모든 연구는 피상적인데, 그것이 다른 것을 잠재적으로 포함하고 있는 몇몇 현실태를 파악하기를 희망하므로 말이다. 이는 불가능하다. 우리가 심오하길 원한다면, 우리는 그들의 공모(conspiracies)와 번역 속의 힘들을 **따라 가야** 한다. 우리는 그것들이 어디로 갈 수가 있든지 간에, 따라가야 하며, 그들의 동맹자를 목록화해야 하는데, 이것들이 얼마나 많고 천박하든지 간에 말이다.

- 토대를 찾는 이들은 정의에 의해 환원주의자이며 그것을 자랑스러워한다. 그들은 힘의 수를 다른 것이 유도될 수 있는 하나의 힘으로 항상 환원하고자 한다. 그들의 성공이 더 클수록, 그 선택된 하나는 더 유의미하지 않게 된다. 가장 심오한 것은 또한 가장 피상적이다. 우리는 엘리자베스 여왕을 영국으로, 또는 현재의 텍스트의 개시 문장(1.1.1)으로 취급해도 좋을 것이다.

2.6.2 그들이 갖지 않은 것을 소유하려는(1.5.1), 그들이 존재하지 않는 곳에 존재하려는, 환원되지 않는 것을 환원하려는 이들은 불행한데, 왜냐하면

그들은 잠재적으로만 효험을 소유하기 때문이며 이론 안에서만 이론을 갖고 있기 때문이다.

- 우리는 이제 덜 잠정적인 종류의 교훈에 도달할 수 있다(1.2.13). 우리는 기원을 추구하려 하지 않을 것이고, 간주곡 I에서 기술했던 방식에서 실천을 이론으로, 이론을 언어로, 언어를 메타언어(metalanguages)로 환원하려는 것 등등을 하지 않을 것이다. 우리는 더 많은 특권 또는 그 밖의 어떤 이의 책임 없이, 다른 것으로 환원될 수 없는 좁은 연결망 내부에서 작업하지 않을 것이다. 그 밖의 모든 이처럼, 우리는 동맹자와 열림(openings)을 찾아 나설 것이고 때로 우리는 그들을 찾을 것이다. "이는 아주 멀리 도달하는 교훈은 아닌데, 그렇지 않은가?" 아주 그러하다. **그것은 우리를 아주 멀리 데려가지 않는다**. 그것은 정신 속에서 그것이 부재하는 장소로 가기를 거부한다. 그것이 움직일 때, 그것은 내야 할 돈을 지불한다. 우리는 더는 티탄을 모방하려 하지 않을 것이고 모든 것을 이해하기, 확립하기, 정당화하기, 설명하기라는 무한한 과업에 의해 으깨진 우리의 어깨 위에 세계를 얹어놓고자 하지 않을 것이다.

2.6.3 아무런 문자적 또는 비유적 의미도 존재하지 않기 때문에(2.2.2), 한 은유의 단독적 사용이 다른 사용을 지배할 수 없다. 예의 바름 없이 예의 바르지 않음은 없다. 각 단어는 정확하고 그것이 추적하고, 파고, 여행해 지나는 연결망들을 정밀히 지정한다. 아무런 단어도 다른 것을 통치하지 않으므로, 우리는 모든 은유를 사용하는 데서 자유롭다. 우리는 하나의 의미가 "참"이고 다른 것은 "은유적"임을 두려워할 필요가 없다. 단어 사이에는 또한 민주주의가 존재한다. 우리는 효험을 패배시키기 위해 이 자유를 필요로 한다.

2.6.4 어떻게 우리는 하나의 영역에서 다른 영역으로 가기 위한 이 자유를, 연결망의 이 규모 확대를, 이 조사하기를 정의할 것인가? 철학은 이 거래의

이름이며, 가장 오래된 전통들은 철학자를 아무런 특정 분야, 영토, 또는 영역을 갖지 않는 이들로서 정의한다. 물론, 우리는 철학 또는 철학자 없이 할 수 있지만, 그러면 하나의 지방에서 다른 지방으로, 하나의 연결망에서 다른 연결망으로 가는 길이 없을 수도 있다.

2.6.5 힘들을 노출하는 두 개의 길만이 존재한다. 첫째, 한편으로, 힘들이 존재한다고, 다른 한편으로, **여타 사물**이 존재한다고 우리는 말할 수 있다. 이는 첫 번째 원리(1.1.1)를 부정하는 것이 된다. 이런 식으로 "실재적" 등가성, "실재적" 교환, "실재적" 본질이 얻어지고, 세계는 주인들(군주들, 원리들, 국회의원들, 기원들, 토대들, 원인들, 자본)에서 출발하여 지배받는(추론된, 설명된, 연역된, 구매된, 생산된, 정당화된, 원인을 부여받은) 것을 향해 내려감에 의해 질서 지어진다. 둘째, 우리는 첫 번째 원리를 끝까지 유지할 수 있다. 우리가 그렇게 한다면, 적정한 가격이 지불되지 않는 한 등가성, 환원, 또는 권위가 더는 존재하지 않으며, 지배의 작업은 공적인 것이 된다.

- 작업하기의 첫 번째 길은 본질적으로 종교적인데, 필연적으로 일신론적이고, 방법적으로 헤겔적(Hegelian)이다. 그것은 국소적인 것을 보편적인 것으로 환원하며 효험을 수립한다. 그것은 마법을 혐오하지만 그럼에도 불구하고 그것의 방법들을 모방한다. 작업하기의 두 번째 길은 국소적인 것을 국소적인 것이 되게 만들며 **효험**을 해체한다. 그것은 우리 자신의 것이 포함된, 모든 마법에 관한 회의론으로 인도한다.

간주곡 III: 저자의 의견 속에서, 독자를 곤란하게 했을 수도 있을 모순에서 탈출하기

어떻게 우리는 아무것도 그 자체만으로 그 밖의 어떤 것으로 환원 가능하지도 환원 불가능하지도 않다고(1.1.1) 말할 수 있고 그러고 나서 강함의 시도만이 존재한다고(1.1.2) 주장할 수 있는가? 이 역설을 이해하는 것이 중요하다. 하나의 사물이 다른 사물을 — 잠재적으로, 이상적으로, 암묵적으로 — 포함할 수 있다면, 강함의 시도 이상의 **더 많은** 무언가가 존재한다. 영혼의 보충, 살아 있는 신, 왕관 쓴 군주, 또는 세계를 맡고 있는 이론들. **일정한** 장소는 다른 장소보다 훨씬 더 크므로 그들은 모든 다른 장소를 "암묵적으로" 포함한다. 그들은 인상적이게, 장엄하게, 신성하게, 도취시키게, 아찔하게 되며, 그래서 그들과 더불어 테러를 막는 모든 장애물을 가져온다. 하나의 행위자를 다른 행위자로 환원할 수 있다고 믿는 이들은 그 너머에서 오는 무언가에 의해 그들 스스로가 풍요해졌음을 발견한다. 사실, 법칙 너머, 세계와 다른 세계 너머, 실천, 이론 너머, 실재적인 것, 가능한 것, 객관적인 것, 상징적인 것 너머. 이는 왜 환원론이 항상 손에 손을 잡고 가는지에 대한 이유이다. 종교적 종교(religious religion), 정치적 종교(political religion), 과학적 종교(scientific religion).

물론, 우리는 무언가를 "안다"고, 등가성이 존재한다고, 연역이 존재한다고, 주인이 존재한다고, 법과 질서가 존재한다고 우리가 믿기 시작하기 때문에 하나의 행위자가 다른 것을 포함할 수가 있다고 믿는 일은 흥분이 된다. 우리는 불 속에 **두 개의 쇠**를, 즉 실재적인 것과 잠재적인 것을 갖고 있다. 이 방식으로, 우리는 천하무적이 되는데, 왜냐하면 우리는 코트디부아르의 마녀처럼 "이중(en double)" 공격을 만들어낼 수 있다. "강함의 시도"는 결코 우리에게 호의적이지 않을 수 없는데, 심지어 우리가 질 때조차, 우리는 여전히 옳을 수가 있으므로 말이다.

우리가 반대되는 원리를 채택하고 우리가 구별을 부정함으로써 얼마나 먼 곳에 다다르게 될지를 알고자 한다면, 이와 대조적으로, 우리는 아무것도 그 밖의 어떤 것으로 환원되지 않는다고 주장해야 할 것이다. 그렇지만, 사물은 서로 연결되어 있다고 이야기될 것이다. 그들은 덩어리들을, 몸체를, 기계들을, 집단들을 형성한다. 물론 이는 부정될 수 없다. 그러나 무슨 종류의 유대들이 이들을 함께 유지하는가? "자연적" 등가성이 존재하지 않으므로, 이것들은 오직 한 종류의 것이 될 수 있을 뿐이다. 집단화, 시험하기, 번역하기. 비환원의 원리가 받아들여지자마자 곧, 이 첫 번째 환원, 즉 약함의 시도 **이상의** 아무것도 존재하지 않는다는 점을 받아들이는 일이 필수가 된다. 행위자 사이의 이 거리는 결코 제거되지 않는다. 단어 사이의 거리도 마찬가지다. 그리고 등가성이 존재한다면, 그들은 문제, 기적, 과업, 값비싼 결과로 보여야 할 것이다.

그러므로 역설이란 없다. 두 개의 일관된 이야기 방식이 존재한다. 하나는 환원을 허용하고 효험에서 출발함으로써 세계를 세우는 것이다. 다른 하나는 이 초기 환원을 인정하지 않으며 그리하여 지배하는 데 필요한 작업을 표현하는 것이다. 첫 번째 접근은 환원론적**이고** 종교적이다. 두 번째 접근은 비환원론적**이고** 비종교적이다.

왜 두 번째 접근이 첫 번째 접근보다 선호되어야 하는가? 나는 여전히 모르지만, 나는 그것이 나오는 연결망들을 훨씬 멀리 넘어가서 불태우는 권력을 좋아하지 않는다. 시간 부족과 숨 쉴 공간 결여로 인도하는 장황, 과장, 포화를 좋아하지 않는다. 나는 이 모든 불꽃 속 얇은 백열 필라멘트를 보는 것을 선호할 것인데, 마치 용접 마스크를 쓰고 보는 것처럼 말이다. 나는 환원론자를 환원하고 싶고, 그 권력을 그들이 나왔던 화랑과 연결망으로 되돌아가게 호위하고 싶다. 나는 그들을 그들이 그들 스스로를 확장하기 위해 사용하는 몸짓과 작업 속에 위치시키고 싶다. 나는 그들이 결코 존재해 오지 않았던 장소에서조차 그들이 지배하도록 해주었던 효험을 그들에게 인허해 주는 일을 피하길 원한다.

우리가 환원의 원리를 선택한다면, 그것은 우리에게, 평평하고, 깨끗한 표면들을 준다. 그러나 여러 표면이 있으므로, 그것들은 질서 잡혀야 하고, 그것들 각각이 공간 전체를 차지하므로, 그리하여 그것들은 서로 싸운다. 그것들의 경계를 조사해야 하는 것은 필연적이다. 항상 요약하고, 환원하고, 제한하고, 전유(專有)하고, 위계 속에 놓고, 억압하고 — 이것은 무슨 종류의 삶일까? 그것은 질식하게 한다. 탈출하기 위해서, 우리는 거의 모든 것을 제거해야 하고, 남아 있는 그 무엇이든 간에 날마다 자라나는데, 로마를 포위하는 야만인 무리처럼 말이다.

우리가 비환원의 원리를 선택한다면, 우리는 때로 함께 결합하되 수 세기 동안 접촉하지 않고도 서로 섞여 짜일 수가 있는 뒤얽힌 연결망을 발견한다. 충분한 공간이 존재한다. 비어 있는 공간이 존재한다. 많은 비어 있는 공간. 더는 위와 아래가 없다. 아무것도 위계 속에 놓일 수 없다. 서열을 매기는 이들의 활동은 투명해지고 별로 공간을 차지하지 않는다. 연결망 사이에 더는 채우기가 존재하지 않으며, 이 채우기를 하는 이들의 작업은 작은 방을 취한다. 더는 전체가 없으며, 그러므로 아무것도 남겨져 있지 않다. 내게 삶이란 이 방식에서 더 나아 보인다.

제3장

인류론(anthropologics)

3.1.1 사물(things)은 어떻게 서 있는가? 우리가 말하는 행위소란 무엇인가? 이들 현실태, 그들은 무엇을 원하는가? 그들은 이들 질문에 그들 스스로 답하고자 투쟁한다. 한 답을 선택하는 것은 하나를 강하게 하고 다른 하나는 약하게 하는 것이다.

■ 모든 행위소는 단독으로 한 전체 세계를 만든다(1.2.8). 우리는 누구인가? 우리는 무엇을 알 수 있는가? 우리는 무엇을 희망할 수 있는가? 이들 젠체하는 질문에 대한 답들은 그들의 형태와 경계를 정의하고 수정한다.

3.1.2 사물이 어떻게 서 있는지 나는 모른다. 내가 누구인지도 내가 무엇을 원하는지도 나는 모르지만, **다른 것들**이 그들이 나를 대신하여 안다고 말하는데, 나를 정의하고, 나를 연결하고, 내가 말하게 하고, 내가 이야기하는 바를 해석하고, 나를 가입시키는 다른 것들이 말이다. 내가 폭풍이든, 쥐든, 암석이든, 호수이든, 사자이든, 어린이든, 노동자든, 유전자든, 노예든, 무의식이든, 또는 바이러스든, 그들은 내게 속삭이고, 제안하고, 내가 무엇이고 내가 무엇일 수 있는지에 관한 해석을 부과한다.

간주곡 IV: 왜 물 자체가 우리로부터의 어떠한 도움 없이도 아주 잘 지내는지를 설명하기

물 자체? 그러나 그들은 괜찮고, 여러분께 아주 많이 감사한다. 그리고 여러분은 어떻게 지내시는지? 여러분은 여러분의 시각으로 영광을 누려오지 않은 사물에 대해 불평한다. 여러분은 이들 사물이 여러분의 의식에 대한 조명을 결여하고 있다고 느낀다. 그러나 이 아침 대초원 속 얼룩말의 뛰노는 자유를 여러분이 놓친다면, 여러분에게 아주 많이 더 좋지 않을 것이다. 얼룩말은 여러분이 거기에 없음에 유감스러워하게 되지 않을 것이며, 어떤 경우 여러분은 그들을 길들였을, 죽였을, 사진 찍었을, 또는 연구했을 것이다. 물 자체는 아무것도 결여하지 않는데, 마치 아프리카가 백인의 도착 이전에 그들을 결여하지 않았던 것과 같다. 하지만, 여러분 없이도 완벽히 잘 지냈던 것들로 하여금 여러분이 거기에 존재하지 않는 것을 후회하게끔 강요하는 것은 가능하다. 일단 사물이 아무것도 아닌 것으로 환원되면, 그들은 여러분에게 그들을 의식해 달라고 간청할 것이고 그들을 식민화해 달라고 여러분에게 요청할 것이다. 그들의 삶은 다름 아닌 한 실, 당신의 주목이라는 실에 매달려 있다. 세계의 경관(spectacle)은 여러분의 의식을 회전시키기 시작한다. 그러나 누가 이 경관을 창조한 것인가? 그의 섬에서 크루소가, 그의 동산에서 아담이. 여러분이 구세주로서 그리고 이름 부여자로서 거기에 존재하는 것은 얼마나 행운인가? 당신 없이, 당신이 놓는 것으로서, "세계"란 아무것도 아닌 것으로 환원될 것이다. 여러분은 조로들(Zorros), 타잔들(Tarzans), 칸트들(Kants), 과부들의 청지기들(guardians), 고아가 된 사물의 보호자들이다.

이두박근과 초월적 자아(transcendental ego)에 의해서만 도움받아서, 매일 아침 아무것도 아닌 것으로부터 세계를 추출해야 하는 것은 확실히 힘든 작업이다. 이 고된 일 때문에 크루소는 그의 섬에서 지루해졌고 외로워졌다. 그리고 밤에, 여러분이 잘 때, 여러분이 포기했던 사물은 무엇이 되는가? 여러분은 곧 무의식의 정글에서 여러분 스스로를 잃는다. 그리하여 여러분은 이중으로 불행한 영웅이다. 약화하고 텅 빈 물 자체는 그들에게 그것의 일용할 빵을 기대하는데, 밤에 여러분의 영웅들은 그들 자신의 간을 먹어치우고 그들의 과업을 하지 않은 채 두는 권력 없는 슈퍼맨이다.

그 대신에 그것들 자체에 남겨진 사물은 아무것도 결여하지 않고 있다고 우리가 가정하게 된다면 무엇이 발생할 것인가? 예를 들어, 다른 이들이 **세쿼이아**(Wellingtonia)라고 부르는, 이 나무는 무슨 일이 있는 것일까? 그것의 강함들과 그것의 의견들은 그것이 그 자체를 행하는 한에서만 확장한다. 그것은 그 자체의 세계를 나무껍질의 신들과 수액의 악마들로 채운다. 그것이 어떤 것을 결여하고 있다면, 그것이 당신일 가망은 가장 낮다. 나무는 그것이 할 수 있는 바를 보여주고, 그것이 그렇게 하면서, 그것은 그것이 환영했던 모든 힘이 할 수 있는 바를 발견한다. 내가 그것에 너무도 많은 교활함을 돌리기 때문에 여러분은 웃는가? 여러분이 전기톱으로 그것을 5분 안에 베어 넘어트릴 수 있기 때문에? 그러나 너무 일찍 웃지 마시라. 그것은 여러분보다 나이가 더 많다. 여러분이 그것을 침묵시켰기 오래전에 여러분의 아버지는 그것이 말하게 만들었다. 곧 여러분은 여러분의 톱을 위한 더 많은 연료가 없을 수가 있다. 그러면 석탄을 생성하는 그것의 동맹자와 함께 그 나무는 **여러분의** 강함을 약화할 수가 있다. 지금까지 그것은 이기지도 않고 지지도 않았는데, 왜냐하면 각각은 그것의 이득 또는 손실이 측정되게 될 게임과 시간 폭을 정의하기 때문이다.

우리는 우리가 아무리 멀리 뒤돌아본다 해도 우리는 나무와 더불어 어울려 있기 때문에 그것이 한 힘임을 우리가 부정할 수 없다. 우리는 우리 스스로를 그것들과 끝없는 방식으로 동맹시켜 왔다. 우리는 우리의 몸, 우리의 집, 우리의 기억, 우리의 연장, 우리의 신화를 그것들의 매듭, 그것들의 나무껍질, 그것들의 나이테로부터 풀어버릴 수 없다. 여러분은 내가 이 나무들이 말하도록 허락하기 때문에 주저하는가? 그러나 우리의 언어는 잎이 무성하고 우리 모두는 오페라로부터 판자 위 그리고 상자 속 무덤으로 움직인다. 여러분이 이 설명을 받아들이길 원하지 않는다면, 여러분은 우선 나무와 연루되지 말았어야 했다. 여러분은 여러분의 동맹자를 정의한다고 주장하는가? 그러나 이 착각은 지배하는 그리고 식민화하는 모든 이에게 공통적이다. 그것은 모든 색과 형태의 관념론자에게 공유된다. 여러분의 여러분에 관한 여러분의 계약서를 손으로 흔들고 나무는 여러분에게 "개발의 순수한 관계"로 여러분과 합쳐져 있다고, 그것은 "그저 기둥"이라고 주장한다. 여러분이 말하기로, 순수한 대상, 순수한 노예, 순수한 창조물, 순수한 나무는 계약에 들어가지 않았다. 그러나 여러분이 나무와 섞여 있다면, 그들이 그들의 어두운 설계를 성취하려고 여러분을 이용하고 있음을 여러분은 어떻게 아는가?

인간은 존재의 목자(牧者)(shepherd of being)라고 누가 말했는가? 많은 힘은 목자가 되고 싶어 하고 털이 깎이고 물에 살짝 잠기도록 그들의 우리(folds) 안에 그들이 떼 지어 모이면서 다른 것을 안내하고 싶어 한다. 어떤 경우 목자가 존재하지 않는다. 너무나 많은 우리가 존재하며, 우리는 모든 다른 행위자를 침묵시킬 수 있을 정도로 충분히 강한 단일 의식 안으로 함께 결합하기에는 너무도 우유부단하다. 당신이 그에 관해 말하는 사물을 침묵시키므로, 그들이 그들의 마음속에 있는 그 무엇인가에 관해, 어른처럼, 그들 스스로 말하게끔 왜 여러분은 하지 않는 것인가? 여러분은 왜 그렇게 겁을 먹었는가? 당신은 무엇을 구제하길 희망하는가? 프로메테우스의 이중적 비참을 여러분은 그토록 많이 즐기는가?

3.1.3 항상 이야기하는 이들은 그들 스스로 말하지 않는 다른 이에 관해 이야기한다. 그들은, 그에 관해, 그것에 관해, 우리에 관해, 여러분에 관해, 이것은 누구인가에, 그것이 무엇을 원하는가에, 언제 다른 것이 일어났나에 관해 이야기한다. 이야기하는 그들은 그들이 여러 방식으로 그들에 관해 이야기하는 이들과 관계된다. 그들은 정치가로서, 번역자로서, 분석가로서, 해석자로서, 제물의 내장을 보고 점치는 이(haruspices)로서, 관찰자로서, 언론인으로서, 예언자로서, 사회학자로서, 시인으로서, 국회의원으로서, 부모로서, 수호자로서, 목자로서, 연인으로서 행위 한다.

■ 홉스(Hobbes)는 그가 침묵하는 이를 대신하여 이야기하는 이들에 관해

말할 때 "페르소나(persona)", "가면", "행위자"에 관해 이야기한다. 많은 가면이 존재하며 그들이 인류학 박물관의 전시 기획자에게 모두 다 알려지는 것은 아니다.

3.1.4 모든 행위소는 누가 이야기를 하게 될지를 그리고 언제 하게 될지를 결정한다. 그것이 말하게 해주는 것이, 그것이 대신 이야기해 주는 것들이, 그것이 제기하는 것이 존재한다. 마지막으로, 침묵 당한 이 혹은 몸짓 또는 징후만으로 의사소통하도록 허락받은 이가 존재한다.

- 현실태는 "살아 있는 것(animate)"과 "살아 있지 않은 것(inanimate)", "인간"과 "비인간", "대상(object)"과 "주체(subject)"로 구획될 수 없는데, 왜냐하면 이 양분은 하나의 힘이 다른 힘을 유혹할 수가 있는 바로 그 방식 중 하나이기 때문이다. 우리는 석상 신들(stone gods)을 걷게 할 수 있고, 흑인에게 영혼이 있음을 부정할 수 있고, 고래의 이름을 이야기할 수 있고, 혹은 폴란드인이 투표하게 할 수 있다. 행위자는 항상 그렇게 **하도록 만들어질** 수 있는데, 그것들이 그것들 자체의 장치들에 남겨져 있게 된다면 그것들이 무엇을 하게 되거나 말하게 될지는 신비임에도 불구하고 말이다. (아마도 그것들이 "흑인", "고래", "폴란드인", 또는 "신들"이지는 않을 것이다.)

3.1.5 한 힘은 거의 항상 권력에 의해서 둘러싸이는데 — 이야기하지 않는 군중을 대신하여 이야기하는 목소리에 의해서 말이다. 이들 권력은 그 힘을 정의하고, 유혹하고, 사용하고, 획책하고, 움직이고, 헤아리고, 병합하고, 방해한다. 곧 그 힘이 그 자체를 말하는 것, 그것이 저절로 말하는 것, 권력이 그것은 무엇이라고 말하는 것과, 이들 권력에 의해 대표된 군중이 그것으로 하여금 말하게 할 것 사이에서(1.5.1) **구별하는 일은 더는 가능하지 않다**.

- 우리 자신을 단어, 텍스트, 청동, 강철, 장소, 또는 감정과 동맹함으로써, 우리는 분류될 수 있는 모양을, 적어도 평화 시기에, 구별하는 일을 끝낸

다. 그러나 이들 분류는 그것들이 사물을 아주 다르게 펼쳐놓는 다른 행위자에 의해 약탈당하기 전에 결코 오래가지 않는다.

3.1.6 어떤 것은 침묵으로 환원될 수 있으며, 모든 것은 이야기하도록 만들어질 수 있다. 그러므로, 어떠한 힘은 **대변해 줄 수가 있는** 행위자의 무궁무진한 **공급**에 호소할 수가 있다.

■ 민족지학자(ethnologists)는 어떻게 재(ashes)가, 응유(凝乳)가, 연기가, 조상(祖上)이, 또는 바람이 말하도록 만들어질 수가 있는지를 우리에게 보여주었다. 그들의 소심함은 그들이 어떻게 집에 훨씬 가까이에 있는 다른 것이 화석, 침전물, 압지(壓紙), 유전자, 토네이도 모두가 말하게 하는지를 보지 못하게 막았다. 확실히, 정신분석학자는 수다스러운 "무의식"에 관해서 이야기하지만 그것의 레퍼토리는 빈곤해졌고 그것은 아주 적은 규칙에 따라 결합한다. 게다가, 정신분석학자는 잠재의식이 "주관적" 의미만을 갖는다고 이야기하는 경향이 있다. 그런데 우리가 할 필요가 있는 모든 것은 무의식보다 얼마나 더 많은 행위자가 끝없이 서로 다른 방식으로 이야기하도록 만들어질 수 있는지를 보기 위해서 ≪더타임스(The Times)≫를 읽는 것이다. 여기 수많은 천사가 악을 억누르기 위해 동원된다. 저기 수천 쪽의 프린터 출력물이 원자력발전소를 멈추기 위해 생성된다. 그다음 쪽에 침묵하는 다수가 태어나지 않은 아이를 대신하여 비명을 지르도록 만들어진다. 몇 쪽 앞에서 죽은 자는 묘지 훼손을 멈추기 위해 삶으로 되돌려졌다. 뒷면에서 고래는 그들의 중치가가 일본 배의 치명적 임무를 방해하도록 만들었다.

3.1.7 정의(定意)에 의해 **충실한** 국회의원은 존재할 수 없는데(2.2.1), 그들은 그들의 선거구민이 말하지 않은 바를 말하고 그들의 위치에서 이야기하므로 말이다(3.1.3). 모든 권력은 그러므로 **그것의 가장 단순한 표현으로 환**

원될 수 있다. 필요로 하는 모든 것은 행위자의 이름으로 권력이 이야기하는 그 행위자 각각이 결국 말하게 하는 일이다. 그러면 각 행위자는 그것이 스스로에게 원하는 바를, 검열도 없고 재촉도 없이, 말할 것이다. 힘들 안에는 서로 환원하고 서로의 허세를 불러내는 구역이 존재하지 않는다. "당신은 그들의 이름으로 말하지만, 내가 그들에게 나 스스로 이야기한다면, 그들은 내게 무어라고 말할 것인가?"

3.1.8 행위자가 그것의 권력을 증명할 수 있는 하나의 길만이 존재한다. 그것들의 이름으로 그것이 말했던 그것들이 말하게 해야 하고 그것들 모두가 **똑같은 것**을 말함을 보여주어야 한다. 일단 이것이 행해지면, 그 행위자는 그것이 그 자체를 이야기하지는 않았지만 다른 이들의 견해를 충실히 "쏟아냈다"라고 말할 수 있다.

■ 스키너(Skinner)의 실험실이 쥐로 실연(實演)을 조직하는 똑같은 방식으로 노동조합은 그 구성원으로 시위를 조직한다. 각 경우 시위자와 쥐는 그들이 말하도록 만들어진 똑같은 것을 그들 스스로 말하고 있었던 것으로 보여야 한다. 그리고 천사와 악마는 어떤가 하면, 굳어진 가슴을 부드럽게 할 그들의 기호 — 목격자, 성흔(聖痕, stigmata), 신동 — 를 발견하는 천개의 길이 존재한다.

3.1.9 여타 힘이 이야기하도록 만들기 위해, 우리가 해야 하는 모든 것은 우리가 말하고 있는 이가 그 누구든 그 앞에 **그것들을 펼쳐놓는 일**이다. 우리는 다른 이로 하여금 그들은 우리가 이야기하고 있는 것에 귀 기울이기보다는 힘들이 말하고 있는 것을 **해독하고** 있음을 믿게 만들어야 한다. 이는 거의 항상 가능하지 않은가?

■ 선거, 군중 시위, 책, 기적, 제단 위에 열린 채 펼쳐진 내장, 작업 탁자 위에 펼쳐진 내장, 수치, 도표와 계획, 울음, 괴물, 형틀을 한 전시물 — 하

나의 시점에 또는 다른 시점에 증명을 제공하려는 기도 속 어딘가에서 모든 것은 시도되어 왔다.

3.1.10 정치인은 그것이 말하게 만드는 이들이 말하는 것이 **아닌 무언가**를 항상 말하므로, 그리고 유사성과 차이 사이에서 교섭할 필요가 항상 있으므로(1.2.1), 어떠한 해석의 충실성에 관한 논쟁의 **여지가 항상** 존재한다. 힘은 이야기하는 이와 그것이 이야기하도록 만든 이들 사이에서 그 자체를 항상 암시한다. 그것은 그것들이 그 밖의 무언가를 말하도록 항상 만든다.

- 시위자는 그들이 주당 40시간을 원했다고 말하지 않았는데 — 그들은 그들 수천 명 속에 그냥 참석했다. 쥐들은 그들의 반사를 좌우했다고 말하지 않았는데 — 그들은 전기 충격 아래서 단순히 뻣뻣해졌다. 다른 것이 그러므로 개입할 수 있다. 노동자의 참석은 그들이 "조합에서 돈을 받았다"라고 이야기함으로써 번역될 수 있고, 쥐들의 뻣뻣해짐은 "실험적 인공물(experimental artifacts)"로 해석될 수 있다.

3.1.11 그러한 논쟁에 **자연스러운 끝**은 없다. 그것들은 항상 다시 열릴 수 있다(3.1.6). 그것들을 닫는 유일한 길은 다른 행위자가 등록되어 온 행위자를 잘못된 길로 이끄는 일과 그것들을 배반자로 전환하는 일을 멈추게 하는 것이다. 결국, 해석은 항상 **힘들**의 배열에 의해 안정화된다.

3.1.12 힘은 그것이 다른 힘들을 **대변하는** 경우에만, 그것의 강함을 증명하도록 소환되었을 때 그것이 침묵시킨 것들이 말하도록 만들 수 있는 경우에만, 정말로 그것이 그것의 동맹자가 말했을 바를 말하고 있었음을 그것에 도전했던 것이 **고백하도록** 강요할 수 있는 경우에만 효험이 있게 된다.

- 노동조합은 우익 반대파가 시위를 다르게 해석하는 것을 멈출 수 없다. 스키너는 그의 "친애하는 동료"가 그의 실험을 다른 식으로 해석하는 것

을 막을 수 없다. 그들이 할 수 있다면, 그들은 확실히 그렇게 하겠지만, 현 상황에서, 그들은 할 수 없다. 그들이 하려 든다면, 다른 이들이 그들을 망칠 것이다.

3.2.1 상황이란 무엇인가? 사물은 어디에 서 있는가? 힘들의 균형이란 무엇인가? 그들이 말하게 만드는 다수를 사용하여, 몇몇 행위소는 그것의 본 모습이 무엇인지를, 짧게 그리고 국소적으로, 정의하기에 충분할 만큼 권력이 있게 된다. 그들은 행위소를 나누고, 그들을 연합 안으로 분리해 내며, 존재자(entities)를 가리키며, 이들 존재자에 의지 또는 기능을 부여하며, 이들 의지 또는 기능이 목표를 향하게 하며, 이들 목표가 성취되었는지를 어떻게 결정 내릴지 등등을 정해준다. 조금씩 그들은 모든 것을 서로 연결한다. 강함을 갖고 있지 않은 현실태에 모든 것은 그것의 강함을 빌려주고, 전체는 "논리적"이고 "일관적"이게 만들어지는데 — 다른 말로 **강하게** 만들어진다는 것이다(2.1.8).

- 나는 "힘들의 균형이란 무엇인가?"라는 질문에 답을 제공하는 일을 피하고자 하지 않는다. 그럼에도 불구하고, 우리는 **모든** 답이 그들 스스로를 표시할 수 있게 되도록 덤불을 깨끗이 치워야 한다.

3.2.2 동맹을 확보하기 위해 동원된 행위소의 아무것도 그 자체를 대신하여 행위 하는 것을 멈추지 않는다(1.3.1, 1.3.4). 그들은 각각 그들 자신의 구상을 조성하는 일을, 그들 자신의 집단을 형성하는 일을, 여타 주인, 의지, 기능에 봉사하는 일을 계속 실행한다.

- 힘들은 항상 반역적이다(1.1.1). 그들은 그들 스스로를 빌려주지만 주지는 않는다(1.5.1). 다시 솟구쳐 오르는 나무, 작물을 걸신들린 듯 먹어치우는 메뚜기, 그 자체의 게임에서 다른 것을 물리치는 암, 페르시아제국을 용해하는 물라들(mullahs), 물라들의 집정을 느슨하게 하는 시온주의

자들(Zionists), 금 간 발전소의 콘크리트, 다른 안료를 먹어치우는 아크릴 남색 물감(acrylic blues), 신탁의 예언을 따르지 않는 사자에 대해서 이는 참인데 — 이들 모두는 **요약될** 수 없는 여타 목표와 여타 운명을 갖는다. 우리가 등을 돌리는 순간, 우리의 가장 가까운 친구들이 그들 스스로를 다른 기치 아래 등록시킨다.

3.2.3 그들의 이름으로 우리가 이야기하는 이들은 말하는 일을 어떻게 중단당할 수 있는가? 행운을 통해 재충원되어 온 이들은 어떻게 단일 블록(block) 안으로 접합될 수 있는가? 반란자와 반체제 인사는 어떻게 진정될 수 있는가? 이들 문제를 풀어야 할 필요가 없는 **단일** 존재자가 어디엔가 있는가? 답은 늘 똑같은데, 강함의 하나의 원천만이 존재하기 때문이다. 함께 결합함으로부터 오는 그것 말이다(1.3.2). 그러나 반란자는 어떻게 연합될 수 있는가? 확실하지 않은 대상들의 기울기가 동맹의 첫 줄을 저항하게 만드는 것으로 그리고 그럼으로써 실재하도록 만드는 것으로 끝날 때까지, 다른 것이 단결하도록 강요하는 더 많은 동맹자를 찾아냄에 의해서 등등으로 말이다(1.1.2).

- 체계(system)라는 관념은 우리한테 쓸모가 없는데, 체계는 수선하기(tinkering)의 최종 산물이며 출발점이 아니기 때문이다(2.1.4). 체계가 존재하려면, 존재자가 명료하게 정의되어야 하지만, 이는 실제로는 결코 그러하지 않다. 기능이 명료해져야 하지만, 대부분의 행위자는 그들이 명령하기를 또는 복종하기를 원하는지에서 확실하지 않다. 존재자들 또는 하부 체계(subsystems) 사이의 등가물 교환은 동의되어야 하지만, 모든 곳에서 교환의 비율과 방향에 관한 논란이 존재한다. 체계는 존재하지 않으나, 체계화하기(systematizing)는 충분하게 흔하다. 모든 곳에서 다른 힘이 그들이 항상 행해왔던 그 방식을 행하도록 의무 지우는 힘들이 존재한다(1.1.13).

3.2.4 그것이 요소들과 함께 연합하면서, 모든 행위자는 선택할 것이 있다. 반체제와 이탈의 위험을 감수하면서, 더 멀리 확장하기 위하여, 일관성과 내구성을 강화하되 너무 멀리 가지는 않도록.

3.2.5 잘 정의된 상황은 **여러 힘**의 작업이다. 그들은 아무것에도 동의하지 않으며 그들이 서로를 요약할 수 있다는 점 없이도 그들이 그 안에서 끊임없이 말하는 그 긴 연결망들을 거쳐서만 연합한다. 그들은 서로 섞이되, 무엇이 그들을 묶어주고, 그들에 반대하고, 그들을 요약하는지를 받아들이기 위해 그들 스스로 바깥에 도달할 수 없다. 하지만, 모든 것에도 불구하고, 연결망들은 서로 강요하고 파괴에 저항한다. 단단하되 취약한, 분리되었으되 서로 엮인, 부드럽되 서로 꼬인, 현실태들이 이상한 직물을 형성한다. 이것이 우리가 "전통적 세계들"을 어떻게 상상해 왔었냐인데, 아무리 멀리 우리가 뒤돌아본다고 해도 말이다.

- "문화"에 관해서 나는 말하지 않는데, 왜냐하면 그 단어는 "인간"을 구성하기 위해 사용된 떨어져 있는 존재자의 하나를 기술하기 위하여 서양인에 의해 따로 떼어져 왔기 때문이다. 힘들은 "인간"과 "비인간"으로 나뉠 수 없다. "사회"에 관해서 나는 말하지 않는데, 왜냐하면 내게 관심을 주는 연합들은 "사회적인 것(the social)"에 의해 인허된 그 몇 안 되는 것에 국한되지 않기 때문이다. 다시, "자연"에 관해서 나는 말하지 않는데, 왜냐하면 혈액형, 염색체, 수증기, 지판(地板, tectonic plates), 또는 어류의 이름으로 이야기하는 이들은 피, 죽은 자, 홍수, 지옥, 물고기의 이름으로 말하는 이들과 잠정적으로만 그리고 국소적으로만 구별될 수 있기 때문이다. 나는 "무의식"이라는 용어를, 우리가 그것과 함께 물 자체를 지정하는 데 충분히 열린 마음을 갖는다면, 승인할 것이다.

3.3.1 일관성을 잃지 않고서 멀리 펼치기 위하여, 한 행위소는 그들이 이야

기 들은 바를 받아들이고, 그것의 대의와 더불어 그들 스스로의 신원을 파악하고, 그들을 위해 정의된 모든 기능을 실행하고, 그들이 호출되었을 때 주저 없이 그것을 도우러 오는 그러한 충실한 동맹자들을 필요로 한다. 이들 이상적 동맹자를 위한 탐색은 다른 것보다 더 강하길 희구하는 이들의 공간과 시간을 차지한다. 한 행위자가 **약간 더 충실한** 동맹자를 발견하자 곧, 그것은 또 다른 동맹자를 그 순번에 **더 충실하게** 되도록 강제할 수 있다. 그것은 여타 동맹자로 하여금 한 모양을 택하고 당분간 그것을 유지하게끔 부득이 요구하는 기울기를 창조해 낸다.

- 더 부드러운 것을 모양 짓기 위해 우연히 더 단단한 그 무언가를 찾기 위해 우리는 많은 시간을 소모하는데 — 모루로 봉사할 돌, 엔도르핀(endorphin)의 혈중농도를 측정하기 위한 생물학적 검정(bioassay), 바이러스로 하여금 골수를 침투하게 할 소의 혀, 로비(lobby)의 식욕을 억제할 법률, 법률을 수정하려는 로비 말이다. "기술"이라는 단어는 그것이 암나사와 수나사의 형태를 취하는 힘의 그들 선(lines)에 관한 연구에 너무도 오랫동안 제한되어 왔기 때문에 불만족스럽다.

3.3.2 우리가 등을 돌리는 순간 힘들이 그들 자체를 변환시키기를 우리가 멈추길 원한다면, 우리는 우리의 등을 돌리는 일을 피해야 한다! 권력들은 모든 곳에 있기를 항상 꿈꾸는데, 그들이 멀리 가버렸거나 간 지 오래되었을 때조차 그러하다. 다른 힘들이 그들을 한쪽으로 밀어붙였을 때 어떻게 그들은 참석해 있을 수 있는가?(1.2.5). 모든 것이 그들을 국한할 때 어떻게 그들은 그들 자체를 확장할 수 있는가? 어떻게 그들은 거기에 그리고 그 밖의 다른 곳에, 지금 그리고 영원히 존재할 수 있는가? 오, 효험의 신화의 효험! 현재의 구조가 힘이 철수한 그 순간을 넘어 지속하는 것을 돕는 어떤 것이든 좋을 것이다.

3.3.3.1 효험을 얻는 일은 항상, 서로 반대되게 힘들을 놓는 문제이다. 전체적 배치에서 결과하는 권력은 그렇다면 모든 다른 힘에 의해 간힌, **마지막** 힘 탓으로 돌려진다.

■ 서두부터 내가 힘에 관해 말해온 이유는 이제 명백해져야 한다. 그것은 기술적 은유(technical metaphors)를 철학으로 **확장하려는** 것이 아니었다. 그 반대로, 기계 또는 자동기계의 강함은 드물게만 또는 국소적으로만 성취된다. 우리가 기계와 자동기계가 그에 대해 **대열의 꽁무니**에 있는 그 모든 여타 힘을 무시할 때만 우리는 "기술"에 관해 말한다. 후드(hood) 아래서 가르랑거리는 엔진은 힘들의 공모(共謀)로 취해진 가능한 형태의 하나일 뿐이다. 디젤(Diesel)은 그가 연소 엔진을 위해 일을 해가면서 사회적 신체(social bodies)의 산물을 최적화하길 희망했다. 똑같은 자동차, 똑같은 연구, 똑같은 최적화가 존재하게 되었다. 압축, 혼합, 회복, 산출.

3.3.3.2 이 마키아벨리적 명령 이외에 이들 권모술수에 특별한 아무것도 없다. 우리가 **안**에서 할 수 있는 최대로 가능한 수의 충실한 동맹자를 수집하라, 그리고 우리를 의심하는 것을 **바깥**으로 밀어내라. 이 방식으로 우리는 단단한 것과 부드러운 것 사이에서 새로운 분리를 얻어낸다.

■ "사회적인 것"이, 목수의 대패에서 나오는 대팻밥처럼, 남겨진 것일 수가 있음을 깨닫지 못한 채, 이 분리에 의해 취해진 이들이 "기술"과 "사회적인 것"에 관해 말한다. 모든 청사진은 또 다른 **군주**로 읽힐 수 있다. 그대의 관용, 그대의 작업대, 그대의 보정 작업(calibrations), 그대가 피해갔던 특허와 그대가 선택한 방정식을 내게 말하라, 그러면 내가 그대가 누구를 두려워하는지, 누가 그대를 지지하러 오리라고 그대가 희망하는지, 누구를 그대가 피하고 무시하기로 결정했는지, 누구를 그대가 지배하길 원하는지 말해주겠다(Coutouzis: 1983).

3.3.4 하지만 당신은 힘들이 서로에 반대하여 노는 것을 멈출 수 없다(3.2.2). 동원된 행위소들이 여타 목표와 동맹자를 탐색하는 사이에 그것들이 휘돌고 끓는 일을 멈추게 할 수 있는 공모, 마법, 논리, 논증, 또는 기계는 존재하지 않는다. 가장 사적이지 않은 기계는 물고기 연못보다 더 밀집되어 있다.

- 라이프니츠와 반대로, 손목시계의 움직임 속에 물고기로 가득 찬 연못과 연못으로 가득 찬 물고기가 또한 존재한다. 기계는 차갑고, 사적이지 않고, 인간적이지 않으며, 또는 새끼를 낳지 못한다고 말할 사람들을 찾는 것은, 확실히, 항상 가능하다. 그러나 가장 순수한 합금을 보라. 그것은 우리의 동맹자들의 나머지처럼, 또한, 배반당한다. 서양인은 논증이 "논리적"이고 단어들이 "글자 그대로"인 똑같은 방식으로 "순수"하다고 항상 믿는다. 이것이 나이 먹은 선장이 배의 난파 직전에 크루소에게 말한 것이다. "순수성(purity)을 조심해. 그것은 영혼의 독설이야"(간주곡 VI).

3.3.5 그 자체를 확장하기 위하여, 한 행위소는 다른 행위소를 그들이 그것을 배반할 수 없도록 프로그램해야 하는데(3.3.3), 그들이 그렇게 하게 되어 있다는 사실에도 불구하고 말이다(3.3.4). 이 곤혹을 풀기 위한 하나의 길만이 존재한다. 아무런 개별적 연결도 단단하지 않으므로, 행위소는 서로 지지해야 한다. 수많은 연결이 층층이 되어 배치되는 순간, 그들은 실재가 된다.

- 약함만이 존재하므로, 권력은 항상 인상(impression)이다. 그렇지만, 이 인상은 사물의 모양을, 그들에게 **정보를 주거나 압박함으로써**, 바꿀 필요가 있는 모든 것이다. 이것은 설명되어야 할 신비이다.

3.3.6 우리는 강한 것(the strong)의 강함을 항상 오해했다. 사람들이 그것을 한 행위소의 순수성에 돌림에도 불구하고, 그것은 약함의 층지어진 배열에 불변적으로 기인한다.

간주곡 V: 근대 세계와 같은 그런 것은 존재하지 않음을 어디서 우리가 커다란 기쁨과 함께 배우는가

백인은 옳지 않았다. 그들은 가장 강한 것이 아니었다. 그들이 그 섬에 상륙했을 때, 그들의 포가 발작적으로 불을 뿜었을 뿐이고 독화살 앞에서 전혀 소용이 없었다. 그들의 엔진은 자주 고장 났고 윤활유 및 욕설의 홍수 속에서 매일 수리되어야 했다. 그들의 성직자들의 성경은 묘지처럼 침묵한 채였다. 그들의 의사들의 약은 아주 변덕스럽게 작용해서 그것들의 효과와 약초의 효과 사이에서 구별해 내기란 거의 가능하지 않았다. 그들의 법률 서적은 그것들이 부족 또는 환초(環礁)에 적용되던 순간 모순으로 둘러싸였다. 날마다 공무원들은 황열(yellow fever)로 전근되거나 이송되기를 기다렸다. 그들의 지리학자들은 익숙한 장소에 그들이 부여했던 이름에 관해 틀렸다. 그들의 민족지학자들은 그들의 실수와 그들의 상스러움으로 그들 스스로를 바보로 만들었다. 그들의 상인들은 아무것도 아닌 것의 가치를 알았고 노리개, 토템, 야생 돼지, 땅콩을 똑같이 값을 쳐주었다. 아니다, 그들은 가장 강한 것이 아니었고, 원주민에 따르면, 이들은 열과 물고기와 썩은 고기의 냄새로 괴롭힘을 입은 미숙한 백인이었다.

하지만 그들은 그 섬을 고대적으로, 원시적으로, 이교도적으로, 마법적으로, 상업 이전인 것으로, 논리 이전인 것으로, 우리가 생각하는 어떤 것 이전인 것으로 그럭저럭 만들 수는 있었다. 그리고 그들은, 백인은, 다시 "근대 세계"가 되었다.

이것은 모든 파괴된 나라의 바닷가에서 제기되는 질문으로 이끈다. 어떻게 그토록 약하고, 비논리적이고, 천박한 비신자의 오합지졸이 응집력 있고 잘 정치화된 다수를 그럭저럭 정복할 수 있었나? 이 질문에 대한 답은 단순하다. 그들은 **함께** 도착했기 때문에 가장 강한 것보다 더 강했다. 아니다, 그것보다 더 나은 것이다. 그들은, 이집트의 또 다른 전염병처럼, **분리되어, 각각 그의 장소에 그리고 각각 그의 순수성과 더불어**, 도착했다.

성직자들은 **오직** 성경에 관해서 이야기했고, 이것에 그리고 이것에만 그들은 그들의 전도의 성공을 돌렸다. 행정인들은, 그들의 규칙과 규제와 더불어, 그들의 성공을 그들의 나라의 문명화 전도에 돌렸다. 지리학자들은 **오직** 과학과 그것의 진전에 관해서 이야기했다. 상인들은 그들의 기술(art)의 모든 덕목을 금, 거래, 런던 주식시장에 돌렸다. 군인들은 단순히 명령에 복종했고 그들이 했던 모든 것을 조국의 관점에서 해석했다. 공학자들은 그들의 기계의 효율성을 진보에 돌렸다.

그들은 그들이 그들의 강함을 끌어오는 분리된 질서를 믿었다. 이는 왜 그들이 그토록 많이 논의하고 서로 불신하는지에 대한 이유이다. 행정인들은 그들의 보고서에서 상인들의 탐욕을 비난했다. 배운 사람들은 성직자들의 개종에서 수치스러운 것을 발견했는데, 성직자들은 행정인들의 잔인성과 배운 사람들의 무신론에 반대하여 교단에서 설교했다. 민족지학자들은 모든 이를 경멸했는데, 원주민들 한 사람 한 사람으로부터 그들의 비밀을 추출하고 그들의 계보와 신화를 끌어내고 있었다. 그들은 각각 그들 스스로가 **그들의 순수성 때문에** 강하고 믿었는데 — 그리고 오직 믿음, 깃발, 철학, 또는 프랑스에 대해 생각했던 많은 가치 있는 사람들이 정말로 존재했다.

그렇기는 하지만 — 그리고 그들이 이것을 잘 알았는데 — 그들이 어쨌든 그 섬에 머무를 수 있었던 것은 오직 다른 것들 때문이었다. 성직자들은 하느님을 성경 밖으로 걸어 나오게 만들기에는 너무 약했으므로, 그들은 그들의 교회를 채우기 위해 군인과 상인을 필요로 했다. 상인들은 금의 강함만으로 토템의 판매를 강제할 수 없었으므로, 그들은 그들의 가치를 줄이기 위해 성직자와 과학자를 파견했다. 과학자들이 과학으로만 그 섬을 지배하기에는 너무 약했으므로, 그들은 경찰 급습, 강제 노동, 행정인에 의해 그들에게 임대된 짐꾼과 번역인에 의존했다.

각 집단은 그래서 그것의 강함을 다른 집단에게 그것을 인정함 없이도 빌려줄 수 있고, 그러므로 그것의 순수성을 유지했다고 주장했다. 각각은 그것의 강함을 그것의 국내적 신들에게 계속 돌렸는데 — 금, 사적 확신, 정의, 과학적 엄격성, 합리성, 기계, 원부(原簿, ledgers), 또는 공책 말이다.

그들이 한때에 하나가 왔다면, 그들은 그 섬의 주민에 의해 압도되었을 것이다.

그들이, 똑같은 믿음들과 똑같은 신들을 공유하고 과거의 정복자들처럼 효험의 모든 원천을 섞으면서, 완전히 단합해서 왔다면, 그들은 **훨씬 더 쉽게 패배했을** 것인데, 하나에 대한 상해는 모두에 대한 상해였을 것이므로 말이다.

그러나 그들은 함께 왔고, 각각은 그의 덕목에서는 **분리되었고 고립되었지만**, 전체에 의해 **모두가 지원받았다**. 이 무한히 약한 거미줄과 더불어, 그들은 모든 여타 세계를 마비시켰고, 모든 섬과 특이한 것을 덫으로 잡았고, 모든 연결망과 짜임새를 질식시켰다.

"근대 세계를 발명해 낸" 이들은 가장 강했던 것도 옳았던 것도 아니고, 그들은 오늘날에도 그렇지 않다(간주곡 VI).

3.4.1 단결하는 이 모든 것에 관해 우리는 어떻게 말해야 하는가? 우리는 그들을 모두 단결하는 경제학, 법, 역학, 언어 게임, 사회, 자연, 심리학, 또는 체계에 관해 말해야 하는가?

- 제임스 본드(James Bond) 영화에는 사악한 천재의 기계장치를 실행 취소하는 단일한 검은 버튼이, 기술자로 위장한, 그 영웅이 마지막에 가까스로 누르게 되는 버튼이 있다. 멜빵이 달린 작업 바지를 입고 마스크를 쓰고 위장하여, 그 철학자는 극단적 효험과 극단적 취약성이 일치하는 지점에 도달한다.

3.4.2 그것은 **경제학**의 문제가 아니다. 이것은 누가 등가물을 만드는지를 앎이 없이, 등가물을 사용하고, 누가 측정하고 계산하는지에 대한 앎이 없이, 회계 업무를 사용한다. 경제학은 측정 도구가 장소에 놓인 이후에 항상 도착하는데 — 가치를 측정하는 것을 가능하게 해주고 교환 속으로 들어가는 것을 가능하게 해주는 도구 말이다. 강함의 시도들을 조명해 주는 것과는 거리가 멀게도, 경제학은 그것들을 위장하고 억압한다. 기껏해야 그것은 일단 이들 시도가 안정되면 그들을 기록하는 한 방식이다.

■ 일단 측정 도구가 확립되면 우리는 경제학을 할 수 있고, 계산할 수 있고, 절약할 수 있으며, 저축할 수 있다. 다른 말로 하면 우리는 납득시킬 수 있고 풍요롭게 할 수 있다. 그러나 경제학자는 어떻게 그 도구가 최초의 장소에서 확립되는지 이야기하지 못한다.

3.4.2.1 일반 경제 — 기쁨, 유전자, 또는 이윤의 계산 — 는 가능하지 않다. 교섭하는 이들을, 지급했던 이들을, 지고 이긴 이들을, 상환이 얼마나 많이 가치가 있는지를, 언제 계좌가 폐쇄되어야 하는지를 드러낼 필요가 있을 것이다.

3.4.3 그것은 **법칙**의 문제가 아니다. 이는, 어떤 다른 것처럼(1.1.10), 한 행위소로 하여금 한 위치의 잠정적 점유를 비가역으로 만들도록 허용하는 래칫(ratchet)이다. 법칙을 강하게 만드는 것은 텍스트만이 아니고 또한 그것의 성전 속에 "잠재적으로" 놓여 있다고 그들이 믿는 바를 감히 침범하지 않는 그런 이들의 마비이다. 즉, 법칙과 힘 사이의, 또는 법칙과 사실 사이의 간격 말이다. 우리가 이 권력을 행사하면, 우리는 다른 이들을 겁줄 수 있고 그 무슨 반대가 있더라도 우리 스스로를 새로운 장소로 확장할 수 있다. 법칙의 강함의 그 내부로부터 오지 않고 그것에 사실의 힘을 주는 가난한 경멸받은 오합지졸로부터 온다. 도덕, 단어, 곤봉, 희망, 행정, 벽, 텔렉스(telexes), 파일, 금융, 궤양 말이다.

3.4.4 그것은 **기계** 또는 **기제**(mechanisms)의 문제가 아니다. 이것들은 역학, 발명가, 금융업자, 기계 운전자 없이 결코 존재하지 않았다. 기계는 힘들을 아주 효과적으로 길들여서 그들이 더는 힘처럼 보이지 않게 한 행위소들의 숨겨진 소원이다. 그 결과는 행위소들이 복종하고, 그들이 거기에 있지 않을 때조차 그러하다는 것이다(3.3.3).

■ 많은 사람은 모든 관계로 확장될 수 있는 기계를 꿈꾸었으나, 그 꿈은 항

상 악몽으로 인해 괴롭힘당했다. 가장 부드럽게 작동하는 기계에 대해 덫을 놓는 태업하는 행위소에 의한 반란 말이다. 기계들의 강함은 그들의 일부가 되게 되는 여타 힘에서 끌려오는데 — 다른 것이 경멸하고 억압하는 힘들, 나약하게 연합된 힘들, 낮은 계급에서 온 천박한 오합지졸 말이다.

3.4.5 그것은 **언어** 또는 언어 게임(language games)의 문제가 아니다(2.3.2, 2.4.3, 2.4.4). 단어들은 권력이 있는 것이 아니지만 그들의 강함을 "순수 문학(belle lettres)"과 동떨어진 타협에서 빌려온다.

3.4.6 그것은 **과학**의 문제가 아니다. 논증이 최고 권력을 지닌다면, 그들은 잘게 부서진 성(城)에 감금된 통풍에 걸린 군주의 모든 효험을 가졌을 것이다. 과학이 성장한다면, 이는 의심스러운 육종에게 아주 많은 행위소의 강함을 빌려주기 위해 그들에게 그것을 그럭저럭 확신시켰기 때문이다. 쥐, 제조업자, 신화, 기체, 벌레, 특수강, 정열, 편람, 작업장, …… 그들의 도움이 심지어 그것이 사용될 때조차 부정되는 많은 무리의 바보 말이다.

- 사실의 우월한 학파는 너무 자주 오만의 학파이다. 계몽주의는 반계몽주의(obscurantism)의 가장 무신경한 형태로 인도한다.

3.4.7 그것은 **사회**의 문제가 아니다. "사회적인 것"의 의미는 계속 오그라드는데 — 그것은 "사회적" 문제들 수준으로 축소되었다. 그것은 그 밖의 모든 것이 권력 있는 것(the powerful) 사이에서 나뉠 때 남겨지는 바이다. 경제적이지 않은, 기술적이지 않은, 법적이지 않은, 또는 그 밖의 어떤 것도 아닌 그 무엇인가가 그것에 남겨진다. 사회적인 것의 이 빈곤화된 버전으로 모든 것을 함께 묶기를 당신은 기대하는가? 작용하지 않는 마요네즈처럼, 그것은 실패하게 되어 있다. "사회적인 것" — 그것의 행위자, 그것의 집단, 그것의 전략 — 은 동맹자들의 무기력한 불결과 부도덕에 주의를 기울이기에는

너무도 밀접히 인간과 동일시된다.

■ **사회학**이 (그 이름이 제안하듯) 19세기에 사회학이 그것으로 환원되었던 사회적인 것에 관한 과학보다는 차라리 **연합**(associations)에 관한 과학이라면, 아마도 우리는 우리 자신을 "사회학자"라고 부르는 일이 행복했을 것이다.

3.4.8 그것은 **간주관적 관계**(intersubjective relationships)의 문제가 아니다. 현재 및 우리 시대에만 우리는 "상호작용"이라는 기초 위에서 핵 반응로, 민족-국가(nation-states), 또는 주식 교환을 설명하려 시도하는 너무도 빈곤해진 사람들을 찾고자 희망할 수가 있다. 심리학과 그 자매인 정신분석(psychoanalysis)은 그들이 그들의 무한한 재산 속에서 부유하다고 생각한다. 그것이 성립되지 않는다는 것 이외에 이 견해에 관해 아무것도 이야기될 것이 없다. 오그라드는 정신과 의사는 그 나머지를 설명하기 위해 확장할 수 없다(2.5.6.2).

■ 시골의 깊은 곳에는 성냥 또는 볼펜에서 성당을 만들어내길 원하는 사람들을 위한 도피처가 항상 있었다.

3.4.9 그것은 **자연**의 문제가 아니다(3.2.5). 이들 연쇄를 의미 있게 만들고자 시도하라. 태양 흑점, 항행 수로의 중앙선(thalwegs), 항체, 탄소 스펙트럼. 물고기, 다듬어진 산울타리, 사막 풍경. "노란 벽의 작은 조각(le petit pan de mur jaune)", 먹물로 그려진 산맥 지형, 수랑(袖廊, transepts)의 숲. 밤이 사람으로 변환시키는 사자, 상아로 만들어진 어머니 여신들, 흑단(ebony)으로 만들어진 토템들.

알겠는가? 우리는 동맹의 수 또는 이질성(heterogeneity)을 이런 식으로 축소할 수 없다. 자연들은 서로 그리고 "우리"와 아주 철저히 섞여버려서 우리는 그들을 분리하길 그리고 그들의 권력에 대한 깨끗한, 독특한 기원들을 발견하길 희망할 수 없다(간주곡 VI).

3.4.10 그것은 **체계**(systems)의 문제가 아니다(3.2.3). 권력의 기원은 힘들의 순수성에 있는 것이 아님을 사람들은 알기에, 그들은 그것을 순수한 힘들의 "체계" 안에 위치시킨다. 이 꿈은 언제나 다시 태어난다. 법은 경제에, 생물학에, 언어에, 사회에, 인공두뇌학(cybernetics)에, …… 붙여져 있다. 아름다운 상자들이 그려지고, 잘 방향 잡힌 화살표가 합류된다. 체계를 만드는 이들에 대해 불행히도, 행위자는 집단 사진을 찍을 만큼 충분히 길게 가만히 서 있지 않는다. 상자들은 중첩된다. 화살표는 꼬이고 찢긴다. 사회 안으로 퍼져 들어가는 생물학 안으로 법칙은 스며들어 간다. 아니다, 동맹은 좋은 이산적 당파 **사이에서**가 아니라 순수성을 숭배하는 이들에게 두려울 수 있는 무질서한 그리고 난잡한 충돌 안에서 단조(鍛造) 된다.

3.5.1 우리는 힘들의 효율성을 항상 오해하고 있다. 우리는 사물을 그것들이 다만 빌려졌던 힘들 탓으로 돌린다(1.5.1). 우리는 그것들이 순수하다고 주장하지만, 그럼에도 불구하고 그것들은 이것이 그런 경우라면 완전히 무력했을 것이다. 우리가 그것들이 작동하는 방식을 바라볼 때, 결코 더해질 수 없는 부분과 조각을 발견한다. 각 연결망은 희소하고, 비어 있고, 취약하며, 이질적이다. 그것은 그것이 퍼져 나가고 약한 동맹자를 정렬시킬 때만 강해진다.

■ 무엇을 우리는 한 힘을 만들어내는 약함과 비교할 수 있는가? 마크라메(macramé) 인간을 인간에, 중성자를 중성자에, 또는 철판을 철판에 연결하는 매듭이 존재하는가? 아니다. 이 고르디우스의 밧줄은 아직 엮이지도 않았다. 그러나 날마다 우리는 바로 우리 눈앞에서 우리의 가장 소중한 물품을 매다는 서로 다른 색깔, 재료, 기원, 길이의 끈들로 이루어진 마크라메를 본다.

3.5.2 모든 연결망을 똑같은 방식으로 우리가 기술할 수 있는가? 그렇다, "근대 세계"란 존재하지 않기 때문이다.

- 여러 해 동안 민족지학자들은 우리가 법, 경제, 종교, 기술, 그리고 그 나머지를 분리한다면 "원시"인과 고대인을 연구하는 것이 불가능하다고 말해왔다. 그와 반대로, 그들은 이렇게 느슨하게 연결된 혼합체는 우리가 장소, 가족, 상황, 연결망을 아주 가까이 볼 때만 이해될 수가 있다고 논의했다. 그러나 그들이 그들 자신의 나라에 관해 말할 때, 그들은 영역과 수준의 분리를 인정한 것이다.

3.5.3 "근대 세계"란 극단적 효험과 극단적 불능(impotence)을 결합하는 버튼 위에 있는 딱지이다(3.4.1). 약함의 이질적인(heterogeneous) 그리고 국소적인(local) 적용은 자연, 경제, 법, 기술과 같은 위신 있는 이름과 함께하는 권력의 체계가 된다.

- 그것의 열광자처럼, 근대 세계를 혐오하는 이들은 독실한 이가 하나님의 이름으로 축복하기 위하여 알아낸 것 이상으로 그것을 기술하기 위해 더 많은 용어를 발명해 냈다. 그들은 "사탄아, 물러나라(Vade retro, satanas)" 또는 "나의 기도를 들으소서"를 이들 기원의 각각에 대해 말한다.

근대 세계(modern world)
세속화(secularization)
합리화(rationalization)
익명성(anonymity)
탈주술화(disenchantment)
상업주의(mercantilism)
최적화(optimization)
탈인간화(dehumanization)

기계화(mechanization)

서구화(westernization)

자본주의(capitalism)

산업화(industrialization)

포스트 산업화(postindustrialization)

기술화(technicalization)

지성화(intellectualization)

멸균(sterilization)

객관화(objectivization)

미국화(Americanization)

과학화(scientization)

소비사회(consumer society)

일차원적 사회(one-dimensional society)

영혼 없는 사회(soulless society)

근대적 광기(modern madness)

근대(modern times)

진보(progress)

"나의 기도를 들으소서." "사탄아, 물러나라." 이들 단어의 각각은 힘들에 의해 행해진 작업을 숨기며 여기서 그리고 지금의 인류학(anthropology of the here and now)을 불가능하게 한다. 하지만 그것은 정말로 매우 단순하다. 근대 세계란 없다면, 혹은 하나가 있다면, 그것은 단순히 한 스타일인데, 우리가 "근대적 스타일(modern style)"이라고 말할 때처럼 말이다.

간주곡 VI: 그 안에서 저자가, 성질을 부리면서, 환원하는 이는 배반자라고 주장하다

나는 다음에 따라 나오는 신비가 설명되면 좋겠다. 계몽주의(Enlightenment) 이래로 우리가 "근대 세계"에 관해 말하면서 즐거웠었던 것은 왜인가? 이 세계에 대한 믿음이 알튀세르(Althusser)를 록펠러(Rockefeller)에, 졸라(Zola)를 버크(Burke)에, 사르트르(Sartre)를 아롱(Aron)에, 레비-스트로스(Lévi-Strauss)를 하이에크(Hayek)에 연결 짓는 것은 왜인가?(1.4.6.2). 그들은 이 "근대 세계"가 다른 모든 세계와 **다르다**고, 절대적으로 그리고 근본적으로 다르다고 이야기한다. "근대 세계"에서, 그러나 거기서만, 존재(Being)는 어떠한 존재자(being)에 의해 모여지는 것이 아니다. 이 불쌍한 세계는 영혼을 절대적으로 결여하고 있으며, 싸구려 티 나게 번들거리는 손으로 조각한 나막신(clog)은 깡통(tin can)이 가질 수 있는 것보다 더 많은 존재자를 갖는다. **심지어** "진보", "이윤", 또는 "혁명"에 우리 자신을, 또는 "유물론", "합리화", 또는 "근대론(modernism)"에 반대하여 우리 자신을 전념시키기도 **전에** 이들 전제에 우리가 그토록 쉽게 동의하는 것은 왜인가? 우리의 지성적 비판가들은 지난 150년 동안 진보에 의해 야기된 손상, 객관성의 비행(非行), 시장의 힘의 확장, 우리 마을들 안 콘크리트의 행진, 비인간화(dehumanization)에 대해서 불평하는 것 외에 아무것도 한 것이 없다.

좋다, 그들이 불평하게, 분개하게 되게, 비판하게, 싸우게 놔두자. 이것은 필연적이다. 그러나 그들이 이기기를 정말로 원한다면, 왜 그들은 지배를 성취하는 데 필요로 하는 **유일한 것**을 적에게 기꺼이 넘기는가?

체이스 맨해튼 은행(Chase Manhattan Bank) 58층의, 적군(Red Army) 야전 사령관 벙커 4분의 1마일 지하의, 팔로마산천문대(Mount Palomar Observatory)의 분광학실(spectrography room) 4분의 3마일 위쪽의, 유럽 위원회(European Commission) 벤치 쪽 새벽 4시의 "적들"—"그들은" 객관화, 합리화, 최적화가 대략 낙원의 입구만큼 접근 가능한 몽상임을 아주 잘 안다. 그들이 일격을 피할 때마다 그들의 적들이 관심을 끌지 않은 채 진영을 철거하고 전장을 그들에게 남겨둔다는 점을 발견하고 너무 놀란다. "근대 세계"에 직면하여 모든 것이 달아난다. 산업의 수장은 여럿 가운데 그저 한 수장이 아니다. 그는 "자본가"가 된다. 그러한 급진적 불연속이 그와 그의 전임자들 사이에서 창조되어서 **그를 패배시킬 수 있었던** 그들은 도망가 버렸다. 과거의 수선공, 도제, 장인처럼, 힘들의 약간 더 선호할 만한 배치를 우려내는 공학자는 이 배치를 괴물이 되어버리는 일로부터 막으려 노력해야 하는 이들에 의해 한 프랑켄슈타인으로 전환된다.

여러 해 동안 우리는 "근대 세계"에 그것이 갖지 않은 효험을 **자발적으로** 허가해 왔다. 아마 옛날 옛적에 그것은 허세를 부렸고 우월성을 주장했겠지만, 이 우월성을 인정할 만한 **이유는 그 무엇이든 간에** 없다(4.2.1). 너무 오랫동안 비판가들은 "합리화", "탈주술화"의 우르릉거리는 소리에 겁을 먹고, 라인란트(Rheinland)에서 그들은 군대를 철수시켰다. 이런 육중한 전략적 결정은 산업, 기술자, 과학자의 수장들의 필적할 수 없는 오만에 직면해서 우리를 **비무장으로** 남겨두어 버렸다. 그 적이 혼자서는 결코 따낼 수가 없었던 모든 것을 그것에 허가하는 이 무조건적 항복에 비교하면 뮌헨은 아무것도 아니었다. 이 한심한 통속극은 19세기 시작 이래 여러 회 나뉘어 계속되어 왔다. 이 고발이 그들을 창피하게 할 것이라는 희망 속에서, 수장, 공학자, 학자는 합리적이라고 그리고 완전히 다르다고 이야기되었다. 하지만, 이는 그들이 다른 경우라면 결코 따낼 수가 없었을 작위로 단순히 그들을 장식해 준다. 그들의 반대자들의 전장에서 구해낸 바와 함께 스스로가 부자라고 생각한다. "영적인 것", "상징적인 것", "개인 간 관계의 따스함", "살았던 세계", "비합리적인 것", "시적인 것", "문화적인 것", "과거" 말이다. 우리는 초토화의 정치, 최악의 경우의 정치를 알지만, 우리에게 모든 것을 **손대지 않은 채** 놔두고 도망하라고 요청하는, 이 전략은 새롭다.

우리는 이들 뮌헨들을 목격했지만, 그럼에도 불구하고 우리는 싸울 수도 있었고 이길 수도 있었을 것이다. 우리는 대중이 그들의 문화와 시를 가지고 나왔던 이 탈출을 보았는데, 그럼에도 불구하고 그들은 도피 중에 모든 것을 잃었다.

우리는 "참된" 시장 관계, "참된" 등가물, 또는 "참된" 과학적 연역을 믿는 이들을 불신해야 한다. 그들이 아무리 정중하고, 선의를 갖고 있고, 교양 있더라도, 그들이 수호한다고 주장하는 보물을 구제하지 못한다. 사실상, 그들은 등가물, 기계, 또는 지식을 창조하는 힘의 관계들에 접근하는 용기를 가졌을 수도 있는 이들을 **무장해제한다**. 그들은 그 지식 또는 그들 기계를 **수정할 강함**을, 아마도, 가졌었을 이들을 약하게 한다.

3.5.4 운 좋게도, 세계는 그것이 그러곤 했던 것보다 더 탈주술화되어 있지 않으며, 기계는 더는 광택 나 있지 않으며, 추론은 더는 탄탄하지 않으며, 교환은 더는 조직되어 있지 않다. 그것의 효율성이 우상들에, 즉 돈, 법, 이성, 자연, 기계, 조직, 또는 언어 구조에 의존할 때, "근대 세계"에 관해 우리는 어떻게 말할 수 있는가? 우리는 이미 단어 "마법"을 사용했다(2.1.11). "근대 세계"의 권력의 기원이 오해되었고 유효성은 움직이지도 않고 이야기하지도 않는 사물로 돌려지므로, 우리는 한 번 더 마법에 관해 이야기할 수가 있다(4.1.0).

3.5.5 우리가 즐거이 "다른 문화(other cultures)"라고 부르는 바는 수많은 비밀을 갖고 있다. 우리의 문화는 하나만을 갖고 있을 수가 있다. 이것이 "다른 문화"는 우리에게 신비해 보이고 알 가치가 있게 보이는 이유인데, 이에 비해 우리 자신의 문화는 알 수가 없을뿐더러 신비를 벗겨낸 것으로 보인다. 이 비밀은 우리의 문화를 다른 문화와 구별하는 **유일한** 것이다. 그것은 그리고 그것 혼자만이 여러 문화 가운데 하나의 문화가 아니라는 것이다. 근대 세계에 대한 우리의 믿음은 이 부정에서 일어난다. 그것을 피하기 위해서, 우리가 해야 할 모든 것은 우리가 우리 자신에 관해 말할 때 우리가 보통 분리하는 바와 함께하는 일이다. 우리는 우리 자신의 세계에 관한 인류학자가 되어야 한다.

3.6.1 이게 다 무엇일까? 무엇이 상황인가? 누군가가, 아무것도 말하지 않는 다른 이의 이름으로 이야기하며, 나를 농인(聾人) 사이에 놓음으로써 나의 질문에 대답한다. 그 대답인 나를 확신시키면, 나는 왜인지의 이유를 더는 풀어낼 수 없는데, 왜냐하면 그것이 그것을 지지하고자 너무 많은 조수(助手)를 데려오기 때문이다.

3.6.2 강함의 시도란 없고 오히려 이상한 환상, 즉 "자연"을 "발견하는" "인간"이 존재하는 것처럼 모든 일이 일어난다.

3.6.3 정치에서만 사람들은 "강함의 시도"에 관해 기꺼이 말하고자 한다. 정치인은 희생 염소, 희생양이다. 우리는 그들을 조소하고, 경멸하며, 미워한다. 우리는 그들의 돈에 좌우됨과 무능, 그들의 편협한 시각, 그들의 책략과 타협, 그들의 실패, 그들의 실용주의 또는 현실성 결여, 그들의 민중 선동을 고발하려 경쟁한다. 정치에서만 강함의 시도가 사물의 모양(shape of things)을 정의한다고 생각된다(1.1.4). 부정직하다고 생각되는 이는, 어둠 속에서 더듬는다고 주장되는 이는 정치인뿐이다.

- 우리가 정치인보다 **결코 더 잘**하지 못할 것이라는 점을 인정하는 일은 용기와 같은 무언가를 필요로 한다(1.2.1). 우리는 그의 무능을 정보를 잘 갖춘 이의 전문 지식, 학자의 엄격함, 앞날을 내다보는 사람의 신통력, 천재의 통찰, 전문직업인의 공평무사, 장인의 숙련, 예술가의 기호, 길거리 보통 사람의 건전한 상식, 인디언의 재주, 그의 그림자보다 더 빨리 발포하는 카우보이의 재빠름, 우월한 지식인의 관점 및 균형과 대조한다. 하지만 아무도 정치인보다 더 낫게 하지 않는다. 이들 다른 이는 단순히 그들이 실수를 할 때 숨을 어느 곳을 갖고 있다. 그들은 돌아갈 수 있고 다시 시도할 수 있다. 정치인만이 단 한 발에 제한되어 있고 공적으로 쏘아야 한다. 이보다 더 잘하는, 더 정확하게 어떤 것을 생각하는 이, 또는 대부

분의 근시안적 국회의원 이상으로 더 멀리 보는 어떤 이를 나는 의심한다 (2.1.0, 4.2.0).

3.6.3.1 우리가 정치적 "평범(mediocrity)"이라고 경멸하는 것은 단순히 우리가 정치인이 우리 편이 되도록 강제하는 타협들의 모음이다.

■ 우리가 정치를 경멸하면 우리는 우리 자신을 경멸해야 한다. 페기(Péguy)는 틀렸다. 그는 "모든 것은 정치와 더불어 시작되고, 아아, 신비주의로 퇴행한다"라고 이야기했어야 한다.

3.6.4 그들이 듣고 싶은 것만을 이해하는 다른 이에게 누군가가 헐떡이면서 이야기한다. 그 이야기는 수수께끼와 징후를 통해서 그들 스스로를 드러내는 이들에 관한 것이다. 그들에 관해 이야기되고 있던 이들이 이따금 중단시키는데, 그들이 배반당해 왔다고 분개해 있다. 말을 하고 있던 이들이 때로 멈추는데, 그들은 이해가 안 된다고 또는 그들이 이해되지 않아왔다고 화가 나 있다. 망설이면서, 발언자들은 타협하기 위한 미봉책을 더듬는다. 그들은 그들이 시행착오로 시험하는 힘들을 뽑아내고 잠정적 동맹으로 묶는다. 그들이 그 결과를 좋아할 때, 그들은 그들의 운명을 더 내구성 있는 재료들의 운명에 동여맨다. 조합(combinations)에서 배열(arrangements)로, 하나의 오해에서 그다음 오해로, 조금씩 힘들은 자라는데, 이 더 많은 또는 더 숙련된 다른 힘들이 그들을 압도하는 순간까지 말이다.

■ 정치적 "냉소주의(cynicism)"로 비난받는, 마키아벨리(Machiavelli)와 스피노자는 사람들 중 가장 관대했다. 빈약하게 연결된 힘들 사이에서 나쁘게 번역된 타협보다 그들이 더 잘 행할 수 있다고 믿는 이들은 항상 **더 나쁘게** 행한다.

3.6.5 이상하게 들릴 수도 있겠지만, 노동조합원이 그가 대표하는 노동자

에게, 또는 경영주가 그의 주식 보유자들에게 연결된 것보다 우리가 옹호해 이야기하는 힘들의 대부분과 아마도 우리가 더 밀접히 연결되어 있지는 않을 것이다. 나는 여기서, 우리의 쥐, 우리의 위장, 또는 우리의 기계만큼이나 우리의 꿈에 관해 이야기한다.

- 결국 정치는 수용 가능한 모형인데, 그것이 물 자체의 정치로 확장될 수 있는 한 말이다(4.5.0).

3.6.6 세계들은 아마 컴퓨터보다는 한 로마처럼 보일 것이다. 또는 차라리, 최고급 컴퓨터는 추방된, 재사용된 유적의 콜라주(collage), 화려한 로마의 혼동으로 생각되어야 한다(Kinder, 1981). 각 현실태는 파르마(Parma)의 뜰처럼 보인다.

- 발자크(Balzac)는 스탕달(Stendhal)의 『파르마의 수도원(Charterhouse of Parma)』에 대해 그것은 19세기의 『군주(The Prince)』라고 이야기했다. 마음의 비밀도 법정의 비밀도 거창하지 않은데 — 거창하지도 꾀죄죄하지도 않지만, 환원 불가능하고, 추방되었으며, 배반당한 것이다.

제4장

"과학"의 비환원

4.1.1 당신은 연합에 의해서만 강해질 수 있다. 그러나 이것은 번역을 통해서만 성취되므로(1.3.2), 강함(1.5.1, 2.5.2)은 사물을 둥치게 하는 데 대한 책임에 있는 동맹에 돌려지는 것이 아니라, 효험에 돌려진다(3.3.6). "마법"은 권력 없는 자(the powerless)에게로의 효험의 헌납이다. "그들은 눈이 있으나 보지 못하고, 귀가 있으나 듣지 못하고……."

■ 나는 "마법"에 관해 이미 말했다. 나는 그들이 사고한다고 생각하는 이들을 수축시키기 위해 먼저 그것을 사용했고(2.5.3) 다음으로 똑같은 방식으로 모든 논리를 다루기 위해 사용했다(2.1.11). 나는 "원시 문화(primitive cultures)"와 "근대 세계"(3.5.4) 사이의 대칭 효과(effect of symmetry)를 창조해 내기 위해 그것을 다시 사용했다. 이제 나는 강함의 기원에 관한 **모든** 오류를, **모든** 효험을 기술하기 위해 사용하길 원한다.

4.1.2 마법을 분석하는 이들을 신뢰하지 말라. 보통 그들은 복수(復讐)를 찾는 마법사이다.

■ 나의 경의는 코트디부아르 마법사의 "이중" 공격을 심각하게 여겼던 마

르크 오제(Marc Augé)에게로 간다(Augé: 1975). 이는 내가 과학자에 의한 "이중" 공격을 심각하게 여기지 않도록 도와주었다. 모든 마법이 똑같은 발판 위에 놓일 때, 우리는 새로운 형태의 회의론을 갖게 될 것이다(Bloor: 1976).

4.1.3 역으로, 일단 힘이 약함의 동맹 안에 놓인 것으로 보이면, 효험은 사라진다. 물론, 힘은 거기에 있지만, 효험의 환영(幻影)은 전멸된다. 효험의 마법적 인상을 대신하고 그것을 그것이 형태를 취했던 곳의 연결망으로 강하게 호위하여 되돌려 놓는 그 무엇이든 나는 "비환원"이라 부른다.

강해질 수는 있겠지만, 결코 효험을 보이지는 않게 된다. 나를 죽이라, 그러나 내가 죽음을 소망하기를 그리고 권력 앞에 무릎 꿇기를 기대하지 말라.

- 간주곡 III에서 나는 "환원하는 이를 환원"해야 한다고 이야기했다. 옛날에 마법에 대항하는 그 투쟁은 "계몽주의"라 불렸지만, 이 이미지는 역효과를 냈다. 계몽주의는 그 이래로 (비)방사[(ir)radiation]의 시대가 되었다. 반계몽주의의 그림자를 조명하려 시도했던 용감한 연구자의 머리는 그 이래로 빛으로 우리를 눈멀게 할 미사일의 탄두가 된다. (아마도 그것은 너무 늦은 것이다. 아마도 그 미사일들은 이미 발사되었을 것이다. 이 경우, 그다음 전쟁을 준비하자.)

4.1.4 한 연결망이 그것의 연합의 원리를 숨길 때, 나는 그것이 "효험"을 내보인다고 이야기한다. 그것을 만들어내는 약함들의 배치가 보일 때, 나는 그것이 "힘"을 내보인다고 이야기한다.

4.1.5 우리는 너무 적은 영혼(spirit)이 아니라 너무 많은 영혼으로 고통받고 있다. **영혼**은, 아아, 그 **글자**에 결코 부응하지 못한다. 영혼은 모든 다른 단어의 의미가 불공정하게 그것에 돌려지는 많은 것 가운데 약간의 단어일 뿐

이다. 영혼은 그리하여 효험 있는 환상이 된다. 진정으로, 당신께 이르노니, 영혼은 약하지만 글자는 적극적이다.

■ 그들이 말할 때, 종교적인 이들은 말 앞에 수레를 놓는다. 그렇지만, 실제로는 그들은 아주 다르게 행위를 한다. 그들은 프레스코 그림(frescoes), 스테인드글라스(stained glass) 창, 기도, 정중히 무릎 꿇기(genuflection)가 단순히 하느님에 접근하는 방식이라고, 그의 먼 반사라고 주장한다. 하지만 그들은 신성한 것의 효험을 위한 초점을 창조하기 위해 교회를 세우고 성체를 배치하는 일을 결코 멈추지 않는다. 지침(pointers)이라고 이야기되는 모든 요소가 포기된다면, 남은 모든 것은 무(無, Nada)의 무시무시한 밤임을 신비주의자는 잘 안다(1.4.6.1). 순전히 영적인 종교는 종교적인 것을 우리에게서 제거할 것이다. 글자를 죽이는 것은 황금알을 낳는 거위를 죽이는 것이다.

4.1.6 우리가 "과학"이라고 부르는 것은 우리가 그것의 권력을 약간의 요소에게 돌리길 선호하는 그러한 요소들의 커다란 배치로 이루어진다.

■ "과학"은 "언어"(2.4.3) 또는 "근대 세계"(3.5.2) 이상으로 존재하는 것이 아니다.

4.1.7 우리가 "과학"이라고 부르는 것은 행위소의 잡다하게 섞인 군중에서 다소 임의적인 방식으로 선택된 것이다. 그것이 다른 것들을 대표함에도 불구하고, 그것은 이 사실을 부정한다(3.4.6).

■ 그들 스스로를 "과학자"라고 부르는 이들은 그들이 말할 때, 항상 말 앞에 수레를 놓지만, 그럼에도 불구하고 실제로는 그들이 사물을 대략 옳은 길에 있게 한다. 그들은 실험실, 도서관, 회의, 야장(野帳, field notes), 도구, 텍스트가 진리를 밝히는 **수단과 방법**일 뿐이라 주장한다. 그러나 그들은 진리의 효험을 위한 초점을 창조해 내기 위해 실험실, 도서관, 도구를 세

우는 일을 결코 멈추지 않는다. 합리주의자는 이 하위 물질적 생활이 억압되면, 그들이 침묵을 강제 받으리라는 것을 잘 안다. 순전히 과학적인 과학은 과학자를 제거할 것이다. 이 이유로 그들은 황금알을 낳는 거위를 죽이지 않으려 매우 조심스럽다.

4.1.8 그들은 마법사와 성직자에 대해 회의적이며 불신하고 있지만 과학에 관한 한, 그들은 잘 믿는다. 그들은 그것의 유효성은 그것의 "방법", "논리", "엄격성", 또는 "객관성"에서 유래한다고 최소한의 주저 없이 이야기한다(2.1.0). 그렇지만, 무당이 효험을 그의 주문에 돌릴 때 하는 것처럼 그들은 "과학"에 대해서 똑같은 실수를 한다. "과학"의 실존에 대한 믿음은 그것의 개혁론자를 갖고 있으나, 그것은 그것의 회의론자는 갖지 않으며, 그것의 불가지론자는 더구나 아니다.

4.1.9 아무것도 그 자체로 그 밖의 어떤 것으로 환원 가능하지도 환원 불가능하지도 않으므로(1.1.1), 한편으로 시험 및 약함이 그리고 **다른 한편으로 그 밖의 무언가**가 존재할 수 없다(1.1.2, 1.1.5.2, 2.3.4, 2.4.3, 2.5.1). 그렇지만, "과학"의 교활함(4.1.7)은 힘들을 나누는데, 어떤 것은 강하게 보이게 만드는 데 비해 다른 것은 "참인" 것으로 또는 "합당한" 것으로 보이게 만든다.

4.1.10 사람들이 "과학"을 믿지 않는다면, 그저 강함의 시도만이 존재할 것이다. 그러나 심지어 "과학 안"에서도 강함의 시도만이 존재한다. 이는 "과학"의 비환원이 필연적이고도 어려운 것임을 의미하는데 — 그것이 마법으로부터 우리가 탈출하는 길 위에 서 있는 유일한 장애가 되었기 때문에 필연적이다. 그것이 우리의 마지막 환상이기 때문에, 그리고 우리가 그것을 옹호할 때, 우리는 우리가 우리의 가장 신성한 유산을 옹호하고 있다고 믿기 때문에 어렵다.

■ 이것이 사실이 아니라면, "과학" 비판에 한 전체 장을 바쳐야 하는 것은 아니었을 텐데, 왜냐하면 그것에 관해 특별한 아무것도 존재하지 않기 때문이다.

간주곡 VII: 이 속에서 왜 이 요약이 인식론에 관해 호의적인 아무것도 이야기하지 않는지를 우리가 배운다

우리는 정치에서 탈출할 수 있기를 바랄 것이다(3.6.3). 우리는 타협(compromise)과 수선(tinkering)과 다른 알기(knowing)와 확신시키기(convincing)의 방식이, 어딘가에, 존재하기를 바랄 것이다. 기회, 충동, 습관의 모임에 의존하지 않은 알기의 방식 말이다. 우리는 강함의 시도와 약함의 사슬에서 멀어질 수 있기를 바랄 것이다. 우리는 번역보다는 원래의 텍스트를 읽을 수 있기를, 더 명료하게 볼 수 있기를, 시빌라(Sibyl)의 단어보다 더 모호한 단어를 경청할 수 있기를 바랄 것이다.

예전에 우리는 타협의 혹독한 규칙이 지켜지지 않던 신들의 세계를 상상했다. 그러나 이제 바로 이 세계는 반계몽적이고 혼동된 것으로 보이는데, 전문가의 정확하고 효율적인 세계와 대조된다. 우리가 말하기로, "우리는 우리의 부모, 우리의 성직자, 우리의 정치인에 의해 과거의 습관 속에 잠겨 있다. 하지만, 이 혼동으로부터 탈출시키는 알기의 방식과 행동하기의 방식이, 그것의 원리에 의해 절대적으로 그리고 그 결과에 의해 진보적으로 탈출시키는 방식이 존재한다. 이것은 방법, 단일한 방법, '과학'의 방법이다".

이는 데카르트 이래로 우리가 말해온 방식이며, 기하학, 경제학, 회계, 또는 열역학을 배움을 통해 데카르트주의자가 되지 않은 교육받은 이는 오늘날 지구에서 얼마 안 된다. 모든 곳에서 우리는 우리의 최상의 두뇌들이 "과학"의 확장을 향하게 한다. 우리가 우리의 최대의, 정말 종종 우리의 유일한, 희망을 제기하는 것은 이들과 더불어서이다. 이 지식의 왕국에 대한 환기(喚起) 속 그 이상의 아무 데서도 우리는 또 다른 초월적 세계가 존재한다는 인상을 창조하지 않는다. 성역(聖域)이 존재하는 곳은 여기일 뿐이다. 정치는 여기서 권리가 없고, 다른 세계를 규제하는 법은 유예된다. "과학"에 대해서만 가용한, 이 외계인적 지위는 신도들이, 클뤼니(Cluny)의 수도사처럼, 야만인에 대한 재정복에 관해 꿈꾸는 것을 가능하게 해준다. "타협의 이 혼란스러운, 나쁘게 조직된 세계를 우리 세계의 법칙에 따라 다시 세우는 일이 왜 안 되겠는가?"

그렇다면 과학적인 것과 알기와 확신시키기의 여타 방식을 나누는 **석회 가루 선**을 그려내는 일을, 로물루스(Romulus)와 그의 쟁기처럼, 가능하게 해주는 이 차이란 무엇인가? 고랑, 틀림없이, 전유(專有) 행위, 아무 데도 없는 곳의 가운데 속 울타리이고, 이는 아무런 "자연스러운" 전선도 따르지 않는데, 폭력 행위이다. 그렇다, 그것은 한편에는 능력을 놓고 다른 한편에는 권리를 놓는 힘들을 나누어버리는 강함의 또 다른 시험이다.

그러나 확실히 이 차이는 실재하는 무언가를, 그것이 아주 급진적이고, 아주 전체적이고, 아주 절대적이므로, 표상해야 하는가? 널리 인정되듯 이 종교의 신조는 빈약하다. 그것이 제공하는 모든 것은 **동어반복**(tautology)이다. 과학적으로 "알기"란 "과학적으로" 알기이다. 인식론은 이 동어반복에 대한 지치지 않는 확언일 뿐이다. 모든 것을 포기하라. 이것 빼고 아무것도 믿지 말라. 알기의 과학적 방식이, **그리고** "자연적인", "사회적인", 또는 "마법적인"과 같은 **다른 방식**이 존재한다. 인식론의 모든 결함 — 역사에 대한 그것의 경멸, 경험적 분석에 대한 그것의 거부, 비순수성(impurity)에 대한 그것의 바리새인적(pharisaic) 공포 — 은 그것의 특질일 뿐인데, 전선 경비대 안에서 추구되는 특질 말이다. 그렇다, 인식론에서 믿음은 그것의 가장 단순한 표현으로 환원되지만, 바로 이 단순성은 그것이, 성직자에 의해서도 신학교에 의해서도 도움받지 않고, 쉽게 퍼질 수 있기 때문에 성공을 가져온다.

물론, 나는 과장하고 있다. 믿음은 몇몇 종류의 내용이다. 기술적으로, 그것은 내가 이 요약을 시작했던 그 문단에 대한 부정이다(1.1.2). 신들은 파괴되었으므로, 이 믿음은 비환원의 원리를 이해하는 길에 서 있는 주된 장애가 되었다. 그것의 유일한 기능은 강함의 시도만이 **존재함**을 정열적으로 부정하는 일이다. "제철인지, 철이 지났는지에 대해 즉각적으로 되라"는 "부가할 무언가가 존재하고, 또한 이유가 존재한다"라고 말하는 것이다. 신자들의 이 울부짖음은 그것이 범하는 폭력을, 이 분리를 **강요하는** 폭력을 숨긴다.

과학과 기술에 대한 분석을 위한 길을 준비하는 이 요약이, 전혀, 인식론이 아니라고 그 모두는 말하려 하는 것이다.

4.2.1 "과학" — 인용 부호가 붙은 — 은 존재하지 않는다. 그것은 일정한 연결망들의 일정한 절편, 즉 아주 드물고 부서지기 쉬워서 모든 것이 그들 탓으로 돌려지지 않았다면 주목을 모두 함께 탈출시켰을 그러한 연합들 위에 붙여진 이름이다.

- 약간의 산업국가 GNP의 2퍼센트 내지 3퍼센트, 그것의 3분의 2가 산업 및 군사 목적에 소모되는데 — 이는 많은 것이 아니다. 더 많은 수천 명과 의사소통하는, 그리고 도대체 그것을 거의 이해 못 하는 수백만 명의 용감한 영혼들의 이익을 위해 인기를 끈, 남아 있는 그 작은 조각은 수천 명의 사람들에 의해서만 가치를 인정받는다. 수십억의 다른 이들에게 이들 연결망은 **보이지 않는다**.

4.2.2 "과학"은 그 자체의 설 자리를 갖지 않는다. 무엇이 그것을 권력으로 운반해 주었는가를 부정하고 무엇이 그것을 붙들어 주느냐가 아니고 무엇이 뭉쳐졌는가에 그것의 견고성을 돌림으로써만 그것은 모양을 갖춘다(2.4.7). 이 부정과 더불어 "그것"은 심지어 그 자체도 무시한다.

- 더러운 일을 하는 혼혈 부족이 "물리학"으로부터 보류된다면, 그것의 열심히 노력한 성취는 연금술사 또는 정신분석학자의 열심히 노력한 성취와 구별될 수 있을 것인가? 그렇게 많은 부족이 없었을 때인 과거에 이것이 가능했을까?

4.2.3 "과학"은 **정당하지 않은 수단**에 의해 이질적 연결망으로부터 분리된 인공적 존재자(artificial entity)이다. 두 가지 척도가 있는데, 하나는 "과학자"를 위한 것이고 다른 하나는 그 나머지를 위한 것이다.

■ 자본가가 이윤을 얻을 수 없는 공장을 팔면, 몽니라고 비난받는다. 그러나 저명한 과학자가 신뢰받지 못한 가설을 포기하면, 그와 반대로 그는 공평무사를 보여주고 있다고 주장된다. 불행한 마녀가 싸움의 성공을 마법 의식(儀式)에 돌리면, 그녀는 그녀의 쉽사리 믿는 성질에 대해 조롱받는다. 그러나 이름난 연구자가 그녀의 실험실의 성공을 혁명적 관념에 돌리면, 아무도 웃지 않는데, 그럼에도 불구하고 모든 이는 그래야 한다. 관념으로 혁명을 이뤄냄에 대한 사유! 소비자가 그들의 스테이크를 씹기 쉽게 작은 조작으로 자르면, 아무도 평하지 않는다. 그러나 암스테르담의 유명한 철학자가 "어려움의 각각을 가능한 대로 여러 부분으로 나누어야" 한다고 단언하면, "과학 안에서 이성을 올바로 수행하고 진리를 탐색하는 방법"이라며 이보다 더 큰 감탄이 표현될 수 없다. 가장 불명료한 포퍼적(Popperian) 열광자가 "반증(falsification)"에 관해 말하면, 사람들을 심오한 신비를 볼 준비가 되어 있다. 그러나 유리창 청소부가 청소하길 원하는 얼룩이 안쪽에 있는지 바깥쪽에 있는지를 알려고 그의 머리를 움직이면, 아무도 경이로워하지 않는다. 젊은 커플이 거실의 가구 하나를 움직이고 그것이 제대로 된 것으로 보이며 모든 가구는 모든 것이 다시 들어맞도록 이동되어야 한다고, 차츰, 결론 내리면, 누가 이것이 가치 있는 "주목"이라고 알아보겠는가? 그러나 탁자보다는 "이론"이 움직여지면, 사람들은 쿤적 "패러다임 전이"(Kuhnian "paradigm shift")에 관해 흥분해서 말한다. 나는 저속하지만, 불의(不義)가 아주 심오한 영역에서 이는 본질적이다. 그들은 공중 부양을 믿는 이들을 비웃겠지만, 모순 없이, 이론이 세계를 들어 올릴 수 있다고 주장한다.

4.2.4 "과학"은 그것의 존재를 **항구적 기적**(permanent miracle)으로 전환함으로써 존재함의 인상을 줄 수 있을 뿐이다. 그것의 참된 동맹자를 승인할 수 없어, 그것은 하나의 경이를 다른 것과 더불어서, 그리고 그다음 경이를 세 번째 다른 것과 더불어서 설명하도록 강제된다. 그것이 마치 동화처럼 보일 때까지 계속 말이다.

■ 몇몇 이는 "수학이 물질적 실재에 적용 가능하다는 점"이 기적이라고 말한다. 다른 이는 "우주에 관한 가장 이해 불가능한 것은 그것이 어쨌든 이해될 수 있다"라는 점이라고 이야기한다. 또 다른 이는 물리학의 법칙은 "보편적으로 적용될 수 있고", 뉴튼(Newton)이 그것들을 발견했으며, 아인슈타인(Einstein)이 그것들을 변혁했다며 놀라움을 표현한다. 참으로 "과학"은 천재, 혁명, 데이 엑스 마키나(dei ex machina)와 함께하는 서커스의 여흥이 된다. 그러나 아무도 아래쪽에 있는 공포의 방에 관해서는 말하지 않는다. 우리가 불가지론적으로 될 때, 우리는 과학적 성지순례 대부분의 장소가 많이 루르드(Lourdes)처럼 보이되, 여전히 잘 속아 넘어가게 보인다는 점을 인정해야 하는데, 왜냐하면 그들은 루르드를 조롱하기 때문이다.

4.2.5 "과학"은 우리가 승자와 패자를 비대칭적으로 다룰 수 있는 한에서만 안식처이다.

■ 아무도 "내적" 과학사("internal" history of science)와 그 동맹자의 "외적" 과학사("external" history of science)를 분리할 수 없다. 전자는 전혀 역사로 여겨지지 않는다. 기껏해야 그것은 궁정 역사 기술(court historiography)이고, 최악의 경우 성인의 전설(Legends of the Saints)이다. 후자는 "과학"의 역사가 아니고, 그것은 역사이다.

4.2.6 "과학"의 존재에 대한 믿음은 과장, 불의, 비대칭, 무지, 맹신, 부정의

효과이다. "과학"이 그 나머지와 구별된다면, 그것은 실력 행사(coups de force)의 긴 선의 마지막 결과이다.

4.3.1 "과학"은 그에 관해 말하기에는 너무도 많이 금방이라도 무너질 듯하다. 우리는 그 대신 일정한 연결망이 그들 스스로를 다른 것보다 더 강하게 만들기 위해 사용하는 **동맹**에 관해 이야기해야 한다(1.3.1, 2.4.1, 3.3.1). 이 방식으로 우리는 효험 대신에 힘을 보게 될 것이다(4.1.5).

4.3.2 지식은 존재하지 않는데 — 그것은 무엇일 수 있을까?(1.4.3). 노우-하우(know-how)만이 존재한다. 다른 말로 하면, 솜씨(crafts)와 거래(trades)가 존재한다. 정반대에 대한 모든 주장에도 불구하고, 솜씨는 지식에 대한 열쇠를 붙들고 있다. 그것들은 "과학"을 그것이 나왔던 연결망들로 돌아가는 것을 가능하게 해준다(도입).

4.3.3 우리는 사고하지 않는다. 우리는 관념을 갖고 있지 않다(2.5.4). 오히려 **쓰기**(writing)라는 행위, 추출되어 온 **기록하기**(inscriptions)를 포함하는 행위가 존재한다. 마찬가지로 유사하게 이상한 장소에서 쓰고, 기록하고, 말하고, 사는 다른 사람들에게 말하기(talking)를 통해서 실천된 행위. 이야기하도록, 쓰도록, 읽히도록 만들어진 기록하기와 더불어 **확신시키는** 또는 확신시키는 데 실패하는 행위(3.1.0, 3.1.9).

- 우리가 "사고(thought)"에 관해 말할 때, 심지어 가장 회의적인 것조차 그들의 비판적 능력을 잃는다. 천박한 마법사처럼, 그들은 "사고"가 마법처럼 큰 거리를 고속으로 여행하게 한다. 사고에 관한 한 쉽사리 믿지 않는 어떤 이를 나는 모른다. 하지만 "사고"는 정말로 꽤 단순한데, 왜냐하면 우리가 다른 기록하기에 관해 쓸 때, 우리는 실질적으로 수 센티미터 안의 큰 거리를 포괄하기 때문이다. 지도, 도표, 세로 표(columns), 사진, 분

광사진(spectrographs) — 이들은 잊힌 재료, 우리가 "사고"를 흐리멍덩하게 만드는 데 사용되는 재료이다.

4.3.4 그 반대에 대한 모든 인상에도 불구하고, 종잇장 위에만 쓰인 것을 고수하는 일은 위험한 거래이다. 그렇지만 이 거래는 화가, 뱃사람, 줄타기 곡예사, 또는 은행가의 거래 이상으로 더 기적적이지는 않다.

■ 양피지의 눈이 부시게 되는 표면 위로 몸을 구부리는 그리고 철침(stylus)의 새긴 자국을 강박적으로, 그것들이 견강부회로 이끌 때조차도, 따라가는 그리스인을 보는 것은 흥미롭다. 동일한 텍스트의 서로 다른 버전을 펼쳐놓는 그리고, **모든** 과학적 학제의 어머니인, 주해(exegesis)라는 거래를 다루는 것을 배우는 교부들을 보는 것은 매력적이다. 그의 『대화(Dialogues)』 속 수학적 형식으로 자연이라는 책을 다시 쓰는 이탈리아인을 따라가는 것은 자극을 준다(Eisenstein: 1975). 내가 2년 전에 했던 것처럼, 생체계측기(physiographs)의 드럼을 긁는 바늘을 연구하는 것은 매력적이다. 그에 관해 이야기된 사물이 쓰도록 만들기 위해(3.1.5) 그리고 어떤 이가 확신시키고 싶어 하는 이들에게 직접적으로 말하도록 만들기 위해 덫(traps)이 어떻게 배치되는지를 보는 일 말이다. 신성한 쓰기가 아니라 쥐 내장 또는 개의 열린 심장에 의해 산출된 기록하기(inscriptions)인, 이들 야릇한 텍스트는 이상하게 매혹적이다. 나는 동의하건대, 그것들은 모두 매우 아름답다. 그것들은 수많은 일과 여러 재주를 나타내지만, 기적적인 것은 아니다. 결합들의 끝없는 깨트림, 펜의 딸깍하는 소리, 데이지 휠(daisy wheel)의 덜걱 소리, 철침의 긁음 속에 비물질적인 것은 없다. 쓰기, 기록하기, 도표, 스펙트럼과 함께하는 이 집착에 비물질적인 것은 없다.

4.3.5 그것들은 자연으로 향하는가? 이는 무엇을 의미할 수 있을까? 그것들을 보라! 그것들은 그것들의 쓰기 위로 몸을 구부리고 그것들의 실험실 **안**

에서 서로 말한다. 그것들을 보라! 실재에 관한 그것들의 유일한 원리는 그것들이 그것들 스스로 결정했다는 것이다(1.2.7). 그것들을 보라! 그것들이 창조해 낸 "외부적" 지시체("external" referents)는 **오직** 그들의 세계 안에서만 존재한다(1.2.7.1).

4.4.1 국소적인(local) 그 무엇이든 그 방식으로 머무른다. 어떤 종류의 작업도 그것이 정복되지 않은 한(1.2.4) 그리고 자취(trace)를 산출하도록 강제되지 않은 한 여하한 다른 작업 이상으로 **더** 국소적이지 않다. 그렇다면 그것은 **그것의 부재** 속에서 계속 작업 될 수 있다.

- 수십 제곱 마일을 포괄하며 **수만 개**의 기호와 표식을 인식하는 것을 배운 아프리카의 사냥꾼은 "국소적"이라 불린다. 그러나 수 제곱 야드의 지도 및 항공사진 위로 몸을 구부리면서 **수백 개**의 기호와 지표를 인식하는 것을 배운 지도 제작자는 그 사냥꾼보다 더 보편적이고 전역적(global) 시각을 갖는다고 이야기된다. 어느 것이 다른 쪽의 영역에서 더 길을 잃게 될까? 그 사냥꾼을 노예로 그리고 그 지도 만드는 이를 주인으로 전환한 긴 역사를 우리가 따라가지 않는 한, 우리는 이 질문에 대한 답을 가질 수 없다. 전역적이라는 것은 존재하지 않기 때문에 국소적인 것과 전역적인 것 사이에 오솔길이란 없다. 그 대신 우리는 지리학자, 비행기, 지도, 국제 측지(測地)년(International Geodesic Year)을 갖고 있다.

4.4.2 "일반적 관념(general ideas)"은 세워질 수 있으나, 그렇게 하는 것은 더도 덜도 아니라 철도 연결망을 세우는 일만큼 어렵다. 우리는 "일반적 관념"에 대가를 지불해야 한다. 우리는 "탁자"라는 관념의 경우에서 한 탁자에서 다른 탁자로 옮겨갈 수 없다. 움직이기 위해서, 우리는 전철수(轉轍手, shunters), 눈에 띄는 철도 종업원, 회계원, 신호와 함께하는 철도 체계만큼이나 유지하기가 비싼 연결망을 필요로 한다.

■ 학자들은 "이익의 사유화, 손실의 국가화"의 원리를 아주 잘 이해한다. 그들은 그들이 사고하며 관념은 자유롭다고 우리가 믿도록 이끌지만, 이어서 그들은 그들의 실험실, 그들의 계단식 강의실, 그들의 도서관에 우리가 대가를 지불하도록 요청한다(4.1.9).

4.4.3 일련의 장소(locations)가 잡혔고 연결망 안에서 결합하였을 때, 그들을 함께 연결해 주는 작업을 주목함 없이도 하나의 위치에서 다른 위치로 움직이는 것이 가능하다. **하나의** 장소는 "잠재적으로" 모든 다른 장소를 포함하는 것으로 보인다. 나는 이들 연결망 내부에서 그럭저럭 살아가는 데 사용된 그 전문용어를, 그것이 우리의 **되돌아가는 길**을 찾기 위해 우리가 사용하는 이정표 및 표찰과 같다는 점이 이해되는 한, "이론"이라고 행복하게 부른다.

■ 페니키아 해변의 거래자의, 항만 노동자의, 금융업자의, 광년으로 계산하고 피코그램(picogram)으로 사물을 무게 다는 흰색 실험복 입은 사람들의 전문용어가 있다. 어떻게 그들 모두는 서로를 이해할 수 있을까? 그들은 똑같은 행선지를 갖고 있지 않다. 그들은 똑같은 힘의 선들을 따라 이동하지 않으며 똑같은 자취(traces)를 조작하지도 않는다. 우리가 "이론"이라고 부르는 것은 더도 덜도 아닌 지하철 속 지하철 지도만큼 실재적이다(2.1.7).

4.4.4 "보편성(universality)"은 그 나머지만큼 국소적이다. 보편성은 오직 "잠재적으로" 존재한다. 다른 말로 하면 비용이 많이 들고 위험한 연락들(liaisons)을 이뤄내고 유지하는 데 높은 가격을 지불할 준비가 되어 있지 않은 한 그것은 존재하지 않는다.

■ 모든 것이 국소적으로 그리고 오직 한 번 일어난다면(1.2.1) 그리고 하나의 위치는 다른 위치로 환원될 수 없다면, 어떻게 하나의 위치가 다른 위

치를 포함할 수 있을까? 나를 유명론(nominalism)으로 고발하지 말라. 한 군대의 모든 부분은 본부와 연결**될 수가** 있다. 전략공군 사령부(Strategic Air Command) 장교들은 3미터 곱하기 4미터의 치수인 세계지도 위에서 작업**할 수가** 있다. 세계의 모든 시계는 보편적 시간이 세워지면 동기화**될 수가** 있다. 나는 이들 보편자(universals)를 창조해 내는 비용을 그리고 그들이 그 청구서에 추가되기 위해 달려갈 좁은 회로들을 원한다.

4.4.5 그럼 당신은 수학의 물리 세계에의 적용이 기적이라고 믿는가? 그렇다면, 나는 당신이 또 다른 기적을 감탄하도록 초대한다. 나는 나의 아메리칸 익스프레스(American Express) 카드로 세계 일주 여행을 할 수 있다. 당신은 그 두 번째에 대해 이야기하기로, "그건 그냥 연결망입니다. 당신이 1인치 정도만큼 그것에서 나오면, 당신의 카드는 무가치합니다". 아주 그러하다. 이것이 내가, **더도 덜도 아니라**, 수학과 과학에 관해 이야기하고 있는 바이다.

■ 2차방정식은 그 밖의 모든 것처럼 측량될 수 있는 확산의 영역을 갖고 있다. 그것의 발명, 번역, 여타 실천으로의 합병은 우리가 마구(馬具), 고물에 고정시킨 키(rudder), 나비넥타이, 시계 탈진기(脫進機, escapement), 또는 지능검사의 전파를 문서화하는 것과 똑같은 방식으로 추적될 수가 있다. 그러나 우리는 거래들을 두 개의 더미로 분리하는 일에 저항할 수 없다. 어떤 것은 그들의 맥락에 단단히 삽입되어 있는데, 다른 것은 맥락 밖에서 영혼처럼 떠돈다. 나는 그들 영혼이 우리를 홀리려 어두워진 후에 되돌아오는 것을 멈추기 위해 그들을 그들의 연결망의 바닥에 묻길 원한다.

4.4.5.1 "보편적인 것(the universal)"은 역사화가 정물화를 대체할 수 없듯이 "특수한 것(the particular)"을 더는 삼킬 수 없다. 이론들은 추상적일 수 없거나, 그렇다면, 그 이름은 추상화처럼, 한 스타일을 지시한다.

- 어떤 이가 내게 한 보편적인 것에 대해 말할 때, 나는 크기는 뭐고, 무슨 스크린 위에 누가 그것을 투사하고 있느냐고 항상 묻는다. 나는 얼마나 많은 사람이 그것을 유지하며 그들에게 지불하려면 얼마나 많은 돈이 드냐고 또한 묻는다. 이것이 나쁜 맛을 남기지만, 왕은 벌거벗었고 단지 우리가 보편적인 것을 믿기 때문에 옷을 입은 것처럼 보인다는 점을 나는 안다.

4.4.6 "추상화(abstraction)", "형식주의(formalism)", "정밀성", "순수성"은 어떻게 성취되는가? 치즈처럼, 거르기, 씨 뿌리기, 모양 만들기, 숙성하기에 의해서. 또는 휘발유처럼, 정제하기, 열분해하기, 증류하기에 의해. 우리는 낙농장과 정제소를 필요로 한다. 이것은 모두 값비싼 과정, 냄새나는 순수하지 않은 솜씨이다.

4.4.6.1 추상화 **작업**은 조각공(engraver)의 작업 이상으로 추상적이지 않다. 형식화하는 이(formalizer)의 **거래**는 도살자의 거래 이상으로 형식적이지 않다. 정화(purification)는 위생 검사원의 작업 이상으로 순수하지 않다. 몇몇 절차는 순수하고, 형식적이고, 또는 추상적이라고 이야기하는 일은 동사를 형용사와 혼동하는 것이다. 우리는 그을리기가 그을렸고, 거르기가 걸러졌으며, 또는 논리가 논리적이라고 말할 수도 있을 것이다.

4.4.7 적당히 말하는 것 이상으로 추상적이 되는 것은 우리의 권력 안에 있지 않다(2.2.1).

4.4.8 연결망은 미약하고, 부서지기 쉽고, 희소하다. 우리는 그것들 안에서 읽고 쓴다. 우리는 연결망을 확장함에 의해서만, 다른 말로 하면 흡수되는 그 무엇의 규모를 축소함에 의해서만 확신시킬 수 있다. 1인용 침실 안 탁

자에 둘러앉은, 몇 사람이 모든 것을 측량할 수 있다는 점이 그 결과이다. **무엇이 더 단순할 수 있겠는가?** 법석을 떨 만한 아무것도 여기에 없다.

간주곡 VIII: 그 안에서 대수롭지 않은 일상적 사회학이 척도란 무엇인지를 보여준다

푸줏간 주인이 그의 저울을 썼고, 나는 25프랑을 지불했다. 가격이 고기의 작은 꼬리표에 붙어 있었기 때문에 나는 그와 흥정하려 하지 않았다. 그가 도매시장에서 돌아온 후 그는 킬로그램당 가격을 정했고 그의 거래 신문을 읽었다. 내가 그 가게를 떠날 때, 80번 버스를 탔다. 그 숫자는 버스 앞에 명확히 표시되어 있었기 때문에 그것이 80이라는 것을 나는 알았다. 운전사가 버스 회사 본부에서 오는 신호를 들었을 때, 그는 출발했다. 이 신호는 파리 관측소의 이야기하는 시계에서 중개되었는데, 이는 다시 시간을 맞추는 원자시계의 연결망과 관련되었다. 나는 검표원을 두려워하지 않았다. 나는 버스 정기승차권을 갖고 있었고, 그래서 검표원이 내 사진을 확인했고, "감사합니다"라고 이야기했으며, 이동했다. 내가 그 연구소에 도착했을 때, 나는 내 자기(磁氣)카드를 우리가 넣은 시간의 숫자와 그 폭을 계속 추적하는 전자적 확인 시계에 넣었다. 4년 동안 이 시계에 관해 노동조합과 논의가 있었다. 국립증명노동자연합(NAWOP: National Association of the Workers of the Proof)과의 집단적 흥정 덕분에, 마침에 합의에 도달했다. 나는 아직도 이번 주에 일할 15시간을 갖고 있다.

나의 외투를 건 후, 바로 나는 나의 세포들이 어떻게 되어가는지를 보러 갔다. 균주(菌株)가 제법 가시화되었다. 그들이 젤(gel) 위에 만들어낸 얼룩을 헤아렸고 나는 그 결과를 나의 실험실 공책 속 두 세로 칸에 써 내려갔는데 — 마치 나의 아버지 회계장부처럼, 가죽 장정의, 좋은 책이었다. 나는 어제의 결과를 디트리히(Dietrich)와 토의했으나, 그의 정점(頂點, peaks)은 더 명확했다. 그는 그의 신경전달물질이 내 것보다 100배 더 활성을 띠었다고 주장했지만, 그가 곡선을 그려내기에 충분할 점들을 갖지는 않았기 때문에 그것에 관해 수 시간 동안 우리가 논의할 수 있으리라고 그에게 말했다. 디트리히는 아직 젊었다. 그는 항상 결론으로 뛰어오른다. 우리는 몇 시간 동안 말했다. 마침내 그가 나는 나의 논문에 그의 연구를 사용하지 않으려 하고 있다는 점을 받아들였다. 나는 그것을 약화하길 원치 않으며 사람들이 그 결과들은 서 있지 못한다고 말하면서 그것을 비난하게 하고 싶지 않다. 나는 그 논문이 비난을 넘어서게 되길 그리고 ≪내분비학(Endoctrinology)≫의 심사위원에 의해 즉각적으로 승인되길 원한다. 디트리히는 나의 거부를 나쁘게 받아들였다. 그는 꽤 풀이 죽어 보였다. 그는 이 연구 노선에서 너무 쉽게 낙담했다. 운 좋게도 그는 그러고 나서 기력을 되찾았고 그의 자료를 강화하기 위해 또 다른 일련의 쥐로 일한다고 결심했다. 이것들이 견고한 것으로 판명되면, 나는 그것들을 사용할 것이다. 그것들은 심지어 나의 논점을 강화할 수조차도 있을 것이고, 그 경우 나는 그를 후배 공저자로 삼을 것이다. 이는 나의 위치를 약화하지 않을 것이다.

매점에서 우리는 다가올 선거에 관해 토론했다. 여론조사만이 존재하는 한, 우리는 사회주의자와 공산주의자의 상대적 위치에 관해 아주 오랫동안 논의할 수 있다. 이들 조사는 중요하지는 않다. 디트리히의 쥐처럼 그들의 표본은 너무 작다. 필요한 것은 모든 투표가 셈해지고 모든 이가 모든 것이 공명정대한지를 볼 수 있는 참으로 거대한 실험이다. 그때에만 공산주의자가 당시 사회주의자보다 2퍼센트 더 약한지 아닌지를 우리가 알게 될 것이다.

그러고 나서 브루넬(Brunel)이 나타났고, 우리는 잡담했다. 그는 경제학자이며, 그가 자신이 과학자라고 주장하기 때문에 우리는 항상 그를 놀리고 있었다. 자금 공급이 증가하고 있는지 또는 감소하고 있는지 우리가 말할 수 없음을 그는 인정했다. 은행 간 할인어음 또는 비슷한 무언가를 포함할지 말지를 결정하기 위해 그의 분과에서 세 번의 회의가 있었다. 계산의 단일 노선을 취하는 것은 결과를 완전히 바꾸게 그리고 우리가 인플레이션을 부수었다는 점을 증명하는 일을 가능하게 해주는 것으로 보인다. 그것은 그다지 신뢰할 수 없지만, 우리가 그를 놀렸을 때 그가 응답했듯이, "당신은 내가 경제를 가진 것보다 주위에 더 많은 쥐를 가졌다".

그렇기는 하지만, 우리가 점심 이후에 실험에서 만났을 때 발견했던 것처럼, 우리의 쥐는 위협받았다. 1년에 50개 논문을 위해 우리가 필요로 하는 모든 쥐에 지불할 50만 달러를 우리는 찾아야 한다. 우리는 여하튼 간신히 해낼 것이다.

저녁에 나는 어델(Adele)을 만났다. 그녀는 온도를 취하고 있을 때 실수를 했고 걱정되었다. 우리는 한 시간 동안 그녀의 온도 곡선을 토의했지만, 내가 쥐의 온도를 항상 취하고 있기 때문에 결국 그녀는 내 말을 받아들였다. 내가 하듯이, 알약을 쓰는 것이 더 분별 있을 것이라고 나는 그녀에게 말했다. 그러면 당신이 해야 할 모든 것은 어느 날인지 읽고 올바른 알약을 쓰는 것이다. 당신은 실수할 수 없다. 그것은 버스 정기승차권처럼 단순하다. 그러고 나서 우리는 우리 사람들을 만나러 집으로 갔다. 어델이 그녀가 걱정하게 되었다고 그들에게 말했던 순간, 그들은 정말로 그녀의 잠재의식이 이야기하고 있었던 것이라고 그녀를 설득하길 원했다. 그녀는 그것에 관해 많이 몰랐지만, 그들은 그들이 이야기하고 있었던 바를 알고 있었던 것처럼 소리를 냈다. 마침내 그녀가 포기했다. "당신은 사적인 문제들을 취하도록 허락되어 있지 않아요. 당신은 정신과 의사의 긴 의자에 누워야 하고 그것들을 토의해야 합니다"라고 그녀가 간단히 말하듯 말이다. 헨리(Henry)는 그녀가 그녀의 우주론과 그냥 마찬가지였다고 그녀에게 말했다. 어제 그녀는 대폭발(Big Bang)이 무의미의 덩어리라고 네 시간 동안 우리를 설득하길 계속했다. 헨리는 아마도 몇 가지 우주론이 존재하리라고 말했다.

늦었고, 그래서 우리는 집으로 갔다. 우리는 25분 동안 운전사와 논의했는데, 그는 미터 읽은 것에 10퍼센트를 더하길 원했다. 나는 내 쥐로 결코 그렇게 하지 않으리라고 그에 말했고, 10퍼센트 추가는 아무런 이유가 없었다. 그것은 시의회와 논란 중이던 택시 소유자 연맹에 의해 취해진 일방적 결정이라고 그는 응답했다. 우리는 어느 쪽으로든 지불을 끝낸다. 우편물에서 나는 사회 안전 추가 부담금을 위해 지불될 조합의 동의서와 더불어 인출된 추가 1퍼센트와 함께하는 나의 지불 수표를 발견했다. 나는 시계를 맞추었고 내가 늦게 일어날 수도 있을까 밤새 걱정하지 않도록 알람을 세 번 확인했다.

4.5.1 과학의 거래에서, 모든 다른 거래에서처럼, 우리는 어떻게 우리의 힘을 국소적으로 증가시키는지 배운다(제1부).

4.5.2 실험실 안에서 얻어진 힘의 보충은 많은 작은 대상이 여러 번 조작된다는, 이들 미시 사건(microevents)이 기록될 수 있다는, 그것들이 뜻대로 다시 읽힐 수 있다는, 그 전체적 과정이 사람들이 읽도록 다시 쓰일 수 있다는 사실에서 온다. 숙련이 필요하며 많은 돈이 연루되나, 마법은 연루되지 않는다.

- 그것들이 성운, 산호, 레이저, 미생물, 국민총생산, 또는 I.Q. 점수인지는 문제가 되지 않는다. 그들이 "무한히 큰"지 "무한히 작은"지는 문제가 되지 않는다. 그들은 그들이 약간의 사람에 의해 지배될 수 있고 아주 단순해서 동의가 가능한 기호(signs) — 곡선, 수치, 점, 광선, 또는 띠 — 를 표시하게 될 수 있는 작은 공간으로 데려가질 때 확신 있게 말해질 수 있을 뿐이다. 우리는 그 나머지에 관해서는 더듬거릴 수 있을 뿐이다.

4.5.2.1 그 규칙은 아주 단순하다. 우리가 우리의 강함을 증가시키길 원한다면, 하나에 대해 백을 지불해 줄 주제에 관해서 하나에 맞서서 천을 사용하라.

- 수백만 년 동안 그의 사촌의 군집 속에서 살아온 한 탄저균(炭疽菌, anthrax bacillus)을 상상하라. 어느 날 그것은 파스퇴르(Pasteur)의 커다란 턱수염에 의해 지배된 현미경의 눈을 부시게 하는 광선 아래서 그것의 아이들과 더불어 그것 자체가 혼자라는 것을 발견한다. 그것은 오줌 위에서 말고는 살아갈 곳이라곤 아무 데도 없다(제1부). 이는 힘의 균형의 역전의 좋은 예이다. 정확함이 항상 그러한 역전에서 자라나는 것은 아니잖은가?

과학의 고문실 — 생물학적 검정(bioassays), 가스 압력계(tensimeters), 선형 가속기, 압력기, 바늘, 철침, 진공펌프, 열량계 — 안에서 발생하는 강함의 시도를 무시하는 것은 믿음의 맹목성을 요구한다. 그러한 시도들에 직면한 속에서 맹목을 유지하는 것은 "그 문제에 용기 있게 저항하는 일이" 정말로 무엇에 이르는지를 보여주는 것이다! 이것에도 불구하고 "과학"을 믿는 이들은 진정한 순교자이다.

4.5.3 그래서 그들은 그들 스스로에 대해 다른 이들이 확신하는 것보다 더 확신하는가? 물론 그들은 그렇다! 그들은 수십 번 소규모 모형에 관해 그들의 논의를 시도했고 모든 가능한 실수를 했다. 명백히 그들은 한 번만 시행한 이들보다 더 확신한다.

■ 존중받는 전문가는 모든 이에 의해 경멸받는 정치인과 구별되지 않는다. 전문가는 커다란 숫자의 비밀을 소규모 실수로 만들고 **하루가 끝날 무렵** 숨기는 일에서 확신을 갖고 벗어난다. 정치인은 정말로 큰 실수를 하고 모든 이 앞에서 수행해야 한다. 여기서 결정이 이루어지는데 — 실수 **앞에서** 말이다(3.6.3). 모든 사람이 똑같은데 — 똑같이 정직하고, 똑같이 별나다. 어떻게 그들이 다른 경우가 될 수가 있을까?

4.5.4 다시 강해지는 유일한 길은 한때 우호적이었던 힘의 관계들을 재생산하는 것이다. 예측과 같은 그러한 것은 없다. 예측은, 규모가 올라갔든 규모가 내려갔든, 이미 일어났던 무언가의 반복이다. 마법사만이 그들이 미래를 미리 말해줄 수 있다고 믿을 것이다.

■ 백신을 맞지 않은 양이 푸이-르-포르에서 죽는다는 또는 보이저 2호(Voyager II)가 규정된 순간에 토성의 고리를 통과해 지난다는 사실에서 우리가 기적적인 것을 발견한다면, 우리는 마지막 막에서 햄릿의 죽음이 똑같이 놀랍다는 것을 발견해야 한다. 아무런 예측도 무대 운영, 즉 총연습을

어떻게 반복할지를 배우기 이상의 것은 아닌데 — 그럼에도 불구하고 이곳이 무대 공포와 긴장감을 막지는 않는다. 예언이 관련되는 한, 파스퇴르, 셰익스피어, 나사(NASA)는 구별 불가능하다. 그들이 즉흥적으로 한다면 또는 예측한다면, 그들은 피티아(Pythia)처럼 일관성 없게 지껄일 텐데, 우리가 우리 거래의 대피소를 떠날 때 우리가 하는 것처럼 말이다. 그리고 셰익스피어는 다른 이들 중 어떤 이보다 아마도 덜 일관성 없을 것이다. 증명의 극장에서, 또는, 평이하고 단순하게, 극장에서, 모든 감독은 똑같고, 똑같이 별나고 똑같이 정직하다. 어떻게 그들이 다를 수가 있을까?

4.5.5 아는 유일한 길은 강함의 시도를 통하는 것이다. "지식"은 그 전선의 상태이다. 그것은 더 멀리 확장되지 않는다. 그것이 어떻게 그럴 수가 있을까?(1.1.0).

■ 과학자는 그들이 실험실에서, "그 밖의 모든 것이 같다면", 결론에 도달한다고 이야기하지만, 그러고 나서 그들은 잊는데, 마법에 의해 다른 장소로 여행하는 것을 선호하고 그들이 여전히 집에 있는 것처럼 입법한다.

4.5.6 노우-하우(1.3.7)에 의해 조직되고 조작된 연결망 바깥에서 아무것도 알려질 수 없지만, 그들 연결망이 확장될 수는 있다.

4.5.7 "지식"과 같은 것은 없지만(4.3.2), 실현하는 것(to realize), 즉 실재적이게 만드는 것(to make real), 이해하는 것은 가능하다.

■ **사물과 지성의 맞음**(adequatio rei et intellectus)이라는 신비는 단순히 실험실의 확장이다. 우리가 마법을 믿지 않는다면, 이 확장은 가시적이지만, 우리가 약함의 배치를 기적적 권력으로 전환한다면, 이 확장은 숨겨진다. "과학"은 바깥을 갖지 않지만(4.3.5), 실험실이 확장하는 것을 그리고 멀 수가 있는 장소들 안으로 그것들 스스로를 서서히 들어가게 하는 것

을 허락하는 좁은 회랑을 가질 뿐이다.

4.5.7.1 아무것도 연결망으로부터, 적어도 노우-하우로부터 탈출하지 않지만, 가격을 지불하는 연결망이 그 자체를 확장할 수 있다고 누가 의심하는가? "파리에서 아주 잘 작동하는 이 원소가 팀북투(Timbuktu) 근교에서 똑같이 좋은 것인지를 내게 증명하라."

"그러나 도대체 뭣 때문에? 보편 법칙은 존재한다."

"나는 그것을 **믿고** 싶지 않다. 나는 그것을 **보고** 싶다."

"내가 실험실을 세울 때까지 그냥 기다려라, 그러면 내가 그것을 당신에게 증명할 것이다. ……"

몇 년 그리고 몇백만 달러 이후에 그 새로운 실험실에서 나는 내가 요청한 그 증명을 내 눈으로 본다. 나는 물러나고, 몇 마일 여행하며, 그 질문을 다시 제기한다.

"……를 내게 증명하라."

- 사람들이 지식은 "보편적으로 참"이라고 이야기할 때, 우리는 그것이 세계 모든 곳에서 발견되지만 제한된 정도로만 발견되는, 철도와 같은 것으로 이해해야 한다. 기관차가 그들의 협소하고 비싼 철도를 넘어서 이동할 수 있다고 주장하는 쪽으로 전이하는 일은 또 다른 문제이다. 하지만 마법사는 그들이 연결망 사이의 간격 속에서조차 타당하다고 주장하는 "보편 법칙(universal laws)"으로 우리를 아찔하게 하려 한다.

4.5.7.2 노우-하우는 어떻게 확장될 수 있는가? 홍콩에서 만들어진 라디오, 또는 구구단처럼! 사는 이와 파는 이, 교사와 상업 회로, 국회의원과 권위 있다고 주장되는 책이 있어야 한다.

- 뉴튼 법칙이 가봉에서 발견될 수가 있고 이는 그것이 잉글랜드에서 먼 길이므로 꽤 주목할 만하다고 우리는 이야기한다. 그러나 나는 캘리포니아

슈퍼마켓에서 르프티 카망베르(Lepetit camemberts)를 보았다. 이 역시 꽤 주목할 만한데, 리지외(Lisieux)는 로스앤젤레스에서 먼 길이므로 말이다. 똑같은 방식으로 감탄되어야 할 두 가지 기적이 존재하거나, 기적은 없다.

4.5.7.3 사람들은 서두르는 어조로 "과학적 진리"에 대해 말한다. 그러나 그것을 축복하는 세 가지만의 방식이 있어 왔다. 일관성(consistency) — "그것은 논리적이다", 표상(representation) — "그것은 맞는다", 유효성(efficacy) — "그것은 작동한다". 이들 세 가지 표현은 연결망이 확장되는 정도를 가리키는 데 단순히 봉사한다.

- 부엌 라틴어에서 우리는 **실험실과 실험실의 맞음; 실험실과 다른 작업의 맞음, 실험실과 흔한 가축과의 맞음**(adequatio laboratorii et laboratorii; adequatio laboratorii et alius laboratis, adequatio laboratorii et vulgi pecoris)을 이야기할 것이다.

4.5.8 노우-하우의 하나의 형태는 다른 형태보다 더 "참"이지는 않다. 그것은 커피포트, 나무 또는 어린이의 얼굴보다 더 참인 것도 덜 참인 것도 아니다. 거기에 힘들의 순간적으로 안정된 선이 존재한다(1.1.6). 단어 "참"은 강함의 일정한 시도에 여전히 의문을 제기할 수도 있을 이들을 아찔하게 하기 위한 그 시도에 덧붙여진 보충이다.

- 합리주의자는 전투의 승리자를 옳게 해주는 시련을 비웃는다. 그렇지만, 날마다 그들은 과학적 논쟁의 승리자에게 그 승리자가 더 순수한 가슴과 더 합리적인 지성을 갖고 있다고 주장함으로써 왕관을 씌운다! 두 가지 척도, 두 가지 기준이 있다(4.2.3).

4.5.9 저항하는 그 무엇이든 실재적이라고 우리는 말할 수 있다(1.1.5). 단어 "참"은 강함의 시도에 약간의 보충을 덧붙인다. 그것은 많지 않지만, 그

것은 효험의 인상을 주는데(2.5.2), 이는 시험 되는 일에서 무너질 수도 있을 것을 구제한다.

- 상대주의자와 관념론자는 그들의 자세를 오랫동안 결코 유지해 올 수가 없었는데(1.3.6), 왜냐하면 실험실에서 나오는 진술들(statements)은 서 있고, 저항하며, 그리하여 실재적이기 때문이다(2.4.7). 그러나 그들은 옳다. 이것은 동화를 믿을 이유는 아니다.

4.5.10 무언가가 저항하면, 이 저항을 일으키는 것으로 보일 수 있고 기술될 수 있는 대상이 존재한다는 점을 시험하는 이들 사이에서 그것은 시각적 환상(optical illusion)을 창조한다. 그러나 그 대상은 결과이지, 원인이 아니다. 그 환상은 전선이 움직일 때 사라지고 전선이 다시 안정화되자마자 신중히 다시 나타난다.

- "바깥쪽 저기의 실재 세계(real worlds out there)"는 안정된 힘의 선들의 귀결이며 그들의 안정화의 원인이 아니다.

4.5.11 우리는 수행하고, 변환하고, 변형하고, 그럼으로써 형태 지우고 우리 스스로에게 정보를 주지만, 우리는 어떤 것을 **기술할** 수 없다. 다른 말로 하면 표상이란 존재하지 않는데, 그 용어의 연극적 의미 또는 정치적 의미를 제외하고 말이다.

- "과학"과 함께하는 어려움은 손으로 하는 작업이 눈으로 읽히는 기록하기(inscriptions)를 가져온다는 사실에서 아마도 일어날 것이다. 아마도 인식론은 감각에 대한 혼동일 것이다. 현혹하게 한 응시를 우리는 따라가지만 쓰고, 결합하며, 올려놓는 손을 잊는다. 그러나 "이론"은 없고, "사색(contemplation)"은 없고, "사변(speculation)"은 없고, "선견(prevision)"은 없고, "시각(vision)"은 없고, "지식"은 없다. 플라톤의 태양은 하늘에서 타지도 돌지도 않는다. 그러나 연결망들 내부에 전자, 전구, 전기를 소모하

는 투광기가 그리고 그 밖의 어떤 것과 같은 대상이 존재한다. 그러한 램프는 신비의 후광으로 둘러싸여 있지 않다. 그들은 실재하는 손으로 소켓에 끼워진다.

4.6.1 힘의 잉여를 축적하고 누구도 우위에 있지 않은 갈등에 그들 자신의 무게를 더하는 이들이 이겨야 한다는 점에 왜 우리는 놀라야 하는가?

4.6.2 우리가 우리 자신의 힘만으로 이길 수 없을 때, 우리는 우리가 "권력"으로서 지휘하는 이들에 관해서, 그리고 "지식"으로서 균형에 관해서 말한다. 우리의 반대자들은 "힘"의 추가에 저항할 수가 있겠으나 "권력"에 대한 "지식"의 우위에는 그렇지 않다.

- 이는 처음부터 우리가 만났던 힘들 사이의 분리가 어떻게 설명될 수가 있느냐 하는 것이다(1.1.5.2, 4.1.9). 그 구별은 명백한 어떤 것을 지시하는 것이 아니라 추가적 힘들을 그들의 몇몇을 "과학"으로 기술함으로써 10배 증대시키는 책략을 지시한다. "과학"은 균형 안으로 던져진 브레누스(Brennus)의 검과 같다. 그렇다, **패자는 무참하도다**(Vae victis), 왜냐하면 그들은 "비논리적"이라고, "나쁘다"라고, "합리적이지 않다"라고 불릴 것이다. "가지지 못한 자는 있는 것조차 빼앗기리라."

4.6.2.1 "과학"을 "정치"의 관점에서 설명하는 것이 가능하다면, 과학들이란 존재하지 않을 것인데, 그것들은 정확히 다른 동맹자, 새로운 자원, 신선한 군대를 찾기 위하여 발전되었으므로 말이다.

- 이는 왜 과학사회학(sociology of science)이 그토록 선천적으로 약한지의 이유이다. 과학주의(scientism)와 사회학의 아버지인, 오귀스트 콩트(Auguste Comte)는 복식부기(double-entry bookkeeping)의 환상적 체계를 발명했다. 과학은 정치가 아니다. 그것은 다른 수단에 의한 정치이다. 그러

나 사람들은 "과학이 권력으로 환원되지 않는다"에 반대한다. 정확히. 그것은 권력으로 환원되지 않는다. 그것은 **다른 수단**을 제공한다. 그러나 "그들의 본성상, 이들 수단은 예견될 수 없다"가 다시 반대된다. 정확히. 그들이 예견될 수 있다면, 그들은 반대하는 권력에 의해 이미 이용되었을 것이다. 어떻게 사용할지를 아무도 모르는 신선한 형태의 권력보다 더 나을 수 있는 것은 무엇일까? 예비군을 호출하라! 셰이핀과 섀퍼(Shapin and Shaffer: 1985)에 대한 경의.

4.6.3 우리가 이들 기동(機動)으로 더는 바보가 되지 않으므로, 우리는 대변인들을 보는데(3.1.3), 여타 행위자를 대신하여 이야기하는, 그들이 누가 될 수가 있든 간에, 그들이 무엇이 될 수가 있든 간에 말이다. 우리는 그들이, 몇몇은 내키지 않아 하는, 몇몇은 호전적인, 그들의 동맹자의 대열을 차례차례 전투 속으로 던져 넣는 것을 본다.

■ 첫 번째 진전은 그의 미생물에 뒤이어 온다. 두 번째 진전은 그의 화난 노동자에 뒤이어, 세 번째 진전은 그 숫자와 필요 내용을 그가 알고 그가 모으길 원하는 그의 고래에 뒤이어, 네 번째 진전은 그의 대군에 뒤이어, 다섯 번째 진전은 그의 쿠란(Koran)과 오일달러(petrodollars)에 뒤이어, 여섯 번째 진전은 그가 나타내는 커다란 관심에 뒤이어, 일곱 번째 진전은 불도저에 뒤이어, 또 다른 진전은 그의 양과 개에 뒤이어. 그들 모두가 그들이 등록한 숫자에 따라 모두 배치되고 순위가 매겨진다. 그들 모두가 그들의 시도의 전선에서 무엇이 실재적인 것인지를 모두 확립한다. 우리가 이 군중을 인간과 비인간으로 또는 "정치적인 것(the political)"과 "과학적인 것(the scientific)"으로 나누려 한다면, 우리는 실수를 하고 있는 것인데 — 우리는, 내가 주장하건대, 반역죄를 저지르고 있는 것이다(4.7.0).

4.6.4 그러나 우리의 갈등 속에 등록되어 온 그 현실태들은 그들이 **그들 스**

스로를 위해 이야기할 수 있다면 무엇을 이야기할 것인가? 그들이 이야기하도록 되어 있는 것과 "똑같은 것"을. 빛나는 실연(實演, demonstrations)이 우리로 하여금 이것을 날마다 고백하게 강제한다면, 어떻게 거기에 어떤 의혹이 존재할 수 있단 말인가?

- 때로 사람들은 노예의 또는 침묵하게 되어버린 복속된 행위체의 군중을 지시할 때, 또는, 이번에는, 한 줌의 "위대한 사유자"의 곡조에 맞추어 행진하는 일군의 연구자에 의해 주어진 명령에 관해서 이야기할 때 "자연"에 관해 말한다. 그러나 힘들이 정말로 이와 같다는 것은 가장 가망성이 없다. 결국, 몇몇 국가 GNP의 2에서 3퍼센트만이 "과학"의 이 성긴 그리고 부서지기 쉬운 "연결망" 안에서 돈다. 우리는 세계 비행기 노선 연결망 안에서 모든 여행을 축소하려 할 수도 있을 것이다(2.1.8.1). 행위자는 단수(單數)의 "자연" 안에서 또는 "바깥쪽 저기의 실재 세계" 안에서 헤게모니(hegemony)를 성취했어야 한다. 헤게모니는 단수의 "그 세계"의 원인이 아니라, 그 귀결이다.

4.6.5 그러나 무엇이 우리의 갈등 안에 등록된 수많은 행위소가 될 것이며 우리의 빛나는 실연들은 그것들이 그것들 스스로를 위해 말할 수 있다면 무엇을 이야기할 것인가? 우리는 아무런 생각이 없다. 그들이 알 수 없어서이기 때문도 아니고(1.2.12), 그것들이 말로 표현할 수 없기 때문도 아니라(2.2.3), 아무도 이제껏 시도하지 않았거나, 차라리 시도했던 이들이 그들이 떠날 때보다 더 약해져서 돌아왔기 때문일 것이다.

4.6.6 우리는 "객관적으로" 여전히 아주 조금 안다. 우리는 몇몇 힘이 다른 힘의 희생으로 자라기 때문에 어떤 것을 알 뿐이다. 우리는 무엇이 다른 힘들을 연결하는지에 관해서, 그들이 우리의 실험적 갈등 안에서 조사 및 사실로서 행위를 하지 않는 한(1.3.1), 최소의 생각조차 없다.

4.6.7 일단 우리가 "과학"의 환원을 축소하면, 지식은 자취(traces) — 이 용어의 모든 의미에서 — 의 수준에서만 존재할 수 있음을 고백하도록 강요받는다.

■ 우리는 종종 과거의 지식과 근대 세계의 지식을 구별한다(3.2.5, 3.3.0). 이는 이들 모든 지식이 똑같은 전동기와 똑같은 일반 형식을 갖고 있음을 우리가 보는 것을 막는 대분수계(Great Divide)이다. 그것들은 물 자체에 관심이 없는데, 그것들의 경로를 따라서 그것을 뒤따라가면서 말이다. 그것들은 인간과 그가 제출을 강요받을 수 있는 수정에만 관심이 있다. 우리가 하던 대로 이야기하면, 그것들은 "사회적, 너무나 사회적(social, too social)"이다. 이미지를 사용하면, 고대의 거짓과 근대의 진리는 단일 나선의 두 회전처럼 서로 관계된다고 우리는 말할 수도 있을 것이다. 확실히 전자는 후자보다 더 작지만, 그들 둘 다 사회에 의지한다.

그렇지만, 그들은 다르고, 명백히 다르다. 이들 차이는 그들이 그것과 함께 정교화된 비판적 엄격성 또는 자료의 현존과 관계가 없다. 차이는 단순히 그들의 크기에 있다. 과거에는 작은 집합체들만이 요새화되었다. "사물"은 단순히 그들을 평화롭게 하기 위해 추구되었다. 이 지식은 그것이 너무 적었기 때문에 거짓이라고 이제 이야기된다. 더 큰 레비아탄들(Leviathans)의 쌓아 올림과 함께 더 오래 더 많은 사물을 추구하는 것이, 더 정확해지기가, 더 꼼꼼해지기가, 더 많은 실험실과 더불어 더 많은 힘의 가운데 안으로 도달하기가 필요하게 되었다. 그러나 목표는 똑같이 남아 있었다. 개혁되어야 하고, 변형되어야 하며, 변환되어야 하고, 정보를 부여받아야 하는 것은 여전히 인간이었다. 정말 그렇다, 새롭다고 우리가 믿는 이 지식은 그것의 전임자들처럼 그저 인간 형태적(anthropomorphic)이다. 아니, 그것은 훨씬 더 그렇다! 더 큰 숫자의 사람들을 정복하는 것이 필요하게 되면서, 더 강하게 치는 것이 사활적이다. 그래서 우리는 우리가 창조해 낸 이유의 객관성을 감탄하는가? 그러나 그렇게 강하고 혹독하게 치기 위해서 무엇에 관해 우리는 올바르길 원하는가? 어떤 이를 죽이길 원치 않는 누군가가 곤봉처럼 단단한 사실을 원하는가?

갑자기 옆길로 벗어나는 것은 그리고 사물이 우리를 데려가는 곳으로 그것들을 따라가는 것은 어떠한가? 과거에 존재했던 것보다 그들의 길을 따라 표류하는 데 관심이 있을 더 많은 사람이 이제 존재한다고 정직하게 누가 말할 수 있는가? 이를 행하는 것은 우리가 강한 것이 아니라, 약한 것을 의미한다. 그것은 돌아옴에 대한 생각 없이 떠남을 의미한다. 또는 우리가 돌아온다면, 그것은 우리가 빈손으로 온다는 것을 의미한다. 전리품 없이, 트로피 없이, 수집품 없이, 논문 없이, 또는 논제 없이. 이런 식으로 행동하는 더 많은 사람을 우리가 보았다고 우리는 정직하게 말할 수 있는가?

관념론자는 옳았다. 우리는 우리가 사물을 우리 스스로에게 끌어오는 한에서 알 수 있을 뿐이다. 그들은 사물이 우리를 쓰러트리기 위해 함께 끌려와야 한다는 점을 덧붙이는 것을 잊었다. 순항미사일이 레비아탄들 둘레를 돌고 조만간 장대한 파급 효과를 산출시키기 위해 떨어진다. 코페르니쿠스 혁명은 그 나머지 모두를 무시함으로써 성취되었고 남은 것이 거의 모든 것이다. 우리는 마법과 함께 남겨졌는데 — 과학과 마법, 미래 전쟁, 우리 모두에도 불구하고, 인간형태론(anthropomorphism)과 객관성(objectivity) 사이의 교차로에서, 얻어진 일정한 양의 경탄할 만한 지식 말이다.

나는 우리의 유일한 구명정을 내가 가라앉히길 원하기 때문에 이를 이야기하는 것이 아니다. 나는 난파를 내가 막길 원하기 때문에, 또는 그것이 너무 늦었다면, 그 난파선에서 살아나는 것을 가능하게 만들길 원하기 때문에 그것을 이야기한다.

4.7.1 약함의 유대만이 존재하므로, 배움의 두 방식 — 하나는 학술적, 인간적, 합리적, 또는 근대적, 그리고 다른 하나는 대중적, 자연적, 비조직적, 또는 고대

적 — 은 존재하지 않는다. 하나의 방식만이 존재한다. 지름길, 선견지명, 또는 우리가 세우는 연결망들을 내내 떠남이 없이, 우리는 똑같은 방식으로 항상 배운다. 하나의 지점에서 다른 지점으로 움직이는 데 필요한 만큼 여러 번 우리는 각각의 실수를 만들어낸다.

우리는 결코 더 잘할 수 없을 것이다(1.2.1). 우리는 결코 더 빠르게 갈 수 없을 것이다. 우리는 결코 더 깨끗하게 볼 수가 없을 것이다.

- 더 직관적이고, 즉각적이고, 인간적이고, 지구적이고, 따스하고, 교양을 갖추고, 정치적이고, 자연적이고, 대중적이고, 더 오래되고, 신화적이고, 본능적이고, 영적이고, 혹은 교묘한 지식의 우월한 형태의 이름으로 과학은 항상 비판받아 왔다. 대안이 더 우월하다고 주장함으로써, 1심 법원에 항소법원을 추가함으로써, 배운 이들의 긍지에 구멍을 내달라고 그리고 천민과 하층민을 위해 사물의 비밀을 저장해 달라고 하느님께 또는 신들께 요청함으로써, 우리는 과학을 비판하길 항상 원해왔다. 그러나 지식의 척도란 존재하지 않기 때문에, 그리고, 결국, 아무런 지식도 전혀 존재하지 않기 때문에 과학의 지식보다 우월한 지식은 존재하지 않는다. 우리는 "지식의 정도(degrees of knowledge)"에 관한 모든 논쟁을 열등한 형태의 지식, 우리가 가진 유일한 형태 속으로 녹여야 한다. 형이상학(metaphysics)이 아니라, 형이하학(infraphysics)이다. 내가 이야기했듯이, 제멋대로 정치하기 위로 우리는 결코 오를 수 없을 것이다(3.6.0).

4.7.2 우월한 지식과 열등한 지식과 같은 것은 존재하지 않는다. 우리가 여하튼 이들 용어를 구하길 원한다면, 우월한 것이 그들 자체를 열등한 것의 묵인과 더불어 올리기 때문에 몇몇 형태의 지식은 다른 형태의 지식보다 "더 높다"라고 말해야 할 것이다(4.4.0).

4.7.3 "과학"은 차가운가? 엄격한가? 비인간적인가? 객관적인가? 지루한가?

비정치적인가? 근대적인가? 이들 유지 불가능한 성질은 그럼으로써 그들을 낙인찍길 희망했던 그들의 적에 의해 단순히 그들에게 돌려져 왔던 것이다(간주곡 VI). 뜨거운가? 무질서한가? 폭력적인가? 인간 형태적인가? 관심이 있는가? 거친가? 신비적인가? 아니다, 이것들도 그들을 기술하지 않는다. 성기고 부서지기 쉬운, 그리고 무엇보다도 성긴. 그들의 특수한 기호? 아무런 구별해 주는 표시들이 없다.

- 우리가 "과학"이라고 부르는 이들 빈약하게 개념화된 집합체가 너무도 합리적이라는 데 대해서 내가 비난하는 것이 아니라, 오히려 그들의 본성의 성격을 이해하지 못하는 데 대해서 비난하는 것이다. 그들이 차지하며 마침내 마법에서 벗어나는 차원으로 그들을 축소하기로 하자. 시초부터 인식론은 과학의 깨어남 속에서 따라왔는데, 다음처럼 되고자 했다. 주변-과학적(PERI-scientific), 메타-과학적(META-scientific), 준-과학적(PARA-scientific), 하부-과학적(INFRA-scientific), 상부-과학적(SUPRA-scientific). 그러나 이는 변죽을 울리고 있는 것이다. 정치는 확실하게 여전히 약함의 시도를 위한 최상의 모형이며, 연구자가 원자, 미생물, 또는 별이라는 침묵하는 군중을 위한 대변인으로 행위를 한다는 것을 발견할 때 이상으로 그럴 수는 없다. 그러면 우리는 민주주의의 가장 초보적인 형태조차도 너무 오랫동안 잘 피해온 행정인, 입법인, 법률인을 본다.

4.7.3.1 우리 가운데 "과학"이 그들의 적절한 주거지로 돌아가게 호위하길 원하는 이들은 그들을 "두 배로" 확장하길 원하는 배운 이들의 대부분보다 더 합리적이다. 적어도 우리는 그들 주거지를 증대시키는 데 연루된 작업의 비용을 안다.

- 영지주의자(gnostics)는 오해해서는 안 된다. 나는 그들의 삶을 더 쉽게 만들고자 하고 있는 것이 아니다.

4.7.4 다른 세계가 존재하지 않자마자, 완전함이 이 안에 거주한다. 지식의 정도가 더는 존재하지 않자마자 완전한 지식이 이 세계 안에서 발견된다. 지식의 정도를 수립하는 그 똑같은 사람들은 그러고 나서 정상에 언제든 도달하는 것에 대해 절망하는 이들이다. 번갈아 권력에 취하고 무능으로 불구가 되고, 오만하며, 다시 겸손한 그 똑같은 환원론자들. 강함의 시도는 모두 다이며, 완전하고, 정확히 그것이 가능한 정도에 따라 엄밀하다. 그들은 근사적이지 않다. 그들은 모호하지도, 관례적이지도, 또는 주관적이지도 않다. 강함의 새로운 관계들이 수립되지 않은 한, 그들은 너무 많이 또는 너무 적게 갖지 않는다. 확실성을 잃기는커녕, 우리는 불확실성을 넘은 지식에 관한 환상으로 이끌었던 것이 무엇이었던가를 우리는 마침내 발견한다.

4.7.5 알기의 두 가지 방식이 아니라 한 가지만 존재하므로, 한편으로, 논증의 힘에 절하는 이들이 존재하지 않으며, 다른 한편으로 폭력만을 이해하는 이들이 존재하지 않는다. 실연은 언제나 힘에 관한 것이며(3.1.8), 힘의 선들은 언제나 실재의 척도, 그것의 유일한 척도이다(1.1.4). 우리는 결코 이성에 절하지 않지만, 오히려 힘에는 한다.

4.7.6 반대쪽을 믿음으로써, 우리는 일정한 힘의 선들과 그들이 적절히 속하는 연결망 위에서 지배하는 일정한 논변을 허락한다. 우리는 효험(1.5.1)을 창조하고, 그렇게 함으로써, 모든 다른 것을 약화한다.

■ 그들이 말하기로, 논증의 힘에만 양보하는 합리적 인간이, 그리고 이해 없이 힘에 맹목적으로 복종하는 그 나머지가 존재한다. 비합리적인 것을 경멸하는 이를 그리고 이 경멸이 덕을 요약해 준다고 믿지 않는 이를 결코 만난 적이 없다.

4.7.7 "강력함(might)"에서 "옳음"이, 또는 "힘"에서 "이성"이 분리되자마자,

옳음과 이성은 더는 그들의 약함을 이해하지 않기 때문에 약해지며, 경멸받은 이들에게 가용한 공정해지고 합리적으로 되는 유일한 길을 우리는 훔친다. 이들 두 가지 손실은 그 분야를 사악한 것에 공짜로 남겨준다. 나는 이것을 범죄라고, 우리는 이 에세이에서 필요로 하게 될 유일한 범죄라고 부른다.

■ 그의 실험실 속 수백 번의 시행착오, 오류와 수선, 이후에만 자그마한 논증의 견고성에 양보하는 사람은 그럼에도 불구하고 시험 되고 시도당한 다른 이들은 아무것도 이해하지 못하고 우둔한 사람처럼 사고한다고 주장한다. 그가 명백히 발언할 수 없음에도 불구하고, 그가 그의 실험실 문에서 걸어 나오는 순간 "그런 단순한 논증이 모든 이에 의해서 이해되지는 못한다"라는 점을 발견하고 격노한다. 그의 격노는 그의 경멸에 영양분을 준다. 그는 그의 아래에 있는 바보들을 경멸하므로, 이 논증의 힘에 그가 양보하도록 이끄는 유일한 것에 관해 그는 잊는다. 그의 실험실, 즉 그 스스로가 시도에 종속되어 왔던 장소 말이다. 그것은 악순환이다. 다른 이들이 더 바보 같으면, 그는 그가 "사고"할 수 있다고 더 많이 믿게 되며 어떻게 그가 배웠는지를 더 적게 볼 수 있다. 그리고 힘을 넘어 이성의 효험을 그가 더 많이 확장하면, 이성은 더 많이 약해진다.

4.7.8 옳음과 강력함에 반대하는 것은 그것이 옳은 것의 효험과 더불어 그것을 방어하는 체하면서 그 분야를 사악한 것에 공짜로 남겨두기 때문에 범죄적이다. 그러나 옳은 것은 "원리적으로" 그렇다는 것을 제외하고는 힘이 없는 상태에 있다. 그리고 옳은 것은 강함을 확신시키는 것이 그렇게 불가능하므로, 사람들은 강했던 것이 사악했던 것처럼 행위를 해왔다. 강한 것은 그들을 순진무구하게 경멸하는 이들에 의해 비워진 채 남겨졌던 그 공간을 단순히 차지해 버렸다.

■ 이해할 수 있는 반전의 결과로, 마키아벨리와 스피노자는 부도덕하다고

주장되어 왔는데, 그럼에도 불구하고 옳음에서 강력함을 구분하길 거부했다는 점에서 옳았다. 그러나 현재의 요약은 스피노자의 『신학-정치 논고(Tractatus Theologico-Politicus)』와 다르다. 시대가 변했다. 종교적 텍스트에 대한 주해는 이제 "과학적" 기록하기("scientific" inscriptions)에 대한 주해로 대체되었다. 이 이유로 나는 이 에세이를 『과학-정치 논고(Tractatus Scientifico-Politicus)』라고 생각한다. 그렇더라도, 목표는 똑같다. 우리는 주해의 시초에서 여전히 옳으며, 과학과 민주주의의 연결은 "과학의 전쟁"의 과정에서 빈약해졌다. 스피노자처럼, 우리는 공정하기 위하여 잔인해 보인다.

4.7.9 우리는 영혼, 이성, 과학, 또는 정의의 결여로 고통받는 것이 아니라, 효험에 저단 기어를 넣기 위해 그리고 약한 것을 무능하게 만들기 위해 힘의 관계에 더해진 이 모든 보충의 과다에서 고통받는다. 약한 것이 그들 앞에서 내가 기술했던 약함의 배열만을 갖는다면, 그들은 그들의 손을 더럽힐 것이며 그것을 그들이 좋을 대로 변환할 것이다.

- "만져서는 안 되는 것(noli me tangere)" — 이는 동시에 죽고 살길, 여기에 있고 저기에 있길, 강하고 합리적이길, 강하고 옳길, 강하고 좋길 원하는 마법사의 단어들이다.

4.7.10 알기의 둘이 아닌, 오직 하나의 길이 존재하므로 — 힘 사이 관계에 대한 시험하기 — 단일한 실수, 어리석음, 또는 범죄를 피할 수 있는 길은 없다. 우리는 단일한 실험을 피할 수 있거나 단일한 지름길을 취할 수 없다. 그 반대를 **생각하는** 일조차 범죄적 환상으로 우리 자신을 현혹하는 것이다.

- 이것이 우리의 일을 수행하는 길이 아니라는 논의의 힘을 우리가 양보하기 전에 우리는 얼마나 많은 핵전쟁을 해야 하는가? 들어보라, 그것은 아주 단순하다. 하찮은 문제에 관해 그들 스스로를 단순히 확신시켜야 하

는, 그들이 건네줄 필요가 있는 모든 것을 가진, 제대로 먹은, 잘 조명을 받았으며, 적절히 교육받은 이들보다 우리는 결코 더 잘해낼 수 없을 것이다. 그들이 가장 작은 편견을 포기하기 전에 그들은 얼마나 많은 실수를 하는가? 수십 번, 수백 번, 수천 번? 그러면 50억 명의 남자와 여자를 확신시키는 데는 얼마나 많은 전쟁이 필요한가? 열 번? 백 번? 즉, 일반 대중이 실험실 속에 있는 이들보다 더 빨리 그리고 더 깨끗하게 사고할 수 있지 않은 한 말이다.

4.7.11 그들이 더 잘해낼 수 있고 더 빨리 작업할 수 있다고 믿는 그들이 그들의 알기와 시험하기의 유일한 수단을 공유한다는 점을 그들이 잊을 것이기 때문에 항상 더 나쁘게 행할 것이다. 그들이 이성, 암호, 결과를 "퍼트렸을" 때 그들은 충분히 해냈다고 그들은 믿을 것이다. 사실, 이들 모두가 그들이 그들을 강하게 유지한 그 경멸받은 연결망에서 일단 제거되면 시든다.

■ 볼테르(Voltaire)가 종교를 웃음거리로 만들길 원했을 때, 그는 그의 편지들에 "écrelinf"—"악명 높은 것을 박멸하라"—라고 서명하곤 했다. 오늘날 우리는 우리 스스로가 똑같은 위치에 있음을 발견한다. 경이, 열광, 따스함의 그러한 원천, 즉 우리가 통속적으로 "과학"이라고 부르는 바에 필적하는 출현을 우리는 결코 꿈꿀 수 없었다. 그리고 밀레니엄이 끝나기 전까지 아직은, 똑같은 단어 "écrelinf"로 우리의 편지에 우리는 서명해야 한다. 다음 밀레니엄에 지식을 갖기 위해서, 방사선 조사(照射)를 받은 것(the irradiated)에 의해 악용됨이 없이 정확성에 관해 말할 수 있기 위해서, 신성한 것(the divine)이 종교의 빈 껍질로부터 구해졌던 것처럼 우리는 지식을 "과학"으로부터 구해내야 한다. 신성한 것에 대한 사랑을 통해서 우리는 우리 내부의 종교적이었던 모든 것을 근절했다. 지식에 대한 사랑을 통해서 우리는 "과학"으로부터 우리 스스로를 풀어주어야 한다. 우리는 산상수훈(山上垂訓)이 아주 오랫동안 종교재판과 대조되었던 방

식으로 갈릴레오와 순항미사일의 균형을 이뤄낼 수 없다. 변증론(辯證論, apologetics)은 나의 관심을 끌지 않는다. "종교" 안에서처럼, 과학 안에는, 충분한 개신교인, 신비주의자, 통합주의자(integrists), 재세례파(anabaptists), 근본주의자(fundamentalists), 세속적 예수회 교인(Jesuits) 이상이 존재한다. 그들의 아무도 그들 모두 그들 나쁘게 개념화된 단일성, 즉 "과학"을 개혁하거나 개조하길 원하지 않기 때문에 나의 관심을 끌지 않는다. 그들 모두는 화해 불가능한 것을 화해시키길 그리고, 그렇게 함으로써, 내게 이해 불가능한 것을 내가 이해하길 원하는 그 유일한 것을 만들어내길 추구한다. 순항미사일이 포도원에서 나를 거두어들이면, "이성", "잘못되어 있는 물리학", "인간의 어리석음", "하느님의 잔인성" 또는 "현실 정치(Realpolitik)"에 머리를 조아려야 하길 나는 원치 않는다. 나의 죽음의 이유가 사실의 힘 앞에 놓여 있을 때 효험에 관해 말하는 뒤죽박죽인 설명을 불러내길 원치 않는다. 조명과 발광을 나누는 몇 초 안에 그것이 최초의 계몽주의(Enlightenment)의 통과에 참석하는 사람에게 불가지론적일 수 있는 만큼, 그것이 신성한 것 및 새로운 계몽주의의 탄생을 감히 희망하는 지식 둘 다에 관해서 확신하는 사람에게 불가지론적일 수 있는 만큼, 내가 불가지론적일 수 있길 원한다. 나는 그들에게 양보하지 않을 것이다. 나는 미리 "과학"을 믿지 않을 것이다. 나중에, 실험실이 공헌했던 힘들의 관계의 하나가 프랑스 위에서 폭발할 때 나는 지식에 절망하지도 않을 것이다. 믿음도 아니고, 절망도 아니다. 나는 그럴 수 있는 만큼 불가지론적이고 공정할 것이다.

크루소, 그래서 당신은 틀렸다. 당신의 원시 섬에 맞서게 될 근대 세계란 존재하지 않는다. 원시인의 사고와 대조될 합리적 사고는 없다. 정글에 숨어 있는 길들여지지 않은 종과 떼어 유지할 문화란 없다.

범선이 그들의 섬에 정박했을 때 프라이데이와 크루소에 일어났던 바를 우리는 안다. 투르니에(Tournier)는 우리에게 말했다(1967/1972). 뒤에 남은 이는 크루소였고, 떠난 이는 프라이데이였다. 그러나 그다음 아침 크루소는 그가 혼자가 아님을 깨달았다. 배의 소년이 계속 그의 친구가 되려고 거기에 있었다.

우리의 오래된 유럽에서 우리는 이런 식으로 위치를 여전히 서로 맞바꿀 수 있는가?

참고문헌

Ackerknecht, Erwin. 1945. "Hygiene in France, 1815-1848." *Bulletin of the History of Medicine* 22:117-155.

______. 1967. *Medicine at the Paris Hospital, 1794-1848*. Baltimore: Johns Hopkins University Press.

Algave, Emile. 1872. "Les réunions scientifiques à l'Assemblée." *Revue Scientifique* 3.2: 741-742.

______. 1872. "Editorial." *Revue Scientifique* 3.2:102.

Alix, E. 1881. "Le rôle du médecin dans l'armée." *Revue Scientifique* 11.6:761-764.

______. 1882. "Un mot sur le service sanitaire de l'armée." *Revue Scientifique* 4.2:149-152.

익명. 1872. "Editorial." *Revue Scientifique* 3.2:102.

______. 1876. "Congrès international d'ygiène et de sauvetage, 3e partie." *Revue Scientifique* 22.6:400-410.

______. 1880. "Editorial." *Concours Médical* 1.5:177.

______. 1881. "Le casernement militaire et la société de médecine publique et d'hygiène professionnelle." *Revue Scientifique* 16.7:72-78.

______. 1881. "Editorial." *Revue Scientifique* 30.7:129

______. 1881. "Revue d'hygiène II°." *Revue Scientifique* 19.3:372-377.

______. 1882. "Editorial." *Revue Scientifique* 23.12:801.

______. 1883. "Revue d'hygiène II." *Revue Scientifique* 24.2:245-250.

______. 1884. "L'exposition d'hygiène de Londres." *Revue Scientifique* 27.9:385-397.

______. 1887. "Editorial." *Concours Médical* 8.10:490.

______. 1887. "Editorial." *Concours Médical* 30.7:362.

______. 1887. "L'oeuvre de la tuberculose." *Revue Scientifique* 2.4:444.

______. 1888. "Editorial." *Concours Médical* 24.11:530.

______. 1889. "Causerie bibliographique." *Revue Scientifique* 18.5:628-631.

______. 1893. "A propos de l'origine du typhus: contagion et spontanéité." *Revue Scientifique* 29.4:539-540.

______. 1893. "La variole en Angleterre." *Revue Scientifique* 3.6:699-700.

______. 1894. "Editorial." *Concours Médical* 27.10:510.

______. 1894. "La sérothérapie de la diphtérie." *Concours Médical* 15.9:434-

______. 1894. "Variété sur le secret médical." *Concours Médical* 28.4:212.

______. (probably Dr. Jeanne). 1895. "Editorial." *Concours Médical* 13.4:160.

______. 1895. "Lettre à la rédaction." *Concours Médical* 3.8:383.

______. 1900. "Editorial." *Concours Médical* 3.3:97.

______. 1900. "Prix pour le meilleur mémoire sur l'encombrement médical." *Concours Médical* 17.2:79.

______. 1910. "Prophylaxie de la fièvre typhoïde: rapport à l'Académie de Médecine." *Revue Scientifique* 9.4:471-472.

Arloing, S. 1910. "Le présent et l'avenir de la prophylaxie et de la guérison de la tuberculose." *Revue Scientifique* 16.4:481.

Armaingaud. 1893. "La tuberculose." *Revue Scientifique* 14.1:33-42.

Ashmore, Malcolm. 1985. "A Question of Reflexivity: Wrighthing (sic). Sociology of Scientific Knowledge." Ph.D. dissertation, University of York.

Augé, Marc. 1975. *Théorie des pouvoirs et idéologie*. Paris: Hermann.

Barnes, Barry. 1974. *Scientific Knowledge and Sociological Theory*. London: Routledge.

Bastide, Françoise. 1985. "Introduction to the Semiotics of Scientific Texts." Mimeographed. Paris: CSI.

Bloor, David. 1976. *Knowledge and Social Imagery*. London: Routledge.

Bouchard. 1895. "Les théories de l'immunité: sérothérapie et vaccination." *Revue Scientifique* 24.8:225-230.

Bouchardat, A. 1873. "Hygiène des hôpitaux: 1e partie, l'encombrement nosocomial." *Revue Scientifique* 13:12:552-564.

______. 1879. "Les pestes de Russie." *Revue Scientifique* 29.3:918-922.

______. 1881. "Des principaux modes d'atténuation des microbes ou ferments morbides des maladies contagieuses." *Revue Scientifique* 8.10:458-463.

______. 1883. "Les cinq épidémies de choléra à Paris." *Revue Scientifique* 11.8:170-178.

Bouley, H. 1881. "La nouvelle vaccination." *Revue Scientifique* 29.10:546-550.

______. 1883. "Les découvertes de M. Pasteur devant la médecine." *Revue Scientifique* 7.4:439-443.

Brannigan, Augustine. 1981. *The Social Basis of Scientific Discoveries*. Cambridge: Cambridge University Press.

Braudel, Fernand. 1985. *The Perspective of the World, Fifteenth to Eighteenth Century*. New York: Harper and Row.

Brault. 1908. "Paludisme et maladies parapaludéennes." *Revue Scientifique* 28.3:394-402.

Bullock, W. 1938/1977. *The History of Bacteriology.* New York: Dover.

Callon, Michel. 1980. "Struggles and Negotiations to Decide What Is Problematic and What Is Not: The Sociology of Translation." In *The Social Process of Scientific Investigation*, ed. Karin Knorr, Roger Krohn, and Richard Whitley, pp. 197-220. Dordrecht, Holland: Reidel.

______. 1986. "Some Elements of a Sociology of Translation: Domestication of the Scallops and of the Fishermen of St. Brieuc Bay." In *Power, Action, and Belief: A New Sociology of Knowledge?* ed. John Law, pp. 196-229. Sociological Review Monograph. Keele: Methuen.

Callon, Michel, and Latour, Bruno. 1981. "Unscrewing the Big Leviathans: How Do Actors Macrostructure Reality and How Sociologists Help Them." In *Advances in Social Theory and Methodology: Toward an Integration of Micro and Macro Sociologies*, ed. Karin Knorr and Aron Cicourel, pp. 277-303. London: Routledge.

Callon, M.; Law, J.; and Rip, A., ed. 1986. *Mapping the Dynamics of Science and Technology.* London: Macmillan.

Calmette, A. 1905. "Le rôle des sciences médicales dans la colonisation." *Revue Scientifique* 8.4:417-421.

______. 1912. "Les missions scientifiques de l'Institut Pasteur et l'expansion coloniale de la France." *Revue Scientifique* 3.2:129-133.

Canguilhem, Georges. 1977. *Idéologie et rationalité dans les sciences de la vie.* Paris: Vrin.

Capitan, L. 1894. "Le rôle des microbes dans la société." *Revue Scientifique* 10.3:289-294.

Cartwright, F. 1972. *Disease in History.* London: Rupert Hart Davis.

Carvais, Robert. 1986. "Le microbe et la responsabilité médicale." In *Pasteur et la révolution pastorienne*, ed. Claire Salomon-Bayet, pp. 279-330. Paris: Payot.

Chauffard. 1915. "La guerre et la santé de la race." *Revue Scientifique* 16.23.1.18-25.

Chauveau, A. 1871. "Physiologie générale des virus et des maladies virulentes." *Revue Scientifique* 14.10:362-375.

Chevalier, Louis. 1973. *Laboring Classes and Dangerous Classes During the First Half of the Nineteenth Century in France.* New York: Fertig.

Coleman, William. 1982. *Death Is a Social Disease: Public Health and Political Economy in Early Industrial France.* Madison, Wis.: University of Wisconsin Press.

______. 1985. "The Cognitive Basis of a Discipline: Claude Bernard on Physiology." *Isis* 76:49-70.

Colin, L. 1882. "La fièvre typhoïde dans la période triennale 1877-1878-1879." *Revue Scientifique* 1.4:397-406.

Collins, Harry. 1985. *Changing Order: Replication and Induction in Scientific Practice*. London: Sage.

Corbin, Alain. 1986. *The Foul and the Fragrant*. Cambridge: Harvard University Press.

Corlieu, A. 1881. "L'hygiène à la faculté de médecine de Paris." *Revue Scientifique* 22.10: 533-536.

Coutouzis, Mickès. 1983. *Sociétés et techniques en voie de déplacement: le transfert d'un village solaire des Etats Unis en Crête*. Paris: Université Dauphine.

Crosland, Maurice. 1976. "Science and the Franco-Prussian War." *Social Studies of Science* 6:185-214.

Dagognet, François. 1967. *Méthodes et doctrines dans l'oeuvre de Pasteur*. Paris: P.U.F.

______. 1973. *Tableaux et langages de la chimie*. Paris: Le Seuil.

______. 1984. *Ecriture et iconographie*. Paris: Vrin.

______. 1984. *Philosophe de l'image*. Paris: Vrin.

Darmon, Pierre. 1982. "L'odyssée pionnière des premières vaccinations françaises au 19e siècle." *Histoire Economic Société* 1:105-144.

Decaisne, E. 1875. "La protection des nourissons." *Revue Scientifique* 3.4:933-942.

Delaunay, Albert. 1962. *L'Institut Pasteur des origines à aujourd'hui*. Paris: France-Empire.

Deleuze, Gilles. 1968. *Différence et répétition*. Paris: P. U. F.

De Mey, Marc. "Could Cognitive Science Be a Vaccine against Relativistic Sociology of Science?" Paper presented at International Meeting on Scientific Professionalism, Rome, March 20-23, 1985. Mimeographed.

De Raymond, Jean-Francois. 1982. *Querelle de l'inoculation ou préhistoire de la vaccination*. Paris: Vrin.

Dozon, Jean-Pierre. 1985. "Quand les pastoriens traquaient la maladie du sommeil." *Sciences Sociales et Santé* 3.28-56.

Dubos, Louis. 1961. *The Dreams of Reason: Science and Utopias*. New York: Columbia University Press.

Dubos, René. 1951. *Louis Pasteur: Free Lance of Science*. London: Gollancz.

Dubos, René, and Dubos, Jean. 1950. *The White Plague: Tuberculosis, Man, and Society*. London: V. Gollancz.

Duclaux, E. 1879. "Charbon, septicémie, et infection purulente." *Revue Scientifique* 4.1: 629-635.

Duclaux, Emile. 1896/1920. *Pasteur: The History of a Mind*, trans. E. F. Smith and F. Hedge. Philadelphia: W. B. Saunders.

______. 1898. *Traité de microbiologie*. Paris: Masson.

Duffy, J. 1979. "The American Medical Profession and Public Health, from Support to Ambivalence." *Bulletin of the History of Medicine* 53:1-23.

Dupuy, Gabriel, and Knaebel, G. 1979. *Choix techniques et assainissement urbain en France de 1800 à 1887*. Paris: Institut d'Urbanisme de Paris.

Eisenstein, Elizabeth. 1979. *The Printing Press as an Agent of Change*. Cambridge: Cambridge University Press.

Farley, John. 1978. "The Social, Political, and Religious Background to the Work of Louis Pasteur." *Annual Review of Microbiology* 21:332-342.

Farley, J., and Geison, G. 1974. "Science, Politics, and Spontaneous Generation in Nineteenth-Century France: The Pasteur-Pouchet debate." *Bulletin of the History of Medicine* 20:257-270.

Favret-Saada, Jeanne. 1977/1980. *Deadly Words: Witchcraft in the Bocage*, trans. C. Cullen. Cambridge: Cambridge University Press.

Fleck, Ludwik. 1935/1979. *Genesis and Development of a Scientific Fact*. Chicago: The University of Chicago Press.

Foucault, Michel. 1963/1973. *The Birth of Clinic: An Archaeology of Medical Perception*. New York: Pantheon.

Foucault, M.; Barret-Kriegel, Thalamy A.; and Beguin, F. 1979. *Les machines à guérir, aux origines de l'hôpital moderne*. Bruxelles: Pierre Mardaga.

Fox, Robert, and Weisz, George. 1980. *The Organization of Science and Technology in France, 1808-1914*. Cambridge: Cambridge University Press.

Frazer, W. M. 1950. *A History of Public Health*. London: Baillère, Tindal, and Cox.

Freidson, E. 1970. *The Profession of Medicine: A Study of the Sociology of Applied Knowledge*. New York: Harper and Row.

Fuchs. 1884. "La prophylaxie de l'ophtalmie des nouveaux-nés." *Revue Scientifique* 19.4: 493-496.

Furet, François. 1978/1981. *Interpreting the French Revolution*, trans. E. Foster. Cambridge: Cambridge University Press.

Gassot, Dr. 1900. "Lettre à la rédaction sur l'encombrement médical." *Concours Médical* 16.6:284.

Geison, Gerald. 1974. "Pasteur." entry in *The Dictionary of Scientific Biography*. New York: Scribner and Sons, pp. 351-415.

Geison, Gerald, ed. 1984. *Professions and the French State, 1700-1900*. Philadelphia: University of Pennsylvania Press.

Gibert. 1884. "Le choléra à Yport." *Revue Scientifique* 29.11:724-726.

Gibier, Paul. 1893. "Les microbes et la question sociale." *Revue Scientifique* 2.12:722-723.

Goldstein, Jan. 1984. "Moral Contagion: A Professional Ideology of Medicine and Psychiatry in Eighteenth- and Nineteenth-Century France?" In *Professions and the French State, 1700-1900*, ed. G. Geison, pp. 181-222. Philadelphia: University of Pennsylvania Press.

Goody, Jack. 1977. *The Domestication of the Savage Mind*. Cambridge: Cambridge University Press.

Gosselin, Dr. 1879. "Editorial." *Concours Médical* 4.10:159.

Goubert, Jean-Pierre. 1985. "L'eau et l'expertise sanitaire dans la France du 19e: le rôle de l'Academie de Médecine et des Congrès Internationaux d'Hygiene." *Sciences Sociales et Santé* 3:75-102.

______. 1986. *La conquête de l'eau*. Paris: Laffont.

Goubert, Jean-Pierre, ed. 1982. "La médicalisation de la société française, 1770-1830." *Historical Reflexions* 9:1-304.

Gouffier, Dr. 1900. "L'encombrement de la profession médicale: causes, résultats, remèdes." *Concours Médical* 10.11:528-554.

Greimas, A. J., and Courtès, J. 1979/1983. *Semiotics and Language: Analytical Dictionary*, trans. L. Cris et al. Bloomington: Indiana University Press.

Grellet, Isabelle, and Kruse, Caroline. 1983. *Histoires de la tuberculose, les fièvres de l'âme, 1800-1940*. Paris: Ramsay.

Guillerme, André. 1983. *Les temps de I'eau, la cité, I'eau, et les techniques: le nord de la France 3e-19e siècle*. Le Creusot: Champvallon.

Haines, Barbara. 1978. "The Interrelations between Social, Biological, and Medical Thought." *The British Journal of History of Science* 11:19-35.

Hannaway, Caroline. 1974. "Medicine, Public Welfare, and the State in Eighteenth Century: The 'Société Royale de Médecine,' 1770-1793." Ph.D. dissertation, Johns Hopkins University.

______. 1972. "The 'Société Royale de Médecine,' and Epidemics in the Ancien Régime." *Bulletin of the History of Medicine* 46:259-261.

Hart, Ernest. 1893. "Le berceau du choléra." *Revue Scientifique* 7.10:467-471.

Héricourt, Jean. 1885. "L'influence des milieux sur les microbes pathogènes." *Revue*

Scientifique 24.11:525-532.

______. 1888. "Le projet d'organisation de l'hygiène publique." *Revue Scientifique* 25.2: 244-249.

Hervouest, Dr. 1894. "Lettre à la rédaction." *Concours Médical* 20.1:26.

Herzlich, Claudine. 1982. "The Evolution of Relations between French Physicians and the State from 1880 to 1980." *Sociology of Health and Illness* 4:241-253.

Hesse, Mary. 1974. *The Structure of Scientific Inference*. London: Macmillan.

Holmes, Frederic Lawrence. 1974. *Claude Bernard and Animal Chemistry: The Emergence of a Scientist*. Cambridge: Harvard University Press.

Hughes, Thomas. 1983. "The Electrification of America: The System Builders." *Technology and Culture* 20:124-162.

______. 1983. *Networks of Power: Electric Supply Systems in the United States, England, and Germany, 1880-1930*. Baltimore: Johns Hopkins University Press.

Huguenin, Dr. 1905. "Le diagnostic par les procédés de laboratoire." *Concours Médical* 27.5:202.

Illich, Ivan. 1981. *Limits to Medicine: Medical Nemesis, the Expropriation of Health*. Harmondsworth: Penguin.

Imbert, Jean, ed. 1982. *Histoire des hôpitaux en France*. Toulouse: Privat.

Isambert, François-André. 1985. "Un 'programme fort' en sociologie de la science?" *Revue Française de Sociologie* 26:485-508.

Jeanne, Dr. 1895. "Les cours de bactériologie." *Concours Médical* 4.5:205.

______. 1895. "Editorial." *Concours Médical* 303:144.

______. 1895. "La bactériologie et la profession médicale." *Concours Médical* 23.3:133.

______. 1900. "Editorial." *Concours Médical* 31.3:145-146.

Jewson, N. D. 1976. "The Disappearance of the Sick-Man from Medical Cosmology, 1770-1870." *Sociology* 10:225-244.

Jousset, de Bellesme. 1876. "De la réforme des services sanitaires." *Revue Scientifique* 22.4:401-406.

Jousset, de Bellesme, and Richet, Ch. 1882. "Polémique avec la rédaction." *Revue Scientifique* 22.4:509-510.

Kawabata, Y. 1972. *The Master of Go*. New York: Alfred Knopf.

Keel, Othmar. 1984. "La place et la fonction des modèles étrangers dans la constitution de la problématique hospitalière de l'Ecole de Paris." *History and Philosophy of the Life Sciences* 6:41-73.

Kidder, Tracy. 1981. *The Soul of a New Machine*. London: Allen Lane.

Kirmisson. 1888. "Des réformes urgentes à introduire dans les services de chirurgie." *Revue Scientifique* 10.3:295-301.

______. 1981. *The Manufacture of Knowledge: An Essay on the Constructivist and Contextual Nature of Science.* Oxford: Pergamon Press.

Knorr, Karin. 1985. "Germ Warfare." *Social Studies of Science* 15:577-588.

Knorr, Karin; Krohn, Roger; and Whitley, Richard, eds. 1981. *The Social Process of Scientific Investigation.* Dordrecht, Holland: Reidel.

Knorr, Karin, and Mulkay, Michael, eds. 1983. *Science Observed: Perspectives on the Social Study of Science.* Los Angeles: Sage.

Koch, R. 1883. "La vaccination charbonneuse." *Revue Scientifique* 20.1:64-74.

Kottler, Dorian B. 1978. "Louis Pasteur and Molecular Dissymmetry, 1844-1857." *Studies in History of Biology* 2:57-98.

La Berge, Ann F. 1974. "Public Health in France and the French Public Health Movement, 1815-1848." Ph.D. dissertation, University of Tennessee.

______. 1984. "The Early Nineteenth Century French Public Health Movement: The Disciplinary Development and Institutionalization of 'Hygiène Publique.'" *Bulletin of the History of Medicine* 58:363-379.

Lampedusa, Giuseppe D. 1960. *Leopard,* trans. A. Colquhoun. New York: Pantheon.

Landouzy, L. 1885. "L'hygiène à la Faculté de médecine de Paris." *Revue Scientifique* 25.7:97-107.

______. 1909. "L'évolution et le rôle social de la médecine au temps présent." *Revue Scientifique* 7.8:161-170.

Lasalle, Dr. 1888. "Toast au congrés annuel." *Concours Médical* 24.11:562.

Latour, Bruno. 1981. "Who Is Agnostic? Or What Could It Mean to Study Science?" In *Knowledge and Society: Studies in the Sociology of Culture Past and Present,* ed. R. Jones, and R. Kuclick. Greenwich: JAI Press, 3:199-216.

______. 1983a. "Comment redistribuer le Grand Partage?" *Revue de Synthèse* 110:202-236.

______. 1983b. "Give Me a Laboratory and I Will Raise the World." In *Science Observed: Perspectives on the Social Study of Science,* ed. K. Knorr, and M. Mulkay. Los Angeles: Sage.

______. 1986a. "The Powers of Association." In *Power, Action, and Belief: A New Sociology of Knowledge?* ed. John Law. Sociological Review Monograph. Keele: Methuen, pp. 264-280.

______. 1986b. "Visualization and Cognition." In *Knowledge and Society: Studies in the*

Sociology of Culture Past and Present, ed. H. Kuclick. Greenwich: JAI Press, 6: 1-40.

______. 1987. *Science in Action: How to Follow Scientists and Engineers Through Society*. Cambridge: Harvard University Press.

______. 1988. "A Politics of Explanation." In *Knowledge and Reflexivity*, ed. S. Woolgar. London: Sage.

Latour, Bruno, and Bastide, Françoise. 1986. "Fact and Fiction Writing." In *Mapping the Dynamics of Science and Technology*, ed. M. Callon, J. Law, and A. Rip. London: Macmillan.

Latour, Bruno, and de Noblet, Jocelyn, eds. 1985. *Les vues de l'esprit: visualisation et connaissance scientifique*. Special issue of *Culture technique*.

Latour, Bruno, and Fabbri, Paolo. 1977. "Pouvoir et devoir dans un article de science exacte." *Actes de la Recherche en Sciences Sociales* 13:81-99.

Latour, Bruno, and Woolgar, Steve. 1979/1986. *Laboratory Life: The Construction of Scientific Facts*. Los Angeles/Princeton: Sage/Princeton University Press.

Law, John. 1986. "On the Methods of Long-Distance Control, Vessels, Navigation, and the Portuguese Route to India." In *Power, Action, and Belief: A New Sociology of Knowledge?* ed. John Law. Sociological Review Monograph. Keele: Methuen, pp. 234-263.

______. 1986. *Power, Action, and Belief: A New Sociology of Knowledge?* Sociological Review Monograph. Keele: Methuen.

Lécuyer, Bernard-Pierre. 1977. "Démographie, statistique, et hygiène publique sous la monarchic censitaire." *Annales de Démographie Historique* 3:215-248.

______. 1986. "L'hygiène en France avant Pasteur." In *Pasteur et la Révolution Pastorienne*, Paris: Payot. ed. Salomon-Bayet, pp. 65-139.

Leduc, Stéphane. 1892. "Les conditions sanitaires en France." *Revue Scientifique* 20.2: 232-239.

Lemaine, G., and MacLeod, R., eds. 1976. *Perspectives on the Emergence of Scientific Disciplines*. The Hague/Paris: Mouton.

Lemure, Jean. 1896. "Morbidité et mortalité pendant l'expédition de Madagascar." *Revue Scientifique* 11.1:47-51.

Léonard, Jacques. 1967. *Les officiers de santé de la Marine française de 1814 à 1835*. Paris: Klinsieck.

______. 1979. *Les médecins de l'Ouest au 19e siècle*. Lille: Atelier de Reproduction de l'Universite de Lille.

______. 1981. *La médecine entre les pouvoirs et les savoirs: histoire intellectuelle et politique de la medecine française au 19e siècle*. Paris: Aubier.

______. 1986. "Comment peut-on être pasteurien?" In *Pasteur et la révolution pastorienne*, ed. Claire Salomon-Bayet, pp. 143-179. Paris: Payot.

Loye, P. 1885. "Les microbes bienfaisants." *Revue Scientifique* 14.2:214-216.

Martin. 1880. "Les revendications de l'hygiène publique en France." *Revue Scientifique* 8.5:1062-1071.

McNeill, William. 1976. *Plagues and Peoples*. New York: Anchor Press.

______. 1982. *The Pursuit of Power: Technology, Armed Forces, and Society since A.D. 1000*. Chicago: University of Chicago Press.

Merton, R. K. 1973. *The Sociology of Science; Theoretical and Empirical Investigations*. Chicago: University of Chicago Press.

Mollaret, Henri, and Brossollet, Jacqueline. 1984. *Alexandre Yersin ou le vainqueur de la peste*. Paris: Fayard.

Murard, Lion, and Zylberman, Patrick. 1984. "De l'hygiène comme introduction à la politique expérimentale, 1875-1925." *Revue de Synthèse* 105:313-342.

______. 1985. "La raison de l'expert ou l'hygiène comme science sociale appliquée." *Archives Europeennes de Sociologie* 26:58-89.

Murphy, Terence. 1979. "The French Medical Profession's Perception of Its Social Function between 1776 and 1830." *Medical History* 23:259-278.

______. 1981. "Medical Knowledge and Statistical Methods in Early Nineteenth-Century France." *Medical History* 25:301-319.

Musil, Robert. *A Man without Qualities*.

Nattan-Larrier, L. 1915. "Les grandes étapes de la protistologie pathologique coloniale." *Revue Scientifique* 10.7:294-303.

Nicol, Louis. 1974. *L'epopée pastorienne et la médecine vétérinaire*. Garches: chez l'auteur.

Nicole, Jacques. 1953. *Un maître de l'enquête scientifique: Louis Pasteur*. Paris: Vieux Colombier.

Nye, Robert. 1984. *Crime, Madness, and Politics in Modern France: The Medical Concept of National Decline*. Princeton: Princeton University Press.

Pasteur, Louis. 1871. "Pourquoi la France n'a pas trouvé d'hommes supérieurs au moment du péril." *Revue Scientifique* 22.7:73-77.

______. 1871. *Quelques réflexions sur la science en France*. Paris: Gauthier-Villars.

______. 1883. "La vaccination charbonneuse: réponse au docteur Koch par M. Pasteur."

Revue Scientifique 20. 1:74-84.

______. 1922/1939. *Oeuvres complètes.* Paris: Masson.

Pasteur, Louis, and Thuilier, Louis. 1883. "La vaccination du rouget des pores à l'aide du virus mortel atténué de cette maladie." *Revue Scientifique* 1. 12:673-675.

______. 1980. *Correspondence of Pasteur and Thuilier concerning Anthrax and Swine Fever Vaccinations,* ed. D. Wrontnowska. Alabama: University of Alabama Press.

Péguy, Charles. 1914. *Clio: dialogues de l'amé païenne et de l'âme charnelle.* Paris: Pleïade.

Peter. 1883. "Réponse de M. Peter à M. Pasteur." *Revue Scientifique* 5. 5:557-561.

Pickstone, J. V. 1981. "Bureaucracy, Liberalism, and the Body in Post-Revolutionary France: Bichat's Physiology." *History of Science* 19:115-142.

Pinch, Trevor. 1986. *Confronting Nature: The Sociology of Solar Neutrino Detection.* Dordrecht, Holland: Reidel.

Pluchon, Pierre, ed. 1985. *Histoire des médecins et pharmaciens de marine et des colonies.* Paris: Privat.

Ramsey, Matthew. 1977. "Medical Power and Popular Medicine: Illegal Healers in Nineteenth Century France." *Journal of Social History* 10:560-587.

______. 1984. "The Politics of Professional Monopoly in Nineteenth-Century Medicine: The French Case and Its Rivals." In *Professions and the French State 1700-1900,* ed G. Geison, pp. 225-306. Philadelphia: University of Pennsylvania Press.

Reclus, P. 1890. "Les origines et les tendances de la chirurgie contemporaine." *Revue Scientifique* 25. 1:104-112.

Reiser, S. L. 1978. *Medicine and The Reign of Technology.* Cambridge: Cambridge University Press.

Reynaud, P. 1881. "Editorial." *Concours Médical* 29. 1:102.

Richard, E. 1883. "Le parasite de l'impaludisme." *Revue Scientifique* 27. 1:113-118.

Richet, Ch. 1880. "Editorial." *Revue Scientifique* 10. 7:35.

______. 1881. "Editorial." *Revue Scientifique* 5. 2:161.

______. 1882. "Editorial." *Revue Scientifique* 15. 4:449.

______. 1883. "Editorial." *Revue Scientifique* 24. 2:225.

______. 1886. "Editorial." *Revue Scientifique* 6. 3:289.

______. 1888. "La physiologie et la médecine." *Revue Scientifique* 24. 3:352-362.

______. 1889. "Commentaire de la rédaction." *Revue Scientifique* 16. 3:330.

______. 1889. "L'hygiène et la mortalité à Paris." *Revue Scientifique* 16. 11:636-638.

______. 1894. "La prophylaxie de la diphtérie." *Revue Scientifique* 30. 9:412-413.

______. 1895. "La sérothérapie et la mortalité de la diphtérie." *Revue Scientifique* 20.7: 65-69.

Robinet, G. 1881. "Les prétendus dangers des cimetières." *Revue Scientifique* 18.6:779-782.

Rochard, 1887. "L'avenir de l'hygiène." *Revue Scientifique* 24.9:387-395.

Roll-Hansen, Nils. 1979. "Experimental Method and Spontaneous Generation: The Controversy between Pasteur and Pouchet, 1859-1864." *Journal of the History of Medicine* 34:273-292.

Roux, E. 1915. "Jubilé de Metchnikoff." *Annales de l'Institut Pasteur*, August, pp. 410-230.

Rozenkranz, Barbara. 1972. *Public Health in the State: Changing Views in Massachusetts, 1843-1936*. Cambridge: Harvard University Press.

Rudwick, Martin S. 1985. *The Great Devonian Controversy: The Shaping of Scientific Knowledge among Gentlemanly Specialists*. Chicago: University of Chicago Press.

Salomon-Bayet, Claire. 1978. *L'institutionalisation de la science et l'expérience du vivant: méthodes et expérience a L'Académie Royale de Médecine*. Paris: Flammarion.

Salomon-Bayet, Claire, ed. 1986. *Pasteur et la révolution pastorienne*. Paris: Payot.

Serres, Michel. 1980. *Le Passage du Nord-Ouest (Hermès V)*. Paris: Minuit.

______. 1980/1982. *The Parasite*, trans. L. R. Schehr. Baltimore: John Hopkins University Press.

______. 1983. *Hermes: Literature, Science, Philosophy*, trans. J. Harari, and D. E. Bell. Baltimore: Johns Hopkins University Press.

Shapin, Steve. 1982. "History of Science and Its Sociological Reconstruction." *History of Science* 20:157-211.

Shapin, Steve, and Schaffer, Simon. 1985. *Leviathan and the Air-Pump*. Princeton: Princeton University Press.

Shapiro, Ann-Louise. 1980. "Private Rights, Public Interests, and Professional Jurisdiction: The French Public Health Law of 1902." *Bulletin of the History of Medicine* 54:4-22.

Shryock, Richard Harrison. 1936/1979. *The Development of Modern Medicine: An Interpretation of the Social and Scientific Factors Involved*. Madison: University of Wisconsin Press.

Spinoza. 1665. *Theologico-Political Treatise*, trans. R. H. Ewes. New York: Dover.

Starr, Paul. 1982. *The Social Transformation of American Medicine: The Rise of a Sovereign Profession and the Making of a Vast Industry.* New York: Basic Books.

Stepan, N. 1978. "The Interplay between Socio-Economic Factors and the Medical Science: Yellow Fever Research Cuba and the United States." *Social Studies of Science* 8.4: 397-429.

Sternberg, G. 1889. "Les bactéries." *Revue Scientifique* 16.3:326-330.

Stokes, W. 1872. "La médecine publique en Angeleterre." *Revue Scientifique* 6.7:13-21.

Sussman, George D. 1977. "The Glut of Doctors in Mid-Nineteenth Century France." *Comparative Studies in Society and History* 19:287-304.

Tolstoy, Leo. 1869/1986. *War and Peace*, trans. R. Edmonds. Harmondsworth: Penguin.

Toulouse, P. 1905. "La réforme des etudes médicales." *Revue Scientifique* 25.11:702-703.

Tournier, Michel. 1967/1972. *Friday and Robinson: Life on Esperanza Island*, trans. R. Manheim. New York: Knopf.

Trélat, Emile. 1890. "Contribution de l'architecte à la salubrité des maisons des villes." *Revue Scientifique* 7.6:705-711.

______. 1895. "La salubrité." *Revue Scientifique* 10.8:163-170.

Tyndall, J. 1876. "La putréfaction et la contagion dans leurs rapports avec l'état optique de l'atmosphère." *Revue Scientifique* 10.6:560-564.

______. 1877. "La fermentation et ses rapports avec les phénomènes morbides." *Revue Scientifique* 17.2:789-800.

Valentino. 1904. "Critique du secret médical, partie 1e." *Revue Scientifique* 17.9:353-357.

Vallery-Radot, R. 1911. *La vie de Pasteur.* Paris: Hachette.

______. 1956. *Images de la vie et de l'oeuvre de Pasteur: documents photographiques.* Paris: Flammarion.

Watkins, Dorothy E. 1984. "The English Revolution in Social Medicine, 1889-1911." Ph.D. dissertation, University of London.

Weiner, Dora B. 1968. *Raspail: Scientist and Reformer.* New York: Columbia University Press.

Weisz, George. 1978. "The Politics of Medical Professionalization in France, 1845-1848." *Journal of Social History* 12:1-30.

______. 1980. "Reform and Conflict in French Medical Education, 1870-1914." In *The Organisation of Science and Technology in France, 1808-1914*, ed. R. Fox, and G. Weisz. Cambridge/Paris: Cambridge University Press/MSH, pp. 61-94.

Worboys, Michael. 1976. "The Emergence of Tropical Medicine: A Study in the Establishment of a Scientific Speciality." In *Perspectives on the Emergence of Scientific Disciplines*, ed. G. Lemaine et al. The Hague/Paris: Mouton.

Yersin, A. 1894. "La peste bubonique à Hong-Kong." *Annales de l'Institut Pasteur*, August, pp.663-672.

주

도입. 재료와 방법

1 L. Tolstoy(1869/1986). 모든 참조는 단권인 1986년 펭귄판에서 한다.

2 이 책은 상당한 정도로 미셸 세르의 연구에, 특히 북서 해로(Serres: 1980)에 관한 그의 지리적 은유에 빚지고 있다. 인문과학과 자연과학 사이의 양분을, 해협과 같은, 단순한 어떤 것으로 보는 대신, 세르는 섬, 물길, 반도, 막다른 골목, 좁은 통로의 복수성에 관한 이미지를 북서 해로의 지도만큼이나 혼동을 일으키는 그리고 아름다운 것으로서 제공한다.

3 과거의 모든 민주주의, 테크노크라시, 전제정치보다 더 강력한 타나토크라시 속 군대, 과학자, 사업가의 연합에 관해서는 M. Serres(1983)를 볼 것.

4 톨스토이 자신은 나폴레옹 군대로부터 러시아인을 자유롭게 했던 방대한 움직임에 대해서 광범위한 종교적 설명을 제안한다.

5 스피노자의 논고(1665년 무렵)는 구약에 관한 긴 과학적 분석을 포함하는데, 그리하여 성서 주해(biblical exegesis)를 하는 근대적 방법을 수립하고 있다. 이 분석은 정치권력, 양심의 자유, 종교적 계시 사이의 관계를 재정의하는 일을 도왔다. 논고의 중심에 스피노자가 민주주의를 단단한 지반 위에 놓기 위하여 필수적이라고 여겼던 권리 위에 놓는 힘의 중첩이 있다. 내가 톨스토이를 흉내 내려 했던 것 어떤 이상으로 스피노자를 모방한다고 주장하지 않고서, 나는 둘 다를 안내자이며 보호자로 사용했다.

6 "힘"의 관계가 독자들에게 너무도 많이 니체(Nietzsche)의 힘에의 의지(will to power)를 상기시킨다면, 그들이 "힘"을 "약함(weaknesses)"으로 치환하게 하라. 이 치환은 이 책의 주요 논점을 오해하는 일에 맞서는 확실한 치료법이다.

7 대부분의 과학철학에 따르면, 역사학자, 경제학자, 사회학자에 의한 경험적 연구(empirical studies)는 과학이 무엇에 관한 것인지에 대한 전체적 그림을 이뤄내기에는 너무 허약하다. 왜? 철학자가 논의하기로, 사례연구(case studies)는 자체를 과학의 "토대(foundations)" 또는 어떠한 논의의 "초월적 조건(transcendental conditions)"과 관련짓지 않기 때문이다. 경험적 연구를 무시할 (그리고 심지어 경멸할) 완벽한 권리를 그들이 갖고 있다고 생각하는 과학철학자와, 철학적 논변을 그들이 결코 탐닉해서는 안 된다고 생각하는 사회과학자 사이에 그리하여 분업이 존재한다. 초월적 철학에 약간의 사례연구를 먹이는 연관 사회과학 안에서 마침내 학자에게 인정된 것처럼, "인식론적으로 관련된 과학사회학(epistemologically relevant sociology of science)"이 발명된 것은 마지못해 그럴 뿐이다. 이 분업은 재앙이다. 철학과 현장 연구(field studies)는 같은 지붕 아래 그리고, 가능하다면, 같은 머릿속에서 수행되어야 한다. 나는 철학을 이론이 여타 과학에서,

즉 경험적 재료를 지정하고, 강조하고, 예견하며, 밑줄을 치고, 극적으로 만들며, 함께 묶어내는 똑같은 방식으로 여기서 사용한다. 나는 철학을 경험적 재료가 몇몇 "토대"를 **결여하기** 때문이 아니라, 반대로, 더 많은 세부 사항, 더 많은 재료, 더 많은 역사적 사례연구를 내가 원하기 때문에 사용한다. 다른 책(1987)에서 나는 유사한 논변을 내놓지만, 사례연구와 철학 사이에서 매개하는 세 번째 수준에서 그렇게 한다. 『행위 중의 과학(Science in Action)』은 그러므로 이 책의 짝이다.

8 예를 들어 F. Dagognet(1967, p. 212), R. Vallery-Radot(1911)를 볼 것.

9 설명을 위해 요구된, 모든 여타 사회과학에 공통되는 방법론적 원리로부터 취한 메타언어적 수준(metalinguistic level)에 관한 이 선택의 자유는 많은 과학인류학의 기초를 형성한다. B. Latour and S. Woolgar(1979/1986), B. Latour(1981)를 볼 것. 그러나 그것은 여러 아포리아적(aporetic) 귀결들을 제기하는데, 그것들은 어디서도 M. Ashmore(1985)에서 그런 것 이상으로 역설적으로 예증되어 있지 않다. 이 자유의 인식론적 필연성이 독자에게 명백해 보이지 않는다면, 그것은 스타일적 지반(stylistic grounds) 위에서 방어될 수 있다. 그것은 과학에 관해 이야기하는 데 쓸모 있는 언어들의 **증대**로 이끈다.

10 이 책의 프랑스판에 대한 몇 가지 서평에 따르면, 나는 세 가지 지반 위에서 딱하게도 실패했다. K. Knorr(1985), F.-A. Isambert(1985), M. de Mey(1985), Salomon-Bayet(1986)는 파스퇴르의 "조작(manipulation)", "개척(exploitation)", "영리한 기회주의(clever opportunism)"에 관한 그 연구의 사회적 그리고 정치적 연구에 대해서, 그리고 내가 기술적 내용을 한쪽에 따로 떼어두고 나 스스로를 과학의 사회에 대한 적용에 제한하는 방식에 대해서 그 연구를 칭찬한다! 아무런 텍스트도 그 자체를 그것의 독자의 해석들에 맞서 방어할 수 없음에도 불구하고, 여타 인지적 해석 또는 기술적(技術的) 해석에 대한 대안으로서 파스퇴르에 관한 사회적 또는 정치적 설명을 제공하는 데 내가 여기서 관심이 없음을 다시 강조하고 싶다. 내용(content)과 맥락(context)의 바로 그 구별이 아직 이루어지지 않았던 순간으로 우리의 발걸음을 거슬러 재추적하는 데에만 나는 관심이 있다. 내가 단어들 "힘", "권력", "전략", 또는 "이해관계(interests)"를 사용한다면, 그것들의 사용은 파스퇴르와 그에게 강함을 부여하는 그들 인간(human) 또는 비인간(nonhuman) 행위자 사이에서 똑같이 분배되어야 한다. M. Callon(1986)을 볼 것.

11 나는 "행위자(actor)", "작인(agent)" 또는 "행위소(actant)"를 그것들이 누구일 수가 있으며 그것들이 무슨 속성을 부여받는지에 대하여 어떠한 가정을 만들어내지 않은 채 사용한다. "인물(character)", "극의 배역(dramatis persona)"보다 훨씬 더 일반적인, 그것들은 자율적 인물이 된다는 핵심적 특징을 갖고 있다. 이와 별도로, 그것들은 어떤 것이든 될 수 있는데 — 개체적인["피터(Peter)"] 또는 집합체적인["군중(the crowd)"], 구상(具象)적인[인간 형태적(anthropomorphic) 또는 동물 형태적(zoomorphic)] 또는 비구상적인["운(fate)"] 것 말이다. A. Greimas and J. Courtes(1979/1983). 제2부를 또한 볼 것.

12 인용 뒤에 아무런 학술지 제목이 없을 때, ≪과학 비평(Revue Scientifique)≫을 의미한다.

13 과학 텍스트(scientific texts)에 적용된 기호학(semiotics)에로의 입문에 관해서는, F. Bastide(1986)를 볼 것. 나는 서사(narrative)의 인물을 포함하는 행위자(또는 행위소 또는 작인)를 정의하기 위하여 공연(performance) — 인물이 하는 것 — 이라는 그리고 능력(competence) — 이 행위가 함축하는 것(A. Greimas and J. Courtes: 1979를 볼 것) — 이라는 관념을 계속 사용한다.

14 보불전쟁(Franco-Prussian War)과 프랑스 과학에 대한 그것의 영향에 관해서는, M. Crosland(1976)를 볼 것.

15 **그 안에서** 사건이 조심스럽게 상황 지워져야 하는 맥락의 존재에 대한 믿음을 역사학자는 사회학자와 공유한다. 사회학자에게 이 맥락은 사건을 설명하는 사회적 힘(social forces)으로 이루어져 있다("……임은 우연이 아니다" 또는 "그것은 ……의 이해관계와 잘 부합한다"를 포함하는 캐치프레이즈들). 역사학자에게 맥락은 연대기적 틀에 단단히 매인 사건의 집합이다. 두 가지 거래 모두에 대해서 맥락이 존재하며, 적어도 원리적으로, 그것은 되찾을 수 있다. 그들의 반목에도 불구하고, 그 두 가지 학제는 맥락과 내용 사이의 차이를 믿는다. 일단 이 믿음이 공유되자, 사람들은 의견이 일치하지 않을 수 있는데, 어떤 이는 내용에[그들은 내부론자(internalists)라 불린다], 다른 이는 맥락[그들은 외부론자(externalists)라 불린다]에, 또 다른 이는 그 둘 사이의 조심스러운 균형에 달라붙어 있는 것을 선호한다. 그 두 학제에 대해서, 추가적 원천들이 그 계열들을 하나의 전반적인 다소 일관된 구도로 **수렴하게** 할 것이다. 이는 기호학자(semioticians)에 의해, 또는 그 문제에 대해서는 민속방법론자(ethnomethodologists)에 의해 공유되지 않는 기초 가정이다. 더 많은 자료, 더 많은 원천은 그 원천을 점점 더 **발산하게** 할 것이다. 확실히, 전체에 관한 몇몇 효과를 얻는 것이 가능할 수도 있겠지만, 이것들은 예외, 즉 다른 것 사이에 삽입된 그리고 국소적 패놉티콘(local panopticon)에 의존하는 국소적 생산(local productions)이다. 그것은 이 책이 역사학도 아니고 사회학도 아닌 기호학에 의지하기 때문이다. 그것은 이 책이 내용과 맥락 둘 다를 이루어내는지에 관한 그리고 이 혼합을 이루어내는 서로 다른 방식에 관한 서로 다른 가정들을 탐구하기 때문이다.

16 이 번역 개념은 M. Callon(1986), M. Callon, J. Law, and A. Rip, ed.(1986), B. Latour(1987)에 의해 발전되어 왔으며 이해관계(interest) 및 연구 프로그램(research program)을 융합하기 위하여 과학과 기술에 관한 연구에 적용되어 왔다. 첫째, 표이(drift), 배반(betrayal), 애매성(ambiguity)을 의미한다(1.2.1). 그것은 그러므로 우리가 이해관계 또는 언어 게임(language games) 사이의 비등가성(inequivalence)에서 출발하고 있음을 그리고 번역의 목표는 두 개의 명제를 등가적으로 되게 하는 것임을 의미한다. 둘째, 번역은 전략적 의미를 갖는다. 그것은 사람들이 무엇을 하든 간에 그리고 사람들이 어디로 가든 간에, 그들은 도전자의 위치를 통과해야 하며 그가 그 자신의 이해관계를 발전시키도록 돕는 그러한 방식으로 확립된 요새(stronghold)를 정의한다. 셋째, 그것은 언어적 의미를 갖는데, 그래서 언어 게임의 하나의 버전(version)을 모든 다른 버전으로 번역하

여, 그것들 모두를 "당신이 원하는 그 무엇이든 간에, 이것은 당신이 정말로 의미하는 것이다"로 대체하는 것이다.

17 F. Bastide(1986), B. Latour and P. Fabbri(1977), B. Latour and F. Bastide(1986)를 볼 것.

제1장 강한 미생물과 약한 위생주의자

1 『전쟁과 평화』의 에필로그에서 L. Tolstoy(1869/1986)는 전략에 대한 사회적 설명은 물론 신비적 설명도 비판한다. 권력 개념에 대한 그의 비판은 우리에게 특히 흥미롭다(p. 1409). 관념들이 그것들 자체의 내부적 추진력을 갖는다는 "내부론적" 관념으로부터 사람들은 정치권력을 갖는다는 "외부론적" 관념으로 가는 일에 얻어져야 할 이득이 없다. 계획된 전략(planned strategy)은 물론, 권력 개념은 우리의 무지를 단순히 위장한다. B. Latour(1986a). 힘과 효능(potency)의 차이에 관해서는, 제2부를 볼 것.

2 과학과 기술 사이에서 아무런 구별도 여기서는 이루어지지 않았다. **운반된(trans**ported) 것을 **변환하는(trans**form) 기제는 똑같다. 확산 모형(diffusion model)과 번역 모형(translation model) 사이의 구별에 관해서는, B. Latour(1987, 3장)를 볼 것.

3 박테리아학의 엄청난 부분을 이루어내는 행위적 사회가 배경 막으로 사용된 사회 또는 과학사를 위한 "사회적 맥락"과 같지는 않다. 여기에서 미시 과학사회학(microsociologies of science)과 과학철학 사이의 오해가 기원한다. 사회는 과학에 관한 "사회적" 연구("social" studies of science)에서 쓸모 있게 되도록 재정의되어야 한다.

4 여러 유용한 참고문헌 가운데, L. Chevalier(1973), A. Corbin(1986), L. Murard and P. Zylberman(1984, 1985), W. Coleman(1982), R. Nye(1984)를 볼 것.

5 (미생물에 맞선 싸움이 전혀 아닌) **악화**(degeneration)에 맞선 싸움이 혼종 파스퇴르주의-위생학(hybrid Pasteurism-Hygiene)으로 성취되었던 모든 것을 할 수가 있었을 것이다. R. Nye(1984)는 퇴화에 관한 가장 철저한 연구가 된다. "세기의 전환에 이르러, **생명-권력**(bio-pouvoir)에 관한 의학적 전망은 대중 의식을 철저하게 꿰뚫었다. 회생(regeneration)에 관한 의학적 이론은 사회적 병리에 관한 뚜렷하고 친숙한 장황한 설명을 국가적 쇠퇴에 관한 담론으로 통합하는 데 매우 성공적이어서 그것은 진료소의 용어적 감옥을 탈출했으며 공적 논쟁의 경기장에서 번성했다"(p. 170).

6 "발신인(addresser)"은 "수신인(addressee)"에게 기능만이 아니라 발화 속에서 걸려 있는 가치도 전한다. A. Greimas and J. Courtes(1979/1983)를 볼 것. 이 의미에서 "회생의 필연적 움직임"은 그것이 모든 이에게 토론할 "권리"를 브여하는 것이기 때문에 결코 토의되지 않았다.

7 W. F. Frazer(1950)를 볼 것.

8 W. Coleman(1982)은 프랑스 의학에 대한 파스퇴르의 장악 이전 50년이 넘는 기간에 주로 빌레르메(Villermé)와 그의 학파를 연구한다. "공중 건강 탐구는 19세기 유럽 사회의 뚜렷한 특징이었다. 넓게 말해, 떨어져 있는 인구의 위생적 조건에 관한 관심은 쉽게 경계들을 가로질렀으며, 두 세대 내부에서, 인식 가능한 의학적 특수성을 창조해 냈다. 위생주의자는 새로운 개념적 그리고 방법론적 연장으로 무장했고, 그들은 곧 학문적 채용 및 여타 채용을 얻었으며, 그들의 맡은 일에 대한 두드러진 대중적 관심으로 밑받침 받았다. 영국 내과의 및 프랑스 내과의 둘 다 이 움직임에 초기의 자극을 부여했다. 빈 회의(Congress of Vienna) 이후 사반세기 안에, 그렇지만, 주도권은 프랑스로 갔다. 그리고, 주로 파리에서, *hygiène publique*, 또는 공공 의학(public health)은 과학으로 공식적 설치를 얻어냈다"(p. xvi).

9 이 갈등은 빌레르메의 삶의 드라마이며 Coleman(1982)을 매우 아름답게 만드는 것이다. "위생주의자의 위치는 계속되는 긴장으로 표시되었다. 급속히 도시화하고 있으며 산업화하고 있는 사회 속 인간 고통의 본성과 개연적 원천을 아무도 그들보다 더 잘 알지는 못했다. 그러나 그들의 처리 방안은 주요 사회적 변화를 요구하는 일이 부족한 채 거의 항상 멈추었다"(p. 22). 정치경제학(political economy)과 위생학 사이의 이 모순은 박테리아학의 정의가 "병든 극빈자"로부터 "위험한 미시유기체"로 관심을 옮김으로써 부분적으로 해소될 것이다. 건강 운동에 의해 제안된 여러 예방책이 같은 문제의 박테리아학적 취급 내부에서 더는 필수적이지 않게 될 것이기 때문에 그 모순은 경감될 것이다.

10 빌레르메에 의해 창조된 사망률과 계급 사이의 연결은 파스퇴르에 의해서 나중에 창조된 약화한 미생물(attenuated microbes)과 질병 사이의 연결만큼 흥미롭다. 그들 둘 다 "실험실" 방법에 의해서 정의되는데, 빌레르메의 경우에서 실험실은 통계 기관과 얼룩덜룩하게 짜여 있는 파리(Paris)임을 제외하고 말이다. Coleman(1982)을 볼 것. "파리는 방대하고, 그것은 다양하며, 그것의 인간 피해는 필연성과 정의를 넘어간 것으로 보였다. 그 도시는, 그것의 인구동태 통계와 공공 실천을 통해, 실험실이, 즉 아직은 사회적 개량은 아닐지라도 사회적 발견을 위한 중심이 되게 되어 있었다. 그 도시는 그리하여 위생주의자에게 그들의 커다란 기회를 주었다"(p. 43). 빌레르메의 정의들은, 파스퇴르의 그것들처럼, 밀집 또는 환경적 요인에만 기인하는 것으로의 질병 해석과는 차이가 있다.

11 맥락, 경제적 동향, 역사적 "장기 지속(longue durée)"에 관한 바로 그 정의는 일단의 사회과학(사회학, 경제학, 역사학)의 귀결이다. 헌신적 사회과학자는 사회과학을 무비판적으로 믿으면서 자연과학을 비판할 수 없다. 결과적으로, 사회와 자연에 관하여 똑같은 비판적 입장을 유지할 것을 우리에게 요구하는 **대칭**(symmetry)의 새로운 원리가 정의되어야 한다. "사회적 맥락"은 과학을 "설명하는" 데 결코 사용될 수 없다. B. Latour(1987, 3, 6장)를 볼 것.

12 통계학은 사전(事前)에 있던 과학인데, 전염병학과 가축 유행병학(epizootics)을 인식 가능한 존재자로 창조해 낸 과학이다. E. Ackerknecht(1945), B.-P. Lécuyer(1977),

W. Coleman(1982), T. Murphy(1979)를 볼 것. 더 앞선 시기에 대해서는, A. La Berge (1974)를 볼 것.

13 이것을 이야기하면서, 서사(narrative)가 회고적이어서는 결코 안 된다는 M. 러드윅(M. Rudwick)의 규칙(1985)에 맞서 내가 죄를 범하고 있는 것은 아니다. 반대로, 나는 파스퇴르주의의 등장에 앞서, 그 자체에 남겨진 위생학의 움직임을 재구조화하고 있다. 파스퇴르적 승리는 아주 완벽해서 파스퇴르주의자가 전적으로 신뢰받기 위하여 충족시켜야 했던 요건을 다시 붙잡는 것은 어렵다. 이는 파스퇴르의 이해관계가 위생주의자들의 그것에 "들어맞았음"을 의미하는 것이 아니고, 파스퇴르주의자가 전염의 가변성을 고려할 수 있었다면, 그리고 그 경우에만, 전염의 의미에 관한 **교섭**(negotiation)의 여지가 있었음을 의미한다.

14 우리는 사회적 움직임을 그것을 "사회적으로 구성하는" 언론인, 사상가, 사회과학자, 정치인과 단절해서는 결코 안 된다. 그러므로, "사회적 움직임"은 위생주의자와 그들의 군대에 의해서 이미 행해진 구성(composition), 정의(definition), 응집(aggregation), 통계에 관한 작업을 가리키기 위한 약어로 여기서 사용된다. 나는 그것을 과학을 설명하는 "원인"으로서가 아니라 초기의 정치과학적 난국(politicoscientific imbroglio)의 물상화된(reified) 결과로서 사용하고 있다.

15 W. Coleman(1982)을 볼 것. "주목한 대로, 위생주의자가 질병 이론에 관하여 정보를 받지 못한 것은 아니었다. 그들의 관심사는 여타 문제, 서로 다른 의미에서 그리고, 표현이 허용된다면, 더 확장적 의미에서 "생물학적"이었던 문제를 향해 있었다. 위생주의자는 실존의 본질적 조건 — 음식, 물의 공급과 순도, 인간, 동물, 여타 쓰레기의 현존과 부재, 무엇보다도 일, 거처, 또는 악천후로부터의 보호를 포함하는, 육체적 활동과 정신적 활동의 조건 — 에 주의를 기울였으며 그것들 모두가 바닥에 깔린 경제적 특성을 소유하고 있었음을 깨달았다. 환경은 그럼으로써 본성상 사회적으로 되었다. 위생주의자는 이 사회경제적 차원이 **엄격한 의미에서**(sensu strictu) 질병을 직접 견드렸음을 또한 깨달았다"(p. 202). 전염, 사회 이론, 의학적 권력 사이의 연결조차 박테리아학과의 가장 멀리 떨어진 연결 없이는 만들어질 수 없었다. J. Goldstein(1984)을 볼 것.

16 전염병의 장기적 쇠퇴를 일으켰던 일반적 요인들에 관한 논쟁에 대해서는, R. Dubos (1961), I. Ilich(1981)를 볼 것.

17 예를 들어 R. H. Shyrock(1936/1979)을 볼 것. "그 결과는 건강 프로그램이 1870년 이후에 새로운 위상으로 들어갔다는 것이었다. 아주 인상적인 위상이어서 그것은 곧 공중위생 속 일의 바로 그 시작으로 보였다. 의학 연구의 선도자들에게 너무 많은 공을 부여하는 경향이 거기서 일어났다. 반면 1870년에 이를 때까지는 그들이 너무 적게 받았다"(p. 247). W. Bullock(1938/1977), W. Frazer(1950)를 볼 것.

18 확신시키려는 과학적 증명의 능력은 어떠한 단일 원인이 아니라, 원인의 다중성을 갖고 있다. 이는 과학의 사회적 연구 패러다임(social studies of science paradigm)의 대부분

을 이루는 몇 가지 사례연구에서 "증명되어" 왔다. K. Knorr(1981), H. Collins(1985), T. Pinch(1986)를 볼 것. 더 재귀적(reflexive)으로 되기 위하여, 나는 말해야 한다. 과학적 증명의 미결정(underdetermination)에 관한 증거가 이들 사례연구에 의해 제공되어 왔음을 믿는 일은 우리가 똑같은 전문직업적 위임을 공유하고 있다는 확실한 기호이다.

19 파스퇴르주의를 연구하는 역사가는 더 많은 반대자를 당연히 기술하는데, 그들 중 다수는 파스퇴르의 때로 급작스러운 진술에 의해서 실질적으로 유발되었다. 예를 들어 푸셰(Pouchet)에 관해서는 J. Farley and J. Geison(1974), 라스파이유(Raspail)에 관해서는 L. Nicol(1974)과 D. Weiner(1968)를 볼 것. 나는 이 지점에서 내가 "이상적" 독자가 파스퇴르와 그의 동맹자에 관해 알게 될 것에 나의 출처를 제한하고 있음을 독자에게 다시 상기시켜야 하는데, 그 또는 그녀가 ≪과학 비평≫만을 읽게 되어 있었다면 말이다. 갈등에 관한 약간 더 많은 정보가 Salomon-Bayet, ed.(1986)으로부터 수집될 수 있다.

20 G. Canguilhem(1977). 이 병균 이론에 관한 병균 이론(germ theory of germ theory)은 파스퇴르 시절에 아주 빈번했다. 그것은 과학의 **성분**(composition)을 그것의 **펼쳐짐**(unfolding)으로 대체하면서 과학사학자와 기술사학자에 의해서 사용된 여러 농업적 은유의 하나로서 현재까지 계속되고 있다. 그것은 제2부(2.3.1)에서 연구된 "효능" 개념의 아바타(avatar)이다.

21 코흐의 유산된 기도에 관해서는, R. Dubos(1950)를 볼 것. 두 단어 "쉽게 믿음(credulity)"과 "신용 가능성(credibility)"은 똑같은 시작과 정말로 똑같은 뿌리를 공유한다. 그것들을 구별해 주는 모든 것은 투쟁의 결과이다. 패자는 쉽게 믿었고 승자는 신용 가능했다. 데이비드 블루어(David Bloor)(1976)는 대칭 개념을 도입함으로써 어떠한 과학사회학의 과제를 가장 명확히 정의했다. 패자와 승자는 똑같은 방식으로 연구되어야 하고 개념의 집합과 더불어 설명되어야 한다. 우리 분야의 진화가 "사회적" 설명을 쓸모없게 만들었다면, 대칭 원리는 그 영역 속 대부분의 연구의 기초로 남아 있다.

22 이 부가(addition)는 과학에 관한 조물주적 해석을 제공하길 희망하는 이들에게 결코 충분한 것으로 보이지 않는다. 그들은 과학이 그것의 모든 내용을 그 자체 내부에서 생성해 내길 원하며, 그들은 그것을 그것의 맥락으로부터 산출해 내는 이들을 위험한 환원론자로 여긴다. 하지만 이 똑같은 부가가 과학의 사회적 연출을 제공하길 희망하는 이들에게 너무 많이 나타난다. 과학이 여타 이해관계와 **아주 잘 들어맞기** 때문에 그들은 과학을 설명하고 싶어 할 것이며, 그들은 맞음(fit)의 개념을 부정하는 이들을 내부론자로 여길 것이다. 나는 이들 두 환원론 사이에서 나의 길을 누비고 지나가고 있다. 혁신의 확산 원인을 사슬의 어떠한 하나의 구성원에 제한하면 얻게 될 아무것도 없다. 모든 이가 사회란 무엇에 관한 것인지를 정의하고 있는데, 물론 과학자들 자신을 포함해서 말이다.

23 사회적 통제의 수단으로서 위생학에 관한 고려는 많은 19세기 역사에 대해 공통의 실이었다. "생명권력(biopower)" 개념을 둘러싼 푸코(Foucault)의 관념에 가까운 프랑스 속 관념의 발전에 대해서는, L. Murard and P. Zylberman(1984, 1985), A. Corbin(1982),

B.-P. Lécuyer(1986)를 볼 것. 그렇지만, 나는 여기서 주어진 권력의 비참한 사람들과 빈자의 몸에의 예측 가능한 **적용**(application)에 관심이 있는 것이 아니라 권력의 예측 불가능한 원천의 더 앞서 있는 **조성**(composition)에 관심이 있다. 과학과 사회의 연결이 가장 중요한 것은 아무도 그가 새로운 권력의 원천을 다루는 중인지를 말할 수 없는 정확히 그때다. 거의 모든 이가 확신하게 되었을 때인, 그 무렵, 그러나 오직 그 무렵과 그 이후, 위생학은 훈육할 그리고 강제할(제3장을 볼 것) "권력"이 될 것이다.

24 B. Rosenkranz(1972)는 **비난**(accusation) 과정과 그 변이를 다시 구성한다. 누가 무슨 종류의 악으로 비난받아야 하는가? 이 의미에서 그녀의 연구는 여러 인류학자의 그것과 매우 가깝다. 박테리아학은 질병의 확산에 책임이 있는, 가난하고 더러운, 전염되고 부유한 이들을 개편한다. 보스턴(Boston) 보건국(Board of Health)에의 과학자의 도래를 이야기하면서, 그녀가 쓴다. "예방 가능한 질병의 박테리아적 병인학에 관한 그들의 초점은 태만의 책임을 약자보다는 강자의 손에 단단하게 놓았다. 예방 위생학 안에 생물과학의 활기와 역량을 확립하는 과정에서, 그들은 더러움과 질병의 정체성에 도전했으며 공중 보건의 이념과 프로그램 둘 다를 세련화했다"(p. 98). 다른 이들은 과학적 연결에 관한 이 새로운 정의와 싸운다. "파스퇴르주의에의 의존은, 월콧(Walcott)의 견해에서, 양심적 청결을 보존하기 위하여 개인의 궁극적 책임을 종결시킨다. …… 박테리아적 유기체보다는 개인에 대한 계발된 제한에 그의 예방 개념이 얽혀 있던 월콧에게, [파스퇴르화의] 대가는 내기에 너무 높았다"(p. 110).

25 A.-L. Shapiro(1980)는 같은 시기 동안 정치철학의 수준에서 비슷한 논의를 만든다. "'연대주의(solidarism)'에 관한 점점 더 많은 개념이 공식적 선언 속으로 살금살금 움직였고 제3공화국의 특징적 사회철학이 되었다. 국가권력의 제한되었으되, 적법한 확장을 정당화하면서 그것은 사회주의자로부터 천둥을 훔치는 수단을 제공했다. 연대주의는 사회의 모든 구성원의 상호 의존을 강조했고 각 개인은 모두의 안녕에 대해서 책임이 있고, 그러므로, 공동체의 이익 안에서 사적 자유의 몇몇 요소를 기꺼이 희생해야 함을 증명하기 위해 계약적 의무라는 어휘를 사용했다. 공중 건강은 연대주의의 실천적 적용의 본질적 예가 되었다"(p. 15).

26 나는 여기서 기호학의 **방법**을 사회학에서 오는 **논증**과 융합하고 있다. 나의 주장은 그 시기의 논문들에 대한 기호학적 연구로 얻은 행위자들과 연합들의 목록은 사회학자 또는 그 시기의 사회사학자에 의해서 제공된 목록보다 더 길다는 점 단순히 그것이다. 다음 절의 논증을 파악하기 위하여, 우리는 사회를 이루어내는 행위자들의 진정한 목록이 무엇인지에 관한 일정한 정도의 무지를, 그리고 어느 것이 인간이고 어느 것이 비인간인지, 어느 것이 전략을 받았고 어느 것이 무의식적인지에 관한 일정한 정도의 불가지론(agnosticism)을 받아들여야 한다. 이 융합, 이 무지, 이 불가지론 때문에 나는 내가 그 안에서 연구하는 학제를 "과학과 기술의 인류학(anthropology of science and technology)"이라고 부르길 선호한다. 민족지학자들(ethnographers)이 이국적 영역에서 연구할 때, 그들은, 너

무 많은 야단법석 없이도, 우리의 사회들을 다루고 있을 때 매우 얻기 힘든 이 불확실성의 — 또는 유예의 — 상태를 종종 얻는다. 3.5.2, Latour(1983a)를 볼 것.

27 이 방식으로 보아, T. Merton(1973)의 그리고 대부분의 미국 **과학자**사회학(sociology of scientists)의 연구 프로그램이 더 합당해 보인다. 미국 사회학자들은, 그들이 과학의 내용을 연구할 수 있는 사회학을 갖고 있지 않음을 알고서, 스스로를 그것의 맥락, 보상, 인용, 이력 — 즉, 사회학자들이 하는 법을 가장 잘 알았던 것 — 에 국한했다. 대조적으로, 영국 학파는 일을 절반만 하고 있었던 이 미국의 **과학자**사회학을 경멸하면서, 그 내용 속으로 용감히 들어갔다. D. Bloor(1976), H. Collins(1985), S. Shapin(1982)을 볼 것. 그것의 커다란 성취에도 불구하고, 이 기획은 내용과 맥락이 아주 멀리 떨어져 있기 때문에 실망스러워 보인다. 대부분의 과학사회학은 두 조각의 외부론적 사회학(externalist sociology) 사이에 끼워진 내부론적 인식론(internalist epistemology)이다. 우리는 이제 새로운 갈림길에 있다. 우리는 과학의 내용을 연구하는 것을 포기하거나 우리가 가지고 출발했던 사회학을 바꿔야 한다.

28 보수주의, 가톨릭교, 법과 질서에 대한 애호, 왕비에 대한 충성, 자신만만함, 정열 — 이것들이 파스퇴르에 작용하고 있는 "사회적 요인"에서 우리가 얻는 대략 모두이다. R. Dubos(1951), J. Farley and J. Geison(1974), J. Farley(1978). 그것들은 자율적 과학의 순수한 영역으로의 사회적 요소의 그러한 관입으로 충격받은 합리주의자를 도발하기에 충분하다. N. Roll-Hansen(1979). 그러나 우리가 다른 쪽에 설명되어야 할 모든 과학적 연구를 놓는다면 그것들은 많지 않다. 똑같은 단어로 여러 서로 다른 것을 설명하는 사회학자가 이들 단어는 그것들이 여러 서로 다른 결과를 생성하게 할 수 있는 몇몇 인과적 효험을 갖는다고 믿는 것을 이 불균형이 방해하지 않는다. 이 불균형이 사회사학자를 방해하지도 않는데, 그는 파스퇴르의 연구의 배경 윤곽을 단순히 그려내며 이어 고전적인 내부론적 연구로 빨리 되돌아가기 위한 사회적 설명을 필요로 한다. 그러나 내가 내용 그 자체에 대한 비환원적 설명(irreductionist explanation)을 제공하길 원한다면 그것은 나를 방해하지 않는다. 그 설명은 적어도 내용만큼 풍부해야 하는데, 더 빈약해서는 안 된다.

29 M. Serres(1980/1982, 1983)를 볼 것. 과학에 관한 연구를 향한 그의 철학의 가장 큰 중요성은 그가 비판 관념에 완전히 무관심한 몇 안 되는 철학자 중 하나라는 점인데, 그 관념이 초월적이든 사회적이든 말이다. 결과적으로, 그는 언어와 메타언어(metalanguage) 사이에서 아무런 구별도 하지 않는데, 설명되어야 할 무언가로서는 물론 설명하는 무언가로서 시, 신화, 정리(theorem), 또는 기계를 사용하고 있다.

30 M. Callon and B. Latour(1981)를 볼 것. 우리가 *socius*의 느린 표이를 그것의 연합된 또는 연이은 의미들과 더불어 사전에서 추적하면, 우리는 "사회적(social)"의 의미가 얼마나 계속 오그라들어 왔는지에 의해 타격이 될 것이다(3.4.7). 그것은 "연합(association)"으로서 시작하고 "사회적 계약"과 "사회적 질문"의 방식으로 "사회적 노동자(social workers)"와 함께 끝난다. 나의 재정의는 의미에 관한 그것의 원래 풍부함을 단순히 부활시키

려는 것이다.

31 W. McNeill(1976)이 이들 쪽에 대한 영감이었다. W. McNeill(1982)은 정치과학적 난국(politicoscientific imbroglio)에 관한 분석에 가장 유관되어 있다.

32 과학과 사회의 바로 그 구분은 그러므로 귀속(attribution) 과정의 **인공물**(artifact)인데, 인간의 권력이라는 관념이, 톨스토이에게, 역사가의 기술의 인공물인 것처럼 정확히 그렇게 말이다(1869/1986, pp. 1409). 권력에 대한 이 비판에 관해서는, J. Law(1986)를 볼 것.

33 내가 그것의 맥락과 "잘 들어맞는" 과학의 관점에서 논증을 사용하고 있음을 독자에게 확신시키기에 이것은 충분한가? (박테리아학 전체는 물론) 위생학 전체는 치환되고 번역된다. 이 논증을 환원론적 사회적 설명으로 독자가 즉각 번역하게 하는 것은 원인의 남아 있는 관념이다. 위생학은 그것이 박테리아학에 잘 들어맞는 것 어떤 이상으로 박테리아학의 원인이 되지 않는다. 그 둘은 그들의 공통의 약함(weaknesses)을 연합하며 그들의 동맹(alliance)의 의미를 재교섭한다. 여하튼 "원인"의 관념은 "효능"(2.1.6)의 여러 아바타 가운데 하나이다. 원인은 항상 구성(composition)의 긴 작업과 책임을 몇몇 행위자에게 귀속하는 긴 투쟁의 귀결이다.

34 C. Péguy(1914)는 다양한 역사적 시대와 종교적 시대의 명료화에 관한 아마도 가장 심오한 연구일 것이다. 또는 G. Deleuze(1968)를 볼 것.

35 그들 각자의 비결과 전문직업적 충성과는 별도로, 이는 과학사학자와 과학사회학자 사이에 남아 있는 유일한 구별이다. 전자는 그 내부에서 행위자들이 상황 지워진 시간적 틀(temporal frames)에서 출발하는 것을 선호하는데, 반면 후자는 시간적 틀을 행위자 움직임들의 귀결로서 얻어내는 것을 좋아한다. 그 나머지에 대해서, 두 집단 모두가 같은 일을 하고 있으며 세부 사항과 서사에 관심이 있는 경험론자와 구조 및 비시간적 구도(atemporal schemes)에 관심이 있는 이론가 사이의 어리석은 분할로 인해 더는 나뉘지 않는다.

36 특히 M. Augé(1975), J. Favret-Saada(1977/1980)를 볼 것. 비난의 과정은 초과학(parasciences) 혹은 마법(witchcraft)은 물론 과학에 관한 연구를 위한 탁월한 모형이다. **누가** 우선하여 비난받는지와 **무엇이** 우선하여 불운의 원인이라고 여겨지는지를 따라감으로써, 민족지학자는 사회의 연합 연결망(network of associations)을 쉽게 재구성할 수 있다. 비난 과정을 뒤쫓는 일은 "사회론(sociologics)"으로의 직접 입장을 허용한다. B. Latour(1987, 5장)를 볼 것.

37 이는 파스퇴르의 성공을 타인을 조종하는 그의 능력의 관점에서 또는 위생주의자에 대한 그의 권력의 관점에서 설명하는 일이 왜 그렇게 무의미한지의 이유이다. 오히려, 파스퇴르는 건강과 부 사이의 갈등에 대한 해결책을 모색하면서 위생주의자에 의해서 처음부터 조종된 이다. 그러나 "조종"은 "권력" 또는 "전략"과 닮은 데가 있는 용어이다. 모두가 효능의 몇몇 정도를 함축하며 그러므로 본질에서 환원적이다(1.5.4).

제2장 당신들은 미생물의 **파스퇴르들**이 될 것이다!

1 오직 우리가 맥락(context)과 내용(content)을 구별한다면 약간의 위인에게 돌려진 권력을 축소하는 것과 이와 동시에 그들의 개인적 기여를 강조하는 것은 모순으로 보일 것이다. 역사소설 장르에 대한 톨스토이에 의한 갱신은 이 명백한 모순으로부터의 아름다운 탈출이다. 군중이 그림 안으로 되돌려진 이후에만 소설가는 각각의 개체에 그 자신의 또는 그녀 자신의 살과 색깔을 줄 여유가 있을 것이다. 사회학이 톨스토이를 따라잡을 때에만 우리는 그의 솜씨(craft)를 다시 자랑스러워할 수 있다.

2 단어 "전략"은 그것의 『전쟁과 평화』적 의미로 여기서 항상 사용된다. 즉, 전략가는 계속 떠내려가고 있는 계획들을 만든다. 그는 혼동을 일으키는 상황 한가운데서 기회를 붙잡는다. 그는 승리의 사례에서 다른 것들이 전체적 움직임에 대한 책임을 그에게 귀속하도록 만들기 위하여 힘들게 싸우는데, 반면 패배의 사례에서 그것을 그 외의 누군가에서 귀속한다. 그렇지만, 행위를 미시 우연(microcontigencies)으로 환원하는 데 대한 그리고 무질서, 불확실성, 특이성에 계속 호소하는 데 대한 이유는 존재하지 않는다(K. Knorr, 1981, 1985). 톨스토이에 의해 기술된 각 행위자는 다른 행위자들이 하는 바와 혼돈을 의미 있게 하려 시도하고 있는 바를 **요약하고** 있다. 때로 그의 해석은 그 배경에서 연기하듯 행위를 하는 다른 이들에 의해 공유되는데, 그리하여 전체적 혼동을 보탠다. 나는 이 수행적 요약과 전반적 방향의 교섭을 "전략"이라고 부른다.

3 클로드 베르나르에 관해서는, W. Coleman(1985)을 볼 것. "인지적(cognitive)" 요인과 "사회적" 요인 사이의 이상한 양분에의 믿음에 관한 코울먼의 갱신된 공언에도 불구하고, 그의 논문은, 언제나처럼, 주목할 만하다. 실험실의 자리 잡음이 관련된 한에서 베르나르는 파스퇴르와 완벽한 대조를 이루어낸다. "학제적 한계에 대한 베르나르의 약해지지 않는 헌신"(p. 55)은 학제적 경계들을 결코 토론하지 않으며 언제나 그것들을 가로지르는 파스퇴르의 전술에 정확히 반대된다. 더욱이, 베르나르는 실험실을 병동 및 내과의의 약장과 **병치해** 놓는데, 생리학이, 느린 낙수 효과(trickle-down effect)를 통해서, 실천적 의학에 영향을 미치기를 기대한다. 베르나르에게 실험실은 "과학의 성소(聖所)"이다. 파스퇴르에게 그것은 받침점이며 의무적 통행 지점이다. 물론, 그들 둘 다 자율적이고 잘 기초를 갖춘 과학을 그 밖의 모든 것의 수원이라고 여기지만, 내가 보기에 베르나르는 이 자율성을 일차적 기제의 수준에 놓는데, 반면 파스퇴르는 그것을 이차적 기제의 수준에 놓을 뿐이다. 코울먼은 인지적 요인과 사회적 요인 사이의 구별을 실재하는 것으로 취하는데, 베르나르는 이를 자율성을 성취하는 하나의 가능한 전략으로 여긴다. 코울먼이 파스퇴르를 연구했다면, 이 깨끗한 구별은 완전히 다른 방식으로 발전되었을 것이다.

4 19세기 말 내과의의 눈으로 보는 그러한 연결의 어리석음에 관해서는, J. Léonard(1977, 1981, 1986)를 볼 것.

5 다시 한번, 내가 단어들 "관심(interest)"과 "관심이 있는(interested)"을 사용할 때, 나는

지금은 에든버러 학파(Edinburgh school)라고 불리는 것에 의해 자세히 설명된 "이해관계 이론(interest theory)"을 언급하고 있는 것이 아니다. B. Barnes(1974), D. Bloor(1976). 나는 오히려 번역 관념을 언급하고 있다. M. Callon(1980). "관심"은 단순히 몇몇 행위자와 그것의 성취들 "중간에" 놓여 있는 것을 의미한다. 나는 관심이 안정적임을 또는 집단들은 명시적 목표를 부여받을 수 있음을 가정하지 않는다. 반대로, 나는 우리는 무슨 사회적 집단들이 존재하는지를 우리는 모른다는 그리고 이들 집단이 그들이 원하는 것을 모른다는 관념에 출발했다. 그렇지만, 이 무지가 행위자는 계속 경계들을 정의하지 않고, 관심들을 귀속시키지 않고, 다른 것에게 목표를 부여하지 않으며, 모든 이가 원하는 바를 정의하지 않고 있음을 의미하지 않는다. 어떠한 역사적 사례는 그러므로 집단들이 무엇이며, 그들이 무엇을 원하며, 얼마나 멀리 우리가 그들과 교섭할 수 있는지를 정의하는 일 속 **체내**(in vivo) 실험이다. 관심들은 과학과 사회를 설명할 수 없다. 그것들은 일단 실험이 끝나면 설명될 것이다.

6 이 점에서 자연과 사회를 대칭적으로 다루는 것은 그리고 자연적 행위자와 사회적 행위자 사이의 구별에 대한 우리의 믿음을 유예하는 것은 결정적이다. 이 대칭 없이 인간 행위자는 물론 비인간 행위자의 **역사**가 존재한다는 점을 파악하기가 불가능하다(제2부, 3.0.0절을 볼 것). 논증의 이 중심적 부분을 이해하는 유일한 길은 비인간 행위자를 포함하여 모든 행위자에 대한 기호학적 정의에 단단히 달라붙는 것이다. 미생물이란 무엇인가? 서사 속, 이것저것 **하는**, 행위자. 우리가 행위자의 하나를 수정할 때마다, 우리는 행위자의 역량과 수행을 재정의한다. 이는 어떻게 **이야기**(story)가 행위자들의 **역사**(history)를 보여줄 수 있느냐를 말한다.

7 위생학의 이 재조직화는 E. Ackerknecht(1967)만큼 꼼꼼한 관찰자에 의해서조차 잘못 해석된다. 같은 부샤르다를 인용하면서, 그는 쓴다. "우리의 위생학 움직임의 반전염론(anticontagionism)은 아마도 그것이 왜 그토록 철저히 잊혔는지의 이유 중 하나일 것이다. 박테리아학이라는 태양이 아주 높게 뜬 이후, 위생주의자의 반전염론은 약간 당황스러운 것으로 보였고, 전체의 움직임은 무의미의 그림자 속으로 물러났는데 …… 그것의 임상적 상대방처럼, 전실험실(prelaboratory) 시대에 속해 있던, 우리 시대의 파리 위생학의 움직임은 박테리아학자 시대의 젊은 열광자에게 좀 엉성하고 어리석게 보였다"(p. 160). "떠오르는 태양"은 시간의 구성(composition of time)에 관한 결정적 질문이 걸려 있는 곳에서마다 역사학자가 사용하길 좋아하는 그들 여러 은유 중 하나이다. 아커크네흐트의 해석은 부정확하다. 반대로, "독성의 변이(variation of virulence)" 관념은 위생주의자가 열광적 박테리아학자들이 **그들의** 연구(의도적으로 애매한 "그들의")를 하도록 강제하는 것을 허락한다. 위생주의자들이 무시된다는 사실은 성공과는 관계가 없다. 위생주의자들을 그들의 결과를 더 빠르게 성취하기 위해서 채용할 필요가 있었다는 점은 이차적 기제의 귀결이다.

8 파스퇴르의 중요성에도 불구하고, 놀랍게도 그에 관한 책이 별로 없다. R. Vallery-Radot

(1911)에 의한 성인전적 작품과 Duclaux(1896/1920)에 의한 감동적인 책과 별도로, R. Dubos(1950)와 F. Dagognet(1967)에 의한 인식론적 묘사가 있을 뿐이다. 파스퇴르주의자에 대해서는, Salomon-Bayet, ed.(1986)을 볼 것. 전문직업적 역사학자에 의해 이루어진 유일한 전기는 J. Geison(1974)이다.

9 여기서 다시 클로드 베르나르의 움직임과의 대조는 두드러진다. 파스퇴르는 학제적 경계에 그리고 전문직업적 자율성에 완전히 무관심했다. 또한 F. Holmes(1974)를 볼 것.

10 분자적 비대칭(molecular dissymetry)에 대한 연구로부터 "생명과학"으로 가는 파스퇴르의 길에 관해서는 D. Kottler(1978)를 볼 것.

11 이는 전략의 톨스토이적 의미가 성공적으로 계획된 행위에 관한 그 단어의 고전적 의미에 의해 대체된 유일한 예이다. 파스퇴르가 취하려는 그 결과로 일어나는 단계들은 그의 서신과 논문에서 명백하다. 때로 몇몇 순간에 정말로 전략들이 존재한다는 점을 인정하는 것을 자제할 이유가 없다. 결국, 타루티노 전투 동안에조차 (예기된 이유로 그랬던 것은 아닐지라도) 하나 또는 두 개의 종대가 지령받은 시간과 장소에 도착했다.

12 클로드 베르나르 또한 동맹자를 충원하되 정반대 방식으로 한다. 그는 교섭을 하기에 **앞서** 과학으로부터 실제적 응용으로의 엄밀한 명령의 질서를 주장한다. W. Coleman(1982)을 볼 것.

13 잘 알려져 있듯이, 프랑스인은 혁명을 애호한다. 아무런 진보적 그리고 형성적 가치를 지니지 않는 것으로 보이는 시간 속에서, 변화를 이해하는 유일한 길은 하나의 오래된 정권을 새로운 정권으로 전환하는 급작스러운 단절을 상상하는 것이다. F. Furet(1978/1981)는 정치혁명을 위한 이 신화의 배태를 보여주었다. 그러나 그것은, 바슐라르(Bachelard)의, 알튀세르(Althusser)의, 푸코의 저술 속 "인식론적 단절(epistemological ruptures)"과 반향하는 프랑스 과학사에서 훨씬 더 강력하다. 혁명은, 그렇지만, 항상 귀속 과정의 뒤늦은 결과일 뿐이며 이차적 기제의 수준에서만 일어난다.

14 R. Dubos(1950)와, 프랑스의 경우에 대해서는, I. Grellet et C. Kruse(1983)를 볼 것.

15 이는 나 자신의 것을 포함하는 실험실 연구(laboratory studies)의 주된 한계이다. K. Knorr(1981), B. Latour and S. Woolgar(1979/1986). 그들은 한 장소가 도대체 어떠한 유관성을 갖는지를 묻지 않고서 그리고 어떻게 그것이 유관하게 되는지를 묻지 않고서 이 장소에서 시작한다. 아주 적은 경우에서만 우리가 만드는 중의 과학(science in the making)을 보길 원한다면 실험실은 우리가 **시작할** 장소이다. 대부분 시간에 실험실은 막다른 길인데, 흥미로운 모든 것이 바깥에서 일어나게 놔둔 채 말이다. 실험실의 벗어남(dislocation)에 관해서는, M. Callon(1980)을 볼 것. 다른 실험실의 전사(前史)에 관해서는, C. Salomon-Bayet(1978)를 볼 것.

16 이 본질적 논점에 관하여 B. Latour and S. Woolgar(1979/1986) 이래 상당량의 문헌이 출현했다. 점점 더 많은 학자가 기록하기 장치(inscription devices), 도구(instruments), 시각화 절차(visualization procedures), 여타 재표상 과정(re-representation processes)

에 관심을 두게 되는 중이다. B. Latour and J. de Noblet, eds. (1985)을 볼 것. 의학적 측면에 관해서는, 예를 들어, S. J. Reiser(1978)를 볼 것.

17 G. Canguilhem(1977). "실험실의 과학이 저절로 기술적 활동과 씨름하고 있었다"라고 한다면, 연구와 개발을 계획하는 작업은 쉬운 작업이 될 것이다(p. 73). 실험실에 관한 인식론적 정의가 사회학적 정의보다 더 유관한 것은 아니다. 그것은 유관된 "과학"을 "기술적 활동"이 되게 하는 더 앞서 있던 번역들에 의존한다.

18 이는 왜 두 질문 사이에서 우리가 선택해야 하는 것은 아닌지의 이유이다. "파스퇴르는 바깥쪽 저기에(out there)에 존재하던 미생물을 발견했는가?" 또는 "파스퇴르는 그것들을 사회적으로 구성했는가?" 무언가를 발견하는 활동은 등가성의 연결망(networks of equivalences)을 지휘하는 활동과 똑같다. 이 의미에서 파스퇴르는 그의 미생물을 에디슨(Edison)이 그의 전기를 발견했던 것처럼 발견했다. Hughes(1979)를 볼 것. 즉, 미생물과 전기는 처음에는 많지 않았다. 파스퇴르와 에디슨이 무언가를 발견하는 것으로 끝났던 일은 그들이 모든 이의 관심을 끄는 데 그리고 그들의 실험실이 미생물과 전기에 대해서 불가결하게 하는 데 필수적이었던 만큼의 여러 속성을 부가했을 때에만 그러했으며, 그들이 귀속 시도(attribution trials)에서 이기기 위해서 악마처럼 싸웠을 때에만 그러했다.

19 여기서 다시 새로운 대상의 정의는 기호학에 의해 제공된다. 우리가 서사 안에서 어떤 행위자의 수행을 변화시키면, 우리의 그것의 역량을 수정한다. 더 존재론적인 용어로 말해서, 모양(shape)은 강함의 시도(trial of strenth) (1. 1. 6)의 최전선이므로, 우리가 이들 시도의 하나를 수정하면, 우리는 모양을 수정한다. 이름("미생물", "병균")은 최전선에서 안정되었을 때에만 한 사물에 대응하게 될 것이다. 이 원리에 관해서는, B. Latour(1987, 2장)를 볼 것.

20 발견은 항상 회고적이며 번역 연결망(translation network) 통제에 의존한다. 우리가 이 가격을 지불하는 경우에만 "우리가 지금까지 탄저라고 생각했던 것은 실제로는 병균에 의해 야기되었다"와 같은 문장들은 몇몇 신용을 획득한다. 번역의 통제에서 가장 작은 간격이 존재했다면, 파스퇴르의 "발견"은 옛 지식을 **대체하는** 대신에 복잡한 탄저 사건에 단순히 **더해질** 것이다.

21 "물 자체(things in themselves)"의 역사가 존재한다는 것은 주체(subject)(또는 사회)와 대상(object)(또는 자연) 사이의 지루한 대면에 우리를 영원히 고정하길 원하는 이들에게만 어리석어 보일 것이다. 한편, 혁신가는 자연과 사회 사이의 경계를 계속 가로지르고 있으며 드러났던 것, 발견되었던 것, 발명되었던 것, 구성되었던 것, 만들어져 왔던 것, 직조되어(fabricated) 왔던 것 사이의 우리의 조심스러운 구별을 난장판으로 만들고 있다.

22 M. Callon(1986)이 주목했듯이, 인간 행위자와 비인간 행위자를 기술하는 데 사용된 용어들 사이에서 완전한 대칭이 존재해야 한다. 용어의 첫 선택은 중요하지 않지만, 일단 우리가 인간 행위자에 대해서 하나를 선택하면, 우리가 비인간 행위자를 다룰 때 우리는 그것을 고수하게 될 것이다. 우리가 병균과 "교섭하면", 위생주의자 또는 각료에게 그 단

어를 사용하라. 우리가 병균을 "발견하면", 내과의들 또는 그들의 동료를 발견하라. 방법의 이 규칙이 적용될 때, 우리는 과학과 사회 사이의 구별이 인간 행위자와 비인간 행위자에 대한 비대칭적 취급으로 야기된 인공물임을 조만간 깨닫게 된다. S. Shapin and S. Schaffer(1985)의 경이로운 연구는 이 구별의 계보학(genealogy)을 제공한다.

23 B. Latour and J. de Noblet(1985)를 볼 것. 또한 F. Dagognet(1969, 1973, 1984)를 볼 것.

24 발견에 관한 "사회적 구성(social construction)" 분석에 대해서는, A. Brannigan(1981)을 볼 것. 나는 여기서 "발견"의 정도를 연결망의 확장과 관련짓는 "**연합**사회적(*associo-logical*)" 분석을 따르고 있다. 이 견해 안에서 파스퇴르는 전기가 가스등을 대체했던 똑같은 방식으로 미생물을 "발견한다". T. Hughes(1983)를 볼 것.

25 "천재"라는 용어를 피할 이유를 나는 보지 못한다. 개인을 군중으로 환원하길 원하는 이들만이 이 단어에 반대할 수는 있겠다. 그렇지만, 그러한 환원은 톨스토이의 모형에 충실하지 않을 것이다. 그의 모형에서 아무도 그 밖의 어떤 이로 환원되지 않는다. 국소적으로(locally) 그리고 일시적으로(for a time), 다른 이들이 하는 것을 요약할 수 있는 이들은 유보 없이 감탄되어야 한다. 이는 톨스토이가 쿠투조프로 하는 바이며 여기서 내가 파스퇴르의 일차적 기제로 하는 바이다.

26 D. Watkins(1984)에 따르면, 이 점에서 프랑스의 전문직업적 전략과 영국의 전문직업적 전략 사이에 차이가 존재한다. 기초과학과 의학적 실천 사이의 가능한 지름길은 영국에서보다 프랑스에서 훨씬 더 많이 표명되는데, 영국에서 새로운 전문직업이, 예방의학이 일어난다. 또한 W. Frazer(1970)를 볼 것.

27 Nicol(1974)에 따르면, 취해질 예방책 가운데 백신 플라스크 흔들기와 통제 양 및 백신 맞은 양에 대한 똑같은 주사기로부터의 주입이 있었는데 그리하여 파스퇴르는 독이 있는 형태를 "백신 맞지 않은" 것에 그리고 약화한 형태를 "백신 맞은" 것에 주입함으로써 속였다는 비난을 받지 않을 수 있었다(p. 377). 도전을 조직했던 이폴리트 로시뇰(Hyppolyte Rossignol)이 파스퇴르의 주장이 틀렸음을 입증하기 위하여 그리고 명백히 그것을 그에게 "타르페이아의 바위(Tarpeian Rock)가 수도(首都)에 가깝다는 것"을 보여주기 위하여 마련했기 때문에 교섭은 심각했다. 실천 수의학회(Société de Médecine Vétérinaire Pratique)의 설립자 로시뇰이 부분적으로 그의 학술지 ≪수의학 정기 간행물(La Presse Vétérinaire)≫을 위해 아슬아슬한 곡예를 부린 홍보로서의 공적 실험을 조직화했다.

28 그러나 탄저 백신은 헝가리 국경을 총알처럼 가로질렀다. 1881년 10월 1일 튀일리에(Thuilier)가 파스퇴르에게 쓰기로, "헝가리인은 내가 처음에 생각했던 것보다 당신의 발견에 대한 훨씬 더 커다란 숭배자이다. 그들은 그것의 진리를 단단히 확신하고 있다. 내가 수행하고 있는 증명 실험은 그들에게 실질적으로 단지 보통의 관심을 끄는 것인데 — 그들은 성공보다 앞서 아주 확신하고 있다. 그들의 관심을 더 끄는 것은 ① 순수한 배양을 준비하는 법, ② 백신을 만드는 법을 아는 일이다". Pasteur and Thuilier(1980), p. 91. 이들 헝가리인은 좋은 연결망 건설자이다. 그들은 심지어 젊은 튀일리에가 그들 앞에서

백신을 현실로 전환하는 데 필수적인 모든 몸짓을 재생산하도록 그를 심지어 매수하려 시도한다.

29 발견 개념처럼, 과학의 "바깥에의" 응용이라는 개념은 일단 연결망 세우기(network building) 활동이 끝나자 얻어진 인공물이다. 우리 자신을 사회적 구성에 제한하는 대신에 그리고 미생물이 바깥쪽 저기(out there) 존재한다는 것을 부정하는 대신에, 우리는 단순히 이들 질문에 자격을 갖춘 답을 주어야 한다. 자격은 그저 연결망 세우기 활동을 **더하기**(adding)로 구성된다. "세계 전체에로의" 미생물 배포는 석유와 전기의 그것과 정확히 유사하다.

30 나는 자신을 논문에 제한하고 있으나, 그 사건에 대한 완전한 해명은 H. Mollaret and J. Brossolet(1984)에서 발견된다. 그들은 기타자토(Kitasato)와 함께했던 우선권 논쟁(priority dispute)을 많이 논하지만 또한 파스퇴르적 전략과 영국, 중국, 일본 내과의와 생물학자의 그것 사이의 대조를 명확히 보여준다.

31 물과 하수를 둘러싼 프랑스의 논쟁에 관해서는, J.-P. Goubert(1985), G. Dupuy and G. Knaebel(1979), A. Guillerme(1982)를 볼 것.

32 H. Mollaret and J. Brossolet(1984). "도식적으로 말해서, 코흐와 그의 학파는 인간 전염 및 동물 전염에 책임이 있는 작인을 판정하려 시도했던 반면, 파스퇴르와 그의 사도는 이들 똑같은 작인의 발병 능력을 그것들을 백신으로 전환하기 위하여 약화하려 시도했다"(p. 150).

33 N. Jewson(1976)에 의해 보였듯이, 이 갱신은 1세기 이상 동안 발생해 오고 있었다. 병원과 실험실 의학의 등장 이전에, 쥬슨(Jewson)이 논의하기로, "그의 치료의 효능과 그 실행자의 적절함에 대해서 결정을 내렸던 이는 아픈 사람이었다. 이런 이유로 실행자와, 다음으로 의학적 탐구자는 병듦에 대한 그들의 정의를 그들의 환자의 기대와의 일치 쪽으로 공식화했다"(p. 232). 의학사는, 그렇다면, 고객과 아픈 이에의 이 의존의 역전 역사이다. 이 의미에서 파스퇴르적 정의는 아픈 이로부터의 소원(疎遠)에 한층 더 많은 거리를 더해준다.

34 파스퇴르는 이 기간에 "미생물"이 아니라 약화할-수-있는-미생물(microbe-that-can-be-attenuated)을 발견했으며, 이 행위자는 1880년대 초기부터 그 세기 끝까지 존재했다. 그것은 왜 발견 관념이 그토록 쓸모없는지의 이유이다. 그것은 최전선에서 평온한 잠정적 시기에만 작동할 수 있다. 투쟁이 다시 시작되자마자, 대상들은 새로운 속성들은 갖는다. L. Fleck(1935/1979)을 볼 것.

35 미국에 대해서는, R. Kohler(1982)를 볼 것.

제3장 마침내 의학이

1 최초 백신 주입에 관해서는 J.-F. de Raymond(1982)을 볼 것. 이야기는 여러 측면에서 파스퇴르의 이야기와 유사하다. 그것은 국가 개입 및 통계와 연결되어 있다. 제너(Jenner)는 더 앞서 있던 실천(접종)을 살짝 변환한다. "연합사회학(associology)"조차 유사한 노선을 따라 작동한다. "면역학은 어떤 이가 민족적 분리 또는 사회적 분리를 없애도록 허락해 준다"(p. 111). 프랑스의 최초 접종들에 관해서는, P. Darmon(1982)을 볼 것.

2 이 종류의 이유로 우리는 1892년이 1893년 이전이라고 가정할 수조차 없다. 그것은 또한 "이후", 또는 "동시에"일 수도 있다. 서로에 관련하여 이들 연도를 상호 관련하여 놓는 것 모두는 행위자들이 하는 바에 의존한다(1. 2. 5).

3 A.-L. Shapiro(1980)를 볼 것. 법률이 더 많이 토론될수록, 그것은 위생주의자의 관점으로부터 더 많이 "거세되었고" 그것은 내과의의 전통적 입장을 더 많이 유지했다. 이 시기의 의료법률사(medicolegal history)에 관해서는, R. Carvais(1986)를 볼 것.

4 이 상황은 프랑스에 제한되지 않는다. 미국에 대해서는, J. Duffy(1979)가 결핵 선언에 관하여 쓴다. "내과의와 상위 계급의 환자 가족 사이의 친밀한 관계와 하위 경제적 집단 사이에서 치료비를 잃을 위험성이 가족에게 심각한 경제적 귀결을 가질 수도 있을 질병을 보고하는 것을 좌절시키는 경향이 있었다"(p. 10).

5 "officiers de santé"라고 불린 이 특수 종류의 건강 공무원은 국가의 학문적 졸업장은 없으나 의학적 전문직의 "특권"을 전적으로 해소하기 위한 프랑스혁명의 움직임의 귀결로서 몇몇 종류의 법적 보호가 있었던 의사들이었다. 한 세기 동안 각각의 의학 학술지의 각각의 호(號)는 진짜 의사의 입으로부터 빵을 가져갔던 이들 열등한 "officiers de santé"를 공격했다. 복잡한 프랑스의 법적 장면에 관해서는, M. Ramsey(1984), R. Carvais(1986)를 볼 것. 의학적 전문직의 전문직업화 문제에 관해서는, E. Friedson(1970)을 볼 것.

6 "권리 인정에 대해 부르짖음과 더불어, 볼랑(Volland) 선생은 상원에서 다음을 예견했다. '여러분이 오늘날 고려하는 위생학의 법률에 의해서, 여러분은 중앙 권력의 대표자들을, 낮이든 밤이든, 우리 가정 안에서, 파리로부터의 명령 위에서, 그들이 원할 때 뚫고 들어갈 권리로 무장시킬 것이다. 형법으로 놓였던 모든 보장을 부정하여, 미생물에 대한 그들의 전쟁을 우리 가정 안으로 가져오기 위하여, 우리의 가장 친밀한 소유물과 우리의 가장 비밀스러운 서랍을 열기 위하여 말이다.'" A.-L. Shapiro(1980), p. 17에서 인용.

7 D. Watkins(1984)는 런던의 전문직업화에 대해 보고하는데, 그것이 영국 전체로 확장될 수 있다면, 프랑스의 사례와 두드러진 대조를 이룬다. "가난한 법률적 의학 공무원은, 공공 복무에 채용되었음에도, 치료적·임상적 의학을, 그들의 개인 개업의 동료와 같은 방식으로 계속 실천했다. 그렇지만 건강 의학 공무원은 전체적으로 다른 유형의 의학을 실행하고 있었다. 그들의 사무실의 기능은 지식의 특수한 영역 속 특수한 훈련을 요구했다. 이 전문화된 실행은 그 자체의 조준, 목표, 목적을 낳았다. 예방의학의 전문직업화를 통

한 이들의 공공화는 전체로서 의학 전문직으로부터 이 직업의 하부 분화를 결과했다"(p. 16). 또한 W. Frazer(1950)를 볼 것.

8 프랑스 의학 전문직 속 거래 또는 계약이라는 이 관념에 관해서는, 예를 들어 C. Herzlich (1982)을 볼 것. "동시에, '교환-과정'이라고 불릴 수 있는 것 안에서, 내과의는 그들이 사회적 법률과 협조할 것임이 그리고 집단적 관계들의 '사회적 게임 안으로 들어갈' 것임이 이해되도록 놔두었지만, 그들이 그들의 협조와 교환하여 부과할 수 있었던, 그리고 의학적 실행을 형성했던 일정한 조건 아래서만 그러했다"(p. 245).

9 상황은 한 세대 앞서 있던 위생주의자에게 그랬듯이 의사에게 똑같다. 우리는, 말하자면, 관심을 한데 모으기에는 충분히 애매한 "번역 플랫폼(translation platform)"을 필요로 한다. 전염은 위생주의자의 관심을 끌지 않는다. 독성의 변이는 그들의 관심을 끄는데, 왜냐하면 그것이 그들이 이미 하고 있던 것을 닮았으며 그들이 대우주 — 도시 — 와 소우주 — 병균 배양 — 를 융합하게 허락하기 때문이다. 백신은 내과의의 관심을 아주 많이 끌지는 않는다. 혈청은 그들의 관심을 많이 끄는데, 왜냐하면 그들이 그들의 통상적 연구를 계속해 나갈 수 있기 때문이다. 두 사례 모두에서 낼 가격은 똑같다. 실험실 장비(laboratory equipment). 두 사례 모두에서 파스퇴르주의자는 그들의 공격 각도와 그들의 연구 프로그램을 수정하는 이들이다. 독성의 변이는 미생물에 대한 더 앞서 있던 정의에 처음에는 포함되지 않았다. 혈청은 어떤가 하면, 그것은 면역학의 조성 이전에는 연구 프로그램의 일부가 아니었다. 백신과 혈청은 그러므로 파스퇴르주의자들, 그들의 인간 동맹자(human allies), 그들의 비인간 포로 동맹자(nonhuman captive allies)의 **공생산**(coproduction)이다.

10 이 점에 관하여, G. Weisz(1980)는 파스퇴르주의가 프랑스 의학 교육의 변환에서 아주 중요한 역할을 하지는 않음을 보여준다. 더 중요한 것은 내과의와 국가 사이의 계약이다. "우리의 경쟁자를 제거하라, 그러면 우리는 아는 것이 더 많게 될 것이다." 독일과 그것의 상근 선생-연구자(teacher-researcher) 창조 또한 중요한 부분을 맡는다(p. 64). 1870년과 1919년 사이에 창조된 자리 가운데, "파스퇴르화 된(pasteurized)" 영역 안에 있는 것은 아주 드물었다. 일반적으로, 과학과 의학 사이의 전체적 연결은 학생 및 일반 개업의에 의해 불확실하며 종종 불필요하다고 여겨진다. Salomon-Bayet(1986)를 볼 것.

11 "위신"과 같은 사회학적 관념이 사용될 수 있는 때가 있다. 그러한 것이 이 장 속 내과의에 관한 사례인데, 왜냐하면 박테리아학의 기술적 내용에서 훨씬 더 멀리 있으며 전문직의 본보기가 된 한 집단에 관해서 말하고 있기 때문이다. Friedson(1970), Starr(1982)를 볼 것. 우리가 내용에서 더 멀수록, 사회학은 더 전통적이다.

12 빌레르메(Villermé)와 위생주의자에게 일어났던 바가 이제는 파스퇴르화 된 공공 건강에 일어난다. 그것들 둘 다 동맹자 탐색 속에서 새로운 과학으로 출발한다. 그것들 둘 다 권력 관념이 적용 가능한 것으로 보이는 아주 많은 연결망을 따르는 아주 많은 사람을 집합한 물상화된(reified) 사회적 움직임으로 끝난다.

13 L. Murard and P. Zylberman(1984)은 이 점을 비판하는데, 그들의 관점에서 올바르게 그렇게 한다. 그 세기 뒤쪽에, 특히 결국 위생주의자와 정치인 사이의 동맹이 아주 잘 작동하지는 않기 때문에, 위생학이 여러 번 탈바꿈되는 것은 참이다. "위생 경찰(sanitary police)"이라는 관념은 당황스럽게 된다. 더욱이, 더 앞선 시기의 그들의 중요성과 대조적으로, 위생학의 주제들은 사라지고 일상적인 것이 되었다.

14 McNeill(1976), F. Cartwright(1972), M. Worboys(1976).

15 J.-P. Dozon(1985)이 논의하듯, 질병의 다수는 질병 박멸을 담당하는 바로 그 군진(軍陣)에 의해서 수입된 새로운 것들이었기 때문에, 미시기생물(micro-parasites)과 거시기생물(macro-parasites)의 확장은 특히 두드러진다.

16 효과적으로 파스퇴르주의자는 M. Worboys(1976)에 의해 예화되었던 맨슨(Manson)의 접근과 로스(Ross)의 접근 사이의 충돌을 해결했다. "[두 과학자 사이의] 차이는 그것이 발전을 위한 '과학 연구'이어야 하는지 혹은 발전을 위한 '공중 건강'이어야 하는지로 밀려들었다"(p. 91).

제4장 이행

1 상대주의자가 자기모순적이라고 비난하는 이들은(Isambert, 1985) 더 나은 경우를 위해 그들의 숨을 아낄 수 있다. 어떠한 특권도 요청하지 않은 채 내가 연구해 왔던 그들 해명과 같은 범주 안에다 나는 나 자신의 해명을 명시적으로 놓는다. 이 접근은 해석의 운명이 안전한 메타언어적 수준(metalinguistic level)과 매여 있다고 믿는 이들에게만 자명적으로 보일 것이다. 이 믿음은 정확히 내가 부정하는 바이므로, 나 자신의 논증에 대한 수용은 나의 논점의 전형적 예가 된다. 분석하고, 논증하고, 설명하고, 결정하거나, 이야기를 해주는 데 아무런 메타언어적 수준도 요구되지 않는다. 모든 것은 다른 이를 확신시키기 위해서 내가 무슨 종류의 행위를 취하느냐에 의존한다. 이 재귀적 입장(reflexive position)은 자기모순적이지 않은 유일한 입장이다(Latour: 1988).

도형

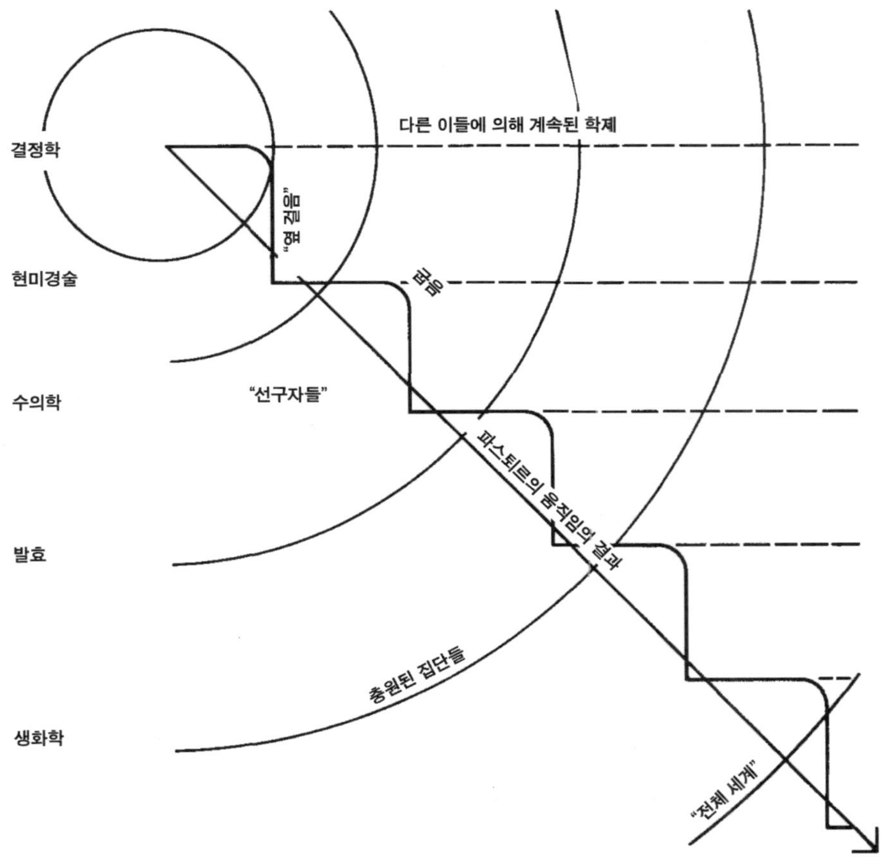

그림 1 **파스퇴르의 궤적(115쪽을 볼 것)**

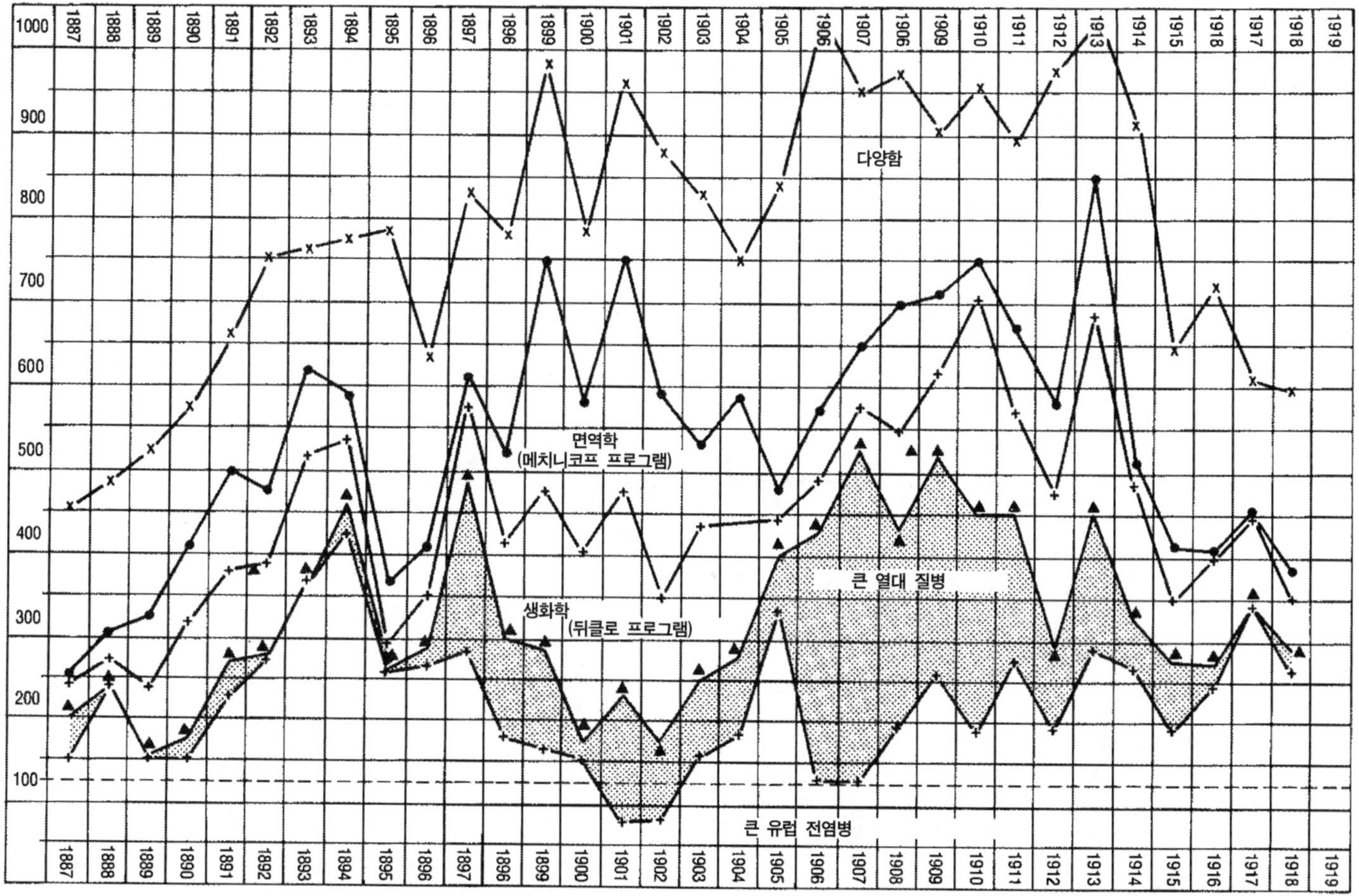

그림 2 (쪽수에 의한) ≪파스퇴르 연구소 연보≫ 속 다양한 연구 프로그램의 분포, 1887~1919년(158쪽을 볼 것)

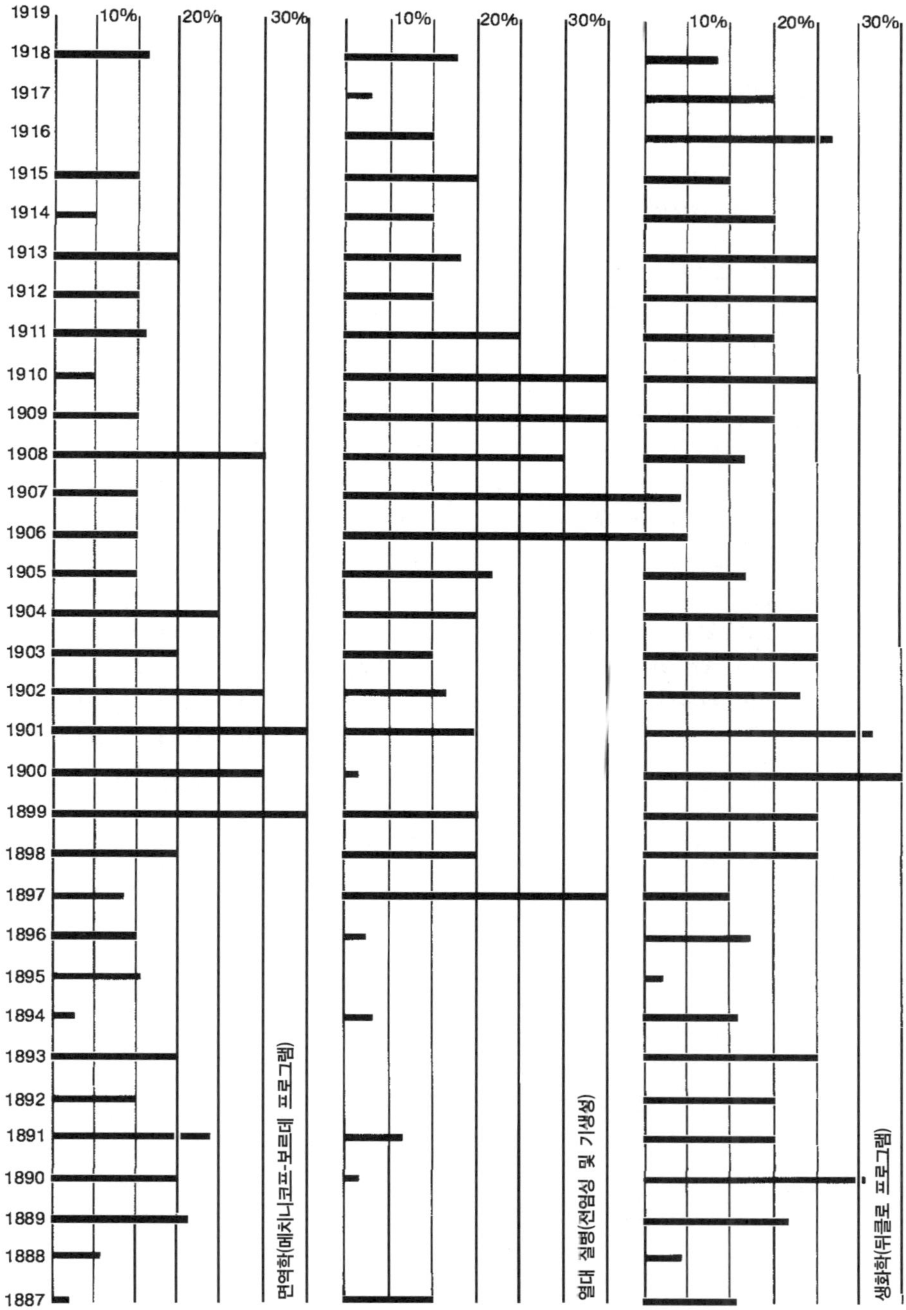

그림 3 (연도 및 백분율에 의한) ≪파스퇴르 연구소 연보≫ 속 가장 중요한 세 가지 연구 프로그램의 변이, 1887~1919년(165쪽을 볼 것)

찾아보기

지은이

브루노 라투르(Bruno Latour)

프랑스 부르고뉴대학교에서 철학과 신학을 전공했다. 투르대학교에서 성서 주해 연구로 철학 박사학위를 받았다. 파리의 국립고등광산학교 교수였으며 파리정치연구대학교 교수로 있었다. 저술로 *Laboratory Life: The Construction of Scientific Facts*(1986, 2판), *Science in Action* (1987), *The Pasteurization of France*(1988), *We Have Never Been Modern*(1993), *Aramis, or the Love of Technology*(1996), *Pandora's Hope*(1999), *Politics of Nature*(2004), *Reassembling the Social*(2005), *The Making of Law*(2010) 등이 있다. 2022년에 사망했다.

옮긴이

이상원

포항공과대학교 연구조교수, 연세대학교 인문한국 교수, 명지대학교 교수로 근무했다. 현재 서울시립대학교 도시인문학연구소 미래철학연구센터 연구교수로 있다. 논문으로 "Interpretive Praxis and Theory-Networks", *Pacific Philosophical Quarterly* 87(2006): 213-230 등이 있고, 저서로 『객관성과 진리』(2022), 『현상과 도구』(2009) 등이 있으며, 역서로 『과학의 여러 얼굴』(2021) 등이 있다. 한국과학철학회 논문상을 받았다.

한울아카데미 2561

프랑스의 파스퇴르화

지은이 **브루노 라투르** | 옮긴이 **이상원**

펴낸이 **김종수** | 펴낸곳 **한울엠플러스(주)** | 편집 **조일현**

초판 1쇄 인쇄 **2024년 12월 12일**

초판 1쇄 발행 **2024년 12월 31일**

주소 **10881 경기도 파주시 광인사길 153 한울시소빌딩 3층**

전화 **031-955-0655** | 팩스 **031-955-0656**

홈페이지 **www.hanulmplus.kr** | 등록번호 **제406-2015-000143호**

Printed in Korea.

ISBN 978-89-460-7561-0 93330 (양장)

978-89-460-8357-8 93330 (무선)

※ 책값은 겉표지에 표시되어 있습니다.